门窗360

王宇帆　郝　亮　张晓泉◎编著

中国建材工业出版社

图书在版编目（CIP）数据

门窗 360/ 王宇帆，郝亮，张晓泉编著 ． -- 北京：
中国建材工业出版社，2023.3
　　ISBN 978-7-5160-3581-8

　　Ⅰ．①门… Ⅱ．①王… ②郝… ③张… Ⅲ．①门—选
购—问题解答 ②窗—选购—问题解答 Ⅳ．① TU228-44

　　中国版本图书馆 CIP 数据核字（2022）第 168382 号

门窗 360

Menchuang 360

王宇帆　郝　亮　张晓泉　编著

出版发行：**中国建材工业出版社**
地　　址：北京市海淀区三里河路 11 号
邮政编码：100831
经　　销：全国各地新华书店
印　　刷：北京天恒嘉业印刷有限公司
开　　本：889mm×1194mm　1/16
印　　张：28.25
字　　数：930 千字
版　　次：2023 年 3 月第 1 版
印　　次：2023 年 3 月第 1 次
定　　价：**298.00 元**

《门窗 360》编写人员及单位

名 誉 主 编：曾庆伟

编　　　著：王宇帆　郝　亮　张晓泉

副　主　编：（排名不分先后）

陆慰尔　许　超　刘学林　熊建华　施百泉

参　　　编：（排名不分先后）

韩　旭　杨建辉　萧　雯　陈国东　金化英　王先赞　陈永奎

吕传国　王东旭　曾繁汇　傅　海　陈云祥　黄大龙　徐绍平

郭小俊　梁祥锋　胡　辉

主　　　审：刘万奇

主 编 单 位：轩尼斯实业有限公司

联合主编单位：宁波新安东密封保温系统有限公司

副主编单位：（排名不分先后）

沃卡姆（山东）真空玻璃科技有限公司

广东欧派克家居智能科技有限公司

广东合和建筑五金制品有限公司

山东京港亚门窗有限公司

栋梁铝业有限公司

参 编 单 位：（排名不分先后）

江苏大洋门窗有限公司

轶川涂装（上海）有限公司

格屋贸易（上海）有限公司

诺托弗朗克建筑五金（北京）有限公司

宁波信高节能材料有限公司

山东明美数控机械有限公司

河北金筑友塑胶科技有限公司

浙江研和新材料股份有限公司

真空玻璃

超级保温　超强隔声
品质内涵　节能尽显

实现能源控制和能源设计

 超轻薄　 超隔热　 防结露　 超隔声　 寿命长

序号	名称	真空玻璃配置	可见光透射比 Tv (%)	反射 Reflective		遮阳系数 SC	得热系数 SHGC	U (W/m²·K)	光热比 LSG
				室外反射比 Out (%)	室外反射比 In (%)				
1	在线 Low-E 真空玻璃	4mm 白玻 +0.15V+4mm 在线 Low-E	77	17	17	0.91	0.79	0.89	0.98
2	单 Low-E 真空玻璃	5mm 白玻 +0.15V+5mm Low-E	81	12	13	0.73	0.64	0.65	1.27
3	真空复合中空玻璃（Hybrid VIG）	5mm 白玻 +15A+5mm 白玻 +0.15V+5mm Low-E	74	18	18	0.65	0.56	0.50	1.31
4	Low-E 复合真空玻璃	5mm Low-E+15A+5mm 白玻 +0.15V+5mm Low-E	81	10	10	0.65	0.57	0.48	1.42
5	双 Low-E 单真空玻璃	5mm Low-E+0.15V+5mm Low-E	70	10	10	0.65	0.50	0.44	1.40

致力于零能耗建筑透明部件的研发和生产

沃卡姆（山东）真空玻璃科技有限公司
网址：www.werkman.com.cn
邮箱：mail@werkman.com.cn
客服：400-800-1536
电话：0531-75815515 0531-88153877
地址：济南市经十东路 11666 号奥体金融中心 B 座 14
工厂：济南市莱芜高新区钱塘江街 15 号

360 行，行行出状元，宇帆在门窗领域深耕 20 年，其成绩足以证明他的专业和热爱；360 问，问问答关心，本书用这样的方式回应了工程人和消费者之关切。"执事敬、事思敬、修己以敬"，宇帆总正是这样一位精益求精且专注的技术人。《门窗 360》不仅是对技术的讲解、对行业的理解，更是对市场的探索，对未来的思忖；图文并茂、深入浅出。愿此书能够让每一位读者从中有所感、有所思、有所获。

——郝沙中

宇帆他们写的《门窗 360》，我初步读了一下，写得不错，360 个门窗实际问题的分析比较全面，门窗行业需要宇帆他们这样愿意分享知识和经验的门窗人。读《门窗 360》，学门窗技术、知行业趋势，大有益处。期待他们能够为行业贡献更多的优秀作品。

——郑金峰

一樘好门窗的诞生，中间要经过许多环节，而每个环节都需要精雕细琢，能把其中的难点诠释出来，不仅需要经验的积累，而且需要耐心与细致，细节决定成败，希望《门窗 360》能成为你的良师益友。

——王波涛

《门窗 360》是宇帆、郝亮这对 70 后、80 后组合撰写的第二本专业书。书中问答的内容均来自作者近 20 年的行业经历、经验和感悟，具有极强的针对性和指导性。在我看来，中国门窗与德国门窗的距离，正在被一大批勤于思考、勇于实践、善于分享的有文化的年轻人所拉近，他们就是中国门窗行业的未来，门窗行业的希望在他们身上。

——程治军

认识宇帆是在他重返门窗行业的三年前，逐步了解是通过他的直播讲座，但因为时间的缘故，错过的直播不少。这本书之所以没有错过是因为偶然，有次谈及门窗行业技术书籍为何寂寥的话题，他的分析和构想我颇多认同，遂即约定，没想到立谈之间就尘埃落定了。《门窗360》全书从国外到国内，从南方到北方，从系统到配件，从工装到零售等多维空间里笔翰如流，宇帆一如既往的热情和执着透过通俗简明的阐述跃然纸上，这既是《门窗艺术与技术——站桩》的延续，也是他平台直播的总结，更希望是一个全新的开始！祝贺新作发行！期待读者好评！

首先祝贺《门窗360》发行，用简单直接的问答方式讲解门窗人关心的技术内容是一次很好的尝试。第一次近距离接触宇帆是在2004年的德国纽伦堡，那时他带着国内的门窗客户在展会里看得很认真，问得很认真，记得很认真……转眼快20年过去了，在工程门窗市场还在高峰的时候，宇帆转身进入家装门窗领域开始新的发展。相信各位拿到此书的时候能感受到其中的信息量和工作量，所以为了宇帆的门窗技术人情怀，我们参与其中并乐见其成。门窗是事关千家万户居住体验的专业领域，我们见证了国内门窗行业二十多年的蓬勃发展，祝愿并坚信其方兴未艾，未来可期！

使工作成为兴趣，是人生的幸事，浸渍门窗行业20年的宇帆不仅达到了这个层次，还把兴趣所得与大家分享，这也许就是独乐乐不如众乐乐的体现吧！《门窗360》汇集了他对行业的理解和满腔热情，这份情怀值得肯定，书中内容值得期待！

——阎玉新

写书的过程比较冗长，不如解决技术问题直接；出版书的流程也很严谨，经过几轮评审也许不亚于重写一遍；门窗技术人大都是理工科专业，所以长于计算和逻辑，涩于文字组织……所以要克服这些挑战需要有勇气尝试 + 有热情坚守，宇帆做到了，很不易，值得祝贺！希望《门窗360》能被大家肯定，对于宇帆来说，这才是最给力的认可，让他有力量继续迎接下一本书的挑战。

——李刚

认识宇帆快 20 年了，就隔热铝门窗设计而言，隔热条并不像五金那样受关注，但是他第一次来做技术交流，就用了一天的时间来努力让我们扭转观念，他诠释产品内涵的角度和深度让人耳目一新，他的执着与好学态度让人记忆深刻。这次的《门窗360》也是一样，从市场的角度将消费者关心的内容分解成简单的问答来阐述，是一次技术表达的创新，容易理解并便于记忆是宇帆的初心。技术是为市场服务的，祝《门窗360》通俗易懂的阐述方式给门窗技术的普及与推广带来一股新风并得到大家的认可，就像宇帆本人一样，特立独行但喜闻乐见。

——彭峰

《站桩》推出后因限于表达形式，很多知识点只是提纲挈领，读来意犹未尽，似有隔靴搔痒之感。今喜闻《门窗艺术与技术——站桩》续集《门窗360》即将付梓，期待能对相应知识点充分展开，以飨读者。专业书籍不同于通俗畅销书，如果没有对行业的真爱，作者是不会有毅力说服自己爬格子写下去的。在此必须对我们亲爱的宇帆表示欣赏，也期待业内更多后起之秀受到启发，续前路之绝学，开行业之新局！

——王敬刚

什么是门窗？什么是好门窗？怎么做门窗？怎么做好门窗？如何卖门窗？又如何买门窗？想要什么样的门窗？什么又是适合自己的门窗……我们每天都在用的，绝大多数人又都不太了解的，可能也就是门窗了吧！凭借数年的积累与沉淀，作者用心立说，足以证明他们对门窗的热爱。这是一种情怀，还需要继续坚持、坚守。也希望翻开这本书的人，有所得。

——胡金付

祝贺《门窗 360》正式发行！技术心得来源于长期经验的积累，技术创新的核心是加强关键共性技术、前沿引领技术和现代工程技术的创新，同时，技术表达方式的创新也同样值得肯定，希望此书能够帮助到大家。

——赵辉

宇帆的门窗行业经历比较丰富，从材料到成窗，从工程到零售，他的理解和梳理是值得期待的！希望这本书能给建筑门窗从业者带来一些新的启示。

——孙德岩

门窗制造者和消费者之间需要一座沟通的桥梁，很多门窗人以为自己是内行，其实只是在行内，而宇帆平衡地行走于服从和坚守之间，保持着自己的价值观和行为方式，与行业环境共生的同时通过分享影响环境，既融入又善存不同！只有消费者具备辨别产品品质的能力，行业才会走向良性，所以希望此书除了给门窗人带来有价值的借鉴外，更期待此书可以成为消费者的购窗指南。行业需要更多像宇帆这样的人站起来，联合起来，将客观的、理性的技术声音传递给身边的初醒者。

——黄赢理

门窗这个产品历史悠久、更迭不断。时至今日，门窗所涉及的主辅材、配套材料以及生产制造的领域枝蔓庞杂，一樘好门窗的内涵并不简单。在高质量发展、绿色发展的当下，希望行业内更多有追求、有责任的同人携手同行，留下正能量的思考在路上。看见和到达之间隔着山高水长，宇帆行走其间，愿意分享所思、所想、所愿，殊为难得，期待《门窗360》的发行能让更多的门窗技术人与大家分享个人的思考与理解！

—— 刘明辉

　　2007年帆总因为五金配套到我原来任职的公司做技术交流，那时候我刚刚调入技术部。一晃就是十几年，2020年再见的时候就是看他在直播间谈门窗知识的科普。2021年他和郝总的《门窗艺术与技术——站桩》给我的收获不是技术内容，而是让我坚信传递门窗技术的行动是有价值、有意义的，促使我加快了"窗知道"微信小程序的模块完善进度。在门窗行业存在浮躁气息的当下，对技术的坚守需要耐心和实力，坚持做对门窗行业有意义的事需要勇气和情怀。祝《门窗360》洛阳纸贵，赠人玫瑰，手有余香！

　　与宇帆总相识于直播间，结缘自《门窗艺术与技术——站桩》，能深切感受到宇帆总是一位对门窗行业有情怀的人，致力于将门窗专业技术以通俗、准确、用心的方式传递给行业和大众，与"门窗万语"公众号的初衷完全一致。在这个时代，能有人坚守以技术传递价值更显难能可贵！感谢宇帆总为行业做出的贡献，当然更要感谢为宇帆总提供舞台的轩尼斯门窗和同样有情怀的曾总！

—— 于成龙

前些天，收到了王宇帆老师新作《门窗 360》的目录，浏览了几遍，心中称奇，心想能把这 360 个问题提出来就已经很厉害了，足见宇帆老师在门窗领域的视角之广博、功底之深厚。如果能够再把问题回答好，那一定会成为真正的大师之作。以前森鹰也搞过《门窗 200 问》之类的培训教材，相比之下还真都是些雕虫小技，不值一提。

宇帆老师提出的诸如什么是门窗系统，什么又是系统门窗，这些问题弄得门窗业内人也是一头雾水，确实需要澄清。再比如门窗在中国和欧洲的发展有什么不同，为什么会是这样，这类问题都是很好的问题，值得我们门窗人深思，或许能从中看出一些行业未来发展的端倪。宇帆老师提出的问题很多、很好、很系统、很深刻，我也恨不得现在就能一睹为快。

中国门窗业是个不受"待见"的大行业，中小微企业遍地开花，大大小小加上"车库加工点"，少说也得有十万家，但上规模、规范经营、持续研发投入的窗企如同凤毛麟角，行业内都称这种状况为"大行业小企业"。在中国，门窗市场很大。这首先是因为中国房地产业规模很大，目前每年房地产开发量保持在约 10 亿 m² 的水平上，用窗量在 2 亿~3 亿 m²，这还没算上政府、企业等新建建筑的用窗。其次，经过 40 多年改革开放，中国的既有存量建筑规模已达到约 800 亿 m² 之多，其中建筑外窗起码要有 200 亿 m²，这些外窗产品大都是非节能窗，亟待改造，如果分 50 年进行更新，每年也有 4 亿 m² 用窗。以上新建和改造两个市场合计，每年至少有 6 亿~7 亿 m² 的用窗量，这可是个天文数字，差不多是个万亿规模的大市场。然而，以目前中国窗产业发展之状况，与中国门窗的巨量需求是不相匹配的，因此，中国窗产业特别需要像美国安德森公司（Andersen Corporation）这样的规模窗企，以创新为驱动，大量研发投入，引领行业健康成长。

宇帆老师的《门窗 360》应运而生，可以说是正当其时，给"狼烟四起、战火纷飞"的中国窗产业注入一股知识的清流，知识就是力量，而中国窗产业迫切需要提升素质、提升研发水平、扩大规模、提升品牌影响力，相信本书的出版能够为中国窗产业注入这种力量。

目前，这本书只是初版，相信还会有二版、三版。希望宇帆老师不断更新和精进，把这本书打磨成行业发展的指南针甚至是行业发展的"圣经",引领中国门窗人走向更加美好的未来。在此,我斗胆代表中国门窗人向宇帆老师真诚致谢,感谢宇帆老师对行业的责任、担当和贡献。

森鹰窗业

边书平

2022 年 12 月 28 日

　　从事门窗行业近三十年，从初期的懵懂到现在的坚守，是偶然也是必然。偶然的是我自幼出生和成长在广东，恰逢改革浪潮席卷南粤大地，大势使然令我机缘巧合地投身到门窗制造的实业行列中来；必然的是我及我的企业始终坚信时间能证明一切人生信条，对待感情如此，待人处世如此，事业追求也是如此。轩尼斯门窗近二十年一路走来，经历了初创、成长、发展三个重要阶段，不同时期的侧重和认知虽有所不同，但相同的是，我们始终秉承踏踏实实做事、本本分分做人的原则。

　　在初创和成长阶段，我们提出门窗艺术大师的品牌定位。随着对门窗产品结构、性能、外观美学等方面不断深入的探究，我们越来越深切地感悟到专业技术力量的重要性不可或缺。技术是产品沉淀的深度，艺术是产品表达的高度，没有技术深度做支撑的产品，高度是短暂的、不可持续的。所以从 2016 年收购海外专业门窗机构开始，我们在产品研发方面持续加大资金和资源的投入。行业里常有"研发看不见、营销最直观"的声音，我们认为在产品外观日益同质化的大背景下，唯有更深入的技术理解才能成就更高的品质内涵，高品质内涵的门窗才经得起时间的证明，赢得极端气候与终端客户的考验。门窗对一个家庭来说意味着一种安稳的守护，而这份守护应该是长久的、可靠的、能经得起时间验证的，就像华为、格力今天的市场地位，是通过持续的努力钻研与专注赢得的，而不是靠广告堆出来的一样。2021 年，我们通过多年来始终如一在门窗领域的专注和钻研，有幸成为业内唯一一家获得"中国航天事业合作伙伴"荣誉的企业。中国航天人严谨、专注、坚持、舍身的精神，以及他们卧薪尝胆、坚守寂寞、厚积薄发的奋斗历程一直也是我们学习和努力的方向，中国航天事业巨大的成就，绝不是用金钱可以衡量和换取的。

　　国家"双碳"目标的提出，让我们也真切感受到作为门窗人在其中所应担负的社会责任。我们应该依靠更专业的技术底蕴，打造更好的低碳节能产品，为国家的减碳减排做出自己力所能及的贡献。近几年虽然有疫情的冲击，叠加上原材料涨价带来愈加激烈的市场竞争，让我们这个行业的发展也面临许多挑战，但我们认为比内卷更有价值的是分享。特斯拉 CEO 马斯克宣布毫无保留地向全球开放所有特斯拉电动汽车发明专利，我们门窗人同样可以抱团取暖、共渡难关。我们轩尼斯门窗在成长和进取的过程中，曾获得过很多朋友与伙伴的支持和帮助，同时也积累了许多自己的认知和经验，我们也愿意整理出来与大家分享、交流和探讨，以期共同促进门窗行业更快、更好地发展，这就是编写《门窗360》的真实初衷！我们将与行业伙伴休戚与共。

门窗的艺术是属于品质的艺术，也是属于时间的艺术。人们常说，最深厚的情感不是告白，而是陪伴。我们希望当读者在评判这本书的时候，能觉得它不仅是适用的，而且是客观、专业的；我们也希望多年后，当大家提及轩尼斯门窗的时候，能认为我们不仅是有责任的，而且是温暖的……相信相信的力量，谢谢大家！

2023 年 1 月 28 日

从工程门窗转入家装门窗领域三年了，在不断学习、适应、调整的过程中感慨很多，最深切的感受是家装门窗市场的底层逻辑与工程门窗市场完全不同。工程门窗是基于流程操作的，项目业主（开发商）是职业化的专业机构，工程门窗项目的招标、投标、设计、制造、安装、验收全流程各环节都有相对成熟和规范的标准程序；家装门窗则是基于市场需求操作的，门窗选购者是非专业的普通个体，而家装门窗提供者既有规模化的专业制造企业，也有手工组装门窗的社区加工门店，这就导致家装门窗产品的设计、材料、制造、安装品质及性能存在很大的差异，价格悬殊也很大，消费者面对这两大差异经常感觉无所适从和左右为难：贵的怕上当，便宜的怕不值。随着与门窗代理商和家装设计师的沟通越来越多，我们深深感觉到门窗知识的普及和推广是家装门窗市场当下发展阶段的召唤，这也是门窗技术人的责任和价值所在。

新冠肺炎疫情让狂飙突进的家装门窗各路英雄被动地放缓了步伐，让我们有时间去思考并梳理普遍存在疑惑和模糊认知的门窗技术问题。2021 年开始的大宗原材料的普遍涨价倒逼门窗企业从管理上提升效率、从技术上优化成本，家装门窗系统化设计的理念开始从营销标签深化为实操层面的挑战，门窗技术人与经营者不约而同地将注意力聚焦于发达国家门窗产品发展轨迹的探究，期冀从中获得启发与借鉴，为下一步的产品储备和经营重心提供坐标；"双碳"目标的发布让广大门窗人感受到清晰的社会责任和积极动力，作为门窗主干企业的从业者，除了研发、制造更节能更环保的门窗产品之外，最务实的响应行动就是为当下的消费者提供性能匹配、品质稳定、寿命持久、安全可靠的门窗产品，做好当下的每一樘门窗产品就是普通劳动者最朴实的实业报国。

2021 年，我们尝试性地用《门窗艺术与技术——站桩》来分享我们对国内外门窗市场及门窗基础性能的认知和理解，市场反应超出我们的预期，但读者朋友希望有更快、更简、更全的门窗知识沟通渠道，所以《门窗 360》就是用更直接、更通俗、更直观的表达方式让非专业的普通读者来了解门窗、认知门窗。全书 360 个问答内容涉及门窗的背景、选择、设计、制造、安装等多方面的信息和知识。门窗是实践的科学，我们以真诚的抛砖引玉之心期待行业同人贡献更多的真知灼见及实操经验，共同提升行业对门窗技术的认知并达成共识，这是我们的初心所在。本书是门窗技术和知识的入门级读物，要想成为行业专业人士就需要从正规的、主流的基本功起步，道听途说、人云亦云只会使人误入歧途还浑然不知。知识的学习和积累是枯燥的，需要时间、耐心、毅力，俗话说"基础不牢，地动山摇"，只有忍受寂寞才能登高行远……希望本书能够对解决行业人士及消费者所关心的门窗问题提供帮助和借鉴。

衷心感谢曾庆伟先生对推动行业技术进步的胸怀和豁达；感谢众多行业领导、前辈、专家对我们的鼓励和信任；感谢参与单位及个人对此书的认可与支持；感谢泰诺风公司、新安东公司、秦建平先生、邓小鸥先生、王积刚先生等企业及个人的观点及信息分享……没有上述对门窗行业发展有"情怀"的企业及个人的支持，我们也不会有在此写这些话的机会，发自肺腑地感谢你们！

出版图书的过程中不断接受全新的挑战，感谢两位合作伙伴的通力合作与分担。时间仓促加上我们能力所限，如对书中内容有意见、建议，请当事人或企业及时沟通，便于我们后期及时完善；书中不足、疏漏、偏颇之处敬请行业同人指正（王宇帆邮箱：wyf20130219@163.com）。本书内容不能作为使用者及阅读者免除或规避相关义务及责任的依据，书中相关国家标准、规范外内容也不能作为标准答案成为具体门窗相关事务中判别是非的依据。

最后，再次感谢前期各方给予的信任和支持，期待大家能从此书获得启发和帮助，期待再版时的内容更加缜密、完善、充实……相信一切都是最好的安排！谢谢！

王宇帆

2023 年 1 月 28 日于南京

　　宇帆的专业背景是铝门窗的结构和五金,我的专业是真空玻璃,虽然目前真空玻璃在建筑门窗的运用尚处起步阶段,但是随着建筑节能和"双碳"目标的深入推进,相信真空玻璃以其保温、隔声方面的显著优势将在国内未来的门窗幕墙领域扮演重要的角色。日本真空玻璃在其门窗幕墙行业的普及运用现实就是例证。郝亮是做门窗系统的,他是将门窗结构、五金、玻璃这三大门窗主材及其他材料进行统筹规划和输出,所以我们的组合就是门窗系统的整合。我们各自的专业领域因门窗而时有交集,所以也会经常对国内门窗技术的升级趋势进行探讨,很多思考就碰撞出了火花,《门窗360》即是其中之一。

　　"门窗系统"这个概念是从世纪之交我国铝门窗引进欧洲产品时产生的,先是在一些先知先觉的门窗设计研发专业人士中得到认同和使用,继而在行业得到推广,逐渐蔚然成风。系统论思想,其核心含义就是亚里士多德曾说的"整体大于部分之和"。和它对立的是"要素性能好,整体性能一定好,以局部说明整体"的机械论。系统论强调的是,系统中各要素不是孤立地存在着,每个要素在系统中都处于一定的位置上,起着特定的作用。要素之间相互关联,构成了一个不可分割的整体。

　　门窗,作为现代工业化产品,在它的设计、制造、安装过程中理所当然地应该遵循一般工业产品的基本规则,即以系统论思想为指导,把门窗看成一个有机系统的整体,慎重进行结构设计、材料选择,确定加工工艺和安装施工规范,最终实现在特定地理位置和使用环境下对门窗性能的保障。其他工业产品也经历了山寨产品向系统产品进步的过程,比如电脑产品,我们就经历过"兼容机"向品牌电脑演变的时代;十几年前山寨手机还大行其道,而现在都是品牌手机的市场。我从海大博士毕业后,多年来的工作和经历一直跟门窗节能、隔声等领域紧密相关,专注于真空玻璃的研发、工艺、制造也已经历了相当长的一段时间,在这一过程中我对系统论的认知非常深刻,国外同行在制造工艺及专业设备方面的实践经验也充分说明,系统化统筹的思想理念对于新产品、新材料的探索是多么重要和必要。

　　"双碳"目标下,建筑节能一直在加速发展,市场对门窗性能及质量提出了更高的要求。要创造优秀的门窗作品，无疑需要更加完整、系统的门窗技术，需要更多的门窗人掌握专业技术并具备相应能力，需要推动门窗市场技术持续创新与发展。门窗技术的发展已经为我国门窗行业带来了较为深刻的变化，门窗市场分为零售门窗和工程门窗市场，门窗也存在系统门窗和非系统门窗之别，但不管怎么变，门窗技术作为门窗行业发展的基础不会变化，门窗新材料、新技术、新工艺的探究作为门窗技术进步的主体责任不会变化！

　　在建筑节能及绿色技术不断创新的今天，健康、节能、宜居的绿色住宅等将成为必然的发展趋势。在这特殊的大背景条件下，我们尝试着从特定视角与表达方式来阐述门窗的相关知识和应用实践，努力实现既有门窗科普知识的通俗性和启示性，也有门窗专业技术的专业度和系统性，希望本书对新时代门窗人构建完整、系统的门窗技术体系具有一定的参考价值和借鉴意义！

张晓辉

2022 年 12 月 30 日于济南

目 录
Contents

05 铝窗结构

06 国外门窗

07 工程门窗

08 家装门窗

09 门窗安全

10 门窗漏风

11 门窗漏水

12 门窗保温

13 门窗隔热

14 门窗隔声

15　门窗选择

16　门窗安装

17 门窗生态

京港亚门窗 × PICC
本产品由中国人民财产保险股份有限公司
承保产品责任险

京港亚门窗

专注门窗研发10余年
不只是颜值派，更是实力派

FOCUS ON DOOR AND WINDOW R & D FOR MORE THAN 10 YEARS
NOT ONLY THE BEAUTY SCHOOL, BUT ALSO THE STRENGTH SCHOOL

VIP
LINE **400-678-5352**

山东公司：山东临朐中欧节能门窗产业园B101、B111
广东公司：佛山市南海区狮山镇狮岭村贵兴围工业区7号

01 适读对象

您会需要此书吗？

您会需要此书吗？

001 为啥要写这本书?

近五年国内家装门窗市场爆发式增长,门窗产品价格悬殊,从路边社区门窗店的几百元每平方米到家居建材商场门窗专卖店的几千元每平方米,大量门窗知识零经验的从业者进入门窗行业,无论是消费者还是从业者都需要直白、通俗、客观的门窗专业知识普及。当下的家装门窗市场有以下三个主要特征,这三个特征决定了门窗知识需求的迫切性:

封阳台和换门窗不一样:不管是以前的毛坯商品房还是今天的精装房,封阳台都是刚需,以前封阳台基本保留从阳台到室内的通道门,现在很多情况是封阳台后就把通道门取消了,阳台是作为室内家居空间的延伸,所以当今对封阳台所用外窗的品质、性能要求及考验都与以前有本质差别。

工程门窗和家装门窗不一样:工程门窗以国家标准为出发点,激烈的价格竞争导致基本以满足项目验收为目标,所以在使用体验、配置、外观等方面都不能满足消费者的需求;家装门窗更注重配置、品牌、颜值,但是对门窗性能及技术关注不足。

付钱的人不一样:工程门窗是开发商购买的 B2B 模式,门窗是成本;家装门窗是居住者自行购买的 B2C 模式,门窗是消费。

相关内容延伸:家装门窗主力企业不是来自工程门窗领域,而是从室内移门等大家居领域类产品的制造商或家装门窗销售商转型、升级发展起来的,所以对建筑外门窗的性能、结构、工艺原理方面的技术完善和沉淀是一个循序渐进的过程。梳理、总结这一过程中的技术或背景内容是对抖音等视频平台所存在的非专业的信息进行校正和完善。由于兼备工程门窗和家装门窗从业经历的技术专业人员少,所以此书也是帮助两个领域的门窗技术人员各取所需、取长补短。

002 如何使门窗专业知识让大家看得懂、记得住、用得上？

　　门窗是建筑物不可或缺的专业部品，目前国内设置门窗专业的学校很少，门窗行业缺少专业的、系统的、权威的技术体系输出，对新门窗人及消费者而言，枯燥的专业知识难以理解并运用，所以本书从以下三个方面做全新的尝试，目的就是让零基础的读者看得懂、记得住、用得上：

　　看图问答：全书采用问答的方式将 360 个具体问题逐一回答，回答分为图、文两个部分，图是直观表达和产生联想，便于理解和记忆，文是客观、务实的解释和说明，便于认知和共识。

　　重点突出：每个问题的文字部分尽量归纳，突出重点，这样便于记忆，其他相关内容都简要概述归结到"相关内容延伸"中予以补充，这样的回答结构是二八原则的具体体现。

　　通俗易懂：本书计划面对的是门窗知识零基础的读者，所以全文用通俗的语言、适当的举例、必要的概括来帮助读者理解问题提出的必要性和回答的思路，既节省读者的时间，又保证阅读的效果和效率。

　　相关内容延伸：后期增补版本会考虑用相关视频资料来补充回答的问题，会在图示部分的右上角设立相关二维码，便于有兴趣的读者深入了解。每个问题欢迎此问题涉及的行业专业机构或个人做专业补充和完善，体现抛砖引玉的初心。每个问题期待读者的批评、建议和帮助。门窗的各项性能之间既存在高度的相关性也有一定的矛盾，比如门窗气密性与门窗保温性、隔声性密切相关，但是门窗气密性和门窗水密性就存在一定的矛盾，所以门窗设计过程的本质就是统筹和均衡。同样，在本书的各个独立小问题解答中很难做到面面俱到，可能存在一定的涉及面出入，这也需要读者给予前后贯通的统筹理解和均衡。

003 潜在的门窗消费者的烦恼是什么？

2000年前的公寓门窗

2000年后的公寓门窗

家装门窗的现状与尴尬

随着生活水平的提高，到欧洲旅游、出差的人越来越多，通过对比发现，国内家庭既有门窗的隔声、保温、水气密性能和欧洲门窗存在较大差距，有消费能力的消费者对门窗的性能越来越关注，在家庭装修时也都会将门窗更换列入标配项目，但是在实际选购门窗时却面临三大烦恼：

外观差不多，价格差很多： 不管是铝、塑、木哪种材质的门窗，外观看起来差别不大，但是价格差几倍甚至达 10 倍，不知道如何鉴别，既怕贪便宜买到劣质产品给今后的生活增添烦恼，又怕被"宰"，花了冤枉钱，更怕遇到恶劣气候时发生漏风漏雨甚至窗飞玻碎伤人的极端情况。

各说各有理，不知哪个对： 在实际选购门窗时，无论是在装修公司，还是到门窗专卖店，消费者经常得到相互矛盾的说法和信息，到网上查找答案更是令人眼花缭乱，无法识别信息的真伪是非，加上门窗品牌太多，缺乏权威渠道。

门窗安装上墙后出问题，成本很高： 一旦选购的门窗在使用一段时间后出现问题，轻则影响心情，重则直接影响生活质量，而找当初的门窗提供者投诉时，要么在厂家和代理商之间被踢皮球，互相推卸责任，要么在门窗更换时面临被破坏的内装修需重新处理的烦恼。

相关内容延伸： 家庭换窗项目找到做工程门窗的资源时，往往因为家装门窗总体面积小而被婉拒。门窗材料、门窗结构、门窗配置等内容直接关联门窗价格，但其中存在太多的专业知识。材料品牌、门窗品牌信息庞杂，面临选择的时候往往无所适从，而家居内部装修公司对门窗的理解也不一定专业，所以在消费者进行家庭门窗购置时缺乏可信赖的建议渠道，不知如何评判和面对。本书就是帮助消费者建立客观的、基本的门窗认知，为门窗选购建立信心和鉴别能力。

004 为何预判家装门窗销售人员将是此书的最大受益者?

门窗品牌众多，无从选择和记忆

用行动证明实力 With the strength
用业绩捍卫尊严 With the results

序号	货品名称	型号	规格	直销价格
1	忠旺断桥铝窗60#	60系列 6道密封	壁厚1.4	428元/平方米
2	忠旺断桥铝窗65#	65系列 6道密封	壁厚1.4	458元/平方米
3	忠旺断桥铝窗70#	70系列 10道密封	壁厚1.8	580元/平方米
4	忠旺断桥铝窗75#	75系列 12道密封	壁厚1.8	620元/平方米
5	忠旺断桥铝窗80#	80系列 12道密封	壁厚1.8	680元/平方米
6	上悬五金（进口）	格屋	套	588元/套
7	上悬五金（进口）	诺托	套	468元/套
8	上悬五金（进口）	丝吉利娅	套	488元/套

　　家装门窗的销售人员天天面对消费者，没有足够的门窗专业知识作支撑很难赢得消费者的认可，加上2020年新冠肺炎疫情后到门窗门店的消费者越来越少，门窗品牌却越来越多，所以在竞争越来越激烈的现实面前，家装门窗一线销售人员消除焦虑、建立自信最好的方式就是学习门窗知识，而此书可以解决门窗知识学习过程中面临的以下困扰：

　　缺乏权威的技术输出者：家装门窗门店的销售人员最直接的技术来源是厂家的培训，但一是有的厂家规模小、技术力量薄弱，无法提供相应知识培训，二是技术人员的培训往往专业性强、内容枯燥，与销售实际面对的问题脱节。

　　缺乏直观易懂的讲解道具：传统学习方式是看书，但是文字内容直观性不强；现代学习方式是视频，但是内容比较粗浅，而且各种说法纷纭，难以识别。此书图文结合，未来考虑视频资料作补充，而且来龙去脉讲得通俗易懂，关键是白纸黑字的内容可追溯，科学性、客观性、真实性有作者负责，可信性有保障。

　　专业培训课程的门窗知识专业性不强：现在市场上的销售培训机构和课程大多是从大家居领域的洁具、整体橱柜等品类跨界延伸到门窗领域，对销售话术及成交技巧的内容板块很熟练，但是对门窗产品理解不专业，所以培训后会觉得当时热血沸腾，回到店里面对具体消费者的产品问题时依然束手无策。

　　相关内容延伸：通过专业知识征服消费者是销售人员最有尊严的存在方式。销售压力需要通过销售实力来化解，销售实力需要产品及行业知识来支撑，例如上图中的不同壁厚如何解释让人信服？五金品牌又怎样解释？书中均有答案。本书中360个问题力求涵盖门窗选择中的常规相关内容，但是每个问题的回答限于篇幅原因，只能把握重点、提纲挈领，很难面面俱到，希望广大读者能给予理解与体谅。

005 家装门窗制造人员为啥也需要学习门窗知识?

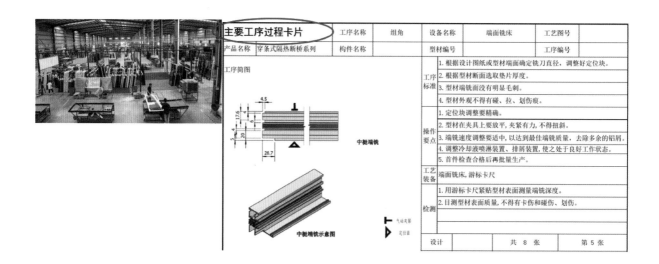

家装门窗的生产制造人员天天面对门窗产品的备料、加工、组装、包装,没有足够的门窗专业知识作支撑,一是很难摆脱基层员工的命运,只能靠辛苦劳动拿着计件工资,二是很难在与技术部门及销售部门打交道的过程中赢得尊严。2020 年新冠肺炎疫情后很多企业难以支撑,员工只能另谋高就,没有技术实力作支撑,个人的谋生能力和选择能力就很难得到保障。门窗产品知识在制造一线有太多的用武之地,主要有以下方面:

生产效率的提升:了解产品的结构原理和设计依据才能对既有产品的加工和装配等具体内容提出建设性意见,否则只能简单执行,简单执行就意味着重复操作,命运难以改变。

生产工艺的优化:按照成熟制造业经验,每道加工工序都需要工艺指导卡片,有了产品知识的支撑,没有工艺卡片的可以自己制作,有工艺卡片的可以优化,理解生产工艺需要对产品的结构知识有充分的认知。

转岗的可能性大大增加:有生产经验的技术工艺人员及销售人员都是各个门窗企业需要的人才,因为制造一线的动手能力是经历实践检验的,而动手能力加上理论的产品知识就成为复合型人才,无论是生产管理者还是转岗到技术部门或销售部门,待遇及重要性都会有本质提升。

相关内容延伸:门窗是实践的科学,科班出身的专业人士很少,技术干部都是通过实践加思考成长起来的,所以门窗行业大量的技术专业人士及管理者都是从生产一线成长起来的,而成长的基础就是产品知识。知识改变命运只会迟到,不会缺席,知识的积累需要经历从量变到质变的过程。本书的门窗知识总体分为门窗背景和门窗技术两大类,门窗背景知识有助门窗人的眼界拓展,可以转化为谈资,门窗技术知识有助门窗人的认知提升,但是技术知识转化为能力提升需要理论与实践的结合及实操经验的积累验证,所以需要时间,希望读者能理解门窗知识的不同,并能客观待之。

006　家装门窗安装人员能得到什么收获?

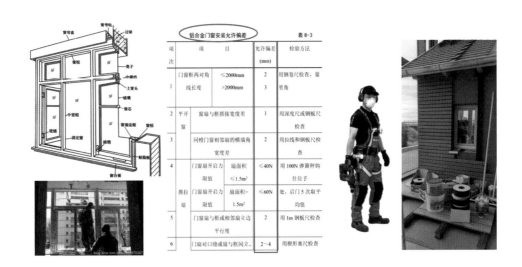

　　家装门窗的安装人员天天面对门窗产品的吊装、安装、调试，高空作业危险性强，体力劳动强度大，而且安装技能基本来自传统的师傅言传身教。本书有专门的话题章节描述安装的相关内容，在此章节中对国外的安装理念、材料都有所涉及。在国外，门窗安装是门窗行业独立的细分领域，有系统的理论指导及规范的操作及装备。通过学习，除了可以提升自己的专业安装认知之外，如果掌握一定的门窗专业知识，还存在其他的增值机遇。

　　改变职业角色的机会： 安装的过程是整个门窗销售过程中门窗供应商相关人员与消费者最密切的沟通互动过程，不管是技能的专业性还是态度的负责性，都非常容易得到消费者的信任，信任是宝贵的、稀缺的，信任是未来长期交往的基础，说不定哪个业主就是您的人生贵人呢!

　　改变行业角色的机会： 现实中有大量的门窗代理商是从门窗安装转型而来的，因为门窗代理商只有两件事，一是销售，二是量尺安装，如果要升级为门窗代理商就一定要具备销售门窗的能力，而产品知识是销售产品的重要基础和支撑。

　　改变任职企业的机会： 现在越来越多专业的、规范的、有实力保障的第三方安装企业成立，这些企业需要有实际安装经验的专业技工，更需要管理者，而安装技能差不多的情况下，谁的门窗知识丰富、谁的管理沟通技能强，就成为晋级为管理者的重要砝码。而沟通内容的重要组成就是门窗知识，门窗知识越丰富，沟通自信越强。

　　相关内容延伸： 安装是体力活，青春饭不长久，技术活或管理者的职业寿命长、强度低、待遇稳定。角色的转变是新的赛道，赛道不同待遇机制不同，在更高附加值、更高技术壁垒、更综合任职需求的赛道更容易实现提升个人的待遇条件，勤奋及熟练度只能带来收入的量变，收入的质变需要角色的提升和赛道的转变，而技术专业性是实现从量变到质变的催化剂和加速器。

007 门窗材料商为啥需要了解更全面的门窗知识？

序号	窗型	尺寸	单樘面积	单樘价格组成			
				序号	名称	单位	含量(含损耗)
				1	主材费小计	(1.1+1.2+1.3+1.4+1.5+1.6)	
				1.1	型材	kg	1
				1.2	玻璃	m²	0.18
				1.3	五金件	套	1
1	窗型一	600*350	0.21	1.4	三元乙丙胶条	kg	0.17
				1.5	纱窗	m²	
				1.6	窗台板	块	
				2	辅材	元	0.21

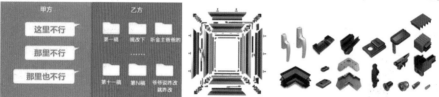

门窗材料商的销售人员天天面对门窗企业的采购、技术人员，没有足够的门窗专业知识作支撑很难获得信任，没有信任就没有得到订单的机会，没有订单就没有销售业绩。而门窗材料商的技术人员负责解决客户的问题，没有足够的门窗专业知识作支撑更是很难实现有效的客户沟通。虽然现在门窗品牌越来越多，但是在 2020 年新冠肺炎疫情后行业竞争越来越激烈的现实面前，门窗材料企业的销售及技术人员在客户面前获得认可最好的方式就是在客户的主场变得足够专业，而此书可以解决门窗知识学习过程中面临的以下困扰：

缺乏系统的门窗知识资料： 材料商本身产品的知识及技术信息来自企业的内部培训，但是门窗产品知识基本依靠自学，屈指可数的几本门窗行业专业书籍又专业性太强，难以形成理解和记忆。

缺乏直观易懂的讲解道具： 传统学习方式是看书，但是文字内容直观性不强；现代学习方式是视频，但是内容比较粗浅，而且各种说法纷纭，难以识别。此书图文结合，未来还考虑视频资料作补充，而且来龙去脉讲得通俗易懂，关键是白纸黑字的内容可追溯，科学性、客观性、真实性有作者负责，可信性有保障。

缺乏工程、家装门窗都有经验的沟通渠道： 门窗材料原则上对工程门窗和零售门窗都是适用的，只是在产品设计和规划方面要有所侧重。此书有重要章节详细解答工程门窗与零售门窗的差异，可以为材料商提供一定启发和帮助。

相关内容延伸： 技术征服是乙方在甲方面前最有尊严的存在方式。就门窗行业而言，门窗企业是门窗材料的采购方，所以门窗企业是甲方，门窗材料企业是乙方，门窗材料企业体现自身产品领域的技术专业度仅仅能赢得门窗企业的关注，要得到尊重和认可，就需要门窗材料企业在门窗整体技术体系的认知达到甚至超越门窗企业的水平才行。

008 门窗配套服务企业人员的收获是什么?

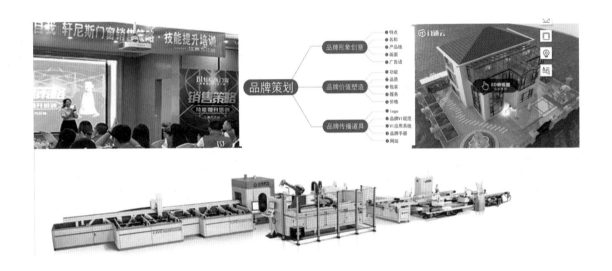

　　门窗配套服务企业除了材料商之外,相关的配套服务商主要是三类;一是技术服务类企业,例如专业软件开发商;二是销售服务类企业,例如专业培训机构及品牌策划机构;三是门窗加工设备类企业。这三类企业面临的现状与材料商类似,但是学习门窗知识的必要性和出发点有所差别,下面进行有针对性的分析:

　　加工设备类企业: 不了解门窗知识就很难准确分析不同客户的需求差别,也就很难提供量身定制的设备解决方案,造成客户单纯比较价格的局面,没有差别化就很难改变此局面。

　　技术服务类企业: 不了解门窗知识就很难做出客户真正需求的产品。对于技术服务类企业,最核心的资源是专业人士,而专业人士最忌讳的就是走弯路,做无用功,所以掌握门窗知识是技术服务专业人士最有效率的时间投入,所谓磨刀不误砍柴工。

　　销售服务类企业: 这类企业最大的短板就是门窗知识专业性不强。这类企业大多是从大家居领域的洁具、整体橱柜等品类跨界延伸到门窗领域,对销售技巧和销售理念板块内容很熟练,但是对门窗产品理解不专业,所以培训或合作效果往往很难产生持续的黏性,门窗企业只能在不断比较中选择,其实对双方来说都是伤害和损失。

　　相关内容延伸: 对甲方的需求及业务领域足够熟悉是乙方在甲方面前最有效率的“做功课”手段,凡事预则立不预则废,水到渠成和临阵磨枪哪个更好呢?本书通过门窗背景、门窗性能、门窗价值链三个角度进行定性、定量相结合的分析和阐述,利用图文结合的表达方式进行通俗易懂、简单直观的问答体现,这将有助于配套服务类企业从业者比较快地提升其专业技术认知能力,从而实现与门窗企业客户沟通过程中的同频、同层效应,为业务合作奠定良好的开端与基础。

009　家装公司设计师及工程部人员为啥需要学习门窗知识？

　　在建筑内装饰领域早就分为工装企业和家装企业，这是预判目前的门窗行业走势的最好参照。工装类装饰企业很早就延伸进入幕墙领域，而且做得不错，比如苏州金螳螂，底层逻辑是：工装类装饰项目基本是公建类项目，这类项目的外立面主要是幕墙。家装类装饰企业基本都有紧密合作的家装门窗企业，因为客户基本一致，家装客户对门窗更换的需求也基本属于刚性，但是目前还没看到家装公司直接做家装门窗的，可能是因为家装门窗的系统性隐性壁垒，这也是其他大家居品类企业跨界进入家装门窗尚未有成功案例的原因。家装类装饰企业学习门窗知识主要是为解决以下问题：

　　整体满足家装客户的需求：既然门窗更换是家装项目的刚需科目，家装类装饰企业就有学习门窗知识的动力和压力。

　　整体统筹门窗与内装饰的风格设计及鉴别门窗品质：装饰风格的一致性是家装设计师追求的基本底线，所以设计师一是在乎门窗的外观设计内容，以追求项目的整体匹配；二是在乎门窗性能的结构设计和材料选择，对门窗产品的性能及品质有定性的识别和判断能力。

　　明确家装施工与门窗安装的界限：家装类装饰企业项目管理人员更在乎门窗的安装工艺和与项目整体进展的匹配性，前者关系到未来潜在的责任纠纷，主要是渗漏；后者是关系到项目工期和整体人员的协调，目前门窗进场安装的时间基本控制在水电施工之后、瓦工进场之前。

　　相关内容延伸：门窗是目前家装项目中价格、性能、外观弹性最大的科目，弹性意味着发挥的空间。由于消费者对门窗的性能、结构、材质等门窗内涵技术缺乏判断和识别能力，只能将目光聚焦于门窗的外观属性和差异，这就导致目前市场上的门窗产品外观同质化，而决定门窗长期使用体验的必然是内涵技术的差异，门窗的使用体验来自门窗对室外环境的抵御能力及综合平衡能力。

010 工程门窗企业人员关心门窗知识的哪些内容?

　　工程门窗企业经过长期的门窗项目竞标和项目施工,门窗认知的专业性和技术积累都具备一定的基础,他们不满足于理解和知晓门窗性能的相关原理,更在乎如何实现,特别是抗风压性能、保温性能、耐火性能、水密性能,因为抗风压性能涉及安全;保温和耐火性能涉及项目验收,这涉及进度款的回收;水密性能是项目后期投诉的主体,涉及质保款的回收。总之,工程门窗企业关注的内容主要是涉及工程中标和工程款回收的内容,主要是三个方面:

　　国家标准及规范: 这是项目门窗选型及设计的基础,更是门窗项目投标时配置及项目造价的依据,也是未来项目验收的基本保障。

　　门窗性能检测报告: 门窗工程项目招标时会依据相关标准明确门窗性能要求,所以投标时标书资料中的相应门窗的第三方机构出具的门窗性能检测报告是标书的必备资料,用最优化的成本造价实现门窗的招标性能是工程门窗企业技术人员的硬功夫和必修课。

　　门窗项目验收报告: 前两者都是手段,满足项目验收才是目的,只有项目验收才可能实现项目盈利,因为门窗工程项目基本都是先干活后收款。

　　相关内容延伸: 项目竞标就是同行过招,技术功底是过招的重要内容。项目开发商或业主背后有设计院、监理等专业机构保驾护航,所以技术过硬是工程门窗企业的生存基础和保障。技术过硬的具体体现就在于国家标准及相关规范(包含地方标准)的熟练掌握;对门窗检测过程、方法的了解,以合适的成本及技术工艺技能来保障获得工程项目招标所需的门窗相关性能检验报告;在整个项目周期中,解决门窗结构、材料、加工工艺等门窗相关技术内容,保障门窗的基本性能实现项目要求,为项目验收提供技术支持及问题解决。

011　项目开发商关心门窗知识的哪些内容?

序号	成本科目	小高层小计（万元）	指标单位	7层				11层				成本指标
				成本指标	工程量	成本（万元）	单位销面（元/m2）	成本指标	工程量	成本（万元）	单位销面（元/m2）	
	小高层住宅成本合计（万元）	12425.03	元/m²	1697.53	—	1775.72	126.16	1835.84	—	6745.20	479.23	1860.35
1	基础工程费	540.28		75.00	10460.59	78.45	5.57	80.00	36741.84	293.93	20.88	80.00
2	单体土建工程费	8550.44		1148.02	10460.59	1200.90	85.32	1277.50	36741.84	4693.77	333.48	1265.50
3	单体安装工程费	952.12	—			115.07	8.18			532.76	37.85	—
3.1	电气工程	587.54		65.00	10460.59	67.99	4.83	90.00	36741.84	330.68	23.49	90.00
3.2	给排水工程	364.58		45.00	10460.59	47.07	3.34	55.00	36741.84	202.08	14.36	55.00
3.3	采暖工程	0.00				0.00	0.00			0.00	0.00	
4	土建专业分包工程费用	1112.94	—			169.87	12.07			584.41	41.52	—
4.1	外立面门窗	777.35		114.00	10460.59	119.25	8.47	114.00	36741.84	418.86	29.76	114.00
4.2	入户门	281.47		1856.00	230.04	42.70	3.03	1856.00	749.76	139.16	9.89	1856.00
4.3	幕墙工程	0.00				0.00	0.00			0.00	0.00	
4.4	户内精装修工程	0.00				0.00	0.00			0.00	0.00	
4.5	其他土建专业分包	51.12		500.00	158.40	7.92	0.56	500.00	528.00	26.40	1.88	500.00
5	安装专业分包工程费	1269.25	—			211.43	15.02			640.32	45.49	

项目开发商经过长期的门窗项目招标和项目管理，对门窗的性能及结构都具备一定的认知基础，工程部关注门窗性能的相关原理及如何实现，特别是抗风压性能、保温性能、耐火性能、水密性能，因为抗风压性能涉及安全；保温和耐火性能涉及项目验收；水密性能是项目后期物业管理面临的投诉的主体。而合约部重点关注门窗的价格成本。其实开发商与工程门窗企业是密切的合作者，所以关注的内容高度重合，成本、进度、品质是开发商的侧重点：

成本： 通过上图可以发现门窗项目造价仅次于土建分包项目，而门窗选型、材料配置是开发商招标时通常会给予明确的内容，在大型地产企业，集采目录中也将门窗及门窗主材（型材、玻璃、五金、胶条、隔热条、密封胶等）纳入管理，这一切都是为了规范、制约门窗项目的造价及预算。

进度： 地产项目最在乎时间成本和项目进度，资金占用成本是项目成本核算的重要组成，所以工程款支付与项目进度紧密关联也是基于此，工程项目管理是牵一发而动全身的系统工程，门窗安装与土建的配合尤其关键，所以开发商工程部除了关注进度，对门窗洞口的土建规范化及门窗安装规范化都很重视，依据的也是国家相关标准及规范。

品质： 门窗是毛坯房项目交付后房屋业主唯一可操作的外露科目，所以门窗品质控制也是重点。门窗品质控制其实基于招标阶段的门窗企业考察，考察主体就是门窗结构和加工工艺，等门窗框架进场再进行评判就已经木已成舟了。

相关内容延伸： 项目招标就是同行过招，是项目开发商最有效率的学习方式和渠道。门窗项目招标书中主要涉及三大部分内容，一是门窗材料的具体属性内容，如材质、牌号、品类、含量、规格、性能等；二是门窗加工工艺、安装工艺的具体要求及内容；三是整窗的性能指标。项目开发商对建筑门窗的专业理解深度决定招标书内容的详尽程度，而招标书内容的详尽程度对门窗未来的品质程度进行了有效的规范和制约。

012 住宅地产项目物业工程部人员为啥需要学习门窗知识?

　　地产项目分为公建项目和住宅项目,公建项目的物业主要是对门窗幕墙的维护、检查、清洁保养,维修基本还是依靠门窗幕墙施工企业,毕竟公建项目的门窗幕墙企业都是有资质的规模企业,有一定保障(挂靠例外)。住宅项目物业管理不再是简单的保洁＋保安"二保"模式了,上图中的设备设施管理及安全管理都与门窗有密切关系,这些内容都归上图中物业五人组中最右边的物业工程部来应对,所以物业工程部人员学习和了解门窗知识是岗位职责的重要内容,是工程部处理水电常规科目之外的"加分项",主要涉及三种情况:

　　新房装修:住宅项目装修阶段面临大量的户主进行门窗安装,安装安全至关重要,这就需要物业公司统一管理和协调,特别是涉及大板块门窗单元的吊装操作,更需要事先规划场地和物料转运路线。

　　公共空间的门窗维修:物业办公、会所、楼梯间等物业公共空间的门窗维修都由工程部负责,特别是项目门窗过了质保期之后,而此时正是门窗质量各种小问题的高发期,门窗企业会因为维修量小而推诿拖延,这时候工程部如果能具备基本的门窗知识,就可以进行有效处理,从而得到认可与肯定。

　　住户家庭内门窗的维修:业主家门窗归业主处理,有些门窗小问题会给业主带来烦恼,比如玻璃自爆带来的玻璃更换、五金损坏带来的五金更换等,这些问题不难,工程部只要具备一定的门窗知识完全可以胜任,解决业主觉得烦琐复杂但不得不解决的问题是提升业主满意度的具体手段。

　　相关内容延伸:住宅项目物业管理部门除了对物业涉及的门窗进行被动维护、维修之外,建议增加主动管理及日常巡检的工作科目,特别是对各业主自主进行安装的门窗项目(例如封阳台)进行必要的完工检查及品质判定,对于存在明显安全隐患的自主安装项目需出具必要的改善意见,防止对公共财产及其他业主的财产安全造成伤害。

013 市场监管机构及卖场管理者为啥需要了解门窗知识?

家装门窗市场经过近五年的高速发展,呈现冰火两重天的现状:市场端如火如荼,不断有新企业参与其中;售后端问题频发,不少门窗企业及代理商因门窗品质问题而承担经济赔偿责任甚至法律责任。作为市场的监督管理机构,对门窗发生问题后相关责任认定负有责任,而责任判定的依据是门窗知识,特别是相关标准的规定及要求。作为建材家居商场的管理者,对商场内出售的门窗产品品质也有监管的职责,特别是面临消费者和商户就门窗品质产生纠纷时,商场管理者经常会成为消费者追究责任的"第二主体"。为了从门窗专业性的角度掌握沟通的主动权,监管机构及建材商场这两类人员需要关注的门窗知识主要是三个方面:

门窗及门窗主要材料的国家标准及规范:这是项目门窗品质出现问题时评判责任的依据,甚至需要能直观就一些关键指标直接予以判定,例如《铝合金门窗》(GB/T 8478—2020)中对外门窗及内门窗的型材壁厚的规定及延伸性解读。

门窗性能检测方法及程序:很多当地的计量检测机构都是具备国家相关资质认定的第三方机构,对于门窗这一事关千家万户生活品质的产品类别应给予重视,已经具备门窗性能检测资质的当地机构不仅需要知道门窗性能如何检测,更需要了解门窗性能的保障手段和途径。对正在申报门窗性能检测的当地计量检测机构而言提前学习更加必要。

定性鉴别门窗品质:建材家居商场大都设立附属的家装企业,家装装饰企业了解门窗知识的必要性前文已述。

相关内容延伸:门窗专业度是门窗相关争议事务沟通、协商过程中的话语权基础。门窗项目的争议主要是对门窗的品质、性能、责任存在分歧,而分歧的焦点往往涉及门窗技术的内容和范畴,普通消费者对门窗产品的认知和理解往往达不到门窗销售商的专业程度,所以在沟通过程中往往处于弱势地位,这时候就更需要市场监管机构及卖场管理者能够成为维护消费者权益的公正第三方。门窗产品涉及公共财产及个人生命安全,专业的第三方监管显得尤为必要和重要。

014　此书为啥取名《门窗 360》？

《门窗 360》是"门窗"和"360"两个部分的组合，前半部分是文字，概述此书的内容，后半部分数字是便于记忆。全书是门窗知识的问答汇集，这一数字就是问答的具体数量，是先确定数量目标再进行的具体问答梳理：

门窗：简单直白地表达此书的定位和内容。此书的目的就是让零基础的读者看得懂、记得住、用得上，所以便于记忆是首要目的，内容组织上也力求打开天窗说亮话（直言不讳），语言组织力求通俗易懂，避免书卷气和技术内容的枯燥性，所有这一切的初衷就先从书名开始体现吧。

360（一）：360° 全方位。很惭愧，此书只是对门窗行业背景、门窗性能进行全面的通俗诠释，对于技术要求更高的门窗结构、门窗设计、门窗材料、门窗工艺等内容没有过多涉及。作为拥有 20 年行业履历的一线门窗技术人，这是第一次尝试那么多文字的密集梳理，而且此书针对的是零基础的读者，如果市场反馈有深入的技术内容需求，我们会继续努力，循序渐进地进行技术深度延伸。

360（二）：有家杀毒软件公司名称中也有 360，当下门窗行业也需要"杀毒"，需要树立主流、客观、理性的技术见解和共识，门窗技术人尝试将专业性的内容以通俗的方式做知识输出是顺应市场的需求，更是为行业健康发展贡献微薄之力的情怀，也许会有些邯郸学步，专业概念的疏漏在所难免，请读者多多包涵。

相关内容延伸：门窗作为一门边缘学科，更多的是实践过程中的经验积累，所以不足之处敬请行业人士指正。此书中涉及的专业技术资料及内容来自作者 20 年的行业经验梳理及学习沉淀，由于时间久远，知识点繁杂，所以其中涉及的资料来源很难一一注明出处，在此特别声明两点：一、有未注明指出请原著方包涵并及时联络，便于后期进行补充说明及标注；二、本书所述内容有不同见解敬请批评指正，便于后期完善和校正。再次感谢广大的行业专业人士的理解与帮助。

章节结语：所思所想

知识不一定改变命运，但改变命运需要知识

门窗零售是大势所趋，门窗消费是家庭刚需

门窗是低频消费，但消费金额大

门窗知识决定行业专业度，行业专业度决定个人价值

360 个问答信息量不少，但只是沧海一粟

未涉及内容如有需求，欢迎读者反馈和建议

大洋门窗

室外系统窗|室外阳光房|室内移门|平开门|生态门

TEL：400-8470-777

02 门窗品类
门窗品类有哪些？

门窗品类有哪些？

015 哪种门窗存世最久？

从使用年限来说，木门窗是绝对的"王者"，无论东西方，木门窗都一直沿用至今。下面就将我国的木门窗历史进行简单的梳理和介绍：

持续数千年的木门窗时代。从人类产生门窗的概念开始，木材就占据着早期门窗材料的主流。真正意义上的木门窗，甚至可以追溯到三千多年前的商周时期，但那时的门窗功能原始，没有任何装饰。

大约在汉代，建筑上开始出现直棂窗（棂是窗户或栏杆上雕有花纹的格，直条的是直棂窗，横条的叫卧棂窗）。直棂窗的出现是建筑门窗的一大进步，增大了窗的面积，加之汉代织物发达，不同季节将不同的织物裱糊窗上，实用且美观。这个阶段，窗户从采光通风的纯功用，到成为房屋装饰的一部分，开始有了赏景的需求。但是那时的窗户是用底座和木杆撑起来的，《水浒传》中正是因为这种使用不便，才阴差阳错使得潘金莲和西门庆相遇……

门窗用玻璃在清朝雍正年间由广州十三行进口外国贸易商品时传入，当时只有王侯将相级别的人物才能用得起。随着时间的推移，到了清朝末期，洋务运动兴起，我国正式开始生产玻璃，到这时，玻璃制造业才正式在中国扎根，玻璃木窗也是由此时正式生产。

到了 1995 年前后，随着欧式现代木窗传入我国，现代的槽口木窗结构（铝包木）发展至今。

相关内容延伸：传统门窗与欧式现代木窗最本质的差别在于弹性密封体系的有无，传统木窗没有弹性密封体系的存在，这就导致传统木窗的密封性能很难保障，而门窗密封体系是门窗气密性能、水密性能、保温性能、隔声性能的基础保障。当然，现代门窗的多点五金锁闭体系，集成木的框架体系、结构设计、成框工艺、表面处理材料和工艺也与传统木窗存在本质差异，但是就本质而言，现在木窗的性能保障是基于弹性密封体系的运用和不断发展。

016 哪种门窗规格最单一？

中国

欧洲

　　我国现代建筑门窗是在 20 世纪发展起来的，由于木质门窗在耐腐蚀性、装饰性等方面存在一定局限性，钢门窗在 20 世纪初就"粉墨登场"，与木窗相比，钢窗自然是更加坚固耐用。从使用年限来说，钢门窗在我国可谓"其兴也勃焉，其亡也忽焉"，而且产品规格仅一两种，市场份额曾经一度达到 70%，但是其后被塑窗和铝窗迅速取代并一度销声匿迹。下面就将我国的钢门窗历史进行简单的梳理和介绍：

　　1911 年空腹钢门窗从英国传入我国，但仅在部分租界应用。

　　1925 年我国上海民族工业开始小批量生产钢门窗，但受当时国内国际环境的限制，直到新中国成立前，也只有 20 多间作坊式手工业小厂。

　　新中国成立后，钢门窗才开始在工业建筑和民用工程中得到广泛的应用。20 世纪 70 年代后期，国家实施"三钢代木"（钢门窗、钢模板、钢脚手架）的资源配置政策，大大推进了空腹钢窗的发展。大规模的城市建设，为空腹钢窗的发展赢得了商机，钢窗迅速取代木窗，1976 年产量 300 万 m^2，1981 年产量达到 1835m^2，1989 年钢门窗市场占有率高达 70%，达到巅峰。

　　钢窗的致命缺陷是钢对热的传导快，保湿性能差，且容易生锈，不美观，技术和工艺的改造余地不大。且随着时代的不断发展，建筑的高度逐渐增加，钢窗的劣势也逐渐显现出来——质量大、密度大，无法立足于高楼大厦。因此，铝窗开始进入中国市场，但初期仅在外国驻华使馆及少数涉外工程中使用。

017 门窗的作用有哪些?

门窗的作用是一个宽泛的概念,具体而言分为功能和性能两大类:

门窗功能: 门窗所具有的或所预期的作用,属于定性的范畴,只有是或否两种简单的判别性结论。以此为标准,上图中仅装饰、眺望、逃生、防护四项属于功能范畴。

门窗性能: 反映门窗功能所能达到的能力,属于定量的范畴,评判能力需要具体数据和定级来加以区分。上图中门窗的各项性能内容分析如下: 采光涉及窗墙比; 通风涉及开启面积及位置; 防冲击和防风是指抗风压等级; 防雨是指水密性等级; 防沙反映气密性等级; 保温是指热传导 K/U 值数据; 隔热是指太阳得热系数 $SHGC$ 值或遮阳系数 SC 值; 隔声是隔声分贝值(dB); 耐久主要涉及材料使用年限及五金循环寿命(启闭次数); 易操作与五金启闭力大小相关; 防范在欧洲有具体的防盗等级评价,国内暂时没有相关规定。

专业的描述是说性能,能说出性能的数据及等级,并能从结构及材料的角度解析如何保障相关性能的持续性,这是检验门窗专业度的重要标尺,所以专业交流从性能说起,从数据看性能高低,从如何实现性能的来龙去脉鉴别专业度。

相关内容延伸: 专业术语的运用是体现个人专业度的重要标尺,就像智取威虎山中杨子荣进威虎山与"座山雕"的"江湖黑话"对白一样,能否听懂并运用专业术语是识别圈内人与圈外人的简单方式。专业性与通俗性之间存在一定的矛盾,作为普通消费者而言,对门窗的功能理解比较直观,也容易接受,对门窗性能的理解就显得力不从心。门窗作为典型的高货值低频率消费产品,消费者很难持续关注其性能背后的技术参数及来源,所以这也是本书的初衷,希望通过一个个相对直观、易懂的小问题将枯燥、晦涩的门窗技术性内容"翻译"成直白、通俗的内容而被广大消费者所接受和理解,为选窗、购窗提供一定的专业帮助和支持。

018 铝窗的市场份额为何遥遥领先？

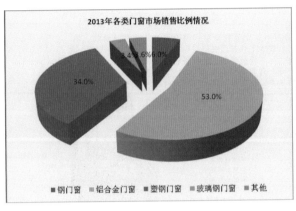

2013年各类门窗市场销售比例情况

34.0% 53.0% 8.4% 3.6% 6.0%

■钢门窗 ■铝合金门窗 ■塑钢门窗 ■玻璃钢门窗 ■其他

上图引用数据仅供参考，一是数据是 2013 年的，二是这是工程门窗市场的统计，零售家装市场的数据很难统计，但是现在去红星美凯龙或居然之家这样有代表性的建材家居商场，铝门窗品牌占 90% 以上，这就是最好的直观说明。无论工程还是家装领域，铝门窗是主流是共识，而隔热（断桥）铝门窗是铝门窗的主流也是共识，主要原因有三个方面：

铝窗的产品优势： 铝窗的结构多样性、开启多样性、表面处理色彩多样性决定了铝窗的配置及价格弹性最大，这就意味着可以满足各层次消费能力顾客的需求，铝型材材质的物理性能又决定了可以满足建筑高度和超距跨度的要求，所以全球地标性建筑项目的幕墙都是以铝结构为主的。

铝窗的市场认同优势： 在北方地区建筑节能要求的制约下，近五年很多普通住宅工程门窗项目基于成本控制的因素采用了塑钢窗，但是大量消费者拿房后再到零售门窗市场采购隔热铝门窗进行更换，这其实造成了一定程度的浪费。但是这种现象也正说明了普通消费者对铝窗的认同和偏好，特别是广大的南方市场（通俗的南方是指长江以南，但是专业的南方是指淮河以南，因为淮河是国内夏热冬冷地区和寒冷地区的分界线，这两个地区最直观的差别就是冬季是否统一供暖）。

铝窗的行业优势： 铝窗制造门槛低，配套齐全，进入容易，如果招商顺利推进，产销互动的良性循环一年就能见效。目前年销售额过亿元的家装铝门窗品牌不少于 20 家，这是市场选择和竞争的结果，是产品性价比综合优势的体现。

相关内容延伸： 对比铝窗而言，木窗的壁垒是设备投入门槛高，市场销售价格也偏高，适用客户的人群数量比较少；塑窗的壁垒主要是消费者对塑窗的品质认知惯性短期内难以扭转，这需要相当长的时间沉淀和逐步扭转，而且型材开发成本高企也制约了塑窗的技术进步和迭代速度，至于其他材质的门窗，被普通消费者认知和信任还需要更长的时间。

019　木窗使用寿命可以和木家具相提并论吗？

铝包木窗

铝包木窗是经过精心设计的铝合金材料，通过特殊结构附在纯木门窗的外侧的。不但继承了纯木窗的所有优点，而且还大大加强了纯木门窗的抗日晒、风吹、雨淋等性能，也使建筑风格与装饰风格得到了完美的统一，"外刚内柔"是材料门窗的主要特色，"内木"典雅、温馨，与室内装饰的风格和谐一致，充溢着大自然的韵味；"外铝"刚毅多变、坚固耐久，与建筑的其他立面互相辉映。铝包木门窗名副其实地成为高档建筑营造个性空间的首选。

1\中空玻璃
2\密封硅胶
3\泡沫垫条
4\木压条
5\密封胶条
6\玻璃垫片
7\纯木窗扇型材
8\披水胶条
9\主密封条
10\铝合金防水槽
11\五金件
12\第二道密封条
13\外铝
14\纯木框型材

　　上图来自网络图片，展示的是目前市场上的木窗主流结构，就是外铝内木的"铝包木"结构，图片文字内容不代表本书观点。木窗在国内使用历史悠久，因为木材吸水会膨胀的自然属性，所以木结构最主要的问题是表面处理和保护，防止木材吸水。木窗和木家具不能相提并论，下面具体解释：

　　木窗的使用环境与木质家具有本质不同：木窗外部处于室外，长期处于阳光风雨中，即使外部有铝结构的保护，环境考验的严峻性也远远高于木家具。为了保证木窗表面处理的完整性，木窗是成框后统一进行涂漆或喷漆处理。木质家具处于室内，空气湿度及温度差都处于可控范畴，所以环境不同，结果不能类比。

　　木窗与红木家具更是存在材质及表面处理的差异：红木是一个泛称，这类材质树龄长、生长缓慢、结构致密，价格昂贵，民间的鉴别方式就是将此类木材放在水中看是否沉底（不完全科学）。这类材质因结构致密，吸水性就差，再加上传统红木家具的表面处理非常专业和复杂，使用桐油和漆的多道混合涂封。无论是材质还是表面工艺，木窗都与红木家具存在本质差异。

　　适合木窗使用的环境：在空气湿度低、雨水少、紫外线强度低的北方地区，木窗的吸水风险低，更适合木窗的使用。而对于空气湿度高、雨水多、紫外线强度高的南方地区，普通消费者受传统观念和认知的惯性影响，总觉得木窗存在一定的使用风险，所以接受度明显不高。其实成熟品牌的现代木窗表面处理工艺是可以经受南方气候的考验的，所以不存在南方不适合用木窗的结论，而是在木窗品牌选择及维护保养方面需要更加关注和慎重。

　　相关内容延伸：木窗企业对木材的表面处理质量很关键。木窗需要定期维护保养。欧洲木窗市场集中在中北欧地区，这类地区气候相对干燥、寒冷、多风、雨水少。在欧洲南部市场木窗使用率就会相应减少很多，而以铝窗结构为主体，室内侧装饰性包覆木质饰面的木包铝门窗曾经风行一时。

020　铝木窗、木铝窗、铝包木、木包铝都是咋回事？

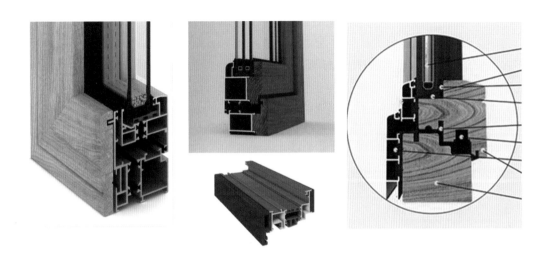

　　上图来自网络图片，仅作展示。木铝窗和铝木窗都不是准确概念，准确地说，只有两类：一类称之为木包铝窗，主体铝窗结构基础上室内可视面用木材装饰（上图左）；另一类称之为铝包木窗，主体木窗结构基础上室外可视面用铝材框体保护（上图右）。下面具体分析：

　　铝和木的连接方式决定铝木复合结构的稳定性：热胀冷缩是材料的自然属性，要保持铝木复合结构的稳定性就需要消化铝和木的热胀冷缩差异。市场上可见的铝木连接方式有螺钉连接、化学粘接、专用尼龙件卡接三种方式，卡接是较为合理的方式。市场上曾经还有一种结构是将铝和木直接辊压在一起（上图中上），这种机械连接最大的挑战就是无法解决铝、木两种材质热胀冷缩的同步性，所以市场存在的周期不长，目前比较少见了（铝的热膨胀系数为 2.4×10^{-5}/℃，木的热膨胀系数比较复杂，木材品种、径向和切向、含水率都有影响）。

　　进入门槛不同：木包铝窗的本质是铝窗，铝窗加工设备简单，室内木装饰层结构简单，所以木包铝窗门槛低。铝包木窗的本质是木窗，木窗加工设备从木材开料到木材表面处理，工序多、设备复杂、投入大，所以铝包木窗门槛高很多。

　　环保木、复合木：目前市场上还有各种复合材料表面做成木材类似纹理，号称环保木、复合木等（上图中下）。这类材质作为门窗框架结构或装饰结构需要具体分析其物理、化学性能参数，加工工艺等，不在此逐一分析。

　　相关内容延伸：木窗和铝窗五金的材质、结构、安装方式完全不同，铝窗五金安装槽口和木窗五金安装槽口也完全不同。从专业的角度而言，木窗与塑窗的五金是通用的，材质、结构、安装槽口、安装工艺几乎是一致的，铝窗五金与木、塑窗五金则完全不同，材质、结构、安装槽口、安装工艺存在本质差异。近些年在欧洲的铝窗结构上出现了使用木、塑窗五金的设计和运用，主要原因是因为木、塑窗五金的安装方式是通过自攻螺钉进行垂直紧固，这种安装方式在欧洲已经实现自动化，这就大大提升了五金的安装效率和稳定性，对降低整窗成本也有一定的贡献，但是，自攻螺钉的紧固方式对于铝窗结构的紧固部位需要给予特殊设计，因为传统铝窗五金是采用夹持紧固方式。

021　为何中外的塑窗市场地位有天壤之别?

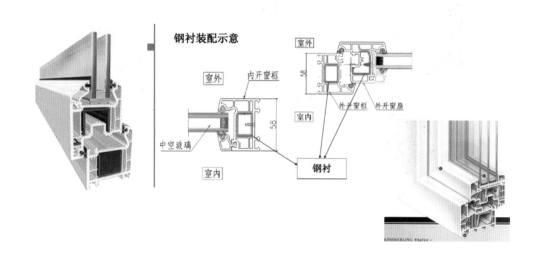

　　在欧洲、美国、日本,塑钢窗都是住宅建筑的主流门窗,都有知名的塑钢型材品牌和成窗品牌。我国塑钢窗起步于"以塑代钢"的 20 世纪 80 年代,但是因为管理及恶性竞争的原因,塑钢窗在我国成为低端门窗的代名词,其中原因分析如下:

　　自动化集成度:在欧洲,塑钢型材挤出到塑钢门窗生产自动化集成度都很高,现在的新技术可以实现型材与刚性内衬、边部密封胶条的共同集成化一次性挤出,集成化下料、加工、焊接成框、五金装配也能高度自动化,所以品质稳定,价格更具竞争力,加上欧美的门窗洞口标准化,所以家庭零售塑钢窗也可以实现批量化、规模化生产,这就形成了良性循环。在欧洲,大型的成窗企业都是以塑钢窗产品为主,规模可达 100 万樘 / 年以上。

　　塑钢窗性能:塑钢材质及结构决定了隔声、保温性能优势,但是我国由于恶性竞争导致在原料成分、钢衬厚度、型材厚度等方面都有非标准的操作手段,制成的塑钢窗的结构刚性、稳定性都难以保障,所以漏风漏雨、开关不畅、型材变色等缺陷频频发生,这些都导致塑钢窗在我国的消费者中口碑不佳。

　　塑钢窗技术开发:门窗技术开发主要是结构设计,塑料型材挤出模具费用远高于铝材挤出模具,所以塑钢窗结构开发都是由塑钢型材企业完成,塑钢成窗企业只负责加工。这就导致塑钢窗技术开发参与者少、渠道少、新品少。

　　相关内容延伸:塑钢不能做幕墙。塑钢材料无法回收再利用。塑钢型材内外开独立,无法实现通用共享,这些都是塑钢窗对比铝窗的制约性因素、由于塑钢窗的性价比原因,在欧洲美国、日本等发达国家,住宅门窗中塑窗占据主流地位,但是这都基于塑窗型材的品质稳定、塑窗加工制造工艺的稳定、成熟基础之上,随着我国建筑节能的持续深化推进,在广大的北方寒冷、严寒地区工程门窗项目中,塑窗的使用比率逐步回升,这主要是基于塑窗的保温性能更容易满足当地建筑节能验收要求的背景,就家装门窗市场而言,国内塑窗要想实现发达国家的使用普及度,任重道远,谨慎乐观。

022　除了铝、木、塑外，还有什么其他品类门窗吗？

　　除了铝、木、塑这三种主要门窗材质，在欧洲，钢窗在公共建筑领域还占据一定市场份额，在我国的严寒地区有铝塑铝复合窗，在被动窗领域出现低能耗的聚氨酯复合材料窗，下面做简要介绍：

　　钢窗（上图左上）： 钢窗型材只能辊轧成型，所以结构设计不如挤压成型容易。钢的特征是强度高，所以结构可以做得很纤细，适合极窄的立面设计风格，但是防锈处理要求表面处理的品质必须得到保障。钢窗的机构设计受制于辊轧工艺的限制，所以产品结构的丰富性有挑战。加工设备和加工工艺也要适应钢材质的特殊性。

　　铝塑复合窗（上图左下一、二）： 这种复合结构存在于市场很长时间了，一直不温不火，设计的初衷是将塑窗的保温优势与铝窗的立面多样性有机结合，但是这两种材质的热膨胀系数差异大（铝的热膨胀系数为 2.35×10^{-5}/K，PVC 塑材的热膨胀系数为 8.3×10^{-5}/K），所以辊压在一起的结构稳定性不是很理想。日本也有铝塑铝复合窗，只是塑材是改性 PVC 材质，通过改性得到与铝材接近的热膨胀系数，从而保障复合结构的稳定性。

　　聚氨酯窗： 聚氨酯分为硬泡实体型材（上图中）和玻纤增强空腔型材（上图右一、右二）。硬发泡聚氨酯窗的内外侧与铝材复合，玻纤增强聚氨酯窗可根据具体设计要求在空腔型材（上图右一）腔体内进行第二次灌注发泡聚氨酯（上图右二），追求更好的保温性能。实体型材聚氨酯窗与空腔型材聚氨酯窗均采用 U 槽木、塑窗五金。

　　相关内容延伸： 门窗新材料的使用需要结构设计、材料开模、五金适配、性能试验等复杂程序，所以任重道远。钢窗在欧洲有稳定的特定使用场景，结构设计、性能保障、全链工艺都比较成熟，但是最大的制约因素是价格昂贵，在公共建筑的特定使用环境，为了建筑外立面的美观和协调，钢窗会得到建筑设计师的青睐。铝塑复合窗在日本有一定使用普及度，但是这种结构对其中的塑材结构需要进行特殊的配方处理，与常规塑窗的型材存在差别，这种差别主要体现在材质的线膨胀系数方面的不同。聚氨酯窗在国外早有出现，但是由于其性价比对比塑窗的差别化和优势并不突出，所以难以在成熟的塑窗市场形成规模。

023 铝、木、塑窗都分系统窗和非系统窗吗?

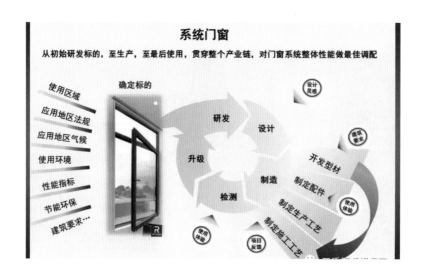

　　上图来自网络图片，文字内容本书认同并引用。系统门窗不因型材材质不同而有差别，在国内确实存在系统窗与非系统窗的差别。系统门窗的出发点是门窗使用环境，如果该门窗使用区域范围广，则产品线就深宽，反之产品线则浅窄。系统门窗经历研发、设计、制造、检测、升级的循环迭代过程，所以系统内产品是在继承基础上的持续进化，而不是独立的平行关系。微观实操来说，系统门窗的研发主要包括型材、五金两大材料的配套设计，加工、安装两重工艺的确立。虽然系统门窗定义一致，但是铝、塑、木窗的系统开发主体存在本质差异：

　　铝窗：门窗系统开发在欧洲是由独立的系统开发企业为主导，铝材及五金背景的材料商也独立开发适配自身材料的门窗系统。在日本和美国，则是由成窗企业独立开发本企业适用的门窗系统。在国内，则是形成了独立系统开发商、材料背景系统开发商、成窗企业自行设计开发商三方并存的局面，所以铝窗系统丰富多彩。

　　塑窗：塑窗槽口的标准化决定了塑钢型材的开发成为重点，塑钢型材的挤出模具费高昂（一个系列塑钢门窗产品的挤出模具费就达到百万级），加上塑钢产品的内外开均是独立成体系，没有铝窗型材的共享基础，这就导致型材规格数量的进一步增多。上述两项原因决定了塑窗系统研发由塑钢型材企业独立担当的结果，所以塑窗系统相对固化。

　　木窗：木窗槽口的标准化也决定了木窗型材的开发成为重点，而木窗型材是由木窗企业根据设计，配套相应刀具在企业内的设备上独立完成的，所以成窗企业是木窗系统的开发单位。

　　相关内容延伸：国际上知名的铝窗系统公司主要来自欧洲，而且以独立的第三方系统开发企业为主，例如旭格、威克纳、瑞纳斯、特科纳、霍柯、阿鲁克等。美洲的铝窗系统开发主要集中在美铝、加铝两大铝业公司，美国知名的门窗企业安德森也形成了相对完善的全系产品的设计、工艺体系，产品涵盖铝、木、塑三大门窗领域。日本的铝窗系统开发则集中在 YKK、骊住这两大全链门窗企业，这两家企业与美国安德森最大的差别在于其门窗产业链更加长，门窗材料的制造都有涉足，所以美国和日本的门窗技术是集中于垄断性成窗企业，这和欧洲分工协作的产业链分布存在本质差别。

章节结语：所思所想

国内门窗市场格局

铝窗百花齐放，工程、零售各自为战，井水不犯河水

木窗寡头竞争，工程、零售两翼齐飞，材质有所差别

塑窗苦苦支撑，工程不易，零售微利，期盼东山再起

钢窗聚焦小众，工程、零售都是公共建筑项目为主

其他门窗不断涌现，有待时间和市场检验

磁悬浮 智能滑轨
大品牌·放心用

opk 欧派克

03 门窗系统

门窗系统是什么？

024 什么是门窗系统？

2. 术语

2.0.2 门窗系统 window system

为了工程设计、制造、安装达到设定性能和质量要求的建筑门窗，经系统研发而成的，由材料、构造、门窗形式、技术、性能这一组要素构成的一个整体。（研发过程中的大量的设计计算测试）

【2.0.2解析】

材料：型材、增强、附件、密封、五金、玻璃。（零件）

构造：各材料组成的节点构造、角部以及中竖框和中横框连接构造、拼樘构造、安装构造、各材料与构造的装配逻辑关系等。（部装）

门窗形式：包括门窗的材质、形状、尺寸、材质、颜色、开启形式、组合、分隔等功能结构，纱窗、遮阳、安全防护等延伸功能结构。（总装配）

技术：系统门窗工程设计规则、系统门窗的加工工艺及工装、系统门窗的安装工法。

性能：包括安全性、适用性、节能性、耐久性。

注：内容引自 邓小鹏先生 相关资料

上图是通用技术导则中门窗系统的释义。通俗来说，门窗系统是一个集合体，是一套技术文件，是集成了材料、设计、加工、安装、性能等门窗全流程的操作方法，所以门窗系统不是具体的、可见的产品或材料，不是硬件，是软件。具体涵盖的范畴再做一些解释：

门窗材料三大件：型材、五金、玻璃，简称"材金玻"，过去这20年国内的隔热铝门窗系统设计几乎都在型材设计上做功课，而未来是五金非标准化的时代，国外系统的发展轨迹即是如此。玻璃是最容易配套和安装的标准化产品，所以系统设计对玻璃是开放的。其他门窗材料还有隔热条、胶条、胶、结构辅件及配套件等。

构造就是结构设计，寻求通用性和个性化之间的平衡，其中通用件的比例在60%以上（是经验概念，不是绝对答案）的门窗体系才能称之为系统设计，所以基础结构首先要全局筹划后才能进行微观设计，就像汽车一样，同品牌的车，也许SUV与轿车的外观差异很大，但是底盘、动力、总成、中控等基础部件及模块完全共享是同一逻辑。

技术就是材料及构造的工艺实现。具体来说，内、外平开窗就需要统筹工艺，欧洲是内开基础上的外开延伸，日系窗则是内、外开独立成体系，这是环境及历史的产物，好坏高低，仁者见仁智者见智，技术的本质是无界无法，重在意会。

门窗性能看数据，分为两个阶段、两种数据：设计过程中的模拟计算数据＋实样制成后的实际检测数据。

相关内容延伸：门窗系统是我国的专属名词及概念，在家装市场更是停留在营销概念的阶段，系统之路任重道远。家装门窗产品的特征是高度定制化，颜色、开启方式、尺寸、材料配置的个性化特征明显，而且订单数量大、订单货值小，这与工程门窗存在本质差异，所以家装门窗系统的搭建逻辑需要循序渐进，从系统化的加工工艺入手，把共性的程序和步骤先固化、标准化，然后再结合地域、场景的用窗需求在结构、配置上进行模块化组合，因地制宜、筛分主次、逐步推进才能实现家装门窗系统化的持续进步。家装门窗系统化建设只有功不唐捐，方能玉汝于成；志存长远，行而不辍，才能未来可期！

025 门窗系统的核心是什么?

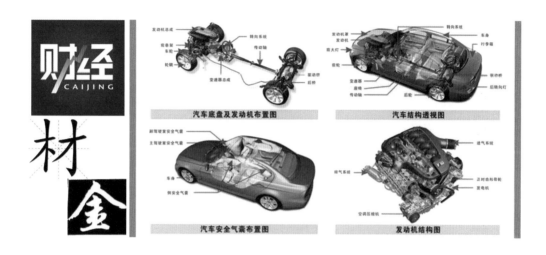

门窗系统是一个相对抽象的概念,为了便于理解,就拿汽车作为参照来"比画比画"吧。

门窗系统项目的顶层核心是目的和实现能力的匹配。目的清晰才能配合以有效的手段和思路,而目的是决策层面的事务,手段和思路是技术层面的任务,两者的角色定位和职责不能错位和混淆,所以对于大多数门窗系统开发机构来说,决策者决定要做一套适应什么范畴的产品体系,主要是依据气候带和建筑物类型,然后技术层面给予落地实施,就好像先确定做什么车,车型、排量、客户定位都明确了才能涉及具体的设计。门窗系统研发是一个时间和财力的持续投入过程,所以决策层的定力、实力、耐性是成败的基础。

门窗系统的逻辑核心是内在结构的模块化、外部表现的多样化。模块化的本质是共享,是为了控制成本,保证外延底层基础的一致性所带来的工艺实现的一致性。外部表现多样化的本质是个性化,但这种个性化只是基于统一基础前提下的局部改变。如同品牌的轿车和SUV,虽然外观差异很大,但是可能动力、总成、底盘可以完全共享,就是基于模块化基础的个性化实现。

门窗系统的结构核心是型材框架与五金组件的匹配性设计,可以简称"材金对话"。未来门窗系统的多样性将体现在行业核心关注点从型材向五金的转移。五金的核心就是安装槽口的多样性,15~20mm/14~18mm 统一槽口时代必将过去。

相关内容延伸:门窗系统化是一个总体概念,具体表现形式主要涉及宽度和深度两个维度,国内家装门窗企业面临必要的选择,由于企业的资源是有限的,所以定位选择必须基于资源的比较优势和实力,这在汽车领域体现得比较充分,奔驰、宝马、奥迪是综合产品品牌,保时捷是相对聚焦品类品牌,路虎、法拉利是单一聚焦品类品牌,不同的产品定位,对系统化的追求就有所不同,系统化的是企业产品定位的内在支撑和外在表现,所以系统化是必然趋势,但是实现路径和具体方式则是仁者见仁智者见智。

026 门窗系统涉及的知识及内容是什么？

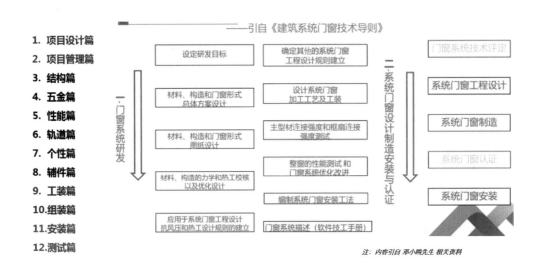

1. 项目设计篇
2. 项目管理篇
3. **结构篇**
4. **五金篇**
5. **性能篇**
6. **轨道篇**
7. **个性篇**
8. **辅件篇**
9. **工装篇**
10. 组装篇
11. 安装篇
12. 测试篇

注：内容引自 邓小鸥先生 相关资料

　　门窗系统从整体而言涉及研发、制造、安装三大环节，主要讨论的是研发环节，因为制造和安装是经营的范畴，存在多元化的趋势，但是研发都是基础，比较容易进行归纳和描述。研发的主干是框架搭建后的分解实施，就像汽车结构分解一样明确构成与分工，然后建立完整的开发计划框架（上图左）。在此过程中主要面临三个方面的挑战：

　　产品性能与成本的反复权衡与平衡：产品研发是为了销售，销售就有目标区域及市场定位，如果起步就有偏离，那这段不断校正的过程就非常痛苦，就像开车没了导航、航船没了定位一样，即使目标没有偏离，也需要在与同行的比较中持续保持领先，特别是国内门窗市场知识保护的氛围还比较弱，所以技术与销售的互动需要机制保障来固化。

　　产品研发耗费大量人力和时间，试样性能检测后有可能需要对结构及材料做局部完善，也有可能需要做颠覆式的重组，所以研发设计的人员构成必须科学。门窗设计的本质是"材金对话"，所以结构和配套件必须是两个和谐、无间的好搭档，就系统设计而言，"材金"双打的配合度和各自的专业度决定整个研发的效率和成功率。

　　研发的外围延伸：与生产的对接核心是制造工艺，与销售的对接是培训和产品资料的整理。对于家装门窗而言，技术性的培训非常必要，因为市场上、抖音里的杂音、噪音太多，迫切需要有痕、有主、有责、有依据的主流技术共识，工程市场的竞标除了价格就是性能，所以技术的是非高低在竞标过程中很容易显现，但是这种机制在家装市场没有。

　　相关内容延伸：门窗系统建设的表象是门窗研发、制造、安装技术的集中体现，是技术层面的软硬件输出，而内涵则是市场需求、产品定位、产品性能的底层选择，所以如果定义门窗系统是纯粹的技术体系建设就是无本之木、无源之水。技术是为市场服务的，产品是满足消费需求的途径和载体，这才是门窗系统客观的系统理解及认知。

027　国外主流铝门窗系统在国内的发展如何?

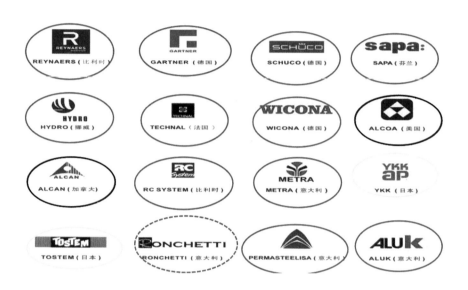

　　美国的铝窗系统主要是由门窗企业开发,所以美国铝业、加拿大铝业的铝窗系统是为其铝型材客户的服务增值,国内则没有进入(上图黑圈)。日本YKK进入国内的时间早,设点分散,塑材在大连、铝材在深圳、五金在苏州,真正整合的系统开发是2007年前后在上海;日本通世泰被合并进骊住后于2017年在上海推出系统及成窗,但是在2020年年底又全面退出国内市场(上图黄圈)。所以国内的国外铝门窗系统主要来自欧洲,以商业模式分类做简要分析:

　　工程 + 家装双体系全面综合型: 旭格(1999)+ 特许加工企业共同推进市场发展。工程市场旭格主导,家装市场前期以特许企业自主发展为主导。2021年,旭格为主导的统筹管理、分区域授权,终端认证体系开始完善推进。

　　工程领域综合型: YKK(2007)+ 特许加工企业共同推进市场发展——双管齐下;瑞纳斯(1998)、海德鲁(2005)、尔吉其(2017)、吉迪尼(2018)选择推进重点项目——单刀赴会。

　　工程领域推广型: 阿鲁克(2000)配合门窗企业或代理商推动市场发展——借船出海。

　　工程领域纯技术输出型: 罗克迪(2004)依托铝材企业推动市场发展——杨志卖刀。

　　零售领域推广型: 霍克(2013)直接招商进行门窗零售 —— 独辟蹊径。

　　推广模式决定了技术支持的程度不同,各系统公司的盈利模式也有差异,分全部系统材料和部分系统材料两种。

　　相关内容延伸: 国外品牌的门窗系统基本集中在国内的工程门窗市场发力,这是两个方面的原因导致的:一是工程门窗市场起步早,开发商的专业度较高,对门窗系统的认知和了解比较全面,所以系统品牌进行沟通接洽的时间比较早,这是市场运作的惯性使然;二是门窗系统的产品特征是产品定型在先,包括结构、配置、工艺等产品要素都是事先设计、验证过的固化产品,所以应对工程门窗项目时可以选择产品体系中的成熟的产品来适配。

028   国内铝门窗系统发展和现状如何？

　　国内 20 年隔热铝窗系统的发展与电影《一代宗师》的故事情节非常相像。2000 年前后，工程时代的国内铝门窗系统从沈阳开始起步，集聚了国内第一批铝窗系统的技术开发人员，逐渐摸索出一套适合国内工程项目需求的系统化产品及设计开发经验。随着时间的发展，国内建筑节能的持续深入推进，隔热铝窗的主力市场逐步南迁，加上铝窗系统开发的持续投入需要有强大的实力作支撑，广东铝型材企业为了提升自身产品的竞争力也意识到产品技术自主开发的重要性，所以北方成熟的铝窗系统专业技术人士纷纷"南下"。近五年随着家装门窗的蓬勃发展，佛山成为家装门窗基地，这进一步加速了北方技术人士在广东，特别是佛山的集聚，大大加快了南方家装铝门窗企业的产品升级速度。

　　工程市场的隔热铝门窗的特征（北派）： 为了让非专业人士能直观区分系统铝门窗与普通铝门窗的差别，非专业的概述集中在三个外部特征：玻璃胶条密封、组角注胶、中梃连接专用辅件，简称为"胶胶梃"。

　　家装市场的隔热铝门窗的需求（南派）： 鉴于家装产品的外观要求和品牌意识都比工程门窗要高，所以铝窗的卖点集中在高端进口五金、外开三合一（玻扇、护栏、纱窗）系列产品、内开隐藏式合页等外部特征，暂且称之"金三藏"。

　　无论南派北派，关键是门窗的性能结果，摆平性能、搞定质量、拿下数据才是硬道理，其他都是手段，概而言之"平定下"。

　　相关内容延伸： 就目前的国内门窗系统发展现状而言，以铝材厂为投资背景的铝门窗系统是主流存在方式，这主要是由两个原因决定的：一是铝门窗系统的投资周期长、投资见效慢、技术密集度高、基础数据积累强度大，铝材生产企业能承担起相应的资金、时间、场地投入；二是铝材销售从材料层面上升到建筑外立面洞口解决方案的层面，为了竞争的需要及材料附加价值的需要，铝材企业对技术的投入能获得相应的附加收益，对获得甲方信任及提升客户（成窗企业）黏度都有帮助，所以铝材企业有实力、有意愿进行持续的技术投入和沉淀。

029 定性而言门窗系统开发的逻辑和层次是什么?

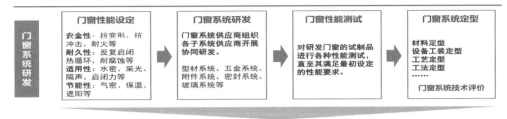

注：内容引自 邓小鹏先生 相关资料

国内 20 年隔热铝窗系统的发展从简单的结构学习到完整的系统理念共识，经历的时间不长，就实际结果而言，发展的速度并不慢，因为我们是站在巨人的肩膀上起步。但是对比国内旺盛的家装市场需求和建筑节能的推进速度而言，系统开发还是有所滞后，其中最主要的原因是技术的积累需要时间，技术的继承除了情怀作基础，更需要机制作保障，这就需要一批有情怀、有追求、有实力的企业家的鼎力支持，因为经历完整的设定目标、研发设计、性能测试、产品定型这标准化的"四部曲"，需要人、材、物、时的持续投入和保障。

设定目标： 工程门窗与家装门窗目标设定的共性是以抗风压性能为基础，在工程市场更关注保温、隔热、耐火这几项国家明确有验收规范的性能，而家装市场则是气密、水密、隔声等实际体验更直接的性能指标。无论工程还是家装，决定性能设计最直接的因素是气候，气候与地域密切相关，所以说到底，准备在哪里销售该产品是产品开发的基点。

研发设计： "材金对话"基础上的辅助、配套功能、结构的完善。

性能测试： 抗风压、气密、水密三项基本性能测试的设备建议企业自备，这三性是其他性能的基础，测试在一台设备上完成，属于高频使用设备，投入不大，但是实用价值和理念价值都比较显著。

产品定型： 主要是配置定型、工艺定型、边界定型这三个方面。

相关内容延伸： 总体而言，门窗系统的建设是先设立产品矩阵，按照产品开启方式进行总体分类，在单一产品开启方式上再进行二维的产品要素配置来体现产品的性能多元化，二维配置体现在产品外观的差异化和产品保温性能的阶梯化。在整体产品矩阵搭建完成后就是具体的配置组合定型、结构设计完善、加工工艺的完善及后期的的产品验证。概而言之，门窗系统建设就是"兵器库"的打造，然后基于具体项目需求再从产品"兵器库"中选择相应适配的兵器来解决项目需求，是典型的产品先导模式。

030 实操而言系统开发的逻辑和层次是什么？

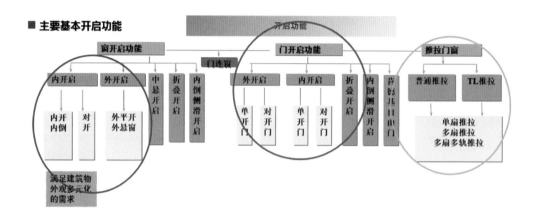

在国内门窗市场，开启主要分为平开与推拉两大开启方式，所以系统开发一般是按照产品占比来设定开发顺序，基本都是先平开后推拉。而平开主要是平开窗与平开门，有按照窗门一起开发的，也有先窗后门的，各有各的考虑，但是设计体系必然是统筹规划，只是具体结构的具体落定（图纸及开模）有先后。平开体系常规分为两级开发程序，第一级是先完成主要开启方式结构，第二级是完成配套结构。

平开与推拉： 平开窗门联动设计主要体现在占墙系列厚度的一致性（例如都是 75 系列，但是所用隔热条不一定宽度一致）；另外，窗门的系列延伸模数也不一定一致，这是因为窗在门窗的订单中比例高，模数细分代表成本的覆盖性更全面。推拉开发基本分为推拉窗与推拉门两大体系，结构设计也存在比较大的差异，主要是推拉窗接受气密、水密考验的挑战更大，而推拉门结构通常统筹考虑普通推拉与提升推拉的结构共享。

平开的基本开启方式： 核心是五金与型材的配套，核心的核心又是五金槽口的选择与整体规划，目前国内基本采用标准的扇槽 15/20mm、框槽 14/18mm 槽口，所以也没有什么悬念，但是在国外成熟的知名铝系统中仅瑞纳斯采用此标准槽口，还有在铝系统中采用塑木窗 U 槽口的设计。未来国内的铝系统槽口选择将是技术深度的分水岭和试金石。

平开的配套功能完善： 纱门纱窗的核心是纱结构与门窗整体结构的逻辑处理。转角设计思路是在通用性和成本间选择。

相关内容延伸： 平开体系产品在欧洲的铝门窗系统中基本是以内开为主，然后通过在内开结构的开启部分加转换框的方式来实现具体的外开形式。这主要是因为欧洲开启方式以内开为主体，外开只是特定场合的辅助开启，所以外开没有独立的结构设计。但是在日本的铝门窗系统产品框架中，外开和内开是独立存在的两个体系，这主要是历史原因造成的，日本铝门窗以外开、推拉体系为传统，在断桥铝门窗出现后才逐步引入欧洲的内开窗体系，所以形成了原有外开、推拉产品体系上的内开产品体系。我国南北气候差异造成了北方内开为主体，南方外开为主体的使用习惯，所以我国的产品体系与日本的铝门窗系统产品体系更接近。

031 铝门窗系统开发的矩阵思维是什么意思？

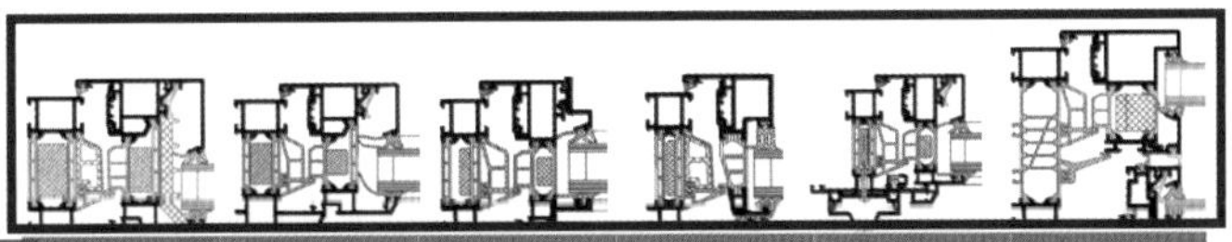

	AWS基础系统	住宅轮廓 (RL)	钢轮廓 (ST)	隐扇系统 (BS)	窗式幕墙 (WF)	复合结构 (CC)
50 mm	■	■				
60 mm	■	■		■		
65 mm	■	■		■	■	
70 mm	■	■	■	■	■	
75 mm	■	■		■		
120 mm						■

注：此页内容引自 旭格 相关资料

上图是系统设计开发的核心逻辑，而且对于国内现阶段的工程门窗与家装门窗齐头并进的市场格局具有统筹价值。铝门窗系统设计分为两个维度：一是横向坐标序列的不同门窗造型，这是目前家装铝门窗市场关注的核心，此横坐标序列即所谓"颜值"；二是纵坐标序列的不同系列，这是工程铝门窗市场基于各地建筑节能的门窗保温性能要求而规划，此纵坐标序列即所谓"K值"。

"颜值"序列： 目前家装铝门窗市场的潮流多半聚焦于此，"框扇平齐""简约极窄""隐藏排水"等都属于铝门窗的不同造型，相当于汽车市场轿车、SUV、MPV这样的不同外观车型，虽然外观有各种表达方式，但是内部结构基本保持一定的稳定和共享。窗框的占墙厚度（系列）是否相同是不同造型门窗相提并论的前提。

"K值"序列： 工程市场为了满足各地不同的建筑节能要求，保持基本铝型材结构不变，而通过变化隔热层的宽度来实现不同保温性能指标的门窗。工程市场谈隔热铝门窗必然界定"XX系列"就是基于不同的"K值"要求。值得一提的的是，"XX系列"的核心是隔热层的宽度，因为隔热层的宽度基本决定了铝门窗结构的整体保温性能。隔热层宽度决定隔热型材"K值"就好比汽车的动力主要看发动机的功率（排量），而不是看车外型的大小。

"颜值"与"K值"两坐标的交点就是基于XX系列的XX型门窗。"颜值"与"K值"两序列的核心是内部结构共享。

相关内容延伸： 家装门窗市场重点关注"颜值"而忽视"K值"，不是因为家装门窗企业只注重门窗外观而忽视门窗的保温性能，而是因为家装门窗的购买者是普通消费者，普通消费者对门窗的认知停留在他们能识别和判断的门窗外观层面，而对门窗的内在性能缺乏必要的技术判别能力，所以客户关注的就是企业追求的，这是简单的认知传递和市场规律使然，当然，这也体现出家装门窗产品处于早期发展阶段的不成熟特征，所以家装门窗市场发展的不确定性才是其魅力所在。

032 铝门窗系统完整的内容框架和输出形式是什么？

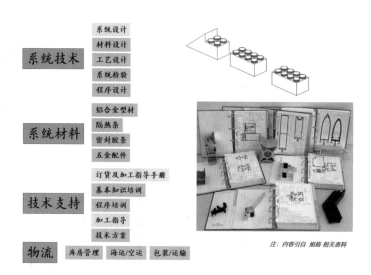

注：内容引自 旭格 相关资料

上图是铝门窗系统的主干框架，设计开发涉及技术和材料，后期合作涉及支持和物流。下面分别作简要的叙述。

系统技术： 这部分是系统开发的起点和基础，也可以称之为系统的定位及目标。这一过程属于系统开发的战略性内容，决定后续所有开发及合作的方向，而如此核心的部分除了检验的内容相对显性化之外，其他设计内容属于"所以然"的层面，所以都相对隐性化。材料设计需要材料知识作基础，工艺设计需要门窗加工知识作基础，而程序设计是指专用软件的开发和配合，这一部分内容是国内系统商普遍缺失和不足的部分。

系统材料： 上图框架中只列举了主要的四项内容，而大量的辅件没有设项呈列的原因不得而知，但就实际开发过程的经验而言，辅件开发恰恰是周期最长、费用投入最大、烦琐事务最多的内容部分。玻璃没有呈列是因为玻璃是最标准的构件。五金设计是国外系统开发的重点，因为选择槽口都有所差别。

技术支持： 订货手册和加工手册是系统输出的核心（上图图片），订货手册解决"用什么做门窗"，加工手册是解决"怎么做"。加工指导是系统商到加工商的现场解决加工手册的执行和落实。培训则需要根据不同岗位进行专属培训。技术方案是指具体项目设计及投标过程中涉及的门窗产品选型、材料构成、投标报价等整体解决方案。

物流： 项目所需材料的整体输出，保证及时、齐全的物料供应，保证项目工期的按计划推进。

相关内容延伸： 系统技术和材料的系统化体现是模块化组合（如上图的乐高积木一样），实现不同的项目需求。只有模块化组合才能实现有限的材料数量组合出无限的产品属性来满足及应对市场上无限的个性化需求。识别是否为系统的重要标志就是模块化的组合特质及模块本身标准化的特征，这对于任何一个工业品系统都是适用的通则，门窗也不例外，也许目前国内的门窗系统还未达到这样的境界，但是我们需要建立这样的认知，需要知道目的地在哪里，那么即使我们刚刚上路或正在路上都不会"南辕北辙"，正如华为的经典名言"目标大致正确，组织充满活力"那样，建立正确的方向认知和技术认知是我们每个门窗企业走得远、走得高、走得稳的重要基础。

033 如何看铝门窗系统的结构?

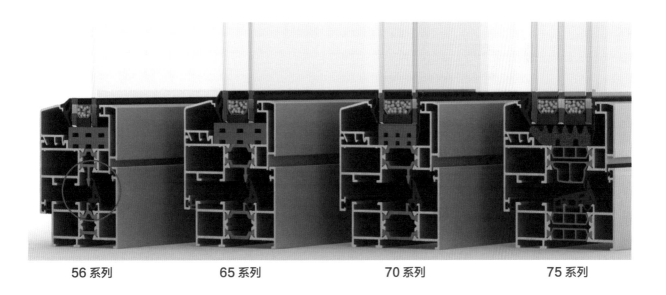

56 系列　　　**65 系列**　　　**70 系列**　　　**75 系列**

　　上图是铝门窗系统不同系列产品转化及延伸的基本框架,主要是看铝材结构、隔热条、胶条在各系列产品之间的变化规律。五金槽口确定后,各系列之间的五金应该实现完全共享和互换,上图没有体现。

　　相同的内、外铝材结构: 同造型不同系列之间的系统门窗产品的铝型材结构、规格完全通用和共享是系统设计的基础逻辑,也是门窗系统的基本标志,更是门窗系统诞生的基本初衷,所以看单窗很难界定是否是系统门窗,但是不同系列的产品放在一起的时候,看型材是否完全或一定比例的通用就是鉴别系统门窗的重要依据和手段。

　　不同宽度结构的隔热框架: 既然铝型材结构完全不变,那么系列延展的整体隔热型材占墙厚度尺寸的变化完全由隔热型材另一组成部分——隔热结构(隔热条)来实现就是顺理成章的结论了,所以在系统设计之初就需要首先确定隔热条的模数跨度并确认模数序列内的同宽度 4 款隔热条(I 型 \C 型 \T 型 \CF 型)的齐备性。工程市场成本上,所以模数跨度 5mm 为宜,家装市场聚焦"爆款",所以模数跨度 10mm 居多,甚至一个隔热条宽度包打南北的现象也很多。

　　有所变化的密封胶条规格: 主密封胶条的设计弹性余地大,而且基本为具体结构量身定做,所以主密封胶条是铝材结构设计定型后的最后收尾设计环节。主密封胶条(等压胶条或鸭嘴胶条)的主流设计是根部站位固定于铝材或框料 CF 型隔热条的对应压入槽口内,头部与扇料 T 型隔热条的悬臂搭接,形成"软"密封。胶条结构设计在考虑相对搭接密封位置一致且根部站位稳定性的双重前提下可以实现一定范围系列产品内的通用与共享。

　　相关内容延伸: 综上所述,门窗产品设计以隔热条选型确定产品系列延伸的"模数"为开始,以弹性余地最大的密封胶条为收尾,这可以理解为门窗产品设计的一般性惯例,也可以俗称"条起条落"方案,当然这也不是唯一的途径和原则,产品设计的路径只是手段,目的都是解决具体需求,"条条大路通罗马",也欢迎门窗行业的同仁贡献自己的设计路径和方法,共同促进行业的技术进步和经验积累。

034 门窗系统与系统门窗的关系和逻辑是什么？

2. 术语

2.0.1 系统门窗 system window

运用系统集成的思维方式，基于不同地域气候环境和使用功能要求研发的门窗系统，按照严格的程序进行设计、制造和安装，具备高可靠性、高性价比的建筑门窗。系统门窗是由多要素、多个子系统相互作用、相互依赖所构成的有一定秩序的集合体，能够有效保证建筑性能。

【2.0.1解析】

系统门窗将建筑门窗设计分为门窗系统研发和系统门窗工程设计两个阶段。第一个阶段门窗系统研发，即预研发出一个或数个门窗系统；第二个阶段系统门窗工程设计，即在已研发完成的门窗系统的基础上，选择符合建筑工程要求的某门窗系统产品族。然后按照该门窗系统的系统描述，完成系统门窗的开启形式、尺寸、颜色、分格、节点与连接构造的选用设计，抗风压、节能等性能校核，以及加工工艺、安装工法的选用设计。

（预设计、标准化、系列化、模块化、系统化、智能设计）

注：内容引自 邓小鹏先生 相关资料

前文已经说过，门窗系统是一个集合体，是一套技术文件，是集成了材料、设计、加工、安装、性能等门窗全流程的具体方法。所以门窗系统不是具体的、可见的产品或材料，不是硬件，是软件。

对应来说，系统门窗就是采用门窗系统中所统筹设计的材料，按照系统设计的流程进行加工、安装的门窗产品，此产品在正式推向市场前需要按照门窗系统的检验方法来进行必要的性能测试加以验证。所以系统门窗是按照门窗系统的全流程方法制造而成的实物产品。

门窗系统是整套材料及方法，是前导；系统门窗是实物，是结果。这就是门窗系统和系统门窗的逻辑关系。

相关内容延伸：在家装门窗市场，由于消费者对专业的、难以记忆的术语很难直观认知及理解，所以门窗销售人员会摘取一些系统门窗的通用工艺来作为系统门窗的标签加以定义，常见的描述就是"胶桎胶线"，具体而言就是组框角部要注胶、中桎连接不用螺接而采用专用中桎连接件、玻璃与型材之间采用胶条密封、开启结构的框扇隔热条中心线重合（尤指外开窗结构）。从专业技术的角度，对上述说法是不能予以认同的，这要从宏观和微观两个方面来进行具体分析。就宏观而言，门窗系统所涉及的系统工艺贯穿结构、材料、加工、安装全环节，仅凭一两个工艺步骤就对门窗是否系统化进行判别是不客观的断章取义及不专业的以偏概全；就微观而言，角部注胶及中桎连接件、胶条密封都是欧式工艺，而日式系统铝窗工艺中螺接是主流，但是需要专用密封材料的辅助。另外，打胶密封在东南亚地区的日式门窗中也是比比皆是，那么是否就可以据此判断知名的日式门窗品牌就是非系统门窗了呢？至于框扇隔热条中心线重合就更是非专业的门窗营销噱头，因为看知名门窗系统的断面设计很难建立这样的规律和共识，而且门窗保温性能的等温线是需要从玻璃到型材整体连贯判断，在没有专业软件分析的等温线报告做评判的前提下，简单以框扇中心线的重合度来作为系统窗的标签恰恰说明国内家装门窗市场的不成熟和混乱，所以家装门窗行业的技术普及和共识之路任重道远，这也是本书的初心与追求。

章节结语：所思所想

门窗系统是整套设计及加工方案，不是具体产品

门窗系统是系统门窗的前提

门窗系统的核心是设计，设计涉及材料、结构、工艺

门窗系统的设计基于对门窗系列及门窗造型的统筹规划

门窗系统的设计焦点在于型材结构和五金的配套

门窗系统的核心价值在于材料的模块化组合搭配，以有限的材料实现
丰富多彩的门窗类型

系统门窗又是什么？

04 系统门窗
系统门窗又是什么？

035 什么是系统门窗?

前文已将门窗系统说明得比较清晰,门窗系统是材料及门窗全流程技术的集合体,那么系统门窗就是按照系统门窗技术将验证过的系统材料进行加工、制造、安装的门窗产品。系统门窗产品主要涵盖下列特别需要做深度阐述的方面。

可靠性的保障: 设计阶段专用软件的校验、成品阶段实际性能的检测数据验证。

高性价比的保障: 性能通过实际检测数据加以明确,价格是材料的成本加上门窗制造和安装的人工费用及管理费用,性价比在实际工程项目的实操过程中是先明确相应的性能指标,在达到规定性能的前提下进行价格的比较。

系统门窗第一阶段是门窗系统的研发。这一阶段是以产品为核心,以材料及工艺为重点。

系统门窗第二阶段是工程设计。这一阶段是以具体项目为核心,结合项目的特殊背景及个性要求,结合国家相关的规范及标准进行统筹规划,从而确定门窗的系列、开启方式、分格方式、造型、配置等一系列的具体科目及内容。

相关内容延伸: 门窗企业关注的是门窗系统,因为这是做系统门窗的前提和基础。工程项目的开发商及家装项目的设计师和业主关注的是系统门窗,因为具体的门窗产品能实现怎样的性能才是关键所在。就门窗工程项目而言,系统的工程设计是系统门窗的二次设计;对家装零售门窗而言,系统的市场设计就成为具体的二次设计内容。就目前国内市场而言,家装零售门窗的市场化设计主要涵盖外观特征、价格梯度、区域范围三个维度。就外观特征而言,家装零售门窗追求让消费者可以直观体验的外观性结构和五金配置,比如窄边、框扇平齐、撞色、无基座执手、隐藏式铰链、内平开 180° 等;就价格梯度而言,家装零售门窗一般会设置入门、标配、高配的全系产品价格,覆盖各类消费层次客户的消费需求满足;就区域范围而言,我国南北气候差异导致不同的门窗开启选择惯性,东西部不同的风压挑战又要求所在区域建筑的门窗具备不同侧重的性能,所以家装门窗需要结合不同的区域进行有侧重的组合窗型、开启方式及性能配置。

036　系统门窗的核心是什么？

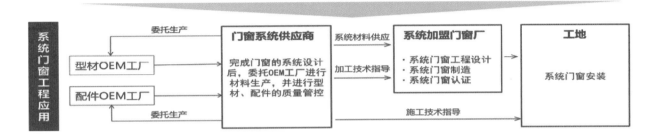

　　系统门窗是产品，所以系统门窗的核心就是严格按照门窗系统的流程执行落实到位。上图是系统门窗项目的流程，材料整合及整体技术工艺输出是门窗系统方的内容，系统门窗企业的实务内容才是产品的核心，这涉及项目方案设计及投标、中标后的加工制造、现场的门窗安装三个方面的具体内容：

　　系统门窗工程设计就是门窗项目设计及投标：项目设计主要是两个方面，一是门窗洞口的分格设计及窗型开启方式的界定，二是系统内具体系列及材料的配置门窗材料。投标的内容也是两方面：一是价格及商务付款政策，二是门窗性能与项目设计目标匹配性的技术性证明。

　　系统门窗制造主要是加工工艺的落实，系统门窗产品比普通门窗产品价格高除了材料成本之外，另一个重要原因是加工工艺的严谨性和复杂性，所以传统门窗企业第一次做系统门窗产品时面临很大的既有惯性挑战和加工效率挑战，这就需要门窗企业决策者具备定力和足够的思想准备。

　　系统门窗安装对洞口安装条件、安装材料、安装工艺都有区别于普通门窗的具体要求，而现场的管控难度远远大于工厂，所以鉴别系统门窗项目管理水平的最直接方式是看安装进场的物料保护、物料的现场管理、安装工艺的执行一致性这些实际的操作内容，所有前期的事务内容最终由规范的安装来保障。安装是系统门窗的重要组成部分和关键的、不可忽略的环节。

　　相关内容延伸：以上流程是欧洲系统门窗的产业链分工模式，也是目前我国工程门窗领域所沿用的主流模式，但是随着国内家装零售门窗市场的兴起，出现了一批有规模、有品质追求的主干企业，这批主干企业从国内聘请有门窗系统企业工作背景的资深技术人员团队，成立全链的研发、设计、验证系统流程，对标美国安德森、日本通世泰、YKK这样的综合型门窗制造企业，将系统材料、系统工艺、系统项目设计、系统化产品制造及系统安装流程进行整合，实现独立的系统门窗整合，实现这个过程需要企业决策者有心理追求的坚定、物质保障的实力、实现目标的耐性；需要主干技术团队有清晰的逻辑、丰富的行业认知、专业的技术沉淀、稳定的组织架构组成、忍受寂寞，数年磨一剑的坚守；需要整个公司体系从供应链、制造、销售、代理商合作伙伴统一的认同和配合。

037 系统门窗涉及的知识及内容是什么？

系统门窗的"内涵"

研发方法论：经过型材、五金、密封、玻璃、附件厂商协同系统研发、有明确材料、构造、窗型、技术（设计规则、加工工艺、安装工法）描述的，经过检测验证，有第三方认证的一种集成研发方法体系。

定制产品：经过系统研发的，各种性能、功能有保障的，高可靠性、高性价比的建筑门窗。
（性能指标包括气密性、水密性、保温、隔声、采光、遮阳等物理性能，还包括反复启闭耐久性、力学性能等全部的建筑门窗性能指标。）

认证体系：品牌商研发描述出来，第三方认证机构检测、文件认证，认证证书和产品标识

商业模式：由品牌商为主，多家企业形成供应链、服务于最终业主、各企业共同获利的一种商业模式。

注：内容引自 邓小鸥先生 相关资料

上图是通用技术导则中系统门窗内涵的释义。前文已经诠释门窗系统是一个集合体，是一套技术文件，是集成了材料、设计、加工、安装、性能等门窗全流程的具体方法。而系统门窗是在门窗系统方法论指导下，运用系统材料，采用具体系统工艺所制造、安装的门窗产品，所以对系统门窗具体涵盖的范畴再做一些解释：

研发方法论： 系统门窗的研发体系是在门窗系统方前期完成的，作为独立的系统商，其研发过程及结果需要经过必要的专业的第三方认证，这是市场推广前的必要程序，也是市场推广过程中取得信任及展开合作的有力支撑。虽说门窗不是高科技，但是别说普通消费者，即使是门窗行业从业者，对门窗结构、材料、工艺具备清晰而正确识别能力也需要相当时间的经验积累，所以第三方的专业检验及认证就显得很必要。国内的认证机构及体系也存在识别和选择的挑战，这是另外的内容了。

定制产品： 工程市场的门窗产品是真正的批量化定制产品，因为单一项目门窗体量大，开发商也存在一些特别的要求，所以门窗基本都是独立的型材、五金、玻璃配置组合产品。而系统门窗是基于开发商及业主要求，在标准的材料体系及结构模块中组合出满足项目需求的门窗产品，是组合的定制产品而不是独立设计和制造的产品。

商业模式： 系统门窗制造企业与系统商的合作过程中存在两个核心：一是项目是谁获得；二是系统材料的范畴。

相关内容延伸： 系统门窗的知识体系建立在对门窗系统的设计理解及系统工艺的执行上，这是最简单的定义。对门窗系统的设计理解，主要体现为系统材料的适用环境及条件的深度把握。就断桥铝门窗系统而言，玻璃是标准的开放材料，由具体的门窗制造商自行采购，所以型材及五金配置就是系统材料的主体构成。断桥铝型材由室外侧的冷腔型材、隔热层、室内侧的暖腔型材三部分构成，三部分材料不同的组合结构形成不同的门窗系列，不同的门窗系列又能实现不同的门窗性能及外观特征，从而适用于不同的地域、环境条件，满足不同的消费需求，所以型材的组合性及多样性特征决定了系统隔热铝型材的"系统性"。五金配置的多样性要比隔热铝型材简单一些，也存在不同的配置，但是其互换性受到型材结构的制约，而根本制约在于铝型材上五金槽口的选择及设计适配性。系统工艺更讲究一致性，这是为了保证加工制造的品质稳定性。

038　国内工程市场的门窗特征是什么？

工程门窗的关键词是成本！具体来说，国内工程市场门窗具有以下特征：

项目验收依据国家相关标准，所以门窗抗风压性能及保温、隔热性能要求高。

南方外开窗为主、北方内开窗为主，推拉门窗逐渐减少。

整体而言，铝窗为主，塑窗占据北方普通市场，铝木窗占据高端市场。

由于我国人口基数大，住宅市场需求旺盛，加上大型公共建筑的建设，导致国内工程门窗市场是绝对主流。

2001年隔热铝门窗的住宅工程项目起步至今已经20年，但是系统铝门窗在工程项目中的运用比例目前不超过10%。

工程门窗项目的核心要素是价格，开发商不是门窗的使用者，特别是毛坯房的门窗以满足项目验收为标准，所以导致门窗材料配置、门窗功能的简约化，这就催生了家装门窗市场的快速发展。

工程门窗项目窗型规格少、数量大，材料配置统一，人工成本占比低。

相关内容延伸： 地产市场的高速发展促进了门窗行业的发展，带动了材料商的进步和规模扩张，上图中右边的图片就是铝型材企业的挤压模具仓库，隔热铝窗的结构设计多元化导致铝材结构百花齐放，所以模具也达到惊人的数量级规模。前文已经说过，断桥铝型材是由室外侧的冷腔型材、隔热层、室内侧的暖腔型材三部分构成，三部分材料不同的组合结构形成不同的门窗系列，不同的门窗系列又能实现不同的门窗性能及外观特征，从而适用于不同的地域、环境条件，满足不同的消费需求，所以型材的组合性及多样性特征决定了系统隔热铝型材的"系统性"。通俗而言，普通一体化的非隔热铝型材的窗框是一支铝材，一个模具、一个规格，但是隔热铝窗的窗框型材是两部分铝材加中间的隔热层结构共同组成，这就是两支铝材、两副模具、两个规格，从此角度而言，一个隔热铝门窗产品所需要的铝材规格就是传统非隔热铝窗产品铝材规格的两倍，如何实现铝材结构的共享与通用就是隔热铝窗系统设计的重要核心。

039　国内家装市场的门窗特征是什么?

家装门窗关键词:卖点!!!家装门窗两极分化严重,价格差异悬殊。具体来说,国内家装零售市场门窗具有以下特征:

隔声、保温、水密、气密等物理性能并重,首要是颜值。

南方外开窗、北方内开窗,推拉门窗主要集中于华南及西南,不仅老房换窗需求大,新房装窗(封阳台)更是刚需。

铝窗占据主流市场,铝木窗占据高端市场,虽然都自称是系统门窗,但真正的系统门窗占比小于 5%。

2010 年后逐步形成家装门窗产业,门窗卖点是核心要素,消费者缺乏主流、客观的门窗鉴别信息渠道。

家装门窗系列规格多样化、窗型多样化、五金多样化迫切需要系统设计的整体统筹。

定制化对家装门窗企业的物料、加工、物流管理提出挑战,尊重知识、尊重技术的重要性日渐凸显。

断面系列、型材壁厚、五金及玻璃配置、结构设计、纱窗配套为五大要点。

家装门窗产业是门窗制造企业与当地产品代理商互相配合的"双打"项目。

相关内容延伸:窗龄 20 年以上的门窗都存在密封差、隔声差、保温差、启闭性能不畅等问题,所以家装门窗市场尚处于快速发展期,与工程门窗市场的合作双方都是相对专业的人士不同,家装门窗市场消费者不专业,甚至很多门窗代理商也不足够专业,而知乎、抖音上充斥着大量误导的信息和内容,这就是本书编辑出版的初心——正本清源。国内家装零售门窗制造商主要分为规模化、品牌化门窗制造企业与门窗材料组装销售的社区类门窗服务商三大类。规模化门窗制造企业的主流类企业是室内金属框架移门制造企业进行室外金属门窗产品延伸为背景,另一类企业是原来从事工程门窗加工的制造型企业将工程门窗产品改进后进入家装零售领域,还有一类企业是原来从事家装零售门窗的销售或服务,积累一定销售资源及产品认知后进入门窗制造领域。社区类门窗服务商是从封阳台开始起步,从建筑材料市场配购门窗主材,自行进行门窗加工组装,再销售给周边的社区消费者。

040   塑钢门窗是系统门窗吗?

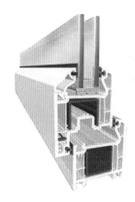  

这个问题本身是伪命题,却是市场上消费者和门窗代理商真实的问题。这种提问内容在家装门窗市场比比皆是,常见的有,"北派门窗是系统窗吗?""南派门窗有系统窗吗?""玻璃与型材密封打胶的就不是系统窗吗""玻璃与型材密封装胶条的就是系统窗吗?"……因为前面已经说明系统门窗是按照门窗系统的材料和技术方法落实的具体门窗产品,而塑钢窗是具体的材质门窗种类,这是完全不同的两个定义范畴,所以无法在两者之间画等号或不等号。就本质来说这是一个没办法回答的问题,但是如果换种方式提问:塑钢窗中有系统窗吗?回答是肯定的:有,但是国内不多,欧洲、日本很普遍。下面从两个方面来略加深化:

塑钢窗的型材挤出成本远远大于铝材,主要是塑料型材挤出模具比铝材挤出模具要高很多,因此,塑钢窗的型材结构设计基本都是由塑料型材企业完成,门窗厂只是负责加工。在欧洲和日本,塑钢窗是住宅门窗主流产品,系统的设计和材料都很成熟,而门窗企业的加工也通过高度的自动化实现了制造工艺的规范化和标准化,所以用成熟的材料加上规范的工艺制造出来的塑钢门窗就符合系统门窗的定义标准。

在国内,塑钢门窗早期塑料型材品牌很多,在激烈竞争中拼价格的结果就是结构简化、原材料非规范化。那个时期是塑钢型材达不到系统门窗的材料标准,现在塑料型材的品质、结构设计日趋成熟,但是大部分门窗企业的加工还没有实现系统门窗制造工艺的标准水平,这其中既有塑钢型材企业没有系统输出制造技术的原因,也有门窗企业执行落实的原因。

相关内容延伸: 随着建筑节能指标要求的进一步推进,特别是"双碳"目标确立后,塑钢门窗在工程门窗市场必然迎来新的发展机遇,就节约型社会的本质目标而言,门窗的全寿命周期是门窗成本的核算的基础,所以工程塑钢门窗从材料到加工、安装需要满足未来业主居住使用的要求,而不仅仅是满足开发商项目验收的要求。塑钢门窗在零售家装市场也出现了可喜的趋势,除了使用欧洲品牌塑钢型材及工艺加工的新一代塑钢门窗在北方家装门窗市场占据一席之地外,国内也出现了全链的结构设计、型材挤出、整窗加工、零售服务安装的新型塑钢门窗整合型企业,这种企业模式与日本YKK、德国旭格的塑钢窗品类产品发展模式类似,在国内塑钢家装门窗领域,产品端不是主要矛盾,主要挑战是如何扭转国内消费者对塑钢门窗的惯性认知和误解,这需要时间和实用事实来逐步扭转,性价比也是不能回避的重要因素。国外塑钢窗的普及是因为价格优势,但是国内铝窗的价格弹性让国内新一代塑钢窗处于尴尬的境地。

041 铝木门窗是系统门窗吗？

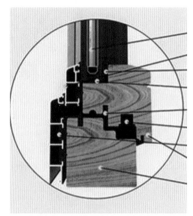

这个问题与前一问题类似，属于伪命题，第二章已经对铝木窗进行了说明，所以这一问题具体来说需要拆分成两个步骤来回答：一是先鉴别本质到底是木包铝窗［主体铝窗结构基础上室内可视面用木材装饰（上图左侧）］还是铝包木窗［主体木窗结构基础上室外可视面用铝材框体保护（上图右侧）］；二是分别对待。下面具体分析：

木包铝窗的本质是铝窗，所以如果铝窗本体是系统门窗，那么简单进行室内面的木材装饰并不影响其系统门窗的本质，这样的门窗可以理解为是铝系统门窗的一种外观延伸，反之如果铝窗本体就不属于系统设计，那么做了室内面的木材装饰也不可能脱胎换骨。

铝包木窗的本质是木窗，所以这个问题的要点是如何鉴别木窗本体的系统化属性。木窗企业是进料原木，然后自行在工厂进行木型材的开料和加工，所以木窗不存在铝窗、塑窗那样的成品型材供应商，木窗加工企业是木窗唯一的系统开发者和生产者。前面已经说过，门窗企业的加工设备从木材开料到木材表面处理，工序多、设备复杂、投入大，所以铝包木窗门槛高很多，木窗企业数量也少，因此鉴别木窗的系统性可以具体到木窗的品牌，那就从其结构系列设计的延伸性、配辅材料的通用性来进行直观判断。

环保木、复合木窗的框架结构或装饰结构需要具体分析其物理、化学性能参数，加工工艺等，在此很难直接界定。

相关内容延伸： 木窗的系统性比较容易实现，因为都由成窗企业独立完成，木材成型容易，五金标准，这是从生产制造环节对木窗系统化的片面认知，前文已经描述过，门窗系统化除了材料的系统化之外还需要系统工艺的配套保障，而系统化的设计是系统材料与系统工艺的源点，而木窗的产业链特征决定了系统的木窗设计基本由木窗生产制造企业独立完成，而木材的材质属性决定了木窗型材的表面处理工艺是木窗品质及使用寿命的重要保障，所以木窗表面处理工艺的装备投入是塑、铝窗制造企业都不需要考虑的环节（塑、铝窗型材都是成品型材），加上木窗型材前期的成型装备及环保装备投入就导致木窗制造企业的硬件装备投入大、门槛高的产业品类特征，所以木窗系统化对木窗制造企业的软硬实力都提出了更高的要求。

042　如何从理论资料的角度鉴别是否是系统门窗?

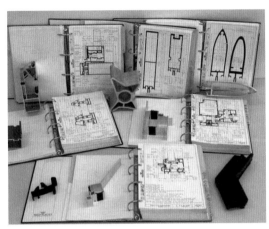

　　上图是德国知名门窗系统——旭格的相关技术资料图片,前面已经说到门窗系统不是具体的、可见的产品或材料,不是硬件,是集成了材料、设计、加工、安装、性能等门窗全流程的具体方法的集合体,是整套的技术文件。所以门窗系统从技术输出的角度而言,其每一款产品都需要材料手册和加工手册两个部分来对产品组成及加工进行明确的界定。下面就材料手册及加工手册具体涵盖的范畴再做一些解释:

　　材料手册:顾名思义,材料手册主要是对该款门窗所用到的型材、五金、隔热条、胶条、结构辅件及配套件进行明确并提供门窗设计选用的依据及边界,包括对未来门窗所能达到的性能指标进行必要的明确。玻璃是最容易配套和安装的标准化产品,所以系统设计对玻璃是开放的。材料手册是门窗企业进行门窗设计及成本核算的基本工具,也是门窗构成的材料清单,更是材料之间组合搭配所能实现结果的预判依据。

　　加工手册:按照材料手册所明确的门窗结构及材料如何进行加工就是加工手册的核心内容,其中涉及专用工装夹具的使用方法及步骤。加工手册是门窗企业如何进行门窗加工的基本工具,是门窗加工步骤及相关标准的执行依据,更是门窗未来性能达到设计预期的基本保障。工艺内容涵盖门窗加工及门窗安装两大环节。

　　相关内容延伸: 从门窗材料手册中可以看出不同系列门窗产品材料之间的逻辑性和共享程度,通过门窗加工手册可以看出加工工艺的一致性及统一标准性,这是判断是否经过统筹设计的两大重要依据。断桥铝窗由于其型材的组合性特征,为了提高型材的共享性、通用性,强调铝型材部分与隔热层结构的模块化设计和组合,所以当我们仔细研究隔热铝门窗系统的材料手册时,会发现不同系列的产品往往会使用相同产品编号的铝型材部分,而不同产品系列之间变化最大的是隔热层产品、主密封胶条、玻璃压线这些材料,概而言之,系统隔热铝门窗的材料手册中,不同产品系列之间存在材料的通用和差异并存特征。而系统隔热铝门窗的加工手册则更多体现标准化的一致性特征,这是为了保障加工过程的稳定性和延续性。

043　如何从门窗实物的角度鉴别是否是系统门窗？

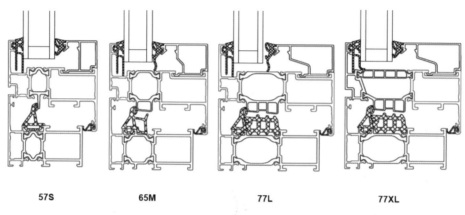

57S　　　65M　　　77L　　　77XL

注：内容引自 霍柯 相关资料

　　上图是德国门窗系统——霍柯的内开窗各系列产品节点的资料，前面已经说到系统门窗是在门窗系统方法论指导下，运用系统材料，采用具体系统工艺所制造、安装的门窗产品，而系统材料的理念在上图中得到充分的诠释。下面就系统材料的两个重要特征再做一些解释：

　　系统材料的共享性：系统材料是指该门窗各系列产品所用到的型材、五金、隔热条、胶条、结构辅件及配套件进行预先的统筹设计，用尽量少规格的产品通过不同组合与搭配来构成不同的结构类型并实现不同的门窗性能。如上图所示，在四个系列产品中，所有的框料铝材都是通用的，扇料型材中暖腔型材通用、冷腔型材两个规格，压线型材三个规格，主密封胶条三个规格，每个系列的隔热条规格都不同，其中的底层逻辑就是用五款铝材、三款压线、三款主密封胶条＋不同宽度的隔热条构成四个系列的产品，实现不同的保温、隔声、抗风压性能。

　　系统材料的设计思路：由于铝材的开模费用是最低的，隔热条开模费用最高，所以系统门窗的设计思路是先确定不同模数（宽度间隔）的成品隔热条系列和确定五金槽口（五金开模费用更高），然后配套设计铝型材截面。由于铝门窗的主材框扇梃的线密度大，所以主要是压缩框扇梃的型材规格，尽量共享，配合各种厚度的玻璃通过压线规格来实现，最后确定胶条规格，其中边部密封胶条基本共享，主密封胶条配合隔热条密封搭接位置最后收尾。

　　相关内容延伸：先定隔热条和五金，最后确定胶条的门窗结构，设计逻辑可以简称为"条起条落"设计法。对于目前国内家装门窗市场出现的以系统门窗工艺体系中一些局部的、环节性的系统工艺手段作为鉴别是否是系统门窗的做法，笔者不予认同，这种以偏概全的定义方式是不客观、不专业的。对于一些存在争议的工艺路径不进行深度分析，不结合实际气候环境、使用环境进行客观分析、验证就加以简单的好坏对错的标签化认定现象，笔者更是予以反对，欧洲系统窗的结构及工艺是基于欧洲大陆性的气候条件和建筑特征而逐渐沉淀及稳定下来的，日本系统窗的结构及工艺是基于日本海洋性的气候条件和建筑特征应运而生的，我国幅员辽阔，气候环境差异大，所以不能完全照搬国外成熟系统门窗的成熟结构或工艺，需要结合环境进行借鉴及完善，这才是因地制宜、实事求是的学习方式和原则。

044　系统门窗对固定部分的设计依据是什么?

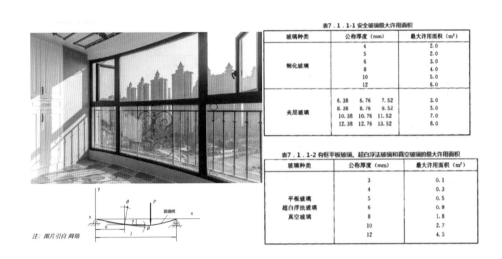

表7.1.1-1 安全玻璃最大许用面积

玻璃种类	公称厚度（mm）	最大许用面积（m²）
钢化玻璃	4	2.0
	5	2.0
	6	3.0
	8	4.0
	10	5.0
	12	6.0
夹层玻璃	6.38　6.76　7.52	3.0
	8.38　8.76　9.52	5.0
	10.38　10.76　11.52	7.0
	12.38　12.76　13.52	8.0

表7.1.1-2 有框平板玻璃、超白浮法玻璃和真空玻璃的最大许用面积

玻璃种类	公称厚度（mm）	最大许用面积（m²）
平板玻璃 超白浮法玻璃 真空玻璃	3	0.1
	4	0.3
	5	0.5
	6	0.9
	8	1.8
	10	2.7
	12	4.5

注：图片引自 网络

　　上图是家装零售门窗项目常见的封阳台分格方式：中间大固定，两边开启扇。现实中大固定部分的面积有越来越大的趋势，一是阳台跨度越来越大，中间固定部分的长度也随之拉长，有的可达 3~4m，甚至更大（观景豪宅阳台追求视野效果）；二是为了追求视野的通透，中间固定玻璃如果采用整片落地玻璃，高度在 2.4~3m，所以家装门窗市场 10m² 的固定玻璃板块也就越来越多。那么固定部分的设计依据到底是什么？主要涉及型材和玻璃两个部分：

　　门窗型材：如果是落地玻璃，需要考虑的是正、负风压（正面及回旋风力对玻璃板件造成的向室内侧及室外侧的变形趋势）条件下对中梃型材的强度校核，这需要专业的强度计算。如果是如上图的有横梁的固定板块，横梁的受力分析比较复杂，涉及两个方面，一是横梁上玻璃重量导致的横梁型材受力，二是正负风压导致的衡量型材的挠度变形（正、负风压引起玻璃向内、向外的拱曲变形直接导致型材随之向内、向外的弯曲，上图下是受力示意）受力。不同地域的极限风力强度不同，同一地域楼层高度不同风力强度也不同，窗型不同导致型材结构不同，承载强度也不同，这都需要专业技术人士通过专业计算软件进行综合计算，不是代理商拍胸脯凭经验可以判断的，这涉及门窗安全和人身安全，每次台风登陆造成的门窗坠落事件一再提醒我们高度重视技术对安全的重要性，这也是本书的初衷。

　　门窗玻璃：玻璃主要是厚度决定强度，上图是国家规范《建筑玻璃应用技术规程》（JGJ 113—2015）不同固定玻璃面积对原片厚度的要求，一目了然。

　　相关内容延伸：门窗固定部分安装结束后，如果人力推动玻璃中间位置能感到玻璃晃动或"忽闪"就值得高度警惕。这种情况往往是因为玻璃板块本身的强度不足或固定玻璃的边部型材强度不足造成的，因为独立的单纯固定玻璃洞口是比较少见的，大多数固定玻璃单元都是和开启扇进行组合，所以开启扇单元与固定单元之间的中梃型材强度是进行洞口门窗单元整体强度校核的重要依据，而窗框型材由于采用多点紧固方式与墙体进行有效连接，而且也有相关的技术标准加以保障，所以窗框型材的强度校核不作为必须项目。另外值得一提的是玻璃压线型材与框型材的结合强度需要经受玻璃承受正风压的考验，而这往往被忽略。

045 系统门窗对开启扇部分的设计依据是什么？

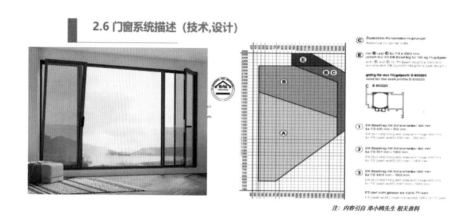

注：内容引自 邓小鸥先生 相关资料

　　上图左是家装零售门窗项目近几年越来越多见的落地内开内倒开启扇方式：图中左侧是内倒状态，这是常见的通风换气状态，图中右侧是内开状态。在欧洲，内开状态仅适用于清洁外部玻璃时；在国内则为了追求更大的通风面积及直接的视觉效果而经常使用，这对开启扇的稳定性提出了全新的考验。落地内开内倒窗外出于安全考虑必须设置固定的夹胶玻璃护栏。另外，对于国内家装门窗而言，必备的纱窗配置也体现得比较清楚。那么，开启扇部分宽高的设计依据是什么？主要涉及型材和五金两个部分：

　　外平开窗：外平开窗扇宽基本在 700mm 以下，因为常规人的手臂伸出长度能保证这一宽度尺寸的开启扇实现 90° 开启时的玻璃清洁并顺利关闭，超出此宽度则开启和关闭时人的上身需要探出窗外，存在安全风险。外平开窗扇高尺寸基于玻璃配置重量下的整体开启扇自重对型材结构稳定性及五金（摩擦铰链）的承重等级，需要通过计算设定边界。

　　内平开下悬（内开内倒）窗：内平开下悬窗正常开启方式是内倒通风，通风口高于人体头部 30cm 以上，所以通风状态时不会对人体造成不适及对室内物品产生气流干扰，而内平开状态仅适用于清洁玻璃时，所以内平开窗的宽、高尺寸基于玻璃配置重量下的整体开启扇自重对型材结构的稳定性及五金（承重铰链）的承重等级，需要通过计算设定边界。

　　推拉窗：推拉窗扇的宽、高尺寸主要基于玻璃配置重量下的开启扇自重对五金（滑轮数量、种类、材质）的承重等级的考验，主要是考虑滑轮的承重使用寿命及推拉启闭时的摩擦阻力克服（启闭力）。

　　相关内容延伸：不同的五金品牌会有不同的承重性能及使用寿命，这主要是由两个方面决定的：一是五金的结构设计，不同的结构设计会产生不同的使用受力状态，不同的受力状态对五金结构的磨损或破坏力会有本质的差别，所以门窗五金承重等级的基础是五金结构设计。二是五金适用的材料材质及加工工艺，不同的材质，各项物理性能存在本质差异，加工工艺不同也会影响材料的性能参数及指标。所以国内一些五金件企业往往只专注于借鉴成熟产品的结构，忽略其材质及加工工艺，结果学习出来的产品经不起同等使用条件的考验，甚至有些借鉴结合了两类成熟五金产品的短板，那就更让人哭笑不得，所以借鉴的前提是对结构的来龙去脉理解通透，对材质及工艺处理后的物理参数清晰，这些才是成熟产品根本和精髓。

046 系统门窗对安装有什么明确要求?

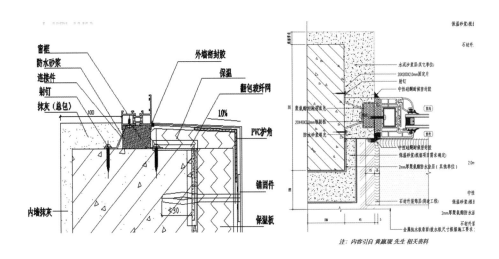

注:内容引自 黄赢现 先生 相关资料

上图是隔热铝窗及塑钢窗的工程项目节点。系统门窗的安装工艺在通用技术要求基础上会对一些特殊结构提出特别的设计要求。门窗安装是通用技术工艺,通常来说涉及不同系列产品之间的共享或兼容,从本质而言是兼容的,某种意义上说,铝、塑、木窗的安装工艺原理也是通用的,但是在具体气候、具体环境、具体门窗材质不同的情况下,在通用技术工艺的基础上需要增加一些特殊工艺的补充和完善。从通用技术而言,门窗安装需关注以下具体情况:

窗框安装条件: 目前窗框安装分为框墙直接连接(上图左)和窗框与副框连接(上图右)两种情况。上图节点都是工程节点,所以副框可以事先在土建时预埋。副框的作用主要是保证安装洞口尺寸的标准化,为今后窗框安装效率及规范提供保证。随着建筑节能的进一步推进,副框材质也从单一的钢副框向复合节能材质转化。家装门窗安装副框会减小洞口尺寸,而且多了一道进场安装程序,所以对于安转周期短、门窗面积小的公寓类家装门窗项目而言,副框安装方式比较少见,对于安装周期长、门窗面积大的别墅类家装门窗项目来说,副框安装方式逐渐得以运用。

框墙密封方式: 工程门窗因为批量施工,洞口尺寸相对统一,所以一般采用防水砂浆的塞缝(窗框与洞口墙体之间的缝隙)方式,称之为安装材质的湿法安装。家装门窗因为项目小、洞口少、施工周期短,所以通常采用发泡剂塞缝方式,称之为安装材质的干法安装。这两种安装方式不存在好坏差别,都是成熟工艺,只要操作规范、材料得当都可保证安装质量。

相关内容延伸: 近年传入国内的欧式安装方式对应采用了成套的框墙连接件,调整件、承重件及保证门窗水密性的特殊防水膜等配套安装辅助材料,这些材料的运用进一步保障了安装质量,也可视为系统门窗系统安装的体系完善,但是对于成熟的欧式安装辅助材料,需要进行原理及使用环境的客观分析和研究,因为欧式安装工艺基于欧洲的大陆性气候及欧洲建筑相对规范化、标准化、精确化的门窗洞口条件和墙体条件,但是我国的气候条件相对复杂,东南沿海属于海洋性气候,中部、北部、西部地区属于大陆性气候,我国的建筑洞口及墙体条件都比较多元化、个性化、特别是尺寸偏差比较大,所以这就需要对欧式安装辅助材料进行必要的选择和筛选,不加分析、理解、鉴别的照搬照用不仅加大了安装成本,还不一定产生理想的安装效果。

047　系统门窗与普通门窗有什么差别？

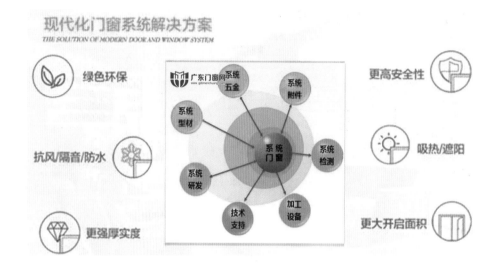

　　系统门窗是由系统公司采用整体门窗系统解决方案，对产品性能、质量的指标做出明确承诺；需要考虑气密性、抗风压、隔声、耐候性等一系列重要功能，还要考虑设备、型材、配件、玻璃、粘胶、密封件各环节性能的综合结果；是按照整体解决方案的要求进行设计、制作、安装，并在实际使用中实现承诺的各项性能、质量指标的产品。

　　简单地说，要做成系统门窗，就应该有提前的目标设定。系统门窗不能简单与节能、高性能画等号。同时，系统门窗强调对结果的负责。因此，系统门窗是一个性能系统的完美有机组合。系统公司从整个行业供应链着手，全面引入标准化这一工业理念，整合门窗产品所涉及的绝大多数技术、材料以及设备等，提供给门窗加工企业一整套经过市场检验的成熟的标准化解决方案，并对整体门窗做出质量保证。

　　普通门窗基本上是按照甲方或建筑师的意图进行门窗整体窗型的设计，流行什么设计什么；其现有的开发过程基本上是先型材，再配五金件，再配胶条、玻璃等，采用直线型的设计方式。型材厂、五金件厂、胶条厂、玻璃厂及门窗组装厂等基本上各自独立，无集成和交互设计；生产工作陷入设计、试制、修改设计、再试制的大反复，不能以产品为中心形成一个完整的整体，进行整体门窗的设计。所以存在型材槽口及配套件杂乱、不标准等状况，导致门窗的整体性能得不到保证、配套件产品的通用性和互换性差等问题。

　　系统门窗作为成熟的产品被工程选择应用，性能、质量、售后有很大的保障；普通门窗通常是根据工程的要求短时间内集成门窗所用材料拼装起来的，其性能、质量在上墙后才能真实反映出来，出现问题的风险大大增加。

　　相关内容延伸： 在我国的家装门窗领域，几乎所有的门窗品牌都宣称自己是系统门窗，系统门窗已经从一个技术范畴的名词演变为营销范畴的概念，并且衍生出很多所谓的系统门窗标签，这些标签中以偏概全，偷换概念，自说自话，形而上学的现象或说法比比皆是，不一而足，所以希望通过此书能够给国内门窗行业从业者及普通消费者建立客观的、理性的系统门窗认知和共识，促进家装零售门窗产业的持续、健康发展。

048   非系统门窗有什么缺陷?

非系统门窗虽然能够在一定程度上达到用户的使用要求,但是仍然具有一些局限性:

产品品质一致性不足: 由于非系统门窗的材料是临时组合在一起的,加上是在一个不确定的环境下(工厂、设备、制造工艺、质量管理体系不确定)制造生产,因此这类门窗的性能和质量只有等到门窗制造完成后,通过检验、检测才知品质参数。这种非系统的门窗生产模式,必然造成门窗产品性能的弱化。门窗企业不是以产品为中心,不是围绕提高产品性能和质量进行设计、制作、安装和服务,而是服从客户非专业化的意志和要求。

产品性能无法优化: 没有经过应用环境调研、产品定位、理论分析、设计、材料选择、试制、检验检测、改进和优化的过程,不经过以上过程的循环反复,无法知晓材料的匹配度如何、制造工艺和质量保证体系是否满足要求、整体性能与价格是否适宜、是否存在需要改进和优化的方方面面等。

性能与质量不够稳定: 工业化大生产的经验表明,产品制造的软硬件环境变化一定会带来产品性能和质量的变化。正是因为非系统门窗的材料临时组合、生产场地和工艺临时确定、质量保证体系针对性不强、没有固化的软硬件环境,才会使这类门窗产品无法达到稳定的性能和质量。

产品维护的挑战大: 在非系统门窗产品的设计方案中,材料选择基于兼容即可用的原则,因而不是固定不变的;其技术体系(制造工艺、检验检测方法、设备精度、加工参数)也没有独特性,因而产品性能和质量要重现相当困难。特别是当门窗出现性能和质量问题而需要维护修理时,由于资料不完整和不确定、数据缺失,维护修理会存在很大问题。

相关内容延伸: 非系统门窗如果是聚焦于单品,在保障材质、工艺、加工、安装品质的前提下,也可以达到基本的使用要求,因为单品在产品设计及延伸方面都基本可以不用顾及,所以品质及安全挑战相对较小,但是现实是国内家装零售门窗市场的消费需求多样化、个性化,门窗企业很难在单品上实现规模化,而且验证的程序对单品而言的均摊资源消耗偏高,加上居家环境各空间对门窗的实用性能存在差异,单品也很难能满足所有空间的使用要求,所以门窗系统化就成为门窗企业立足市场的必然选择。

049 系统门窗有什么优势?

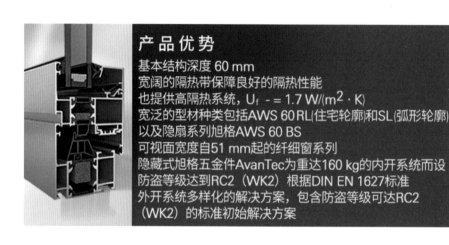

产品优势

基本结构深度 60 mm
宽阔的隔热带保障良好的隔热性能
也提供高隔热系统，U_f - = 1.7 W/(m² · K)
宽泛的型材种类包括AWS 60 RL(住宅轮廓)和SL(弧形轮廓)
以及隐扇系列旭格AWS 60 BS
可视面宽度自51 mm起的纤细窗系列
隐藏式旭格五金件AvanTec为重达160 kg的内开系统而设
防盗等级达到RC2（WK2）根据DIN EN 1627标准
外开系统多样化的解决方案，包含防盗等级可达RC2（WK2）的标准初始解决方案

　　系统门窗经过严格的环境调研、零部件匹配试验，以及系统的加工工艺，使整个门窗各个配件之间相互连接并满足环境需要的完整门窗系统。系统门窗的优势主要体现在以下方面：

　　具有稳定明确的性能： 系统门窗的主要特点之一就是经过预设计，以产品性能为中心进行专业化的目标定位、设计、制造，是系统门窗全生命周期的重要阶段。在预设计时，设计者根据其预设目标（应用自然环境、适用标准和政策、功能与性能指标、文化背景、经济技术指标等），采用定性和定量（基于经验的技术分析和决策、理论分析、结构计算、热工计算、检验检测）分析方法，通过合理选材和配置、构造优化、完善制造工艺和质量保证体系、反复试制、整体性能优化等方式，确定系统门窗的技术体系（包括制造工艺、质量管理体系、安装工艺和使用维护指南等）。因此可以说，系统门窗是能够从理论和实践上保证门窗具有预设的功能、性能和质量的门窗。与非系统门窗的不同之处是，在大规模生产前，系统门窗就有明确的功能、性能和质量目标，也有适用范围的限定。

　　门窗性能经过优化： 系统门窗的整体性能、经济技术指标、构造和材料等均经过反复优化，达到较高的性能与适宜的价格。但需要明确的是，由于在确定系统门窗的功能、性能、质量和适用范围等的时候进行过取舍，不能简单认为系统门窗就是性能更好的门窗。

　　产品质量有保证： 系统门窗是工业化产品，这是系统门窗的本质。

　　相关内容延伸： 经过完整设计、验证、制造、安装流程系统化、标准化的系统门窗的优势，对于消费者而言是门窗性能有保障，对于门窗企业而言是持续的时间和物质投入所换来的产品品质保障及品牌口碑，对于门窗服务商而言是标准化的量尺、设计、安装资料、工具、方法，降低了风险，降低了进入门槛，缩短了学习周期，减少了售后服务的困扰和烦恼。所以门窗系统化是国内家装零售门窗领域主干企业的共识，但是如何实现和保证系统门窗的交付却是仁者见仁，智者见智，目标不需要讨论，实现途径究竟是基于产品还是基于营销就成为重要的分水岭，相信时间会给与明确的答案。

章节结语：所思所想

系统门窗是具体产品

门窗系统是系统门窗的前提，系统门窗是门窗系统的具体体现
系统门窗的核心是执行落实门窗系统所明确的材料、结构、工艺
系统门窗的品质及产品适应范畴基于门窗系统的设计及统筹规划
系统门窗必须基于整体产品序列的相关性及共享性进行整体评价

静享·从容优雅

用心做好每一扇窗户
用情感动每一位客户

浙江研和新材料股份有限公司
ZHEJIANG YUMHERALD NEW MATERIAL CORP.,LTD.

地址：浙江省平湖市新埭镇创强路118号
网址：www.yumherald.com
咨询热线：4000-639-188

05 铝窗结构

如何理解门窗结构？

如何理解门窗结构？

050 铝合金系统门窗的原点是什么？

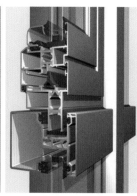

上图左一是传统的普通铝合金门窗，门窗型材采用一次性挤压成型的通体铝合金型材。其优势是生产效率高，型材精度相对容易保障；缺点是铝型材热传导性能好，导致室内外热交换效应明显，北方地区冬天室内取暖时会在铝型材室内侧产生结露甚至结霜、结冰，不利于建筑节能。2000 年后国内从国外引进了美式注胶隔热铝型材（上图左二）和欧式穿条隔热铝型材（上图右二），而欧美的门窗系统原点正是隔热铝门窗的出现，下面分别描述：

美式注胶隔热铝型材： 整体铝材挤压成型后在内外连接槽内注入聚氨酯胶来阻隔铝材的内外热传导。

欧式穿条隔热铝型材： 内外铝型材分别挤压，然后用玻纤（GF）增强的聚酰胺尼龙（PA66）隔热条将内外型材滚压复合在一起，通过隔热条来阻隔铝材的内外热传导。

目前的市场主流是欧式穿条式隔热铝门窗，显性主要原因是欧式隔热铝窗很容易实现内外双色（内外不同的型材表面处理），可以直观体现隔热铝合金门窗的产品属性；隐性原因是欧洲铝门窗系统更加成熟、配套材料的合作更加成熟、系统性结构设计更加丰富、国内借鉴的样板更加多样化。

隔热铝门窗成为铝门窗系统的原点是因为隔热铝窗作为复合结构导致铝型材规格多、结构设计多样化，为了追求型材的通用性而需要进行预先的系统设计，特别是门窗材料三大件——型材、五金、玻璃中型材与五金的匹配性设计。

相关内容延伸： 结构越复杂越需要进行系统化设计，系统化设计的最主要目的是用最少的材料实现最丰富的门窗产品。系统设计除了要保障型材与五金的适配性之外，还需要将隔热型材的室外侧铝型材、隔热条、室内侧铝型材这三大部分进行模块化的组合设计，通过共享、通用等组合设计手段来减少门窗框、扇、梃材料的规格数量，这是欧式穿条隔热铝结构的系统化设计特征。而美式注胶式隔热铝型材结构与传统非隔热铝型材的本质是一样的，都是挤压出一支完整的框、扇、梃料铝材，然后通过在特制的槽口内注胶，待胶固化后再将槽口底部的铝材部分切除，所以美式隔热铝型材结构不存在内外铝材与隔热结构单独存在而可以进行组合的结构性基础，所以真正的门窗系统化设计是特指的欧式穿条隔热铝门窗。

051　铝门窗结构的分水岭是什么?

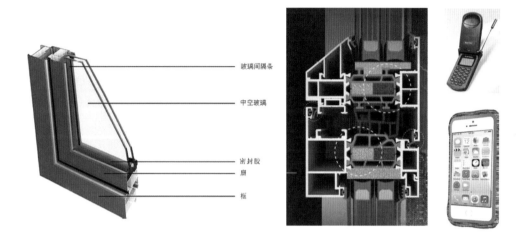

玻璃间隔条
中空玻璃
密封胶
扇
框

上图左是传统的普通铝合金外开窗,结构简单,组成部件少而且简单,工艺也很简单,就像是传统的非智能手机一样,主要功能就是接听电话和收发文字信息。上图右是现在市场上可以见到的隔热铝合金外开窗(图片来自网络,结构设计合理性不做评价,仅作为结构对比的展示效果),结构复杂、组成部件多而且复杂,加工工艺也随之步骤烦琐,类似现在的智能手机,复杂到很多功能也许我们都从来不知道存在,更别说使用了。所以隔热铝窗既是铝门窗系统的原点,更是铝窗结构发展的分水岭。这主要体现在以下几个方面:

普通铝窗的型材、五金是基本一致且通用的,主要是50外平开系列、70推拉窗系列、90推拉门系列,五金是平开使用单点旋压执手(俗称七字执手),推拉门窗除了滑轮就是月牙勾锁。所以普通铝窗基本不存在设计及结构差异,只存在加工组装的差别。普通铝窗的加工也很简单,下料单头锯(俗称磕头锯)即可,钻孔有手枪钻即可,组装用螺丝刀即可,唯独平开窗45°组框时需要一台组角机。

隔热铝窗的型材是内外侧铝材与隔热条(或隔热注胶)的复合结构,五金采用多点锁,型材结构设计百花齐放,五金除了安装槽口的一致性之外,其他工艺尺寸也是千变万化。型材及五金的差异化进一步促成了型材与五金的通用性大大下降,这种背景下,就显得预先的结构设计和材、金适配不可或缺。

相关内容延伸: 内开内倒窗型也是伴随着隔热铝窗的开发被引入到国内,并在2009年颁布了相应五金件的国家标准。隔热铝合金门窗之所以成为铝门窗结构的分水岭,主要体现在两个方面:一是型材结构从单一整体结构演变成两边铝材与中间隔热层的分体复合结构,结构形式发生了本质变化;二是铝门窗五金安装槽口的普及和标准化。为了体现五金的通用性及标准化,1973年欧洲颁布了铝门窗标准安装槽口,俗称欧标槽口,从那时候起,铝窗型材上的五金槽口设计逐渐成为标准配置。

052 隔热铝门窗为什么比传统铝门窗贵很多？

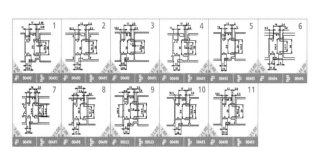

上图右是 1973 年意大利统一发布的欧洲内开窗标准槽口，一共是 11 对槽口。槽口是五金安装的基础，统一规范的槽口决定了五金设计的规范化、标准化和通用性，这是隔热铝门窗与普通铝窗除了型材结构（隔热复合型材 VS 通体单一型材）差异外另一个重要的、本质的差别，这也是分析隔热铝窗为什么成本高的重要前提，所以需要提前说明。隔热铝窗贵在以下几个方面：

结构稳定性要求高： 隔热铝门窗采用铝材与隔热材料的复合结构，这种非整体结构导致隔热铝门窗的抗风压、水密、气密三项基本性能面临考验，特别是复合结构整体强度既要考虑组成材料本身的强度，还要验证复合工艺的规范化，所以复合材料既带来成本的增加，又带来隔热铝门窗结构安全性和基本性能的考验。

型材与五金的适配难度大： 前文提到五金与型材的适配性是隔热铝窗结构复杂后的重要技术考验，这些技术层面的问题解决及投入都会带来成本的增加。通俗来说，以前的普通铝窗不需要技术，材料通用，门槛低，价格自然就便宜。

加工程序复杂、设备要求提升：由于结构复杂、加工复杂，所以设备配置高、精度高，设备专属性强，门槛也高。

固定及开启面积大： 家装门窗追求通透性和通风效果，所以单元板块面积大。玻璃原片厚度增加，一是增加了玻璃成本，二是增加了安装成本，三是开启扇配置三玻两中空玻璃增加了开扇重量，五金等级及型材结构成本也就随之增加。

人员的要求高： 隔热铝门窗的复杂性、多变性对设计、技术、加工、安装都提出了更高的专业性要求。

相关内容延伸： 基于结构分析而言，传统普通铝窗型材单一通体结构的精度、强度都比隔热铝窗型材的组合结构更容易控制，组合结构多了一道组合工艺，成本也随之上升；就加工而言，隔热型材的复合结构造成加工空间更加局促，对加工设备的精度及结构设计、加工工艺提出了更高的挑战，相应成本也随之上升；就门窗材料而言，隔热铝窗的门窗型材增加了隔热层，门窗五金也变得更加多元化，不同材质、不同结构的门窗材料导致隔热铝窗的成本弹性空间加大，这就导致隔热铝窗的品质弹性及差异化更明显，这也是为何隔热铝窗的市场价格差异悬殊的根本原因，这给消费者的选择和鉴别造成了困扰和挑战，这也是门窗技术人为消费者提供客观技术讲解的必要性和责任所在。

053　外开隔热铝窗结构为何百花齐放?

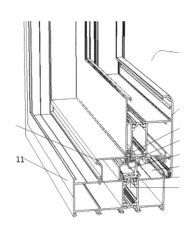

　　外开窗结构设计来源多。上图左一是国内家装零售市场常见的窗纱一体外开窗结构;左二是独立的外开窗结构;右二是工程及零售市场常见的由内开窗框加转接翻转框后实现的外开窗结构;右一是外开窗框加转接翻转框后实现的内开窗结构。外开窗的结构设计主要是前面三种状况,右一图所表现的内开窗结构方式之所以一并展示是为了说明在内、外开窗之间可以通过转换翻转框的方式实现互相转换的结构设计逻辑。前面三种市场上常见的外开结构,下面具体说明:

　　窗纱一体外开结构:这是我国家装门窗市场在 2010 年前后率先推广的,简单来说就是将纱窗开启扇和玻扇开启扇统在同一窗框体内的外开结构。这样的结构设计基于两个原因而在家装门窗市场被广为接纳:一是习惯于外开窗的南方地区多半夏季时间较长,防蚊需求属于刚需;二是双扇并框后的窗框占墙厚度比较大,窗体显得厚重,比较符合消费者的消费偏好和审美需求。

　　独立的外开结构:独立外开结构是日式外开窗的典型设计,国内 20 世纪 90 年代工程市场所采用的普铝的 50 外开窗就属于类似结构。为了门窗玻璃安装及更换的便利,门窗玻璃压线就需要居于室内,日式独立外开结构大多在固定玻璃部分进行翻转转接,这是因为日本本土建筑门窗洞口小,固定部分更小,所以固定转接成本属于可接受范畴。

　　由内开窗框加转接翻转框后实现的外开窗结构:这是欧式系统门窗常见的外开窗结构,因为欧洲以内开窗为主,通过转接就可以满足外开窗的项目需求,这是最便捷的选择。在我国,固定玻璃面积大于开启面积,所以在开启部分转接更经济。

　　相关内容延伸:从木、塑、铝窗的开启方式及结构形式而言,铝窗是最为丰富多彩的,这主要是铝窗结构开发的门槛低,铝型材挤出费用比塑窗型材要低很多,而铝窗加工制造的门槛又比木窗生产的门槛低很多,这两个因素就造成更多的专业技术人员在铝窗领域聚集,铝窗设计、开发的专业密集度促进了铝窗产品的多元化和性能进步,消费者也就更愿意选择铝窗产品,从而形成良性循环。外开窗主要被南方消费者接受,也更适于南方的气候条件,国内家装门窗的聚集地是佛山,佛山聚集了几千家铝窗制造企业,这些企业的销售区域主要集中于南方,所以外开窗是主力产品,这样的产业密集度聚焦于外开窗的产品开发,就造成了国内外开窗结构、材料的百花齐放。

054　内开隔热铝窗结构为何千窗一律？

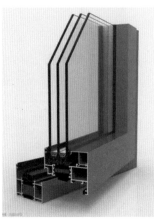

纱扇为选配

　　内开窗结构设计来源少，国内推广、发展的时间短。上图左是国内家装零售市场可见的窗纱一体内开窗结构；上图中是欧洲主流的独立内开窗结构；上图右是家装零售市场可见的外挂纱窗的内开窗结构。上述三种内开窗结构如果忽略纱窗结构，我们会发现结构本质几乎一致，而不会像外开窗结构那样让人眼花缭乱。这是因为内开窗成为主流窗型是 2000 年随着欧式穿条隔热铝门窗进入国内市场才逐步被市场接受，所以结构来源仅是欧洲，发展时间也仅 20 年。日本本土内开窗的发展历史与我国类似，在没有隔热铝门窗之前，日本本土的建筑外窗只有外开和推拉两种开启方式。市场上常见的内开结构，下面具体说明：

　　窗纱一体内开结构：这是在 2014 年前后的华东及华北家装门窗市场率先推广的，简单来说就是将纱窗开启扇和玻扇开启扇统在同一窗框体内的内开结构。这样的结构设计基于三个原因而在家装门窗市场被接纳：一是从外开窗纱一体的主流窗型延伸而来的思维惯性；二是在华东及北方地区，对内开窗的接纳度比较高，防蚊需求也属于刚需；三是双扇并框后的窗框占墙厚度比较大，窗体显得厚重，比较符合消费者的消费偏好和审美需求。

　　独立的内开结构：独立内开结构是欧式外窗的典型设计，欧洲大陆国家建筑外窗基本以内开窗为主，而内开窗的完整开启功能是内开＋内倒，内开是为了清洁室外侧玻璃的便捷，正常通风换气的开启方式是内倒状态。

　　外挂纱窗的内开窗结构：通俗来说就是在独立内开结构外侧附加一个可开启的独立纱窗框扇结构。需要关注排水设计。

　　相关内容延伸：内开内倒窗型是欧洲发展了几十年的成熟窗型，所以国内在引进的时候就属于成熟稳定的结构。内开内倒主要适用于我国的北方地区，因为北方属于大陆性气候，这与欧洲大陆的气候环境比较相似，内倒状态下的通风状态气流是高于人体正常高度的，人体感觉不到气流的干扰，所以在家装零售门窗市场就迅速被消费者接受。另外，内开窗采用的标准欧洲槽口决定了五金的标准化，所以标准槽口固化了型材的结构稳定，这就进一步制约了内开内倒窗型的结构差异化，上述两个方面原因导致了内开结构的内部相似性。

055 传统推拉门窗结构的挑战是什么？

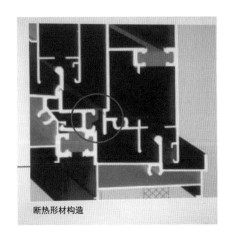
断热形材构造

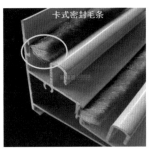
卡式密封毛条

推拉门窗的突出优势是组合开启面积大（对比平开而言），开启状态不占室内空间；明显的缺点是传统的毛条摩擦密封方式，导致门窗气密性差（上图右黄圈）。而日式推拉结构是采用独特的胶条密封方式（上图左红圈）。下面就这两种密封结构进行具体分析：

传统毛条密封推拉结构：毛条密封的气密性不佳导致高层建筑或室外风速较大情况下会出现推拉门窗"吹哨"的现象，这是推拉门窗使用中的"显性"烦恼。而"隐性"损失在于传统推拉门窗的气密性不佳，室内外的空气会产生直接的对流现象，所以当冬季室内取暖时暖流外泄、当夏季室内制冷的时候冷气流失，这就造成能耗的增加和室内空间的温度体验舒适度不佳。就此角度来说，传统毛条密封的推拉铝窗采用隔热铝型材的作用将大打折扣，内外空气对流造成的能耗损失远大于隔热型材带来的阻隔铝型材热传导所带来的保温效应。

日式胶条密封推拉结构：日式胶条密封结构的技术关键是三个方面，一是胶条材质及结构设计，既要保证有效的摩擦密封又要保证摩擦密封状态下的启闭顺畅，这种摩擦密封胶条与平开窗采用的压合式三元乙丙橡胶胶条存在材质和特殊的处理工艺差别；二是结构设计实现胶条密封的有效搭接；三是各种密封辅件的配套开发与使用，例如堵头封盖、光勾企的辅件配套等。日式胶条密封结构只是名称上体现密封材质的本质差别，其实是完整的结构设计、材料选择、辅件配套、装配工艺的系统化差别。

相关内容延伸：门窗的气密性与门窗的保温性、隔声性高度相关。传统推拉结构的毛条密封方式导致其气密性欠佳，决定了传统推拉结构的保温性、隔声性不佳，这也是传统推拉结构在城市家装零售门窗市场逐渐被冷落的根本原因。传统推拉窗的使用场景主要是封阳台、厨房、飘窗，封阳台是开启大，便于南方地区天晴时晾晒衣物，厨房和飘窗是因为外开窗关闭不方便（室内有一段遮挡距离，造成手臂启闭外开窗时无法顺畅的完整伸出窗外），但是现的家装零售门窗市场在封阳台大多是大固定＋平开扇的风格，厨房和飘窗则越来越多采用内开内倒窗，特别是因为飘窗大多居于卧室，传统推拉窗的隔声性能缺陷是卧室空间非常忌讳的硬伤。

056　欧式推拉门的密封原理及效果如何?

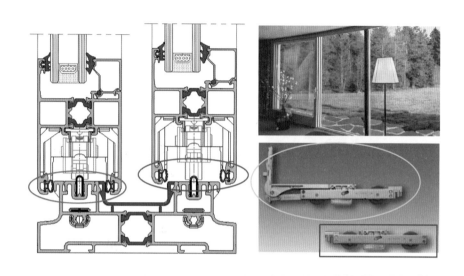

　　前面我们分析了传统的毛条密封推拉结构与日式胶条密封推拉结构的差别和大致原理,就本质来说,传统推拉与日式推拉结构都是摩擦密封方式,只是密封的材质不同(毛条 VS 胶条)。由于摩擦密封的关闭和开启都处于相同状态,所以如果开启扇较大,摩擦密封阻力随之增大,启闭体验感就比较差。欧式大开启推拉门(上图右上)采用的也是胶条密封,但不是摩擦密封,而是挤压密封,通过特殊的提升推拉五金体系来实现关闭、静止时胶条挤压密封,开启运行时胶条脱离密封挤压位来避免推拉扇滑行时的密封阻力,这样就从本质上既保证了密封气密性能,又解决了开启密封阻力的问题。下面对欧式提升推拉密封结构进行具体分析:

　　提升推拉结构的密封分为推拉扇运行及静止两种状态,由五金驱动的推拉扇运行及静止两种状态下的密封胶条相对位置不同,从而密封状态不同。提升推拉的字面意思直白地说明了推拉扇在推拉运行时由五金驱动实现整体推拉扇的提升运行状态,提升运行时推拉扇上的胶条随推拉扇整体提升,胶条脱离挤压密封状态,推拉阻力仅来自推拉扇的自重(上图左红圈状态)。当推拉扇处于静止状态时,五金驱动整体推拉扇下坠,扇上的密封胶条随扇下落,与推拉框上的结构实现挤压密封,有效保证密封性能(上图左绿圈状态)。

　　提升推拉五金分为三个部分:一是承重机构,主要是下滑轮,一般下滑轮分为辅助承重轮组(上图右下的蓝色方框照片)和主联动轮组(上图右下的黄色椭圆框照片),下滑轮组的选择与配置与推拉扇自重密切相关;二是传动机构,实现滑轮组提升及下坠与执手间的联动;三是锁闭机构,实现锁点或锁座与执手间的联动。

　　相关内容延伸:前文已经说过,门窗的气密性与门窗保温性、隔声性高度相关,传统推拉结构的毛条密封方式导致其气密性欠佳,这也就决定了传统推拉结构的保温性、隔声性不佳,上述欧式推拉结构在城市家装零售门窗市场正逐渐成为主流产品,这种欧式提升推拉结构通过胶条密封保证了推拉门的气密性,也就保证了其保温性和隔声性。在欧洲近年还出现了一种平行推拉压紧结构,但是因为五金价格及对型材平整度及加工精度要求比较高,所以目前在国内家装零售门窗市场运用的还比较少,随着国内消费者接受程度的提升及国内材料品质及加工品质的提升,在未来这是一款值得期待的产品。

章节结语：所思所想

门窗结构决定开启方式，开启方式选择需要因地制宜

门窗开启方式不存在好坏高低，适合与否才是评判依据
不同的外部气候及环境是选择开启方式的首要参考
不同的使用习惯及使用人状况是选择开启方式的次要参考
门窗位置的室内家居物品及使用条件是选择开启方式的补充参考
门窗材质存在不同（铝、塑、木、钢），但是结构本质大同小异

室内移门|平开门|生态门|室外系统窗|室外阳光房

门窗全案·定制家

22年探索发现 　　　20万㎡工业园
4+超大型生产基地 　1000+全国专卖店

NATURE

 TEL：025-85567599

06 国外门窗

国外门窗行业概况

057 国外门窗的总体格局如何?

　　全球而言,主流的门窗是欧洲本土的内平开体系、日本的外开及推拉体系、英美的外开及提拉体系这三大流派。2000 年前国内铝窗以日系结构为主,2000 年后工程门窗逐渐以欧系结构为主,2010 年后的家装零售门窗形成原创的窗纱一体外开、新日系推拉、欧系内开三者并存的局面。下面分别就欧、日、英美三大门窗流派简要介绍:

　　欧系内开结构: 欧系内开门窗结构确切地说是以欧洲大陆国家为典型的内开内倒窗结构。门窗开启是以五金为核心的,所以内开内倒五金在欧洲经历了三次专利产品的升级过程,第一代产品是双执手分别实现内开和内倒功能的五金,第二代产品是单执手实现内开内倒两种开启状态的五金,第三代产品是隐藏式铰链的内开内倒五金。欧洲大陆气候干燥少雨、冬季寒冷、春秋季有风,所以内开内倒窗的正常开启状态是内倒通风换气,内开仅用于清洁玻璃及其他临时使用状态,这可以通过欧洲的实际使用状态及内开内倒五金的欧洲检验方法得到验证。

　　日系外开及推拉结构: 在 1995 年以前,日本国内基本以外开及推拉结构门窗为主,这主要是因为日本人口密度大,住宅空间紧促,外开及推拉不占用室内空间,而且日本的夏秋季台风登陆多见,传统外开窗及高低轨推拉窗的水密性都比较出色。

　　英美系外开及提拉结构: 传统英式外开是以摩擦铰链(四连杆机构)为承重五金的外开或外悬结构,美国在此基础上延伸出独立的手摇外开结构体系;另外,美式提拉窗则是独立的产品结构体系。这两种开启方式是美式窗的代表。

　　相关内容延伸: 除了上述三大主流开启流派外,北欧的外开翻转窗,欧洲的提升推拉门、内倾推拉门、压紧推拉门、折叠门、中悬窗,澳洲的推拉门等都有一定的市场占有率和使用场景,由于篇幅限制,很难一一介绍,总体而言,国外的各种开启方式都需要相应匹配的五金件作为支撑,目前上述这些开启五金都可以在国内找到,不同的开启方式被消费者接受需要时间,更需要整窗企业持之以恒的聚焦钻研,就门窗而言,做出来和做出色是有本质差别的,做出来只需要材料到位即可,做出色则需要保证品质的稳定性,性能的一致性,边界的清晰性,这些都需要长期的实践慢慢积累经验与认知。

058 欧洲门窗的现状及生成原因是什么？

　　欧洲大陆国家的内平开体系源远流长，真正实现百花齐放是从 1970 年石油经济危机后的建筑节能推进开始，隔热铝门窗的出现以系统化设计为标志及核心的社会分工，翻看旭格、威克纳等知名欧洲系统公司的历史就是佐证，经过 50 年的发展，欧洲大陆形成南北分化、铝塑木分化、系统化大企业与专业化小众品类两级分化的特征。下面分别简要介绍：

　　南北分化： 欧洲大陆以阿尔卑斯山为界形成两种气候特征：山北大陆性气候、山南季风性海洋气候，加上建筑节能对门窗保温性能的要求，所以北部国家住宅以塑窗为主，南部国家住宅以塑窗、铝窗并存。

　　铝塑木分化： 在欧洲，铝门窗幕墙主要是运用于公共建筑及商业住宅项目，在阿尔卑斯山以南的意、法等国，普通住宅也有一定的铝窗运用；塑窗广泛运用于欧洲的普通住宅项目；木窗主要在欧洲北部国家的住宅项目上得以运用，以及在欧洲的高端门窗消费市场占有一定的份额，木窗的维护保养基本都是由业主自行完成。

　　系统化大企业与专业化小众品类两级分化： 大众化系统公司的主要特征是产品线完整，各种开启方式、结构方式、性能等级共同集合成丰富的产品体系，因此获得广泛的地域市场认可，并且适用性和通用性的优势也比较明显，所以销售规模也比较大，简而言之就是"大而全"。专业化的细分品类公司专注于细分市场产品的深度开发及延伸，在细分领域形成独特的比较优势及产品优势，这类公司以专业化的产品及技术在市场上形成独特的定位，追求"少而精"。

　　相关内容延伸： 欧洲门窗市场最突出处的特征是产业分工细，各自领域都有专业化的企业，联合是常态。欧洲的塑窗产业高度集中，由于从型材加工、组框、五金安装几大工艺步骤都可以实现自动化生产，所以欧洲的头部主干塑窗企业的产品标准化程度很高，规模都可以达到年产 100 万樘以上。欧洲的木窗企业由于型材加工的自理化及价格原因，形成了传承性的小规模定制特征，所以大部分产量不大，企业数量偏少，形成各自的产品规格聚焦、产业集中度分散的特征。由于欧洲对 35m 以上建筑的门窗材质对木、塑有限制，所以铝窗的发展在欧洲形成了前期以幕墙为主，后期以门窗为主的产业特征，欧洲的铝窗企业数量多，加工设备自动化程度高，组框及五金安装仍需要依靠人工，所以形成铝窗价格高、企业规模适中，产品系列集中的特征，国内家装零售门窗领域年产几十万平米的主干铝窗企业在欧洲很难找到类似规模的对标企业。

059 日本门窗的现状及生成原因是什么?

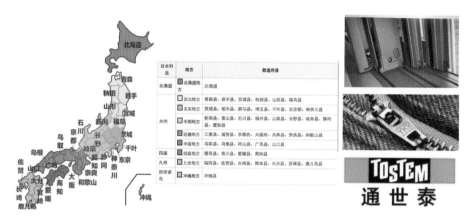

注: 内容引自 邓小鹏先生 相关资料

日本本土是狭长的岛国,南北气候温差大,夏季台风登陆频繁,所以在 1995 年前日本国内的门窗局面是普通铝窗为主,外开及推拉两种主要窗型。1997 年后随着隔热铝门窗的引进,欧式内开窗系统逐渐进入日本市场,经过 20 多年的发展,日本国内形成复合铝窗与塑窗并存、内外平开与推拉并存、寡头竞争的基本特征。下面简要介绍:

1995 年前的日本门窗: 在 1995 年以前,日本国内基本以外开及推拉结构门窗为主,这主要是因为日本人口密度大,住宅空间紧促,外开及推拉不占用室内空间,而且日本的夏秋季台风登陆多见,传统外开窗及高低轨推拉窗的水密性都比较出色。

门窗类别是复合铝窗与塑窗并存: 日本的隔热铝窗结构及材质呈现多元化特征,既有常见的美式注胶隔热窗和欧式穿条隔热窗,也有铝塑复合隔热窗,内外开铝窗一般使用欧式穿条隔热结构,推拉铝窗多见美式注胶和铝塑复合结构。塑窗在日本占有重要地位,特别是北部的寒冷地区住宅门窗大都采用塑窗,开启方式内外开及推拉皆有。

门窗窗型是内外平开与推拉并存: 无论是塑窗还是铝门窗,传统的日系外开及推拉与 2000 年后逐渐引进的内开结构现在都能得到适用的场景,传统住宅还是以传统开启方式为主,公共建筑及高端商业住宅越来越多采用内开结构。

门窗市场是寡头竞争局面: 日本门窗市场主要是 YKK 和骊住(通世泰)两家企业竞争,两家企业加在一起约占据日本本土门窗市场份额的 85%。

相关内容延伸: 日本门窗市场最突出处的特征是产业高度集中,上面提及的 YKK 和骊住(通世泰)两家企业产品领域、产品品类、产业链特征高度相似,都是铝、塑窗两大品类全覆盖,从型材、五金的生产到门窗加工制造,从门窗销售渠道到门窗安装服务全链覆盖。特别值得一提的是日本的建筑市场是实现工业化制造、现场拼装模式最成熟的,所以门窗的洞口尺寸、开启方式、洞口条件也是相应规范化,这就为门窗的标准化设计、配置、生产、配套创造了良好的基础条件,所以 YKK 和骊住(通世泰)两家企业年产规模都可以达到 260 万樘以上,这样的生产规模和产业链覆盖值得国内的家装零售主干企业深度学习和探究。日本的木窗企业比较少,木窗运用于外窗的情形也很少,木门窗大多用于室内分格和特定场景。

060　英美门窗的现状及生成原因是什么？

　　欧洲大陆的内平开体系源远流长，是适应大陆气候的选择。作为欧洲大陆之外的英伦三岛则属于海洋性气候，所以英国选择更适应多雨及台风气候的外开窗作为主力窗型。随着英国的殖民扩张，外开窗也成为了殖民地的主力窗型，最典型的是美国和澳大利亚、东南亚。美国作为大陆性气候与海洋性气候并存的国家，逐渐演变成手摇外开和提拉窗两种主流开启方式。1970年石油经济危机后的建筑节能推进也促成了美式注胶隔热铝门窗的出现。经过50年的发展，美系门窗形成穿条、注胶隔热铝窗与塑窗并存，内外平开与提拉并存，寡头垄断的基本特征。下面简要介绍：

　　门窗类别是穿条、注胶隔热铝窗与塑窗并存：就铝窗而言，传统的手摇外开及提拉隔热铝窗延续使用美式注胶隔热结构，但是美式注胶结构在实现里外型材不同表面处理的门窗外观需求上效率不高。另外，由于聚氨酯注胶在耐高温性能及大宽度隔热层强度挑战的原因，2008年以后越来越多的新建公共建筑采用欧式穿条的隔热铝结构。塑窗方面，美式门窗的开启方式覆盖外开、内开、提拉等常规开启窗型。值得一提的是，美式塑钢型材的代表企业是加拿大皇家。美式塑钢型材的结构设计秉承多腔体低壁厚的原则，而欧洲塑钢型材的传统思路是少腔体高壁厚，这是两者设计理念的差别。

　　门窗开启方式是内、外平开与提拉并存：随着欧洲门窗系统在美国的发展，欧式内开窗在高层及公共建筑慢慢被采用。

　　门窗市场是寡头垄断：美国最大的门窗企业安德森占据北美约70%的市场份额，员工过万人。

　　相关内容延伸：门窗系统是我国的专属名词及概念，在家装市场更是停留在营销概念的阶段，系统之路任重道远。英美的塑窗产业同欧洲、日本一样集中，自动化生产不仅保证了产品的标准化和规模化，也使塑窗的性价比优势比较突出，所以成为普通住宅门窗的首选。美洲的木窗企业由于价格原因，产品呈现小规模定制特征，美国最大的门窗企业安德森就是从木窗起步的，现在产品类型覆盖铝、塑、木三大产品品类，成为全球门窗规模最大的企业之一。美洲的铝窗发展与欧洲产业分工、紧密合作不同，基本都是以成窗制造企业为核心进行产业聚集，成窗的加工设备自动化程度并不出众，加工工艺以钻、冲、铣组合工序为主流，组框及五金安装也是依靠人工，这也导致铝窗价格高、产品系列分散的特征。

061 塑钢窗在国外的使用情况如何？

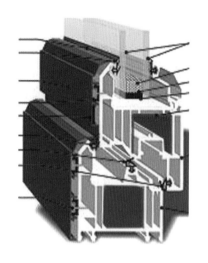

在欧洲、日本、北美，硬质塑料（UPVC）门窗都是住宅建筑的主要门窗类别，这主要是因为塑钢门窗的加工标准化程度高、加工效率高、成本低、保温隔声性能好几个明显的比较优势，而国内塑钢材料及塑钢门窗厂在恶性竞争的时候材质成分不规范、加工工艺不标准、配套材料非达标等人为因素导致塑钢门窗阳光暴晒后材料变色、框体变形、启闭不畅等普遍性的品质问题屡见不鲜，从而导致国内消费者对塑钢窗失去了信任和信心。塑钢门窗的比较下面分别简要介绍：

加工自动化实现了塑窗从材料到成窗的标准化程度高、加工效率高、单位面积成本低：塑料型材挤出可以实现衬钢、塑材、胶条三性共挤，塑钢窗的 U 槽五金也可以实现备料、表面处理、组装的自动化生产。型材下料通过锯切中心自动切割，型材加工由加工中心完成，型材成框由四角焊机一次性焊接完成，塑钢窗五金安装采用放入式定位及就位，这是塑木窗型材上的专用 U 槽结构来保证的，安装紧固采用简单的螺接方式，五金的两大安装步骤均可以通过机械臂的精准加工来实现自动化及连续化。在发达国家最昂贵的是人力成本，而上述的材料及成窗加工的自动化促成了塑钢门窗的单位面积成本低于同等性能的铝窗约 15%~25%，所以日本、欧洲、美国规模化的门窗企业基本都是以塑窗为主力产品。

保温隔声性能好：UPVC 型材自身的材料属性决定了其对比金属材料而言具有更优的保温与隔声性能。

相关内容延伸：国外塑钢窗是住宅建筑的首选，是经济性和综合性能综合比较后的市场选择。前文已经说到，无论是在欧洲、日本还是美国，塑窗产业都呈现高度集中的特征，这是由于从型材加工、组框、五金安装几大门窗制造工艺步骤在塑窗领域都可以实现自动化生产，自动化生产导致产品标准化程度高，产品价格优势突出，产品性能也能满足使用要求，所以国外的塑窗企业要么规模惊人，要么偏安一隅，两极分化的现象非常突出。对比国内的情况，塑窗生产能实现自动化、半自动化的企业屈指可数，这并不是国内塑窗企业的发展瓶颈，国内塑窗企业最大的挑战是消费者对塑窗产品的品质误区及价格偏见，改变人的认知惯性似乎只有依靠时间和耐心。

062　木窗在国外的使用情况如何?

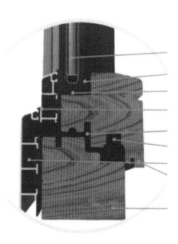

　　欧洲大陆中北部是工业化木窗制造及使用的主要区域，主要是因为气候寒冷及空气干燥的气候原因导致木窗的适用优势体现得比较明显，木窗制造本身存在加工设备投入大、工序步骤多、整窗制造成本高、表面处理要求严、维护保养的使用成本高等特征，所以中北欧的木窗企业生产规模都不大，而欧洲南部出现的木包铝窗的本质是铝窗，不是我们在此讨论的范畴。我国头部木窗企业的生产规模及品质在全球处于领先地位。下面分别简要介绍木窗的制造特征:

　　加工设备投入大、加工工序步骤多、整窗制造成本高: 木窗加工设备除了铝门窗加工所需的下料、钻铣、装配等工序所需要的锯切、钻铣设备外，主要是增加了前端和后端两个加工工序及设备。前端是木型材的加工生成环节，主要是刨铣设备，木窗型材都是木窗企业自行加工的，进的是标准规格的木方，通过专用刨铣设备加工成木窗框扇梃等框架材料，此加工过程还需要配套相应的除尘净化设备。后端是木窗型材组框完成后的型材表面涂漆及固化工序，无论是全自动还是半自动，都需要专门的设备产线及场地。木窗制造流程所必备的前端型材加工，后端型材成框后的表面涂装是木窗与铝、塑、钢窗加工工艺的本质差别，这也是导致木窗成本高于其他材质门窗的重要原因。

　　表面处理要求严、维护保养的使用成本高: 木材自身的吸水性及膨胀性决定了木窗型材的表面处理要求高，也需要定期的保养维护，表面保护层被机械外力破坏或气候原因老化后，空气中的水分进入木质型材容易导致型材的变形及其他问题，所以多雨高湿地区，木窗的使用面临更严峻的挑战。

　　相关内容延伸: 欧、美洲的木窗企业由于型材加工的自理化及价格原因，进入门槛高导致传承性质的小规模定制企业居多，大部分产量不大，企业数量偏少，形成各自的产品规格聚焦、产业集中度分散的特征。由于欧洲对 35m 以上建筑的门窗材质对木、塑有限制，所以木窗在欧、美洲的发展时间长、产业规模一直比较平稳，像国内森鹰、墨瑟这样规模的木窗企业在欧洲很难找到类似规模的对标企业，在美洲仅安德森可以学习和探究。

063 铝窗在国外的使用情况如何？

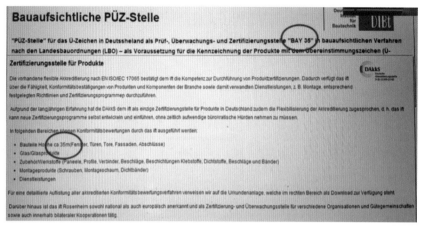

注：内容引自 胡宝升先生 相关资料

  全球范围而言，铝合金门窗无疑是公共建筑的主流选择，这是因为在欧洲的相关规范中明确建筑高度超过35m，塑钢及木质外门窗幕墙作为建筑外围护体系鉴于强度及综合原因不适用，而钢门窗的成本远大于铝门窗，所以铝门窗幕墙成为公共建筑外立面的标配，而在住宅建筑中，铝门窗因为其开启形式多样、结构适应性强、表面处理多样化、气候适应性强、综合性价比优势高等优势也被广泛采用。在我国，铝门窗幕墙是绝对的门窗主流产品，在家装零售市场更是趋势明显。铝门窗的比较下面分别简要介绍：

  开启形式多样：铝窗能实现所有形式的开启方式。门窗开启的核心是五金与型材，而铝型材的挤出成型实现度及精度对比塑、木、钢这几种材质的型材都要出色，所以创新的开启形式都是五金发起、铝窗实现、其他跟进。

  结构适应性强：由于铝型材的挤出模具费用远远低于塑钢型材挤出模具费用，所以结构创新的成本门槛低，便于相关企业及个人大胆实现及尝试自己的研发思路并进行实物制成的相关验证。木窗型材的制成成本高的原因是型材刨铣刀具的投入，钢窗型材的制成成本高是因为型材成型的辊轧模具是成套组合，费用更高。

  表面处理多样化、气候适应性强：铝材表面的氧化、喷涂、氟碳处理工艺基本能实现全天候挑战。

  综合性价比优势高：颜值的多样性、开启的多样性、结构的适应性决定了铝窗目前的市场地位短期内难以改变。

  相关内容延伸：在欧美，铝窗设计研发的重点是材料、性能，塑窗关注的是效率及成本，这是隐性的本质差异。

  欧洲门窗市场最突出处的特征是产业分工细，各自领域都有专业化的企业，联合是常态。铝窗在欧洲形成了前期以幕墙为主、后期以门窗为主的产业特征，欧洲铝窗产业链完整，分工合作的特征明显，铝门窗研发有专业的的第三方独立系统公司群体，铝型材、五金、辅件等门窗材料企业众多、欧洲的整窗铝窗企业数量多，加工设备自动化程度高，组框及五金安装仍需要依靠人工，所以形成铝窗价格高、企业规模适中，产品系列集中的特征。日本及美国的铝窗产业则是以整窗企业为核心，特别是门窗研发、设计都是由整窗企业完成，差别在于日本铝窗企业对铝窗型材、五金、辅件的生产制造都有延伸，而美国的铝窗企业则以独立的整窗制造为核心。

064　钢窗及其他材质门窗在国外使用情况如何？

　　全球范围而言，钢门窗曾经一度是主流门窗，但是随着全球建筑节能的推进，钢门窗的隔热保温性能成为短板而逐渐被隔热铝窗所替代。随着技术的进步，钢门窗的保温隔热问题已经得到解决，而且随着建筑外立面简约风（包豪斯主义）的兴起，钢门窗结构框架因纤细、通透的造型优势而得到建筑师的垂青，但是成本高的挑战依然存在，所以在很多小体量的公共建筑我们可以看到钢门窗的身影。钢门窗型材加工复杂、设备投入高、表面处理要求高，所以在全球及我国的生产制造企业都比较少。对钢门窗的特征做简要介绍：

　　钢门窗型材加工复杂、设备投入高：钢型材成型的主体投入是钢材辊轧成套模具的投入。一款门窗由框扇梃压线等多种规格的型材组成，而每个规格的钢型材都需要定制专属的成套辊轧模具。另外，由于钢材的硬度高，普通的铝窗锯切、钻铣、成框设备无法实现对钢材的有效加工，所以钢门窗加工设备也需要定制的专属装备配置。

　　钢门窗型材表面处理要求高：钢材最主要的问题是防锈，所以钢窗也存在使用后的维护保养问题。

　　钢门窗型材的成型门槛高、隔热加工成本高：钢材成型的成套辊轧模具费用高，导致钢窗的进入门槛高，制约了人才、技术及创新理念的聚集，而钢窗的保温结构设计由于钢材的成型度及精度都不如铝材，所以钢窗型材的隔热结构工艺及实现比隔热铝材要更具有挑战性，这也进一步助长了钢窗的成本。

　　相关内容延伸：从目前欧洲活跃的钢门窗企业数量就可以说明钢窗因其加工及成本原因而只是作为小众门窗品类存在。钢窗作为历史悠久的门窗品类，之所以发展平稳，主要是以下几个原因造成：一是欧洲20世纪70年代开始的建筑节能政策背景下，钢窗的保温性能改善工艺没有像穿条式隔热铝型材那样迅速崛起和普及，所以错失了欧洲门窗改造大发展的第二黄金期（第一黄金期是二次大战后的15年）；二是无论是福斯特的钢网式焊接隔热方式，还是意大利的穿条辊压隔热方式，对钢型材的尺寸精度都提出了更高要求，这也导致辊轧模具的成本进一步提升，所以隔热钢窗的材料成本居高不下；三是钢型材的后期维护给使用者带来一定的选择顾虑，限制了钢窗的普及。

065　国外也分工程门窗和家装门窗吗？

　　欧洲本土的内平开体系源远流长。国外由于人口密度低，老建筑保存度高，所以在 20 世纪 50 年代经历了一段二战后的恢复性建设高速发展期，随后新建建筑逐步减少。到了 20 世纪 70 年代，建筑节能的要求及二战后的新生代成年后的住房需求促成了新一轮的新建建筑的建设，这其中既有公共建筑也有住宅建筑。到了 90 年代，国外的建筑及门窗要么节能改造完成，要么属于新节能规范下的产物，所以建筑市场再次回归比较平稳的市场状态。现在，纯粹的新建项目以公共建筑为主，前面说到公共建筑因为层高原因大多以铝门窗幕墙为主，这是较为典型的工程市场。对于既有建筑的门窗更换，公共建筑鉴于建筑外立面的美观及造型需求，选择以铝窗为主，住宅建筑出于成本及性能的综合考虑，多半选择以塑钢窗为主。所以对于国外的建筑门窗市场，可以按照时间节点来划分，分为两个阶段：

　　20 世纪 90 年代以前： 欧洲门窗市场以工程为主，其中在 1980 年前是以传统门窗为主，1980 年后是以节能门窗为主，塑钢（UPVC）门窗和隔热铝门窗逐渐成为门窗的主流产品。在此阶段，型材及整窗企业是门窗幕墙市场的主角，结构设计及加工安装工艺的发起者集中在型材及整窗企业，德国嘉特纳、意大利帕马斯是其中的代表企业。

　　20 世纪 90 年代以后： 欧洲门窗市场以既有建筑门窗的更新及升级为主，零售的特征越来越明显。铝窗由于零售市场的小批量多元个性化的特征，导致社会分工细化，分散的材料商由独立的系统商整合并逐渐成为结构设计、材料配置、加工工艺等体系化技术的组织者，德国旭格是其中的代表企业。

　　相关内容延伸： 欧洲门窗市场最突出处的特征是产业分工细，各自领域都有专业化的企业，联合是常态。欧美日的塑窗产业高度集中，由于从型材加工、组框、五金安装几大工艺步骤都可以实现自动化生产，所以头部主干塑窗企业基本都实现了标准化，规模化。铝窗的发展形成了前期以幕墙为主、后期以门窗为主的产业特征，欧洲铝窗企业数量多，加工设备自动化程度高，组框及五金安装仍需要依靠人工，所以形成铝窗价格高、企业规模适中，产品系列集中的特征。在美国和日本，成窗企业为核心，铝、木窗均有涉及并都形成相当产量规模。就本质来说，发达国家门窗市场对工程和家装零售之间的界限不像国内如此分明，产品结构、配置、工艺也几乎一致，所以可以认为不存在工程门窗和零售门窗的差别和分类。

066　为何欧洲对内开内倒窗情有独钟？

到欧洲只要稍加留意就会发现内开内倒窗是公共场所及住宅建筑的主流窗型，这是基于其以下的优点特征：

优化通风性能：窗户内倒的时候，室内不但可以自然通风，而且最关键的是空气从窗户上、侧面进入房间，不会直接地吹到人的身体，尤其在室内外温差较大的时候，可以大大减少人因直接吹风而受风寒感冒的风险。尤其是高层公寓或者空旷的别墅小区，春秋季节风很大，而窗内倒状态完全使得室内外空气的交换顺畅、舒适而柔和。

提升安全性：窗户内倒的时候，窗户处于开启通风状态，同时相比外平开或内平开窗来说，非常安全，具备防盗性能，道理很简单——小偷甚至可以把手伸入窗内，但是无法开启窗，更无法进入室内！因此，业主完全可以在离开家的时候将窗户设为内倒状态，既保证持续通风，又可以不用担心梁上君子的光顾。

防尘／防雨性：窗户内倒的时候，进入房间的气流首先会面对玻璃的阻挡，空气中较重的灰尘粒子不太会"急转弯"，自然就被阻挡在室外了。而下雨天，由于雨水是从上往下落的，即使由于风向的原因向房间内偏移，也会因为内倒窗户的玻璃阻隔而被挡在窗户之外。所以业主不在家的时候，也不用再担心不期而遇的雨水损坏家具、地板等。

易于清洁性：住在二楼以上，用外开窗的业主一定都有如下的痛苦体验：窗户基本上没有办法清洁，原因很简单，它是往外开的嘛，就算你胳膊足够长足够柔韧能伸到窗外面，但是很不巧你住在 28 楼，将大半个身子探出窗外擦窗户是不是太危险了？而内开内倒窗就完全没有这个烦恼了，只要将窗户完全向内打开，轻松打理。

适宜安装户外遮阳产品：欧洲人特别注重门窗的节能，所以窗户外面一般都会配置遮阳产品，防止太阳过度曝晒，节约空调的制冷能耗，如果采用硬卷帘遮阳，对门窗的保温性能和隔声性能都有提升，如果不在家期间将外部硬质卷帘放下还可以提升门窗的防盗性能，这一切都是基于内开窗的开启方式来实现的。

相关内容延伸：内开内倒五金在欧洲经历了三次专利产品的升级过程，第一代产品是双执手分别实现内开和内倒功能的五金，第二代产品是单执手实现内开内倒两种开启状态的五金，第三代产品是隐藏式铰链的内开内倒五金。欧洲大陆气候干燥少雨，冬季寒冷，春秋季有风，所以内开内倒窗的正常开启状态是内倒通风换气，内开仅用于清洁玻璃及其他临时使用状态，所以对于国内将内开内倒窗长期置于内开状态进行通风的消费者反映的掉角现象就不足为奇了，除了使用方式之外，国内玻璃厚度比欧洲厚 20%，加上三玻的配置，我国的开启扇尺寸也偏大，这三者因素叠加就造成国内内开窗扇的重量要比欧洲的内开窗扇重 30% 以上，这对五金件的承重考验就更严峻了。

067 欧洲门窗博物馆有何特别之处?

　　德国一个叫罗尔萨赫的千年古镇有一家世界上独一无二的窗户博物馆,窗户博物馆早在 1909 年就建成了。当年,当地的木匠奥托夫戈尔为了制作出一流工艺的窗户,收集了不同时代的窗户进行研究,想不到后来变成爱好,并由他的子孙后代继承下来。现在,这家窗户博物馆展览着 400 多年来 150 种窗户实物,还有窗户发展的历史图片。

　　博物馆的资料显示,欧洲建筑最早的窗只是在墙上开个通风透光的空洞,其作用是照明及用来抵挡户外恶劣气候。当时的窗户用料十分丰富,从羊皮纸到山羊皮,从牛角薄片到亚麻油纸等。11 世纪后,随着基督教堂的建造及大量彩绘玻璃的应用,窗户开始用作装饰来渲染宗教的神秘感。如在科隆大教堂,总数达 1 万多平方米的窗户,全部装有描绘《圣经》人物的各种颜色的玻璃。

　　几百年前的欧洲,建筑的窗户尺寸还代表着等级制度。在一座莱茵河畔的古堡,一楼是古堡主人的卧室,窗户面积最大;二楼是主人孩子的卧室,窗户尺寸比一楼小一圈;三楼是家庭教师的住所,窗户尺寸再小一圈;而尺寸最小的窗户则是仆人的房间,在顶楼。

　　欧洲古建筑的存世时间普遍久于我国,这主要是因为欧洲建筑的主体以石材为主,而我国的建筑以木材结构为主。而欧洲门窗的材质几乎和我国现在主流门窗的材质一致,但是欧洲门窗的使用寿命普遍久于我国的现代门窗,当然这主要原因是我国现代门窗的历史还比较短。同时,材料、结构、加工、安装等方面的差异也不能忽视。

　　相关内容延伸:欧洲门窗代表了国际门窗的先进水平,在铝窗、木窗、塑窗、钢窗各自的领域都汇集了一批掌握核心技术和丰富经验的知名企业,不管是纯粹的技术研发企业(系统公司),还是门窗材料商,以及门窗制造企业都有国际知名的领袖型企业群体,对比而言,日本门窗就是以 YKK、骊住为代表,美国门窗就是以安德森为代表的整窗企业为标签,所以欧洲门窗呈现出产业分工,各自专注的"一指禅"精神,而美日门窗则体现整窗企业大包大揽,一家独大的"铁砂掌"风格。

068 欧洲各国门窗有何特色?

欧洲各国的门窗各有特色,近100年,是欧洲窗变化最快的时代,而且每个国家都有自己独特的文化或气候特征。

在法国,百叶窗或卷帘形式的窗帘是非常普遍的,这主要是因为法国很多家庭都没有安装空调。法国对建筑物外观的修改是有严格规定的,连窗台上也只能摆放花盆。为了免去申请装空调的烦琐,很多法国人在夏天就用百叶窗来调节温度,尤其是下雨时,关上窗户屋里太热,打开窗户又容易进雨,而百叶窗既挡雨又透风,一举两得。

天性奔放的意大利人更喜欢色彩强烈的窗户,他们会把窗户做出五颜六色。另外,由于意大利不少建筑的楼道都很窄,而窗户却很大,因此从窗户搬运家具也成了在意大利经常看到的场面。当地人还设计了一些可以升降的设备专门用来从窗户搬运家具。更有趣的是,在一些别墅里,还会在一些不可能安装窗户的位置设计一些假窗户。

严谨著称的德国人,窗户也强求"严谨",门窗尺寸及分格方式都有标准的规定,所以门窗是标准品在建材超市销售。

建筑节能的关键是门窗节能,所以近30年欧洲各国的门窗都特别重视隔热、保温的功能,欧洲各国也积极推广新式门窗。这些新式窗户有五大特点:一是越来越大,用整块大玻璃代替以前的多分格;二是选用双层、三层的中空玻璃;三是选用密封好的"内开内倒"开启形式;四是广泛推广应用塑料门窗等新材料技术;五是顶层用天窗采光,节省照明。居住在高速公路旁的居民们让把厨房、卫生间、浴室这些不需要人多阳光的房间都造在靠马路一侧,配上特制的窄小密封式窗户,而卧室、起居室则面向背对公路的一侧,开大窗户,这样在回避噪声的同时也得到了良好的光线。

此外,欧洲很多国家都有一条不成文的规定,为了美观及节能,无论是私有房屋还是租用的房子,通常每5年就要整修一次房屋,这其中当然少不了对窗户的维护与保养。

相关内容延伸: 欧洲气候南北差异大,所以各国门窗的特征都是基于当地的气候环境而存在的,所以不存在好坏高低这样简单的评价标准,国内消费者到欧洲体验门窗的开启方式、分格设计、材质配置等具体门窗要素时一定要结合当地的气候环境加以理解和认知,选择、评判门窗时不能简单地依葫芦画瓢,脱离条件的结果不一定是客观的、理性的选择。这是非常重要,也非常必要的建议和提醒。

069　发达国家的家装门窗如何销售？

欧洲及大洋洲国家的家装门窗零售方式主要分为建材超市销售和专业门店销售。在欧洲南部国家也存在类似于我国小型门窗厂周围口碑辐射的定制化销售模式；在日本，主要是三家垄断性门窗企业的门窗终端体验店出样、讲解、咨询纯服务＋现场测量设计下单的定制化销售模式；美国的销售渠道多元化，建材超市＋专业门店＋小型门窗企业当地口碑辐射＋线上定制线下交货等。下面就欧洲及日本的家装门窗销售方式进行简要介绍：

建材超市销售： 建材超市销售的门窗以塑窗为主，呈现尺寸标准化、单窗单元化、组合拼樘化的特征，型材和玻璃是标配，五金自行配置，安装既可以顾客自己 DIY，也可以由超市提供相应另行收费的服务。

专业门店销售： 知名的整窗企业大多会开设独立的专业门店，门店既有类似建材超市内的标准化产品，也接受特殊洞口尺寸的产品定制，门店的产品系列、配置、颜色等个性化的服务及定制特征更加明显，产品价格也相应较高。

小型门窗企业当地口碑辐射定制： 在欧洲，小型门窗企业一般集中在铝窗和木窗领域，对比塑窗而言，铝窗和木窗的价格都较高，所以除了小型公共项目及特殊定制以外，普通住宅门窗的订单只是作为非主要的订单补充。

门窗终端体验＋现场测量设计下单： 这类模式最成熟的是日本。门窗终端门店只提供产品出样体验及产品技术服务，不提供下单定制服务，具体的方案设计及测量下单一般在房屋（既有建筑）现场完成或在建筑事务所（新建建筑）内配合图纸确定完成。所以日本的门窗店更类似于垄断企业的门窗展厅，垄断企业主要是 YKK 及通世泰两家。

相关内容延伸： 上述是从销售方式进行分析，就具体地域而言，欧洲的塑窗是标准化尺寸的批量成产，在建材市场批量销售为主，木窗和铝窗则是接近国内家装门窗零售市场的定制化生产、销售。日本则是标准化洞口尺寸批量生产及具体项目定制化生产相结合的方式平行推进，由成窗企业独立完成门窗产品的定制与销售、服务的全流程。美国及澳洲更接近国内家装零售门窗的模式，销售渠道商负责下单与门窗安装服务，产品研发及生产制造由整窗企业完成。

070　国外的铝窗都是系统门窗吗？

REYNAERS（比利时）　　GARTNER（德国）　　SCHUCO（德国）　　SAPA（芬兰）

HYDRO（挪威）　　TECHNAL（法国）　　WICONA（德国）　　ALCOA（美国）

ALCAN（加拿大）　　RC SYSTEM（比利时）　　METRA（意大利）　　YKK（日本）

TOSTEM（日本）　　RONCHETTI（意大利）　　PERMASTEELISA（意大利）　　ALUK（意大利）

　　国外铝门窗市场在经过充分竞争及规范化的市场监管双重促进下，现在主流铝门窗品牌基本实现与门窗系统商品牌的合作或本身升级为门窗系统品牌，上图中红圈的美国铝业和加拿大铝业属于铝型材背景的门窗幕墙系统。黑圈的 YKK 及通世泰（现并入日本骊住集团）是日本的两大铝材、五金、门窗一体化的垄断性综合类企业，本质来说属于整窗企业。其余的基本都是欧洲的独立第三方门窗系统企业（黄圈的意大利帕马斯是幕墙成窗企业）。经过上述梳理，我们可以看到，国外的主流门窗品牌背后的门窗系统基本是三种类型：独立的第三方系统品牌、材料商为背景的系统品牌、成窗厂为背景的系统品牌，下面分别进行简要介绍：

　　独立的第三方系统品牌：前文已经提到，欧洲铝窗市场的新建建筑个性化特征明显，零售市场本身的基因决定了小批量多元个性化的特征，在双重个性化市场需求的驱动下，分散的材料商很难提供及时的技术支持和服务，所以独立的系统商整合并逐渐成为结构设计、材料配置、加工工艺等体系化技术的组织者，这就形成了系统商统筹材料商，系统商统一提供技术支持和产品配置方案，然后统一提供材料给特约门窗加工企业加工成门窗成品并交付项目安装。

　　材料商为背景的系统品牌：由于国际化的门窗材料商在全球范围销售产品，所以提供系统解决方案是大势所趋。

　　成窗厂为背景的系统品牌：日本的垄断性成窗企业由于材料产业链完善，所以统筹设计和配套配置是水到渠成及顺理成章。类似的企业还有美国的安德森。这些成窗厂为背景的系统品牌都具备相当规模化的特征。意大利帕马斯一度是世界最大的幕墙企业（上海金茂大厦幕墙项目承建商），在幕墙领域的统筹设计、配置与其规模效应是互为因果。

　　相关内容延伸：上述这些都是国际上知名的、有代表意义的门窗领域品牌企业，这其中既有独立第三方性质的系统公司，以输出系统材料及系统制造、安装工艺为盈利模式；也有门窗材料企业，以系统输出技术为先导，将门窗材料作为盈利手段（大多以门窗型材企业为主）；还有就是整窗生产制造企业，自行完成门窗的设计、开发、制造过程，独立统筹门窗材料的统筹与采购，按照标准流程进行加工制造，以成品门窗输出为盈利途径。不管哪种主体性质，技术为基础的产品输出基础逻辑是一致的，所以不管怎样的主体性质背景，只要门窗产品有完整的结构设计、配置设计、工艺设计、性能验证全流程技术体系的保障，就可以界定为系统门窗，这一点值得国内同仁关注。

071 国外系统门窗的特征是啥?

系统门窗是按照成套的系统方法论(设计、材料、工艺)制成的门窗产品,所以系统门窗的核心是探究该门窗系统的底层逻辑是什么,不同的系统究其本质共性就是各自清晰的定位,不同的定位导致产品呈现不同的外在特征,所以如果由外在产品特征,最典型的共性是产品体系内部的高度模块化和通用性,对于不同的系统门窗品牌之间,却表现出本质的结构设计差别(槽口的不同、结构间隙的不同、产品类别的不同)。所以,既然探讨的是系统门窗的共性,那么内在的共性是各有清晰的定位,外在的共性是产品体系内部的共享性。下面分别进行简要介绍:

清晰的定位: 就产品覆盖面而言,有全线产品定位(例如旭格)和专属品类产品定位(例如威卢克斯);就项目定位而言,有公共建筑产品定位和住宅产品定位;就产品性能参数而言,有全系节能产品定位(例如瑞纳斯、威克纳)、高保温节能产品(例如古特曼)和轻型结构产品(例如阿鲁克、特科纳)等。每个系统品牌都依据发展历史、总部所在地、比较优势、主攻市场等综合因素的统筹考虑而设定各自相对清晰的定位。定位是企业的价值观、发展观的重要组成部分。

产品体系内部的共享性: 不管各系统门窗产品结构设计的差别(五金槽口、结构间隙、产品性能)如何,产品体系内部的高度模块化互换和通用性都是一致的。具体来说,一是框扇梃、压条、转换料、拼樘料的统筹,标志是互换;二是角码、角钢片、连接件、胶条、垫块、孔盖、堵头、密封件等配套辅件的统筹,标志是通用。

相关内容延伸: 系统门窗及门窗系统是国内的专属名词概念。在工程门窗领域,门窗系统为主要概念,是区别于普通工程门窗企业自行设计开发的门窗产品;系统门窗是由门窗系统公司输出系统的材料和工艺,由该系统公司认可的特许门窗加工企业采购系统材料、按照系统工艺负责加工制造的系统门窗产品。在家装零售门窗领域,系统门窗为主要概念,是比普通门窗更高级别的产品,但是由于系统门窗的技术属性涉及门窗设计、配置、制造、安装的全流程,解释起来复杂且难懂,所以在家装门窗销售领域就出现了很多断章取义、以偏概全的系统门窗定义或标签,因此在家装零售门窗领域,系统门窗更像是一个销售宣传的工具,而不是具体的产品定义或概念。

072 国外专业的门窗展是什么？有何特色？

　　就门窗幕墙行业而言，美国、日本、意大利都有展会，但是就产品类别的全面性、展会规模、行业影响力、展品的新颖性而言，最具影响力的是奇数年的德国慕尼黑展会与偶数年的德国纽伦堡展会，但是这两个展会的定位存在着明显的差异。下面分别进行简要介绍，便于国内的门窗幕墙行业同人选择适合自己需求的展会去参观、学习：

　　德国慕尼黑展会：惯例在奇数年的一月份举办，展会定位为建筑门窗幕墙展，观展对象主要是欧洲建筑领域设计师及相关参与者，而建筑设计师的作品主场是公共建筑。由于欧洲"35m建筑高度"原则，公共建筑的建筑高度一般都超过35m，所以公共建筑外立面门窗幕墙多以金属结构为主，因此慕尼黑展会的参展商及产品体现明显的铝门窗幕墙新产品、新技术、新工艺、新结构、新材料的产品特征，钢门窗作为公共建筑的独特部位选择，也会有一定的展示空间。

　　德国纽伦堡展会：惯例在偶数年的三月份举办，展会定位为建筑门窗展，观展对象主要是门窗行业相关参与者。由于门窗的主要市场是住宅，而住宅的主流门窗类型是塑钢门窗，所以纽伦堡门窗展的参展商及产品体现明显的塑钢门窗新产品、新技术、新工艺、新结构的产品特征。当然，铝、木、钢门窗作为一定区域、高端住宅门窗的选择，也会有一定数量的参展商及展示空间。另外，就门窗的相关配套产业链的展示而言，纽伦堡展会比慕尼黑展会要丰富、完整得多，比如配套加工设备、工装夹具，安装工具、装备、材料等品类等。

　　相关内容延伸：简而言之，看铝窗新设计以慕尼黑展会为宜，看门窗产业链配套以纽伦堡展会为佳。当然，除了德国的这两大门窗行业展会之外，在意大利的博洛尼亚、美国的拉斯维加斯也有门窗展会，但是其规模、影响力、专业深度、配套品类的丰富度及完整度不能与上述的德国慕尼黑及纽伦堡展会相提并论，所以待国内外旅行及行业交流活动恢复正常后，国内的门窗同仁可以结合自己的需求选择匹配的展会进行观展、学习。笔者建议整窗企业如果条件许可，交流无碍的话，应该两展都去，慕尼黑把握行业趋势，纽伦堡寻找适用的产品和工具。材料企业和门窗销售服企业更适合于纽伦堡展会，因为可以发现很多解决当下实际问题的工具或产品，获得启发和灵感。值得一提的是，现在有一部分国外展商对国内观众存在一定的偏见和抵触情绪，所以如果沟通存在障碍，观展的体验感会有些寂寞。

073 家装零售铝门窗应该与谁对标、向谁学习?

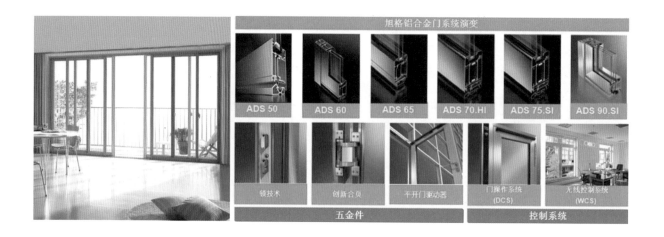

欧洲内陆地区、日本、英美是国际上的三大主流门窗流派,产品特征也各有差异,而且由于国外建筑节能推进的时间早于我国近 30 年,所以产品的成熟程度与体系的完整性都具有一定的领先性。因此国内门窗在发展的进程中习惯于选择合适的榜样进行借鉴和学习,就工程铝窗而言,20 世纪 80 年代国内起步时是以日系的推拉与外平开结构为样板,2000 年后国内起步的隔热铝合金门窗又是以欧系的穿条式内平开结构为主。那么家装零售铝门窗应该如何选择呢?下面表达个人的观点,仅供参考:

南方地区的推拉、外平开结构对标日系产品: 对标的基础是气候及生活习惯,南方地区雨水多,气候适中,开窗透气的生活习惯普遍,开窗通风的气候条件基本具备,所以门窗类型要保证水密性,而日式推拉及外开窗比较匹配需求。

北方地区的内平开结构对标欧系产品: 北方雨水少,冬季气候寒冷,风大灰尘大,所以对门窗气密性要求高,欧洲大陆体系的内开窗和提升推拉体系比较适合。

东部沿海地区门窗产品对标日系产品: 东部沿海是保障门窗在台风登陆时的极限风雨状况下的安全性和水密性,日本作为同样的台风高发地区,日系产品更值得学习。

中西部地区门窗产品对标欧系产品: 中西部地区与欧洲大陆国家纬度相似、气候相似,所以借鉴欧系产品比较妥帖。

轻型推拉门对标日系产品,重型推拉门对标欧系产品: 轻型推拉靠胶条解决密封,重型推拉靠五金启闭方式解决密封。

相关内容延伸: 家装零售门窗品牌分为地域性品牌和全国性品牌,地域性品牌的门窗产品具有鲜明的地域特征,所以选择国外的产品品类进行对标相对聚焦和容易,全国性品牌似乎就要选择和全球的领先门窗品类对标了,因为国内北方市场主流是内开内倒,这意味着要向欧式窗对标?南方市场关注外开窗,那是否就要向日式窗学习?华东既有内开窗拥趸者也有外开窗青睐者,是不是就需要学贯日、欧?其实不是这样的,任何一款开启方式,结构原理基本一致,具体差异都是细节,涉及材料、工艺、结构,这需要在实践中不断地磨合、验证、沉淀,这需要时间和金钱的积累,所以任何一位技术大咖的背后都站着一位心胸开阔的老板,是老板提供了技术人员的学费和工资,所以在此也应该向门窗行业的企业家们致敬和致谢!

章节结语：所思所想

国外门窗产品是当地气候下的历史选择，无法进行简单的好坏对比

气候条件与门窗产品（结构、配置）的匹配性是第一要务

欧洲与日本的门窗产品是国内借鉴的主流

知道门窗产品的来龙去脉，才能进行有针对性的选择

产品定位是产品设计的根、产品外在形式是枝叶，探究门窗产品的根源，

　　才能触类旁通、举一反三，切莫一叶障目

万邦德·栋梁铝业
WEPON DONGLIANG ALUMINIUM

全优产品　工艺精湛　坚固耐用　绿色环保

绿色低碳、智能制造·科技创新、行业向导

栋梁铝业有限公司始建于1984年,位于美丽的太湖之滨——浙江省湖州市,其前身是国内专业生产铝型材的主板上市企业。栋梁铝业是万邦德集团旗下的全资子公司,更是一家生产各种铝合金型材、印刷版用铝板基、铝合金模板、铝单板及全铝家居等产品的大型铝业公司。

历经三十多年市场历练,栋梁坚守"诚实守信、追求卓越"的核心价值观,在产量规模、标准、工艺技术、产品配套、创新等方面都做了大量工作,栋梁的发展史就是铝业从中国走向世界的缩影。我们不负众望,为建筑赋能,已成为碧桂园、新城、宝龙、中交、大悦城、绿都等诸多房地产企业的战略合作伙伴。公司业务立足长三角,遍布全国,已经为全球30多个国家和地区地标建筑提供产品与宜居方案。

在万邦德集团的引领下,公司倾力打造总规划用地2000多亩的"绿色智造新材料产业园",产业园一期、二期项目均被列入"浙江省特别重大产业项目",其中一期"年产35万吨新型高强度铝合金材料项目"已全面投产;二期"年产25万吨高精度数码CTP版铝板基和200万平方米装配式铝模板智能制造项目"已开始施工,后期将聚焦汽车轻量化、航空航天器材等高端产品的研发,不断延伸产业链,全面向高附加值产品的新材料市场拓展;三期将打造铝产业链互动合作平台,探索互联网+的营销模式,加速产业的信息化和智能化布局,引进全球先进的生产线,数字化智能管理贯穿生产、物流、仓储全过程,绿色环保、低碳节能,形成"传统产业+新型产业"多轮驱动的发展战备新格局,铝业智造的物联网、云服务将是栋梁未来的核心科技!

实力见证荣耀　品质铸就辉煌

- 国家级绿色工厂
- 省级高新研发中心
- AAA守合同重信用企业
- 国家级高新技术企业

- 省级企业研究院
- 省级博士后工作站
- 省科技型中小企业
- CNAS证书

......

部分工程案例

旭辉星空之城

安徽安粮中心

世茂智慧之门

绿都紫金华庭

📍 浙江省湖州市织里镇顿塘路2999号

📞 400-090-2082　🌐 www.dongliang.com.cn

微信公众平台

07 工程门窗
工程门窗行业概况

074 工程门窗的过去和现在什么样?

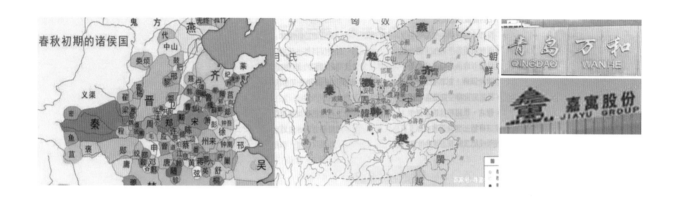

　　上图左是春秋时期的地图,工程门窗 1980—2010 年的情形与之类似,基本是以区域市场为根据地辐射式发展,当时的工程门窗铝窗企业基本上是门窗幕墙为一体,塑钢窗企业基本只做门窗,企业生产规模能达到 100 万 m²/ 年的很少。随着 2015 年国家取消门窗生产许可证行政审批后,工程门窗从区域化向大型地产集采化转变,门窗企业向专业化、跨区化、规模化、品类综合化升级,与大型地产企业合作紧密的工程门窗企业实现跨越式发展,涌现不少达到 100 万 m²/ 年规模的龙头企业,这就类似于上图右的战国时期地图局面。随着 2020 年地产企业的洗牌及国家宏观政策("三条红线")的调整,工程门窗企业也积极向其他领域和家装零售门窗领域渗透,这是 2021 年工程门窗企业出现的新动向。下面就工程门窗企业发展的两个阶段再做一些介绍、分析及归纳:

　　工程门窗的"春秋时期":工程门窗企业以服务地域为特征,以成本为战术圆心,以区域口碑和资源为依托,不受工程项目的公建或住宅建筑属性的局限,相对聚焦于门窗的品类属性(铝、塑、木),立足当地,扩展性循序渐进发展,以项目为核心配置资源,工程商的角色标签很鲜明。

　　工程门窗的"战国时期":工程门窗企业以核心客户(开发商)为特征,以核心客户资源为依托,不受项目地域的局限,门窗的品类属性(铝、塑、木)开始拓展,以区域为核心配置资源,专业服务配套商的角色定位日渐清晰。

　　相关内容延伸:工程门窗领域的关键词是"垫资",工程门窗企业最关注的是工程款的付款条件及如何保证工程款的回收到位,基于此,工程门窗企业更在乎与工程甲方合作关系的稳定性和可靠性,所以会出现开发商的项目走到哪、相应的配套建设企业跟到哪的情况,工程门窗企业也不例外。2021 年开始的房地产企业连续暴雷事件曝光后,受牵连最深重的是土建总包类企业,其次是精装修类企业和门窗类企业及大品类精装材料类企业,在工程毛坯房开发项目中,门窗往往是土建科目外的第二大专业施工项目,动辄几千万以上的工程项目款,所以工程门窗企业的资金背景实力决定企业业务规模,而不是产品制造能力和产品开发能力。

075 工程门窗的烦恼和出路是什么?

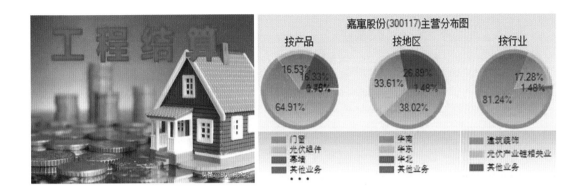

　　工程门窗的烦恼分为两个阶段,投标前后的烦恼是人脉及商务条件,中标之后的烦恼是项目进度与付款进度的匹配程度,核心烦恼就是资金。正是出于对资金流可控性的强烈愿望,大部分工程门窗企业对家装门窗零售领域都虎视眈眈、蠢蠢欲动。就目前的工程门窗企业向家装门窗延伸的实际情况与结果而言,我们不难发现以下三个事实:木窗企业在工程市场和零售市场都形成规模化销售(2亿元/年以上)的企业仅局限于森鹰、墨瑟两家头部企业;铝窗在工程市场和零售市场都形成规模化销售的企业凤毛麟角;塑窗企业在工程市场实现规模化销售的企业不多,在家装零售市场实现规模化销售的企业正在崛起,但目前的企业规模及品牌影响力都还不强。下面就这三种现象进行一些分析:

　　木窗企业的寡头竞争:木窗产品成本弹性小、配置及工艺相对成型和固化、工程类产品及零售类产品之间的产品差异度小,所以木窗企业在工程市场积累了一定的规模、技术、成本优势后对家装零售市场进行延伸的时候仅需要面对市场营销、网络渠道、接单分解、物流包装等销售范畴的挑战,产品挑战较小。

　　铝窗企业的泾渭分明:铝窗产品的结构、成本、配置及工艺弹性大,工程类产品及零售类产品之间的产品差异度较大,铝窗企业在工程市场积累了一定的规模、技术、成本优势后对家装零售市场进行延伸的时候不仅需要面对市场营销、网络渠道、接单分解、物流包装等销售范畴的挑战,最需要解决的是人的观念意识及产品衡量标准的惯性,产品之间的结构及工艺差异也存在相当的挑战,确切地说,工程铝窗是成本为核心,家装铝窗是以颜值为核心。

　　塑窗企业的两头为难:由于塑窗的品类形象和消费者意识积重难返,所以在工程和家装市场的品质形象建立都需时日。

　　相关内容延伸:2021年开始的房地产企业连续暴雷事件曝光后,国内很多工程门窗企业及材料商深受牵连,痛定思痛后,专注于工程市场的整窗企业和门窗材料企业都积极向家装零售门窗领域转向及渗透,因为这是成本最低、转型最便捷,门槛最低的方式和途径,但恰恰是因为容易,所以导致这一轮从工程向家装零售的转型在近一年见到成效的整窗企业及材料企业很少,表面现象是产品水土不服及激烈的竞争,深层次的原因是家装零售市场的整窗企业高度分散,企业众多,层次多样化,这就意味着工程门窗材料商进入家装零售市场时出现头部企业难以进入,众多中小企业订单少,规格多,批次多、要货急的服务配套挑战,所以企业转向需要谋定而后动,动即坚守长期主义为原则,毕竟工程门窗和家装零售门窗存在本质的差异,甚至用两个行业来形容都不过分。

076　工程门窗项目的操作流程是什么？

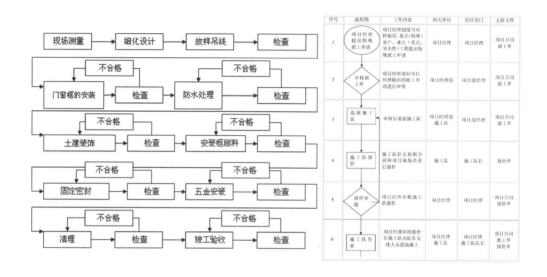

　　工程门窗的项目操作主要分为两个阶段，以中标为分界点，中标前的工作主要是以信息流为核心，中标后主要是以资金流为核心。下面具体分析这两个阶段的一些特征：

　　中标前： 工程门窗市场在投标阶段可谓"谍影重重版的暗战"，通过各种渠道、资源进入到开发商的项目部，先从工程部的产品设计、配置、性能、材料、标准解读等一系列的技术及验收标准等开始进行数轮的工地沟通，由于工程部人来人往，竞争激烈，每次只能沟通一到两个话题，所以一个工程门窗项目跟踪期在半年以上很正常。工程部之后是合约部或核算部，这时候就是企业背景、资质、既有项目的考察及备案。另外就是正式招标书的发布时间，招标书具有很重要的产品导向，如果能参与到招标书的内容讨论，说明前期的所有工作卓有成效。投标分为技术标与商务标，先技术标审核材料配置、性能，主要以满足当地项目验收的相关规范标准要求为准绳，后进行商务标的评审。最后大项目选择 2~3 家企业中标，小项目独家中标（门窗体量一般控制在每家企业 3 万 m² 以下）。所以中标前的特征是以人为主，信息的准确性和及时性决定投标策略、定位及中标概率。

　　中标后： 中标后主要的内容就是物料进场的统筹和资金统筹。工程门窗进场安装总体分为三个阶段，先是窗框，然后是固定玻璃，最后是开启扇，物料进度基本是配合此三部曲进行规划，这其中还涉及项目现场安装与土建及总包方的协调，因为需要共享土建方的装备资源，考虑物料摆放的安全及保护。所以中标后的核心是统筹：统筹物料与加工、安装进度，统筹甲方及供应商的资金，统筹甲方与总包方的项目合作支持，其中资金统筹最为紧要，也是一切行动的指挥棒。

　　相关内容延伸： 工程门窗的操作流程前期以销售为核心，主要是建立甲方的联络及认同，投标期则是以技术标书为核心，中标后则是以现场项目经理为核心，所以工程门窗企业的核心是销售、技术、现场三大操作流程，企业负责人往往是销售主力和商务标的决策者，企业技术负责人的核心任务是在满足标书性能要求的前提下从结构设计及材料配置上控制门窗成本，项目经理则是控制现场安装成本、品质及进度，为工程款回收扫除障碍。

077　工程门窗领域的特征及生成原因是什么?

工程门窗的特征与其他项目工程一样,垫资施工、分步结算是工程项目的基本规则,所以工程合同名称中都会明确垫资施工这一基本属性。产生垫资施工需要从甲乙双方找原因,下面具体分析:

甲方原因:

甲方的开发项目所需资金及融资渠道的单一性决定了资金的紧缺是根本原因,从地产开发企业的负债率及杠杆率就可以看出负债经营是地产开发项目的普遍现象,特别是地产预售在房屋封顶后方可实施的行政规定决定了贷款、发债、扩股这样的金融融资渠道都需要付出资金成本或股权成本。垫资施工的本质是向施工方融资,而向施工方融资不需要付出显性的、刚性的融资成本,所以垫资施工就成为成本最优的融资方式。

甲方掌握选择施工方的权利,而审批资金是这种权利的延伸,所以垫资施工是甲方体现合作地位和权利的基本保障。

乙方原因:

乙方接受垫资施工最主要的原因是提供的产品或服务不具备独特性和不可替换性,而项目施工所获取的利润对于不同的施工方而言也存在不同的预期与衡量标准,在这种背景下就导致在项目合作中基本处于卖方市场,自然乙方就处于相对弱势的被动地位。

相关内容延伸: 在门窗项目施工中具备独特性或不可替代性质的材料商是垫资施工的例外。这种具备独特性或不可替代性质的材料商往往是高端项目中的国外材料品牌或门窗系统品牌,因为这类有技术壁垒的国外材料商往往能决定门窗项目的核心品质或标定门窗的档次,所以具有主动权和合作话语权,按照这类企业的付款规则进行合作就成为整窗企业无奈的选择,这种情况下整窗企业就面临更为严峻的垫资压力和挑战。

078　工程门窗企业分类及如何选择?

　　工程门窗企业存在两大衡量维度:一是项目做得好坏,这其中涉及产品的品质控制、现场管理、工期管理等综合因素;二是资金状况的充裕度。从这两个维度把工程门窗企业分为四种类型,下面进行具体分析:

　　项目做得好、资金充裕:这类企业是工程市场的优势企业,他们具备挑选项目和与开发商平等对话的资格和底气,之所以资金充裕是因为前期项目做到了让甲方满意的程度,前期项目积压的工程款越少就意味着前期项目进行得越顺利。前期项目工程款的结算程度是后期项目甲方考察既有项目时关注的重点内容,工程款结算及时,除了门窗企业自身的品质、工期控制到位之外,开发商的选择才是前提,优质的开发商资源是需要积累和慢慢筛选的。所以这类企业对陌生项目的选择非常谨慎,投标时更关注商务条件,而且弹性较小,底线和刚性比较显性。

　　项目做得一般、资金充裕:这类企业会受到一些区域及新开发商的青睐,因为开发商的资金不充裕,就希望从供应商那里得到最大程度的资金支持,而项目做得一般但资金充裕的工程门窗企业要么有独特的资金背景,要么资源丰富,所以这类企业在投标阶段的特征是技术、产品内容都比较低调,但是在商务条件阶段体现出让同行感到焦虑和恼火的姿态。这类企业经常是通过商务条件的弹性获得项目。

　　项目做得好、资金不充裕:这类企业是让开发商最难选择的,因为前期项目的甲方原因或意外不可控因素导致企业资金紧张,所以在商务条件上很难让步,但是产品及项目管理口碑都很好,结果往往会做整体项目的一小部分作为示范。

　　项目做得不好、资金不充裕:这类企业处于举步维艰的恶性循环中,是开发商进行考察时要重点防范的对象。

　　相关内容延伸:在工程门窗企业选择上,开发商内部也往往存在比较大的分歧和冲突,项目工程部看中的门窗企业的产品品质和施工管理质量,因为这样的企业会让工程部省心、放心,工程部关注的是品质与工期。项目合约部往往关注更低的投标价格和接受更严苛的付款成本,项目合约部的考核关键指标是成本。这种矛盾的最终调和与平衡往往是由项目负责人来实现,所以工程门窗企业与开发商的沟通过程中需要结合不同部门的需求进行准备才能实现有效的沟通。

079　如何考察工程门窗企业？

工程门窗企业考察主要分为门窗企业考察和在建工程项目考察。门窗企业考察主要是考察企业的规模、组织结构、产品设计、制造管理等内容，在建工程项目考察主要是对工程门窗企业的现场施工管理、安装施工品质、现场产品保护等内容进行直观的了解和判断。下面具体分析考察过程中的一些细节：

门窗企业考察：门窗企业考察一般分为两个部分，一是加工现场的考察，主要是看物料摆放、加工现场秩序。建议重点关注型材库存的情况，如果品牌杂，说明该企业前期工程项目处于被动执行的状态。二是展厅及会议室的听取介绍。这一阶段重点是关注技术部门的人员数量及分工配置，门窗加工企业技术工艺部门的重要性不弱于研发部门，所以让技术工艺部门介绍加工工艺的相关内容与介绍产品设计及配置的内容是同等重要的，而且产品设计及配置可以从材料供应商那里得到支持与借鉴。加工工艺的落实与规范化需要门窗企业不断细化与规范化。门窗本身不是高科技产品，但属于系统化产品，一个环节的疏忽都有可能影响产品整体性能的发挥，而这一切恰恰是靠工艺流程的规范管理来保证的，而不是靠熟练工人的经验或厂长的现场监督来实现的。

在建工程项目考察：既有项目考察主要是考察现场资料的完整性和真实性，多看现场物料摆放的合理性，特别是成品保护及玻璃安全的必要分格及固定措施，多与总包及一线安装工人交流，多关注身体语言及表情。最后的环节是与在建或既有项目的甲方或物业交流，这是不可或缺的环节。当然，门窗企业项目经理的直觉感受也很重要，但需要鉴别个人管理能力与企业管理流程规范落实之间的差别与差距。

相关内容延伸：工程门窗企业考察一般都是对新入围企业所进行的必要环节，对于已有合作关系的企业就不再需要进行，因为已经合作的项目就是最好的现场案例，产品品质、现场管理等情况已经事实明确，结果昭然了，做得好的企业不需要再考察，做得不好的企业也没必要再考察了。

080　如何高效管控门窗工程项目？

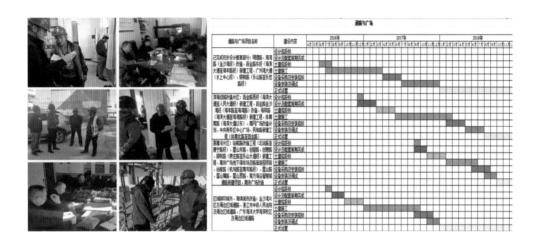

　　门窗工程项目管控需要甲乙双方紧密配合、协同管控，缺一不可。甲方（项目开发商）工程部是门窗项目的直接分管部门，主要承担监督、检查、协调的职责；乙方（门窗工程承包商）项目部经理作为门窗项目的具体责任人，主要对项目品质、进度、施工安全负责。下面具体分析甲乙双方配合过程中的具体事务协调如何落实：

　　甲方事务：事先就进场相关事宜进行会商共识，明确双方职责分工与具体事务协调程序，并形成书面文件，双方签字确认后备案。进场安装后例行沟通会就项目进展、出现问题、解决方案、未明确事务进行落实完善，及时形成会议纪要形式确认备案。项目过程中多到现场，把握项目进程及安装工艺的规范化落实，发现问题及时与门窗项目经理现场明确解决方案，拍照留存，便于后期落实改善对比。最主要的是如果项目进程时间及产品品质正常，及时按照合同给乙方办理工程款项，确保项目持续推进。

　　乙方事务：门窗工程项目经理对项目现场的人、财、物负责：除了项目施工人员的规范和安全管理，还需要与甲方工程部、总包方、门窗工厂保持例行的沟通机制，便于有问题及时沟通解决。保障进场物料的成品保护及安全，日日清点记录备案，对于临时发生的物料欠缺或遗漏，及时以书面方式与工厂沟通，保证项目进度及安装规范的执行到位，多在现场巡视，及时制止安全隐患及安装不规范行为。最核心的任务是在项目进展保质保量保时的情况下，及时保证工程款的进度落实。项目进场前，甲方认企业，项目进场后，甲方认企业的现场项目经理，所以工程进度款支付顺利的背后一定有一个取得甲方认可和信任的施工方项目经理，这种认可来自能力与态度，最主要的是责任心和认真、务实的态度。

　　相关内容延伸：合作愉快的基础是双方能互相信任，相互支持、相互理解。对于甲方（项目开发商）来说，及时协调工程门窗企业与土建总包方的协同和及时按照项目进度及工程合同支付工程款是支持门窗分包单位的两大内容；对于乙方（门窗分包商）来说，按照工程合同保证门窗品质与项目进度是获得甲方信任和支持的基础。一些追求开发进度的项目甲方往往会提出门窗安装进度与土建进度同步进行的苛刻要求，这就需要门窗企业突破原有的项目封顶窗框安装的传统模式，重新统筹物料和加工进程，并在与土建方的施工协调中注重门窗成品保护及施工安全。总之，乙方能满足甲方的特殊要求并获得认可是合作愉快的基础，毕竟合作中甲方始终占据主导、主动地位。

081　门窗工程承包商项目经理需要解决哪些问题？

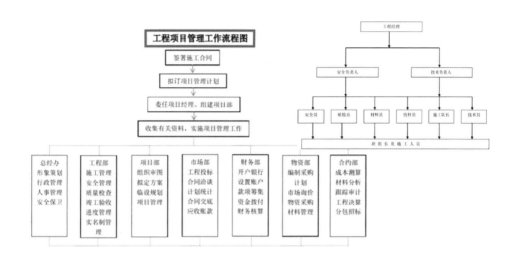

　　门窗工程承包商项目部经理作为门窗项目的具体责任人主要对门窗品质、进度、施工安全负责，这些具体内容都是工作的手段，目的是保障门窗工程款的及时回收。门窗工程款分为进度款及验收款两大部分，下面围绕这两大部分工程款回收所涉及的项目经理职责进行具体分析和探讨，至于项目质保款周期长，不做讨论：

　　门窗项目进度款： 工程项目进度款的核心是进度，进度的标准是施工现场的整体进度，所以施工计划是需要随着整体进度做及时修正的。项目整体进度受市场、资金的影响出现变化是常态，所以进场时间需要在进场后根据现场的施工条件实事求是地把握，这是施工方项目经理的重要责任。不能忽视现场条件一味地按照施工计划盲目安排或接受物料及人员进场，人员进场不能施工也会产生费用，物料进场不能安装却存在安全及损坏风险，这两者的滞留时间越长，公司的无效支出及损失就越大。常规而言，门窗工程进度款支付分为框料进场安装、固定玻璃进场安装、开启扇进场安装三个阶段，但一些交付进度管理严格的企业会要求门窗整体随建筑高度进展，那就需要事先明确标准，按照完成面积的比例落实进度款项。

　　门窗项目验收款： 项目验收款更多是门窗企业层面操作的内容，门窗项目经理属于配合角色，但是如果前期项目经理在甲方未能取得认可与信任，给验收款的申请将带来很大的隐患，因为验收款是甲方"秋后算账"的节点，很多前期因项目进度大局而隐忍的问题将在此阶段集中爆发，所以前期合作过程中的甲方态度不一定是真实的，而到了验收款阶段，甲方完全掌控主动权。如果验收款申请不顺利，一定要找到症结，从源头入手解决。

　　相关内容延伸： 项目经理是甲乙双方合作的重要沟通桥梁，项目经理除了关注现场施工过程中的上述显性工作内容之外，还需要在施工周期中处理好隐性的交往内容，毕竟项目经理是与甲方团队接触时间最长、沟通最密切、相处最真实的乙方代表，所以在整个项目施工过程中与甲方基层工作人员建立的个人信任对项目的圆满交付及验收起到准确的导航作用及润滑作用，甲方基层工作人员的支持是项目顺利交付的前提和基础，所以不可忽略或轻视。

082　工程门窗领域的趋势及如何应对?

　　工程门窗的项目主要分为公建项目和住宅项目,公建项目的趋势是精致化、门窗幕墙一体化,住宅项目的趋势是集中采购化、精装化、工厂模块化、区域特征普遍化。所以传统工程门窗企业必须顺应趋势,对产品结构、管理重心、销售渠道、合作模式做必要的调整,而这一切的具体操作层面的应对措施首先基于对工程门窗市场走势的预判及理念的变化。海尔的企业理念是"观念不变原地转,观念一变天地宽",对于目前处于历史性变革节点的工程门窗企业来说,也许海尔的这句话是最有借鉴意义的,观念转变是必须的,如何转变并实操才是重点。下面就公建项目及住宅项目做具体分析:

　　公建项目:公共建筑项目越来越体现造型化特征,幕墙与门窗的比例越来越向幕墙倾斜,所以门窗工程企业要么实现幕墙板块的延伸,要么与幕墙企业紧密配套。传统的公共建筑纯门窗的状态将越来越少,而且公共建筑的体量大、施工周期长、资金兑付周期长,对于中小型门窗企业而言不是理想的选择,而且现在随着公共建筑项目的日益减少,幕墙企业延伸门窗板块业务、总包企业延伸幕墙门窗板块业务的趋势也越来越明显,所以长远而言,公建项目不是单纯门窗企业的主战场。

　　住宅项目:住宅项目是门窗企业的主阵地,但是建筑预制工厂化的趋势已逐步显现,如何实现配套的产品设计、安装工艺,是门窗企业值得提前思考、布局的方向,在这方面日本有一定的先发经验可以借鉴和参考。

　　相关内容延伸:大型地产开发商产业延伸进入门窗制造行业已有先例,无论是全国性的基地布局还是生产基地的建设规模及装备配置都呈现高举高打的资本优势,开发商延伸进入门窗制造领域面临的挑战既不是订单,也不是产品及专业的技术壁垒,而是规模化、集约化制造的管理挑战及产品设计和供应链的匹配。工程门窗企业现在面临双重压力:一是在工程市场订单减少、工程项目前景不明朗的大环境,二是开发商自主进入门窗制造领域的局部竞争,在此双重压力下不转变既有的运营模式就会越来越被动,应对策略一是走出国门,二是转战家装零售门窗,只是这两条路都不平坦,需要勇气、耐心和坚持。

章节结语：所思所想

工程门窗的核心是成本，核心挑战是资金

工程门窗的成本优化主要是通过规模提升来实现

在持续推进的建筑节能要求背景下，塑钢工程门窗将迎来新的发展机遇

工程门窗的资金压力需要通过创新的融资、合作模式来化解

工程门窗产品配置及品质两极分化趋势越来越明显

20年隔热条生产研发沉淀

标准 还是定制 ——
信高®隔热条 您高性价比的选择
STANDARD OR TAILORED
WITH US, YOU ARE ALWAYS RIGHT

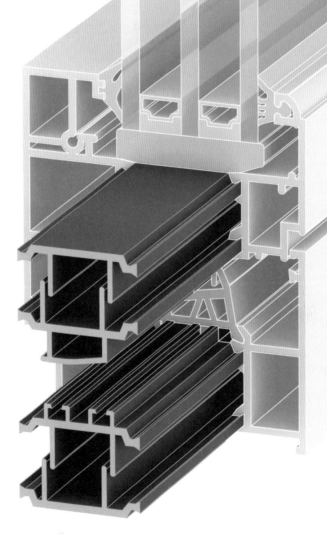

08 家装门窗
家装门窗行业概况

083 家装零售门窗市场是如何发展壮大的？

　　国内家装零售门窗主要分为两个阶段，第一阶段是以路边社区店为代表的"游击战"阶段，第二阶段是以家居建材商场内品牌门窗专卖店为代表的"阵地战"阶段。下面分别就这两个阶段做简要介绍：

　　"游击战"阶段： 2000 年以前，家装零售门窗产品主要是封阳台，产品开启方式主要以气密性不佳的推拉窗为主，门窗材质以塑钢和普通粉末喷涂或氧化铝材为主，销售方式基本是以路边的社区店为代表，社区店也是加工点。铝窗基本采用 80 系列普铝材料，下料采用单头锯，用冲模完成对铝材的孔位及端部加工，用"螺接"方式完成框扇的组装，玻璃以单玻为主，五金采用简单的月牙钩锁，密封基本采用打胶方式。这一阶段的家装零售门窗产品规格单一、加工简单、配置简单、安装要求低，阳台只是作为晾衣或储物所用，与室内有门分格，所以封阳台门窗产品的气密性、水密性要求也不高。

　　"阵地战"阶段： 2000 年以后，从香港引入的家装门窗品牌开始在深圳的建材家居市场开设专卖店，产品以木包铝或铝窗为主，产品开启方式以推拉和平开为主。在上海，工程门窗企业在百安居建材市场设立销售专柜及阳光房单体，接受零售门窗的订单。在北京和青岛，出现工程门窗企业设立的独立门窗展厅及体验店，接受零售门窗的订单。2010 年后，以室内移门、厨卫门生产企业为主的家居领域企业开始涉足外门窗的制造，销售采用各地代理商的专卖店加盟模式，这种模式促成了家装零售门窗市场的高速发展和产品档次的不断提升。

　　相关内容延伸： 家装零售门窗近十年的快速发展得益于以下几个方面的共同作用：一是消费者对家居条件的更高追求，装修换窗成为普遍共识；二是主干家装零售门窗企业的市场推广投入提升、唤醒了消费者对门窗品质的认知；三是众多的门窗专卖店扭转了消费者对门窗仅用于封阳台的惯性认知，特别是在红星美凯龙、居然之家这样的高端建材家居卖场开设的门窗专卖店对装修行业及消费者起到了很显著的引导效应；四是在大家居领域的各品类产品市场格局日趋成熟的背景下，门窗因为价格弹性大、产品单值高、产品差异较明显的属性特征，成为投资者、创业者、跨界者、媒体共同关注的新品类。

084 家装零售门窗的烦恼及如何应对？

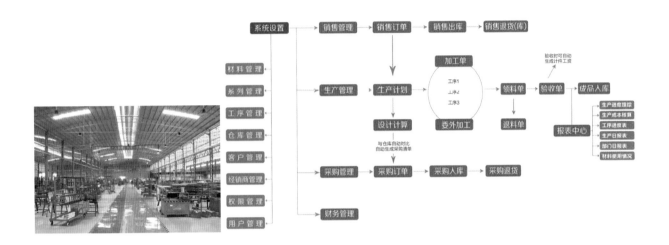

国内家装零售门窗行业的烦恼主要集中在门窗产品的设计、制造、销售、服务四个环节上。产品设计主要体现在产品外观及性能的差异化如何体现；产品制造的挑战是家装零售门窗订单的颜色、尺寸、开启方式、主材配置高度定制化、个性化，如何使订单计划及供应链高效整合匹配；家装门窗销售由品牌门窗的当地代理商完成，代理商的门窗知识专业化及产品理解准确性如何有效提升及保障？这直接关系到销售业绩及当地的消费者口碑；家装门窗的产品服务考验是由高度定制的产品属性决定的，尺寸的准确度及安装的专业度是两大核心内容。下面就这四大环节的应对要素谈谈个人的理解及建议：

产品设计差异化： 产品设计分外观造型设计和结构系统设计两个维度，家装零售门窗市场在2015年前更多关注的是外观造型设计的差异化，2015年后逐渐转向外观造型与内在结构系统化设计并重的状态，结构设计决定门窗性能。

订单制造高效性： 家装零售门窗订单颜色、尺寸、窗型全部定制，订单的加工组织能力是企业面临的巨大考验。所以在管理工具、设备配置、"产线排布"、制造流程、工艺规范化等众多方面都需要持续不断的摸索与学习、总结。

销售体系专业度： 头部家装门窗企业的销售理念、团队建设、管理模式基本是借鉴大家居领域瓷砖、卫浴、家具、橱柜衣柜等产品品类成熟的经验及引进这些成熟领域的职业经理人来进行延伸操作的，所以广东企业的人才地缘优势明显。

产品服务职业度： 产品服务包括售前的专业性、售中的准确性、售后的及时性三个方面。

相关内容延伸： 家装零售门窗的主流运作模式是门窗制造企业与各地代理商的合作"双打"模式，这也是借鉴了大家居领域其他先行品类的成功经验，就具体分工而言，门窗企业完成产品设计及订单制造的产品生产环节，各地代理商负责产品讲解、定制量尺、方案设计、下单跟踪、门窗安装、售后服务等具体产品销售及服务的环节，营销推广则是以企业为主，各地代理商配合，这种合作模式决定了双方是互相支持、相对独立的法人主体间的平等关系，但是在实际运作中还是遵循实力匹配的商业逻辑和原则，平等是相对的，强强联手是必然的趋势和方向。

085 家装零售门窗项目的操作流程是什么？

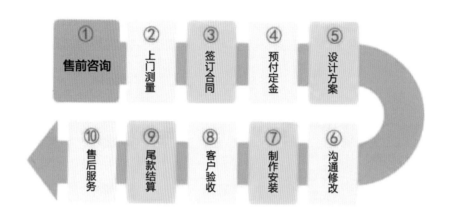

  上图是家装零售门窗基本流程的 10 个环节，由于图片来自网络，实操过程中顺序存在不同。就整体而言，主要是售前、售中、售后三个阶段，下面分别做简要介绍：

  售前阶段： 按照上图来说，售前阶段包含 1~6 环节。售前咨询是客户筛选潜在供应商的过程；上门测量具体门窗洞口尺寸是设计方案、预算报价的前提，设计方案是确认合作的前提。合作的重要标志就是合同签订，合同的核心是预收款，不同代理商的收款比例有所差别，但是基本都不会少于全部费用的 85%，因为家装门窗产品的尺寸、开启方式、开启位置、开启尺寸、型材颜色、主材配置等产品要素都体现高度的个性化特征，属于完全定制化的产品，物料及成品都无法通用，所以预收款规则是家装零售门窗与工程门窗最本质的规则差别。家装零售门窗的设计方案类似于工程门窗的投标书，只是零售门窗设计方案的核心是差异化，包括产品差异化、理念差异化、专业差异化，工程门窗投标书的核心是价格及付款政策。

  售中阶段： 这一阶段前半段是门窗的定制化生产、包装、发运环节，是厂家的主体操作内容；后半段是门窗的安装、验收环节，这是当地代理商的操作内容。

  售后阶段： 门窗在实际使用中及极限气候考验后如果出现相应问题，需要当地代理商或厂家上门解决，这就需要在销售合同中体现相应责任，并选择有一定品牌基础及实力的门窗厂家和在当地有一定信任基础及口碑的代理商。

  相关内容延伸： 上图是家装零售门窗的主要项目操作流程，但是各品牌之间的收款模式存在不同，知名品牌的收款模式是全款接单生产，因为有品牌做背书，所以无论是消费者还是当地代理商都不会有什么顾忌和不安，对于那些新兴品牌来说，全款接单较难实现，因为代理商和厂家的信任需要时间来慢慢建立，而消费者对于不熟悉的、陌生的品牌本身就存在疑惑，对新兴品牌门窗的当地代理商的信任度尚未建立，这种情形下就会采用类似于工程门窗的阶段性付款机制来打消这种疑虑。网购现在如此盛行，早期买卖双方的信任破冰就是由支付宝从中背书来实现的，所以品牌的价值体现在各个方面，信任度是重要的价值体现。

086 家装零售门窗领域的特征及生成背景是什么？

　　国内家装零售门窗企业是在市场需求的推动下成长起来的，在铝窗、塑窗类产品方面，零售门窗与工程门窗的交集很少，几乎是完全平行地发展。在木窗类产品方面，情况则恰恰相反，木窗零售头部企业几乎都是从工程门窗领域延伸发展起来的，而且至今仍处于工程领域与零售领域协同并进的状态。这一特征主要是产品业态的差异化造成的，下面分别做简要分析：

　　铝门窗产品：铝门窗产品最大的特征是结构设计多样化、开启方式多样化、五金配置多样化，这三个多样化叠加的结果就是铝门窗产品的差别是铝、塑、木三种门窗品类之中最大的，这种差别的多样化直接体现为铝门窗的价格差异很大，品质差异也很大。工程铝门窗的核心是成本，零售铝门窗的核心是卖点，这就导致工程铝门窗和零售铝门窗在结构、配置上的差别很大，所以同一个企业按照两种逻辑和标准进行共线生产是较难实现规模化并存的。

　　塑门窗产品：在国外，塑门窗是住宅门窗的主流，塑门窗也是加工制造自动化程度最高的门窗品类。在我国，塑门窗凭借保温性能优势在工程门窗市场正卷土重来，但在零售家装门窗市场的恢复还需要时间。

　　木门窗产品：木门窗企业之所以在工程、零售市场可以齐头并进是因为木窗的产品差别小、配置弹性低，所以产品材料、加工工艺、产品配置都相对固化，不存在铝门窗的双重标准和双重产品的挑战。

　　相关内容延伸：零售和工程门窗最本质的差别是订单性质不一样，零售订单单值小、规格多、全定制；工程订单单值大、规格少、批量化生产，所以对加工制造的物料准备、排产加工、交付运输的要求完全不一样。通俗地讲，工程订单是订单式生产，按照项目进度批量采购型材、玻璃、五金及相关"配辅材料"，计划性强，库存可控，所以到工程门窗企业看到最多的是规格统一、叠放待发的框架成品，而且框是框，扇是扇，有框的时候少见扇，有扇的时候不见框，这是工程项目的安装特点决定的。家装零售订单则是菜单式生产，代理商门店出样的产品就是消费者定制的产品，所以在代理商门店出样的产品所涉及的型材、五金、辅件都需要提前在工厂配备相应库存，如果在售产品规格、系列多则造成库存材料的非线性增长，所以通过分析家装零售门窗企业的材料库存数据，可以发现可提升的管理空间和价值机会。

087 家装零售门窗的理念及本质与工程门窗有何不同？

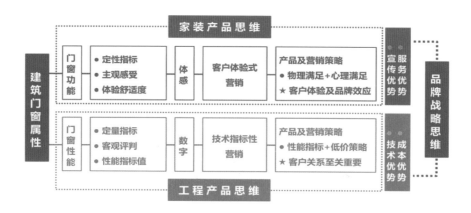

　　家装零售门窗与工程门窗的理念本质差别在于功能与性能的差别：功能是定性的概念，属于是非判断题，家装零售门窗消费者由于专业识别能力不强，所以只能关注功能性指标，比如内外开启方式、五金是进口还是国产、铝材壁厚是否符合国家标准的要求、企业历史的长短、广告投入的多少、企业规模的大小、企业所在地等；性能是定量的概念，属于问答题，工程门窗有专业的项目验收环节，验收的内容是基于国家及地方的相关规范及标准，验收项目都是量化的数据性指标，主要是门窗的保温性能和安全性能，性能指标虽然各地的标准不一，但是数据指标都非常清晰明确，检验报告、计算报告都需要作为门窗验收的必备材料进行提供。这种家装零售门窗注重功能、工程门窗注重性能的情况在新版国标《铝合金门窗》（GB/T 8478—2020）颁布后正得到有效的规范。新版国标《铝合金门窗》（GB/T 8478—2020）将门窗的功能和性能进行了有机结合，使这一问题得到完美的整合统一，下面分别做简要介绍：

　　保温门窗：整窗传热系数 K 值小于 2.5W/（m²·K）的门窗。

　　隔热门窗：整窗太阳得热系数 $SHGC$ 值不大于 0.44 的门窗。

　　保温隔热门窗：整窗传热系数 K 值小于 2.5W/（m²·K）并且太阳得热系数 $SHGC$ 值不大于 0.44 的门窗。

　　隔声门窗：整窗隔声性能不小于 35dB 的门窗。

　　耐火门窗：在规定的试验条件下，关闭状态耐火完整性不小于 30min 的门窗。

　　相关内容延伸：门窗的基础性能是抗风压性能、气密性能、水密性能。其中气密性能要求是外门达到 4 级，外窗达到 6 级，水密性能要求是外门达到 2 级，外窗达到 3 级。门窗的抗风压性能要结合项目具体所处地域的百年一遇的最大风压值进行专业软件的校核，主要是对最大跨度的中梃进行杆件校核及最大单元玻璃进行板件校核，结合项目所处的楼层、建筑物体型系数、周边环境、地面粗糙度进行具体系数校正，由于近十年可记录的最大登陆台风为 16 级，折算风压为 1060Pa，所以在实际洞口抗风压验算中将 1000Pa 作为合格的标准线，这也是门窗抗风压性能分级中的基准线。

088 门窗系统在工程及家装零售市场的技术侧重有何不同？

工程门窗	家装门窗
■ 住建部门监管 ■ 强制工程规范 ■ 专家力量强大	■ 质检部门监管 ■ 产品标准(推荐) ■ 专家力量弱

【系统门窗】概念及标准制定由工程行业提出
【系统门窗】评价困难、概念炒作、市场混乱
【系统门窗】工程注重成本，家装注重营销

【系统门窗】：工程行业主导提出；家装行业营销造势

　　常规来说，工程市场的系统公司是作为项目推广的主力及先锋官角色，系统品牌的特约加工企业，整窗企业是作为配合及从属的角色。概括来说，就是工程市场以系统品牌为主、加工商为辅。而家装零售门窗的主体是整窗企业（知名系统品牌除外），系统公司是作为技术支持的幕后英雄存在，也就是说在家装零售市场，整窗品牌处于相对强势的位置。下面分别就工程市场及零售市场的具体背景来分析差异产生的原因：

　　工程市场系统品牌占据主导地位：在工程门窗市场领域，早期在满足项目验收的前提下，门窗成本是招投标双方关注的焦点，对门窗性能及具体使用体验的关注点相对偏弱，这是因为开发商是作为工程门窗的购买者却不是门窗的具体使用者，这种角色的错位导致门窗系统在早期很难有施展的机会。2005 年后，一些自建自用项目对门窗幕墙的使用体验给予重视，而且付费者就是使用者，角色的统一让门窗系统的性能优势得以发挥和体现，而隔热铝合金门窗的结构复杂性及加工工艺的一致性需求使系统门窗的材料通用性及工艺标准化优势逐步得到体现，提升加工效率并减少材料库存是工程门窗企业选择系统公司进行合作的自身动力，所以门窗系统始于工程门窗市场。

　　零售市场整窗企业占据主导地位：家装零售门窗市场的发展周期短，门窗的外观造型是博取消费者眼球的利器，由于普通消费者对门窗结构、性能、配置等技术属性不具备识别和消化能力，所以系统门窗在家装零售门窗市场只是作为产品的销售概念而存在。随着销售规模的扩大，门窗系统的材料通用性、工艺标准化、性能稳定性成为家装零售门窗头部企业的刚性需求，但是建设系统门窗体系的技术周期长、见效慢、代价高，所以能真正落实并持续的企业凤毛麟角。

　　相关内容延伸：在工程门窗领域，甲方选择门窗系统是基于系统材料、系统工艺的专业输出 + 专业的系统制造和安装所带来的门窗产品品质及体验感，为项目销售增加卖点和提升项目附加值，工程项目门窗从住宅到公共建筑，从住宅到会所、售楼处、样板间，涉及的门窗场景多，所以就要求系统的产品系列、开启方式、转接方式、性能配置等覆盖面宽泛，产品品类全，以满足不同场景空间的需求。在家装门窗领域，消费者选择系统门窗是为了保证品质和追求性价比，所以家装零售门窗领域企业需要在产品多样性和库存材料体量之间追求平衡，产品体系建设更关注产品的造型外观特征的塑造，因为这是消费者可以识别、认知的。

089 家装零售门窗的销售途径有哪些?

国内家装零售门窗的销售渠道主要分为四种方式:一是路边社区店,以周边社区封阳台的产品类别为主;二是建材家居市场内的门窗专卖店,以全屋门窗更换业务为主;三是新建小区的门窗产品现场展示、团购业务模式;四是网上销售渠道。下面分别就四种渠道的发起主体进行简要介绍:

社区街道门窗店: 社区门窗店一般是以家庭为单位,早期的社区店还需要进行具体的门窗加工及组装,现在基本是以出样为主,兼具一定的材料储存用功能,产品以封闭阳台所用到的推拉窗(南方)或平开窗(北方)为主,产品材质以隔热铝门窗为主流,产品品牌五花八门或只有材料品牌。与早期的封阳台要求不同,现在的阳台大多是室内生活空间的延伸,所以封阳台门窗产品的气密性、水密性、隔声要求越来越高,所以门窗产品的配置及价格也随之水涨船高。

卖场门窗专卖店: 在红星美凯龙、居然之家这样的大型连锁家居建材商场,门窗品类的比重越来越大。进入建材卖场的门窗大多是品牌产品,有规模化、现代化的加工工厂和统一的市场销售管控手段,门店是门窗品牌的代理商,代理商负责当地客户的订单尺寸测量、订单生成、成品安装,门窗企业负责门窗的设计、接单生产与包装运输。

社区促销门窗点: 现在小区门窗促销点越来越多,促销门窗来源渠道多样,价格差别悬殊,售后服务值得关注。

网络门窗电商: 在天猫、京东这样的大型购物平台上出现的门窗电商越来越多,但是大多以吸引客流、解答咨询服务为主,实际交易仍需要在线下实体店内进行,这是因为门窗单值大、风险高,线下实物的体验及项目设计沟通很必要。

相关内容延伸: 在 2020 年新冠肺炎疫情爆发后,传统门店的客流大幅下降,门店及门窗企业的正常经营受到不同程度的影响,消费者的消费信心也受到一定程度的挫伤,加上 2021 年出现的地产项目暴雷事件的影响,市场的消费能力受到一定程度的影响,所以如何在外部环境不确定因素的袭扰下保持订单的稳定及增长就成为家装零售门窗门店及企业的普遍性挑战,找到客户成为首要问题,守店促销、户外广告、异业联盟等门店获取潜在消费者信息的传统方式不再灵验,展会、招商平台、转介绍等企业获取意向的代理商信息的常规途径不再通畅,如何创新、突破是整个家装零售门窗行业面临的共同挑战。

090　家装零售门窗与工程门窗的要求有何不同?

◆ 四个阶段: 建筑设计/门窗设计/制造安装/验收

	建筑设计	门窗设计	门窗制造安装	门窗验收	
工装门窗	建筑设计提出要求,如立面分格/颜色、物理性能要求,通风、采光、节能、消防排烟等要求	针对建筑设计要求进行产品深化设计,如立面分格优化,根据物理性能进行配置优化设计等	工厂质量自控、出厂检验、进场抽检、监理监管等方式	质监站验收	需求方、验收方与最终用户诉求不一致,导致部分工程中产品质量把控流于形式
家装门窗	无	与客户沟通协调材质、颜色、分格等(客户对建筑设计要求并不专业)	工厂质量自控,出厂检验,客户监管	客户验收(客户并不专业)	客户专业度不足,导致厂家产品质量参差不齐

　　家装零售门窗与工程门窗在设计、制造安装、验收三个环节都存在明显不同,上表已经表达得比较清晰,下面就这三个环节做一些背景说明:

　　门窗设计环节: 工程门窗设计的基础是建筑设计院出具的建筑设计图,设计的目标是在各项建筑及门窗的国家标准、技术规范、地方标准的相关要求基础上(这是建筑项目验收的依据)追求门窗性价比的最优化,所以工程门窗设计有规范的套路和流程。家装门窗设计的基础是业主的私人喜好和价值取向,设计的目的就是让消费者满意,由于消费者不专业,导致很多家装门窗设计也不专业,最后使做成的门窗看上去不错但体验效果并不理想,甚至出现各种安全隐患,所以对普通消费者及家装门窗的代理商进行专业、客观的技术讲解就显得非常必要,这也是本书的初衷。

　　门窗制造及安装环节: 工程门窗制造批量大,规格少,颜色、材料、配置统一,计划安排及物料准备都相对可控和便捷。零售门窗制造订单小而多,尺寸、开启位置、窗型、材料、颜色、配置各不相同,计划安排及物料准备都面临不可控的动态挑战,所以工程门窗生产管理考验的是制造能力,家装零售门窗考验的是管理能力和反应能力。

　　门窗验收环节: 工程门窗验收有规范的流程和专业机构的参与,体现出专业化和职业化的特点。家装门窗验收相对弹性化,缺乏统一的标准和流程,业主对门窗的认知仅局限于加工外观质量的层面,所以验收时业主处于相对的信息弱势地位。

　　相关内容延伸: 总体而言,工程门窗是伴随我国房地产行业的蓬勃发展而持续进步的,经过几十年的沉淀形成了完整的、规范的、标准的运作流程,专业的技术、制造、施工、管理人员,成熟、稳定的产品体系。而这一切都是基于相关国家标准及规范的实施与完善,由于工程门窗企业与开发商都是法人机构,所以在双方合作的过程中都有相对应的专业人员进行对接,法规意识和专业程度都得到有效保障。家装零售门窗的发展周期短,专业化沉淀深度尚在途中,技术、制造、设计、安装各环节的专业人员尚待成熟,产品体系尚待完善,这也是本书应运而生的行业背景和时代背景,加上家装零售门窗买卖双方的实际对接人是门窗代理商或小型门窗加工商与消费者,所以双方自然人的实际属性导致法规意识及专业程度都存在需加强的空间。

091 如何解决家装零售门窗市场存在的问题？

◆ **应对之道——产品系统化**

- **产品系统**：系统 — 产品族 — 系列；

- **标准**：材料标准、产品标准、工程技术规程、验收规范；

- **安全**：抗风压、防坠落、防人体冲击、消防排烟等；

- **性能**：抗风压、气密、水密、保温、隔声、采光、反复启闭等；

  ——以抗风压性能为例，需要明确不同系列、典型窗型的抗风性能指标值，尤其是极限使用尺寸；

- **功能**；

- **品质**；

- **使用保障和产品寿命**。

　　如前面所述，在家装零售门窗的设计、制造安装、验收环节，与工程门窗相对专业与正规的流程对比而言，存在需要完善和提高的内容，但是因为家装零售门窗是门窗厂家与当地代理商合作完成整体门窗定制及交付的全流程，所以需要从门窗厂家及代理商两个方面给予思考和建议：

　　门窗厂家的主题是产品结构设计和产品制造：门窗厂家对门窗产品的结构设计主要是在满足消费者个性化需求的外部挑战与规范化、标准化制造的内部挑战之间探寻最佳的平衡点，门窗是纯粹的定制化产品，如何在外观造型、尺寸、开启位置、窗型、材料、颜色、配置各不相同的订单中保持最大程度的结构及工艺的标准化和通用化就是系统门窗设计的核心，系统门窗的识别标志就是不同系列、名称产品之间的内在共享与联系，只是这种识别需要专业的技术基础作支撑。系统的设计是高品质、高效制造的基础，设计是因，制造是果，不从设计源头入手就不可能做出系统门窗。

　　门窗代理商的主题是产品方案设计和产品安装及验收：门窗代理商首先需要从门窗的性能和生活品质的关联度入手进行门窗知识的学习，然后是结合具体的产品进行知识消化和结合运用，代理商的专业性是做好服务、取得信任的基础。具体设计方案需要结合业主的实际生活状态进行专业的规划和配置，现场量尺的准确性是门窗顺利安装的前提，门窗安装需要对现场环境和条件进行事先的规划并书面标注，进行必要的装备、工具、材料准备，做好安全保障规划并实施。

　　相关内容延伸：2020 年开始的新冠肺炎疫情让高速发展的家装零售门窗企业放慢脚步进行思考，有的企业是思考如何继续保持增长，有的企业是思考如何摆脱困境，一部分完成原始积累和渠道建设的主干企业开始思考自身的系统化建设和平衡发展，解决家装零售门窗市场竞争无序、营销为王（技术不足）、运营流程不规范这些实际问题需要行业内的主干企业率先垂范，树立样板，各主干企业从不同的角度，通过不同的途径所采取的措施体现了不同的认知高度和行业责任，而这一切只有在各自未来的发展情况及行业口碑中才能来进行评价和界定，笔者个人认为建立客观公正的技术认知和共识是促进行业持续健康发展的重要基础，这一点得到笔者任职企业的广泛认同，所以才促成了此书与行业分享，并期待同行的批评、指正。

092 国内铝门窗行业发展分为哪几个阶段?

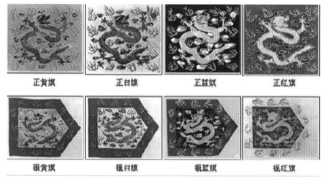

在清朝约 270 年的历史中,其军队经历了三个阶段:早期是满族八旗军子弟兵;中期是以八旗为将、汉民为兵的绿营军;后期是汉将汉兵的湘军及淮军。与此类似,国内铝门窗行业根据主体力量的背景差异可以分为四个阶段:第一阶段以国企铝门窗幕墙企业为主导;第二阶段是工程铝门窗幕墙企业充分发展;第三阶段是工程铝门窗幕墙企业与零售铝门窗企业各自发展;第四阶段是目前呈现的背景多元化的发展阶段。

国企阶段: 20 世纪 90 年代,铝材属于相对管控的金属材料,铝门窗幕墙的结构安全性需要具备一定的手工理论计算及设计能力,技术密集度较高的国企成为铝门窗幕墙的先行者,代表企业有沈阳沈飞、沈阳黎明、武汉凌云等。

工程门窗阶段: 20 世纪 90 年代末,随着房地产市场的快速发展,一批工程铝门窗幕墙企业应运而生,激烈的市场竞争中民营企业的效率和灵活性显示出旺盛的竞争力和生命力,代表企业有远大、江河、嘉寓、森鹰、顺达、盛兴等。

工程与零售平行发展阶段: 2010 年后,以皇派、轩尼斯为代表的家装零售门窗企业依托全国性的代理商网络及快速迭代的多元化产品迅速抢占市场。工程门窗市场则依托大型地产公司而成就了高科、瑞纳斯、万和等规模化的工程门窗企业。

多元化阶段: 现在,工程市场以碧桂园为代表的上游地产企业向门窗市场延伸,家装市场出现以欧派、好莱客这样的其他品类的大家居知名品牌向家装零售铝门窗领域扩展,也出现以森鹰、墨瑟为代表的木门窗企业向铝门窗领域扩展。

相关内容延伸: 国内铝门窗的发展轨迹可以从六个角度加以简单概括:从企业体制来说,前期以国有企业为主,现在以民营企业为主;从产品类型来说,前期以普通铝合金门窗为主,现在以隔热铝合金门窗为主;从开启方式来说,前期以推拉、外开窗为主,现在以多种开启并存为主;就门窗产品领域来说,前期以工程门窗为主,现在是工程门窗与家装零售门窗并存;就家装零售门窗的产品特征来说,前期以封阳台为主,现在以全屋门窗定制为主(包括但不局限于封阳台);就家装零售门窗的销售方式来说,前期以开店待客的传统商业模式为主,现在是多元渠道并存的复合商业模式为主。

093 家装零售门窗产品的主要需求有哪些?

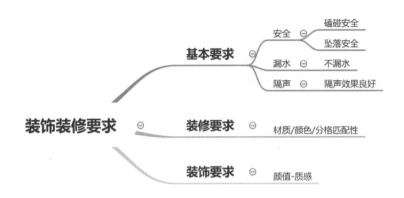

　　无论工程门窗还是家装零售门窗，上图描述的功能都需要具备，可以归结为安全、外观、内在性能三个方面。安全是基本保障及底线，只是家装门窗更注重外观，因为普通消费者对门窗的内在性能缺乏必要的评判依据和专业知识，只能从颜值及外观加工品质来进行判断，所以颜值就成为主要的评判条件。下面分别就门窗安全、外观、内在性能进行简要介绍：

　　门窗安全：上图功能中涉及门窗安全的有防护、防范、防冲击、逃生。门窗安全主要是外防恶劣气候和非正常进入，内防坠落及需要应急出去的时候能出得去（逃生），所以结构框架的强度及功能设计的合理性及有效性是重点。

　　门窗外观：只有装饰性属于门窗外观功能，但在零售家装门窗产品中，由于消费者对门窗性能认知局限性及不同品牌门窗销售人员的介绍过程中出现的矛盾内容让消费者无所适从，所以门窗直观的颜值成为消费者关注的重点。比如无基座执手、框扇平齐、外形轮廓的造型、隐藏式排水设计、窄边框结构等，其实这些视觉上的美感有时是需要牺牲性能的稳定性和有效性来实现的，只是没有专业、客观的解释分析能指导消费者做出正确的选择。

　　门窗内在性能：除了安全和外观装饰性，剩下的门窗内在性能达十项之多，由此可见，门窗作为功能性产品，与橱柜、瓷砖、卫浴产品最大的差别在于其内在性能的差别。内在性能差别的本质是结构设计和材料的统筹规划，单纯比较材料也是一种变相的误导，系统化统筹各项门窗性能的整体平衡才是门窗技术的核心，材料是门窗性能实现的基础，所以广大消费者在选择门窗品牌的时候对只讲门窗材料而不谈门窗整体统筹设计的商家需要慎重对待。

　　相关内容延伸：上述门窗的功能描述是消费者进行门窗选购时需要客观结合自身需求及周边环境要进行侧重的排序和选择，不能面面俱到，因为一是任何一款门窗在设计之时都难以做到面面俱到，二是即使做到面面俱到，门窗的各项配置就整体提升，随之而来的就是价格的高昂，这种情况下，门窗产品的性价比也未必优化。任何商品的选择绝不仅仅局限于本身的性能，除了门窗的性能取舍，产品的品牌、厂商的技术专业化水平、商家的服务、品质的口碑、门窗项目的设计选型等都是影响消费者决策的相关要素，因为门窗是单值大的耐用消费品，所以一次选择将决定今后长期的居家体验，所以消费者需要多方比较、慎重选择。

094　选择家装零售门窗品牌的烦恼是什么？

消费者在建材市场选择门窗时最大的问题是各家装零售门窗专卖店越来越像，前面几个店还能有大概的印象，多走了几个店以后就搞混了，因为各家店的布置差不多，所陈列的门窗也差不多，而消费者又不具备专业的门窗知识，很难区分和评估不同品牌门窗产品之间的差异，这从另一个方面说明各品牌门窗的同质化现象严重，这其中包括硬件同质化和软件同质化两大方面。硬件同质化主要是展品同质化和门店设计同质化，软件同质化主要是销售服务专业度的同质化。下面就如何解决这三个同质化问题做一些个人建议：

如何实现展品差异化：门窗作为定制化的产品在型材、玻璃、五金等门窗材料的展示及讲解过多，但是这些设计专业性的门窗知识，普通消费者不具备识别及理解能力。门窗是典型的低频消费品，消费者很难进行深入的专业性学习及探究，当在枯燥的专业知识面前无所适从的时候，比较价格就成为直接的手段。所以传统的样窗＋材料的展示方式就不能吸引消费者的关注，激发消费者的关注兴趣才是展品的卖点，展品差异化是激发消费者兴趣的基础。

如何体现门店个性化：门店个性化除了布置与装修外，面积与生活场景化是值得探讨的有效手段，毕竟面积代表气势，生活场景化更能引起消费者的选择共鸣，在展示手段上多关注声音、影像类素材的动态演示。

如何提升销售专业度：门窗专卖店销售人员的门窗知识专业度是赢得消费者信任的基础，门窗知识的学习需要日积月累的持续坚持和不断对比运用，学习的渠道不能选择抖音或知乎这样的渠道，因为这种平台的内容缺乏客观和公正。

相关内容延伸：就长期发展的角度而言，家装零售门窗产品的设计、材料、配置同质化是必然的，但是产品制造品质的差异化将会长期存在，因为家装零售门窗作为定制化产品的属性特征将长期存在，所以不同企业的软硬件条件，制造团队的专业性和稳定性，制造工艺的稳定性和完整性，制造管理水平的专业性这些方面因素的综合叠加将导致产品的品质稳定性存在较大的差异，这样的客观事实将使消费者觉得更加迷茫，因为门窗的制造过程是看不见的，即使能看见也无法进行好坏的评判，那如何取舍呢？这时就只能关注门窗品牌、规模、承诺、口碑等企业本身的标签和信息，品牌久、规模大的企业对品质的重视程度是远远大于新品牌的，就像地位越高的人对自己的名誉越珍惜。

095 家装零售门窗设计风格的转变及趋势是什么?

家装零售门窗的设计风格是随着主体消费者的变化而变化的,2017 年前的家装零售门窗的主要消费群体是别墅和改善房业主,年龄集中在 40~50 岁阶段,此年龄阶段消费者对门窗的喜好特征是厚重的传统风格,近几年随着婚房、新房业主的增多,"90 后"成为消费主体,年轻消费者对门窗的审美更趋向于简约的轻奢风格。下面对这两种风格的门窗特征做简要介绍:

传统风格门窗: 传统风格的核心词是厚重。从型材的表面处理来说,室内侧的木纹饰面的效果是主流。型材的可视面追求宽大,在分格方式上追求对称设计。在玻璃运用方面,中空间隔层内带中式窗格设计的元素造型更受青睐。五金的选择也倾向于厚重饱满的执手造型,颜色则偏向于黄色或深色系。

轻奢风格门窗: 轻奢风格的核心词是极简。从型材的表面处理来说,室内侧的黑、白、银灰金属质感的电泳、粉末喷涂效果是主流。型材的可视面追求窄边的纤细风格,在分格方式上追求非对称设计,在洞口尺寸允许的条件下,非对称的黄金分割比例得到充分展现。在玻璃运用方面,超白玻璃的简单通透效果更受青睐。五金的选择也倾向于简约纤细的执手造型,颜色与型材色系匹配,崇尚黑、白、灰的纯粹色系。轻奢风格门窗需要关注的是玻璃入框深度的安全性保障不能忽略,特别是大固定玻璃的板块在风压作用下的拱曲变形需要有足够的玻框结合深度来保证玻璃的安全。

相关内容延伸: 家装零售门窗的设计风格是与家装设计风格相匹配的,但是大家居领域品类的产品都是在室内环境进行使用及外观展示的,而门窗是作为建筑的组成要素将室内外进行隔断的功能化产品,门窗时时承受着室外风雨及紫外线的考验,所以关注门窗的设计风格之前一定不能牺牲门窗的基础使用性能,尤其是门窗的安全性能,对于东南沿海地区的门窗项目来说,玻璃的厚度及中梃结构的强度是门窗安全的核心要素,因为台风登陆时的瞬时风速所带来的高风压对于门窗结构及玻璃稳定性将产生巨大挑战,这一点在每次恶劣气候条件下层出不穷的窗户坠落事件就可以得到验证。

096   家装市场铝、塑、木窗的现状及走势是什么?

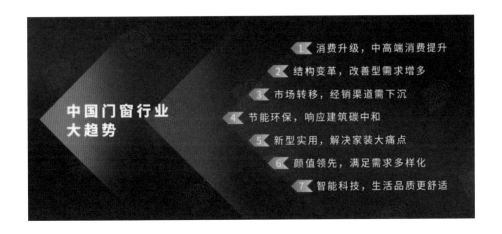

家装零售门窗经过近十年的市场化野蛮生长已经形成大于 2000 亿元 / 年的大产业,这十年的产业发展主题是营销及销售渠道的"跑马圈地"。随着国家标准《铝合金门窗》(GB/T 8478—2020) 的实施,家装零售门窗的性能越来越受到重视,消费者通过各种正规渠道得到的门窗甄别知识也越来越丰富,所以下一个阶段的发展主题必然回归产品本身,门窗产品设计、制造、安装、服务全链条的深化发展必然成为主题。未来国家"双碳"国策对建筑门窗的深远影响将成为主流,对零售门窗而言当然是一样的,只是时间会延后一些,但不会缺席。这种大背景下,铝、塑、木这三种主要的门窗类别必然会找到各自的细分位置,总体预判如下:

淮河—秦岭以南的冬季非取暖地区以铝门窗为主:根据欧洲的气候及门窗现状进行分析和归纳,欧洲阿尔卑斯山以南的温暖气候国家,比如意大利南部、希腊、法国南部、西班牙这些地方的住宅建筑是铝窗与塑窗并存的,而我国的南方地区现在的工程及家装零售门窗市场基本是铝窗占据绝对的主流地位。

淮河—秦岭以北的冬季取暖地区常规门窗以塑钢门窗为主:取暖地区对门窗的保温性能会进一步提升,所以在高保温性能的要求下,塑钢窗的性价比优势将得到充分的放大,工程门窗市场现在已经出现塑钢门窗回暖的趋势。

木窗成为北方高净值消费者的选择:木窗的保温性能出色,但是价格比塑窗高出数倍,市场份额受消费能力的制约。

相关内容延伸:上述以区域气候条件作为不同材质门窗适应性的划分依据是大概率的适应性预判,不是绝对的,因消费者的个性化需求和价值认同偏好是无法进行归纳和总结的,所以不管在什么地区,铝窗、木窗、塑窗都会有各自的生存空间和消费需求,只是规模和市场份额的差别。从发展的角度来看,随着国内经济水平的持续提升,消费者的消费能力和追求更好门窗产品的总体趋势是可以预期的,消费升级的潜在动力是客观存在的,所以更好品质的门窗、更优性价比的门窗将成为未来的产品主流,就此而言,无论铝窗、木窗、塑窗都应该在各自的产品领域追求更好的品质及更优的性价比。

097 门窗产品日式与欧式组框有何不同？

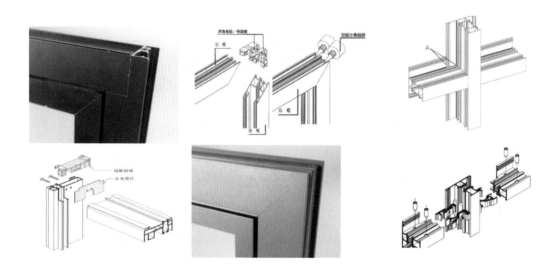

隔热铝合金门窗就门窗组框工艺主要分为欧式的 45°拼接（上图中）及日式 90°拼接两种方式，90°拼接又分为全拼与半拼（上图左）。下面就这两种拼接方式分别做一些简要介绍：

欧式 45°拼接工艺： 欧式 45°拼接工艺有三种紧固方式，分别是组角机撞角方式、销钉（螺钉）组角、活动分离式角码拉紧组角。组角机撞角效率高，适合大批量同种窗型的组角加工，常见于工程门窗的组角。销钉（螺钉）组角是目前家装零售门窗的主流组角方式，灵活度高，销钉（螺钉）组角通常配合注胶角码，角强度更高，整体角部的密封性更好，对大板块的角部受力安全性能和水密性能提升都有帮助和贡献。活动分离式角码是从室内门的拉紧角码演变而来的，优点是适应性强、组角效率高，但是角强度及密封性能都不如销钉（螺钉）组角，所以目前在家装零售外窗的组框运用中逐渐被边缘化。欧式 45°拼接工艺的基础是封闭腔体的结构设计，因为 45°拼接都是通过角码连接，封闭腔体结构是放置角码的基础所在。

日式 90°拼接工艺： 日式 90°拼接工艺常见于传统的推拉结构中，日式外开窗也常见这种拼接方式。90°拼接型材上可见用于螺钉连接的螺丝孔铝材结构的，90°拼接的核心是密封性需要依靠特殊材质的密封垫片来保障，这种密封垫片是由多层材料叠合而成，需要配合型材断面进行定制化裁切。90°拼接的角强度不如 45°拼接，所以日式大系列产品采用 45°拼接的组框方式。

相关内容延伸： 日式组框的拼接工艺目前在推拉结构中仍占据主流地位。在中梃拼接结构中，螺钉连接已经逐渐被欧式中梃连接件所取代，所以在中梃连接结构中表面上是 90°拼接，但是内部连接方式是欧式工艺，所以就国内的家装零售门窗而言，欧式拼接工艺逐渐成为主流，但是这不代表欧式拼接工艺就好于日式拼接工艺，因为日式拼接工艺的成本更低，对于小尺寸的日式门窗而言，日式工艺满足连接强度和密封连接要求前提下的成本优化是合理的选择，而我国家装零售门窗的洞口尺寸大，框架结构都是在工厂完成整框组装后整框发运，所以对搬运、安装过程中的角强度要求就偏高，这样的实况背景下，选择欧式注胶成框工艺就更为合理。

098 家装零售市场无缝焊接窗好不好？

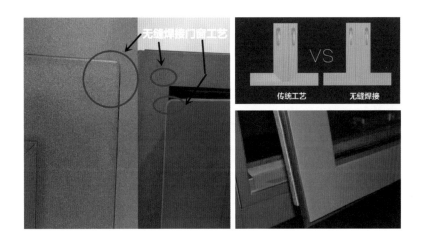

　　国内家装零售门窗出现焊接工艺首先运用于铝包木门窗上，然后延伸至铝窗结构，这两者之间存在本质差异，需要区别对待。在国外，除了塑窗和钢窗的组框使用焊接工艺外，在木窗及铝窗上运用焊接工艺非常罕见。无论是运用于何种材质的门窗，都分为焊接、打磨清理、表面处理三个工艺环节，焊接处理导致刚性成本增加。由于焊接工艺环节受焊机的焊接范围局限，一般仅对开启扇框进行焊接，由于外框尺寸较大，焊接操作比较难实现。无缝焊接最主要是为了外观颜值，对提升结构强度的贡献非常有限。下面就国内常见的铝包木窗及铝窗无缝焊接分别做简要介绍：

　　铝包木窗无缝焊接：铝包木窗是在独立的木窗结构室外侧包覆一个完整的铝壳，铝壳的焊接对木窗本体没有任何影响。铝壳是普通的铝材结构，所以焊接后对整体铝壳再进行表面喷涂处理，最后将表面处理完的铝壳整体用专用的连接件与木窗本体连接起到对木质材料的保护作用。所以铝包木窗的无缝焊接是对"普铝"材质进行焊接成框，对整窗结构没有影响。

　　铝窗无缝焊接：铝窗结构焊接需要细化区分，如果是对非断桥"普铝"窗框进行焊接，在有角码保证角强度的基础上进行也没什么大碍；如果是断桥铝窗的焊接就存在角部隐患了。隔热型材进行焊接时的高温对隔热条会产生严重影响，隔热条高温状态下会产生收缩，收缩后就会在45°拼角对接处产生缝隙，从而破坏角部的完整性与密封性，门窗的水密性会受到直接损害。所以无缝焊接必须在对结构完整性没有损害的前提下进行，毕竟"里子"和"面子"一样重要。

　　相关内容延伸：无缝焊接对外观颜值的提升是有目共睹的，但是这美化对门窗性能的提升是没有实际帮助的，甚至对于结构稳定性和密封性是存在损伤和隐患的，而且焊接工艺带来的人工、设备、整框表面处理步骤带来的成本增加是不可忽视的，所以如果采用焊接工艺的门窗其价格等于或低于非焊接门窗，那么就值得消费者关注了，这其中的缘由相信通过正常的逻辑判断也能得到合理的答案。至于无缝焊接提升门窗水密性的说法更是对门窗水密性原理的曲解，而且也缺乏可信的实际验证，这也是为何国内主干铝窗企业都没有采用无缝焊接工艺的根本原因。

099　家装零售市场多道密封窗好不好?

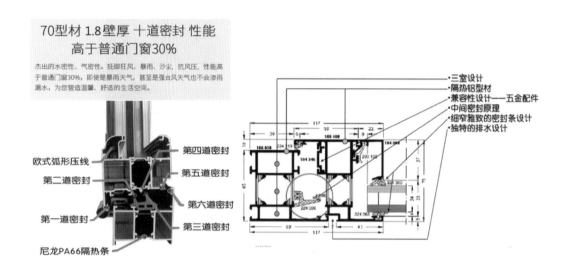

　　多道密封门窗属于家装零售门窗的首创，主要流行于我国北方家装零售内开窗的非主流市场。在欧洲的系统门窗密封理念中，内开窗仅两道密封就能达到很好的门窗气密性能，所以多道密封门窗与门窗气密性能之间仅存在理论上及惯性思维上的关联性，就实践验证的角度来说，没有任何科学性。下面从三个角度来说明多道密封门窗的伪科学性:

　　密封材质的选择: 门窗密封性能的基础是密封胶条，密封胶条的材质、结构设计、结构组成是密封胶条的三大要素。两道有效的完整密封就能保证门窗的气密性，多道密封的胶条材质、结构设计、结构组成是否合理，需要充分探讨后才能明确密封的有效性和持续性，只说密封道数、不看密封胶条材质及结构是片面的。

　　结构精度是密封有效性的基础: 门窗加工组装不可避免地存在不同程度的误差，设计与实际之间的误差导致密封搭接的实际状态存在偏松或偏紧的现象，所以就希望在保证弹性变形范围内的胶条的弹性度越大越好，但是当采用多道密封时，为了消化加工误差带来的叠加效应，胶条的弹性变形范围将被严重制约，这就导致每一道密封都不能保证其完整性，反而影响了气密性的有效性。

　　如果多道密封有效的后果是什么: 如果多道密封效果真实有效地实现，开关门窗的启闭力将大大增加，门窗操作的体验感将大大下降，对于家中有老人和孩子的家庭来说，关闭门窗将是一件富有挑战性的体力劳动。

　　相关内容延伸: 多道密封是 2015 年左右出现在北方家装零售门窗上的设计，但是近些年已经逐渐销声匿迹了，仅在一些边缘市场的非主流产品上还可以看到，先不说此设计的实用性及效果如何，至少从结果来说，这一设计是不成功的，多道密封之所以声势渐微会有两种可能，一是实际运用中发现使用体验并没有想象的那么好，比如启闭体验，密封效果这两个方面，二是消费者对此设计并没有产生普遍性认可。之所以把这样一个已经是过去式的产品设计放在这里提出，是想说明理论上觉得有理的创新需要经过时间和实践的检验，消费者对所谓的创新设计需要多方探究，切勿盲目轻信，以免误入歧途。

100　家装零售市场窗纱一体窗好不好?

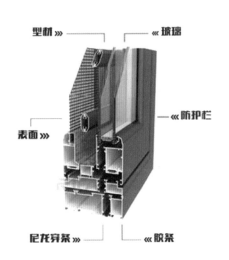

　　窗纱一体门窗是目前国内家装零售门窗市场的主流产品,就实际使用功能而言,纱窗对于夏季的防蚊确实具有决定性作用,所以将纱窗结构与玻扇进行统筹设计的出发点是无可厚非的,但是在实现手段及路径的选择中需要客观分析、具体对待。以门窗整体性能的综合评判为基础、以实事求是的客观态度为原则,就内开窗、外开窗两大类开启方式的纱窗解决方案做简要探讨:

　　外开窗纱一体:外开窗的窗纱在室内,国内的窗纱一体就是从外开起步的,因为外开窗主要运用在南方,南方的蚊虫存续周期比较长,纱窗的使用时间也比较长,以前卷轴纱窗的品质及寿命难以让消费者满意,所以将纱扇做成独立的开启扇方式与玻璃扇统筹在共同的框体材料上是比较合理的设计与选择。但是在结构设计上要充分考虑玻璃扇外侧的遮风避雨的主功能,玻璃扇与窗框的关闭密封有效性也需要充分考虑,受到空间限制而将玻璃扇的三腔结构压缩为两腔也是存在安全隐患的设计,不能为了纱窗的使用而牺牲主玻扇的性能与安全性是结构设计的基础。

　　内开窗纱一体:北方更多使用内开窗,北方的蚊虫存续周期比较短,纱窗的使用时间也比较短,内开窗的纱窗需要用在室外,卷轴纱窗在外日晒雨淋,使用寿命就更难保障。另外北方沙尘大,纱窗易脏,所以为了减轻纱扇的清理负担,拆装方便、单独收纳是北方对纱窗使用的实际需求。这种背景下,纱窗开启扇与玻璃扇统筹在共同的框体材料上就没有必要,纱窗与玻扇各成体系,将两者的框体进行有效连接形成整体是比较合理的设计与选择。

　　相关内容延伸:窗纱一体结构是我国特色的窗型创新,在家装零售门窗市场出现这种窗型创新有其必然性,一是因为工程门窗产品追求成本优化的属性及满足验收要求的目标决定了与验收无关的实用性功能是被忽略的,而家装零售门窗是以消费者需求为出发的,这是窗纱一体结构诞生的种子;二是因为窗纱一体结构的厚度大,在家装消费者来说感觉窗体厚重有档次感,再加上整体纱窗扇的美观性及使用体验也好于传统的卷轴纱、折叠纱、三段纱,所以推出之后即被消费者所接受,这是窗纱一体结构蓬勃发展的市场原因。

101 家装零售市场隐排水窗好不好?

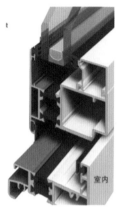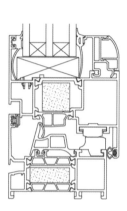

　　隐排水设计分为欧式和日式两种,上图是目前家装门窗市场主流的日式隐排结构,这种结构的特征是窗框设立横向的排水槽结构,排水孔上下贯穿开设,与传统的排水孔内外贯穿开设不同,这样的设计避免了外立面上的可视排水孔盖,所以美观性有一定的提升。就日式门窗的主流品牌而言,这种隐排设计确实是主流设计,但是,如果深入探究,就会发现在使用区域及工艺配套方面存在讨论的必要性:

　　日式门窗的使用场景: 由于日本本土处于地震高发地带,日本的普通住宅高度受到一定的限制,高层公寓由于是恒温恒湿的新风内环境条件,门窗开启扇的使用比较少。所以综上所述,日式隐排水结构的使用高度是需要探究和关注的方面。

　　配套工艺的完善: 采用日式隐排水结构还需要进行其他配套工艺的执行与配合,比如排水孔的数量和位置、孔型等都与欧式排水孔的做法有所区别,另外外道密封胶条的造型设计及等压原理与欧式设计也存在不同之处,还有就是日式隐排水仅在下横料采用,所以下横料与竖料的拼接处理工艺也是需要关注的内容。总之,任何一种结构设计需要从系统思维的层面进行全面的消化和理解,单纯采纳一点而其他按照原有惯性思维进行操作的方式是片面的,也必然产生问题。

　　适用选择建议: 在东南相对温暖的沿海地区,日式隐排水有一定的适用优势,对于内陆雨水少的多风地区,日式隐排水结构值得探讨。日式隐排水结构门窗的使用高度是值得关注的重点,对多风干燥地区来说尤其重要。

　　相关内容延伸: 理解日式隐排水设计一定要结合日本自身的环境特征和使用情况来进行理解,首先是日本普通住宅的房间平均面积偏小,所以外窗洞口尺寸小,常见平开窗洞口分格方式就是一固一开,开启侧没有上下亮的固定玻璃单元;其次是日本是岛国,地震、台风高发,日本普通住宅的建设高度有限制,高层公寓大多采用幕墙外围护结构,所以日式外窗的安装高度有相应制约;另外,日本是资源贫乏国家,就铝原料而言全部需要进口,所以日式铝窗的结构设计在保障安全的前提下,对铝使用量非常关注,所以才会出现单腔隔热铝结构及壁厚1.2mm 的设计,但是这些都是基于日本的外窗洞口尺寸及安装高度为前提考虑的;最后,日式隐排水设计必须配合其独特的等压设计工艺和排水孔工艺才能实现理想的排水效果,两者相辅相成,缺一不可。

102　家装零售市场框扇平齐门窗好不好？

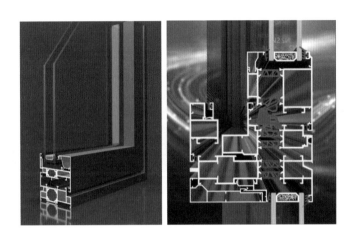

　　内外平齐是近几年家装零售门窗市场出现的热点设计，这种设计主要是为了追求立面平整性带来的美观效果，对门窗综合性能没有实质性提升。对于别墅项目，外部平齐有一定的可视效果，对高层建筑而言，内外平齐的要点是室内面的框扇平齐。从结构设计来说，实现平齐没有难度和技术含量，但是会增加型材的用量，成本自然就随之增加，所以下面就内开窗、外开窗两种开启方式的室内面平齐做必要的分析：

　　内开窗室内面框扇平齐：内开窗室内面的框扇平齐从结构设计上来说没有挑战性，难度在于框扇平齐的框扇缝隙的宽度选择和设计。框扇缝隙的四周完整性决定了完美的设计结果是四周的缝隙等宽，这种情况在考验结构设计与选用五金之间的系统配合，事先的结构与内开内倒五金的匹配度设计模拟启闭轨迹不到位，就会出现启闭"啃框"的框扇磕碰干扰，如果要彻底消除框扇磕碰的隐患，就需要把框扇缝隙的宽度设计得越大越好，但是如果缝隙宽度大于 8mm，视觉的效果就比较突兀，不仅不能提升门窗的内视面颜值，反而适得其反。所以框扇缝隙宽度尺寸体现一定的结构设计功力，但是如果框扇缝隙偏小，除框扇磕碰的风险外，如果开启扇出现掉角，缺陷就非常显性化，所以框扇平齐对开启扇整体的稳定性提出了比较高的要求，系统化的工艺及保障在这时能得到充分的体现。

　　外开窗室内面框扇平齐：窗纱一体外开窗室内面框扇平齐的挑战要比内开窗小很多，因纱扇的重量比玻璃扇小很多。结构设计主要是选择合适的纱扇铰链，通过开启轨迹模拟来保证框扇缝隙四周的均匀性及框扇缝宽的合理设计。

　　相关内容延伸：就目前欧洲系统门窗的主流设计而言，不管什么造型，室内面框扇平齐的结构设计比较少见。框扇平齐设计对门窗的性能是存在一定挑战的，就外开窗纱一体窗而言，当窗框厚度不变前提下，追求平齐就会压缩玻璃扇的型材厚度，而五金安装空间是固化的，所以要么压缩窗扇的隔热条宽度，这就对玻扇的保温性能造成衰减，要么将玻扇型材的冷腔结构取消，这对玻扇的结构稳定性和刚性造成衰减。另外，外开窗的外平齐对水密性也会造成一定的隐患，这涉及到外开窗摩擦铰链的实用稳定性及外道密封的有效性，限于篇幅原因在此无法展开详述。总之，平开窗的框扇平齐设计确实一定程度提升了门窗颜值，但是对门窗系统设计和工艺提出了更高的要求，所以也是门窗企业技术实力的试金石，而这只有在内外平齐门窗实用了一段时间以后才能见分晓。

103　家装零售市场采用无基座执手好不好？

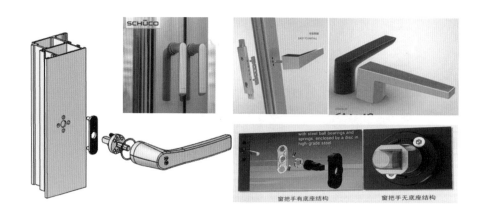

　　无基座执手也是近几年家装零售门窗市场出现的热点设计，这种设计主要也是为了追求美观效果，但是对五金结构设计、型材安装孔精度、五金与型材的连接紧固方式等都提出全新的考验。无基座执手只是统称，其实分为两类，一类是小基座环执手（上图下左），一类是纯无基座执手（上图下右），这两类执手的结构方式存在一定的差异，也需要具体分析。下面我们就适用场景、执手结构设计、型材安装孔精度、五金与型材的连接紧固方式四个方面做必要的分析：

　　什么情景适用于无基座执手： 无基座执手的突出特征是简约结构，所以配合在相对纤细的型材结构上就是相得益彰，如果型材的结构比较厚重，可视面比较宽，无基座执手未必是理想的选择。

　　执手结构设计： 执手结构设计包含结构设计、零部件构成、零部件材质、零部件公差设计等多个方面的内容，结构设计的合理性直接决定未来执手本体旋转启闭的稳定性与整体性，而通过主流无基座执手的拆解，发现彼此之间的差异还是比较大的，这其中的设计原理及来龙去脉还需要时间消化和理解，因为无基座执手在欧洲也是新的设计，欧洲品牌五金企业的国内销售机构对产品设计的原理层面技术并不通透，所以需要充分比对后进行选择。

　　型材安装孔精度： 由于无基座的造型对安装孔的孔距限制在执手底座的范围内，所以安装孔间距小、精度高，对加工设备及加工工艺提出了更高的要求，出于安装方便的传统长腰孔冲压加工方式是否可以沿用有待实践和时间的验证。

　　五金与型材的连接紧固方式： 执手与型材的夹紧背板结构设计及与传动盒的连接紧密度是执手持久稳定性的另外保障。

　　相关内容延伸： 就欧洲主流设计而言，小基座环执手为主，如旭格、诺托、格屋等，除了上述结构及连接工艺要素外，国外成熟的五金设计及产品一定要关注五金材质及加工精度这两大"隐形"要素，而这往往是国内五金企业进行"临摹"学习时的"盲点"，门窗五金件是由多种材质、多种部件、多道装配组合而成，整体的性能和寿命往往是由最薄弱的环节来决定的。幸福的家庭是相似的，不幸的家庭各有各的不幸，好的五金产品是相似的，不佳的五金各有各的缺陷，所以即使两个品牌的五金在结构设计上完全一致，材质的差异、部件精度的差异、装配工艺及部件装配公差的设计和精确度差异都会导致组合而成的五金性能、体验感、寿命存在明显差异，就像陆风的外观和路虎非常接近，但售价及驾驶体验存在天壤之别一样。

104 家装零售市场窄边门窗好不好?

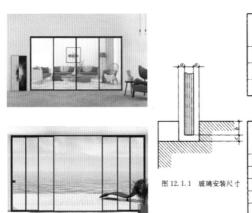

表 12.1.1-1 单片玻璃、夹层玻璃和真空玻璃的最小装配尺寸(mm)

玻璃公称厚度	前部余隙和后部余隙 a		嵌入深度 b	边缘间隙 c
	密封胶	胶条		
3~6	3.0	3.0	8.0	4.0
8~10	5.0	3.5	10.0	5.0
12~19		4.0	12.0	8.0

表 12.1.1-2 中空玻璃的最小安装尺寸(mm)

玻璃公称厚度	前部余隙和后部余隙 a		嵌入深度 b	边缘间隙 c
	密封胶	胶条		
4+A+4				
5+A+5	5.0	3.5	15.0	5.0
6+A+6				
8+A+8				
10+A+10	7.0	5.0	17.0	7.0
12+A+12				

注:A 为气体层的厚度,其数值可取 6mm、9mm、12mm、15mm、16mm。

图 12.1.1 玻璃安装尺寸

窄边门窗也是近几年家装零售门窗市场出现的热点设计,这种设计主要是为了配合近十年在建筑设计领域大行其道的"包豪斯"简约风格而推出的建筑外立面门窗。窄边门窗主要运用于两个领域,一是室内的推拉隔断门,二是外门窗。由于室内隔断门不承受室外风雨的考验,所以风险较小,不在此讨论。作为外门窗,则需要在保障门窗基础性能基础上再追求美学的表达,所以下面就抗风压性能、水气密性能、保温隔声性能三个方面对窄边外门窗做必要的分析:

窄边外门窗抗风压性能:外门窗的抗风压性能是门窗安全性的基础,《建筑玻璃应用技术规程》(JGJ 113—2015)中对门窗玻璃的入框深度有明确的数据要求(详见上图表)。现在大板块固定玻璃的运用越来越多,随着玻璃板块的加大,玻璃原片厚度随之增加,玻璃入槽深度要求也随之加大,这种要求是充分考虑了大板块玻璃在风压条件下的挠度变形量也随之加大。如果玻璃入槽深度浅,当大风压条件下大板块玻璃的挠度拱曲变形较大时就存在玻璃脱槽的风险,那将是非常严重的质量事故;玻璃入槽深度深就无法实现可视面的窄边效果,所以这是门窗安全与颜值之间的矛盾。

窄边门窗水气密性能:窄边结构压缩了框扇空间,所以对门窗水气密都产生挑战,特别是门窗水密性能的挡水高度及储水空间都被限制,所以对于存在大风大雨气候的东南部沿海地区高层建筑而言,窄边门窗需要慎重考虑。

窄边门窗保温隔声性能:窄边结构把玻璃的面积占比发挥到极致,玻璃的隔声优势得以发挥,有助于提升隔声效果。

相关内容延伸:窄边结构在欧洲的公共建筑中较多运用,公共建筑的特征是建筑高度有限,风压考验较小,而对于洞口尺寸比较大、分格立面追求简约的大单元板块项目,钢门窗是合理的选择、因为结构强度在材质不变的情况下只有通过结构设计或增加壁厚来提升,但是这毕竟有一定的边界极限,突破了这一边界后只能通过改变材质来进行强度保障,至于玻璃板块的强度设计主要是通过原片厚度或夹胶工艺来提升大单元玻璃的自身刚性。

105　家装零售市场内开内倒窗好不好？

德式窗以内开内倒（DK，也称平开下悬）为特征，德式高端推拉门则以提升推拉门（HS）、折叠推拉门（FS）和平移内倒推拉门（PSK）为代表。综合研究所有门窗开启方式的特点，把门窗节能、防水、防风、防盗、逃生所有的性能进行量化打分比较后，内开内倒门窗的综合性能是所有开启方式中最好的。

很多人第一次看到内开内倒窗处于内倒位置时会以为门窗坏了，也不知道如何操作。只有多锁点的平开窗才能最好地解决密封、节能保温、防风、防水、防盗等一系列问题，但多锁点密封平开窗虽然解决了保温节能问题，又会带来通风不畅的问题。内开内倒最大的优点就是很好地解决了密封和通风的矛盾，既保证关闭时密封保温又能在内倒时保持室内外空气对流通风，而且不占用室内外空间，可以实现在不移动窗台物品和下小雨时把窗扇放在内倒位置上通风，尤其在北方寒冷天气时进行短暂的内倒通风非常方便，所以北方市场从一开始就接受了内开内倒这种窗型。经过20多年的发展，中国已经成为亚洲最大的内开内倒窗市场，也是除欧洲外全球最重要的内开内倒窗市场。

由于气候相对温暖、潮湿，所以南方人的大开窗通风习惯导致内开内倒窗因为通风量不够大还没有被普遍接受，因此有人说内开内倒不适应南方市场。广大南方市场也需要密封性能好的门窗，因为气密性是水密性和隔声性的基础保障，另外，南方地区冬天没有暖气，夏天更是要常开空调，高密封的门窗可以大幅降低空调能耗，在冬天时则可保温，相信随着节能要求的不断深化和空调使用率的不断提高，内开内倒窗在中国南方也会逐渐被接受。

特别要指出的是，内开内倒窗常用的通风开启方式是内倒状态，内开状态只是用于清洁室外玻璃时的短暂使用。

相关内容延伸： 需要特别指出的是内开内倒窗在一些特殊的开窗空间是最合适的选择，比如飘窗及厨房窗的开启，因为这些位置的外窗启闭时，启闭站立位置距离启闭窗有大约 500~600mm 的距离，这种距离造成外开窗可以小外距的开启，但是关闭就比较不便，特别是对于家里老人来说就更显得吃力与为难，这种存在启闭距离的外窗位置最适合选用内开内倒或美式的手摇外开窗，但是由于国内对美式手摇外开窗的接受程度不高，而且结构、五金、工艺都多少存在一些门槛和壁垒，而内开内倒窗型在国内已经非常成熟与稳定，无论是结构还是五金，基本都能与欧洲同步配置，所以选择内开内倒窗更省心，更放心。

106　德式推拉门在国内的市场状况如何？

内倾推拉门
将推拉门和平开内倾窗的优势完美结合，大尺寸门也可轻松滑动。

■ 内倾推拉门关通　　■ 内倾推拉门内倾状态　　■ 内倾推拉门开启

　　德式窗以内开内倒（DK，也称平开下悬）为特征，德式高端推拉门则以提升推拉门（HS）、折叠推拉门（FS）和平移内倒推拉门（PSK）为代表。对比内开内倒窗在国内的市场状态，三款德式高档推拉门中只有提升推拉门得到国内市场的认可，折叠推拉门（FS）和平移内倒推拉门（PSK），以及近几年出现的平移压紧门在国内市场运用的普及度都不理想，这其中有使用习惯原因，有产品功能稳定性原因，有结构设计配合度原因，有性价比原因等。

　　提升推拉门延续了推拉门不占空间且操作简单的优点，很快地被长期习惯于使用普通推拉门的普通消费者所接受。通过操作执手升降门扇的启闭方式完美地解决了推拉门的密封性与推拉运行状态时的摩擦阻力问题，而且由于提升推拉门的大承重性能可以满足大开启扇的设计及运用，所以提升推拉门已大规模地应用于高端工程及零售门窗市场。

　　相比而言，折叠推拉门和内倒推拉门在中国的发展之路就比较坎坷。这两款门共同的问题在于门槛高，造成进出不便或施工安装不便，另外扇框截面大，不够美观，特别是近几年在"包豪斯"极简主义设计风格成为主流的大审美背景下，窄边框设计成为新宠，厚重的边框结构不再被接受。此外，德式折叠门的门扇极限尺寸相对偏小，满足不了大门洞的需求。内倒推拉门操作比较复杂，容易损坏。从价格上看，折叠推拉和内倒推拉门五金偏贵也是阻碍其发展的一个重要因素。现在，国内零售门窗五金生产企业在参考德式推拉折叠门后开发了自己的低门槛，大门扇、窄门框五金满足了市场的需求，用国产五金的新型折叠门比德式折叠门更受消费者欢迎。

　　国内五金企业参考德式内倒推拉门的结构及五金开发了内倒推拉窗，但由于五金及结构稳定性的原因并未被广泛认可。

　　相关内容延伸：德式推拉结构这几年新推出一款推拉压紧门，这是通过五金将处于锁闭位置的推拉扇与框形成类似平开结构的压紧锁闭，这种结构在国内尚未被迅速接受的原因在于对型材结构精度、加工精度要求较高，对门窗企业的加工质量提出了一定的挑战，再加上五金本身的价格比较高昂，再加上安装过程中对下轨的平直度、平整度、基础稳定性都比较严格，所以被消费者接受需要时间、门窗企业积累、提升加工经验也需要时间。

107　U 槽门窗五金的表面是如何由"金"转"银"的?

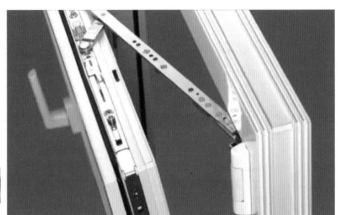

　　20 世纪 90 年代，国内的 PVC 塑钢门窗刚刚崛起，高端隔热铝合金门窗还没发展，门窗五金制造还集中在塑钢门窗 U 槽五金上，当时使用的塑钢门窗 U 槽五金件主要是钢带冲压件，零件表面进行电镀处理。传统冲压钢件表面处理无论是德国还是国内都是镀锌后再铬化处理，以此提高表面的防腐性能，这种表面俗称为铬黄表面。

　　2000 年德国纽伦堡国际门窗博览会上，德国开始推出银色表面的五金件。银色五金表面的推出，在欧洲主要是环保的要求。银色表面是用环保的 6 价铬处理代替不环保的 3 价铬处理。丝吉利娅中国公司成立时就在国内推出了这种银色表面的五金，并称这种银色表面为"钛银表面"。所谓的"钛银"表面，既不含钛也不含银。从技术上来说，铬黄和钛银表面前期处理是一样的，都是表面电镀锌，不同的是后续的铬化处理。因为光镀锌的防腐性能是不够的，只有经过后面的铬钝化处理才能大幅度地提高五金件的防腐性能。环保的 6 价铬钝化技术处理的五金表面基本能达到铬黄处理的表面防腐指标，但是在当时批量生产时银色表面的防腐性能还是不够稳定。

　　2004 年，走出国门的国内门窗企业在德国纽伦堡国际门窗博览会上看到这个发展趋势，回国后便要求进口品牌五金供应商更换成银色表面五金件，这就形成铬黄和银色表面的 U 槽五金件并存销售的局面，双重库存造成很大的仓储、物流压力，最终国内 U 槽五金市场上银色表面成为主流。国产 U 槽五金也随之采用环保的 6 价铬钝化技术处理工艺。当时国产五金并没有改变五金表面颜色的压力，因为国内环保标准短期内并没有要求淘汰铬黄表面的相关要求，这种顺势而为完全是出于市场的导向，也推动和加速了国内门窗 U 槽五金表面处理工艺的环保升级。

　　相关内容延伸： 铬化工艺在铝型材的表面处理上也一样存在类似的问题，先是要求禁用不环保的 3 价铬，后来就要求无铬，现在开始推进用碱法无铬工艺来替代成熟的酸法无铬工艺，这一路的演变和推进都是为了实现环保达标的相关规范要求，也符合金山银山不如绿水青山的国家号召。

108　欧洲门窗零售市场与国内的主要差别是什么？

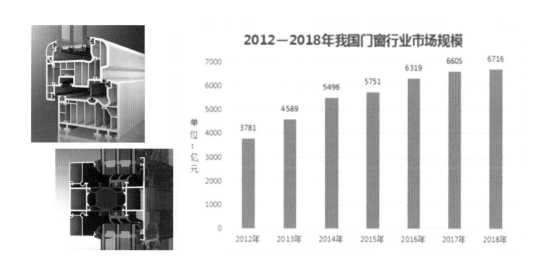

2012—2018年我国门窗行业市场规模

（单位：亿元）

- 2012年 3781
- 2013年 4589
- 2014年 5496
- 2015年 5751
- 2016年 6319
- 2017年 6605
- 2018年 6716

　　在欧洲，除了意大利、西班牙等南欧地区气候比较温和外，整个欧洲基本属于寒冷地区，所以欧洲主流住宅市场普遍使用 PVC 塑钢窗和实木窗，只有气候温和的南欧国家才部分使用铝合金门窗。在德国等寒冷地区，铝门窗出于结构造型及强度原因主要是用在公共建筑如商场、酒店和办公楼，较少用于住宅市场。因为要达到与 PVC 塑钢门窗和实木窗同样的保温性能，隔热铝门窗需要采用宽断桥及其他工艺手段，从而导致成本大幅上升。德国隔热铝窗的成本与实木窗相仿，是塑钢窗的 2 倍以上。所以成本高昂的隔热铝门窗在德国以及寒冷的大部分欧洲地区住宅建筑上不是主流门窗，相对价廉物美的 PVC 门窗才是，欧洲住宅的高端门窗主要使用实木门窗。国内目前的中等宽度断桥隔热铝窗的价格约是塑钢窗的 1 倍，是实木窗价格的 60%~80%，这种高于塑钢门窗、略低于实木门窗的价格因素使国内隔热铝门窗具有最佳性价比，从而成为中高端住宅的主流门窗。这是德国以及欧洲门窗市场与国内门窗市场的最大不同之处。

　　德国门窗五金企业大量生产的是塑钢及实木门窗五金件（U 槽五金），制造方式以冲压件为主采用高机械化和高自动化的生产模式。铝合金门窗五金（C 槽五金）因为产量低且以压铸件为主还无法采用高自动化的方式生产，材料成本也高，所以价格昂贵，在德国和欧洲整个门窗五金市场的占比处于弱势地位。这和国内门窗五金的市场地位也不相同。

　　因为气候寒冷，德国和大部分欧洲国家门窗采用密封性能更好的内平开（含内开内倒）开启方式，很少看到推拉窗和外开窗，推拉门则采用提升推拉、折叠、内倒推拉的非普通推拉方式。在英国可以看到有公共建筑采用外开方式。气候比较温和的欧洲南部地区也存在推拉窗的开启方式，但是比例很低。这与国内门窗大量的推拉和外开开启方式也不同。

　　相关内容延伸： 欧洲的家装零售门窗的主流是针对普通住宅的塑钢窗，主干塑钢窗生产企业通过自动化实现了塑钢窗生产的自动化与标准化，标准化的塑钢窗在建材超市作为标准品进行零售，零售窗包含玻璃但不包含五金。木窗与铝窗基本都是厂家的订单式生产，销售半径在厂家周边，销售渠道依靠长期存在所积累下的口碑传播或有限的销售门店，所以不同材质的门窗运用场合不同，销售通路及方式也存在不同。

109 家装门窗如何进行系统设计与支持?

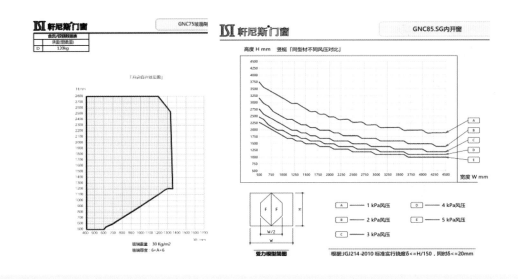

家装零售门窗的系统设计在国内属于正在起步的阶段。"系统门窗"概念从工程门窗领域提出,但真正被广大消费者认知是在家装门窗领域,因为几乎所有的家装门窗都号称系统门窗,而真正按照门窗系统理念进行系统设计的品牌屈指可数。系统设计理念中最重要的标志就是需要对具体门窗结构在不同使用条件下的边界极限尺寸进行事先的验算校核及界定,这是门窗安全保障的基础,也是门窗设计技术性的具体体现。下面分别就门窗开启扇尺寸及固定尺寸这两个极限边界做简要介绍:

开启扇尺寸极限界定设计。开启扇的尺寸边界主要是受玻璃和五金件两个变量的影响。选择的玻璃厚度及层数不同,开启扇的重量就不同,这时配合选择的五金承重性能等级不同,通过重力矩的严格计算得到宽高的边界尺寸,在边界尺寸范围内的开启扇宽高尺寸就是可以做的尺寸,不在边界宽高尺寸范围内的尺寸就不能做。开启扇到底是先界定尺寸范畴再选择玻璃和五金,还是明确玻璃与五金再确定开启扇尺寸,可以根据业主的门窗性能侧重灵活把控。

固定部分尺寸极限界定设计。固定部分尺寸极限主要是从两个方面进行综合权衡判断:

按照《建筑玻璃应用技术规程》(JGJ 113—2015)中的玻璃面积选择相应的玻璃原片厚度。

根据玻璃板块宽高计算最大的挠度拱曲变形度与玻璃入框深度,及进行中梃挠度变形刚度的对比校核。

相关内容延伸: 家装零售门窗对比工程门窗最大的环节性差异就是缺少对项目分格设计后的门窗进行必要的抗风压计算,这也是近些年恶劣气候下家装零售门窗频频出现品质问题的根本原因。门窗安全性能的计算校核缺失一是由于家装零售门窗代理商缺乏对门窗安全性需要进行科学计算的认知,二是代理商对门窗抗风压性能的专业技术理解存在缺位,三是对专业计算软件的使用缺乏必要的支持与辅导,专业计算软件的软件需要录入项目所在地、楼层、地面粗糙度、建筑体型等项目具体背景信息,最关键的是要专业的软件工具录入具体门窗所用型材的相关图纸与信息,这对于代理商的门窗专业技能提出了较高的要求,别说门窗代理商,即使这样的计算校核由厂家来进行,国内超过 95% 的家装零售门窗制造企业也无法有效、准确的完成。

110　家装门窗的设计现状及未来是什么?

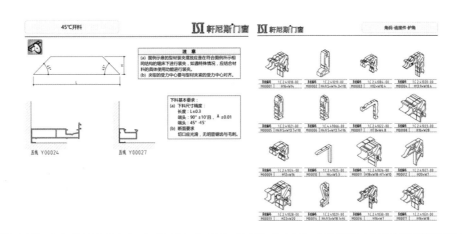

国内家装零售门窗的产品设计现状主要分为三个层次: 大多数品牌还停留在简单的造型设计基础阶段, 主要集中在前面所说的外观结构设计; 少部分企业开始进入门窗性能结构及工艺的深化发展阶段, 主要体现在保障结构安全性的基础上综合考虑门窗的气密、水密、保温、隔热、隔声性能的整体平衡及与地域气候特征的匹配性上; 更少数的企业已经开始对标欧洲成熟系统门窗的体系化标准进行各种开启方式、各项性能指标、各种造型结构的系统化搭建, 追求材料通用性与互换性的基础上突显个性化定制风格, 这才是真正意义上的系统设计阶段。下面分别就这三个阶段做简要介绍:

造型设计基础阶段: 造型设计, 通俗来说就是外观的差别, 前面探讨的框扇平齐、窄边设计、隐排水都属于造型设计, 这些设计是门窗外观的直观差别, 也是消费者可以看得见的差异, 所以相当长的时间里成为家装零售门窗企业聚焦的设计内容, 南方门窗对此的关注深度甚至细化到玻璃压线的外观造型设计系列化。这些造型设计在欧洲系统门窗的设计矩阵中也有充分的体现。关注造型无可厚非, 但是仅局限于造型差异而忽略内部结构的性能设计就舍本逐末了, 毕竟门窗是功能性产品, 门窗的保温隔热、隔声防风、气密水密等性能与室内生活环境的舒适度密切相关。

性能、工艺设计深化阶段: 门窗性能的基础来自结构设计和材料的配置条件, 加工工艺是性能实现的具体保障, 所以门窗系统化的基础标准就是材料配置的模块化及加工工艺的标准化和细节化。

系统设计阶段: 门窗系统化的设计是将不同的系列、不同开启方式的主体材料及结构进行整体统筹, 实现性价比最优。

相关内容延伸: 欧洲门窗的系统化设计也是经历时间沉淀和市场淘汰的结果, 国内门窗也必将经历同样的过程。门窗设计不是局限于家装零售门窗领域通常所说的门窗方案设计, 而是门窗体系的完整设计, 门窗体系分为门窗产品设计和门窗项目设计两个主要部分, 上述设计阶段主要涉及的门窗产品设计, 也就是常说的门窗系统设计, 这是由门窗厂家来负责实施的内容。对于门窗代理商而言, 门窗项目设计包含以下几个环节: 门窗洞口分格方案设计、门窗性能量化设计、门窗性能目标下的具体产品型号、系列、开启方式、材料配置等选型设计、门窗安装步骤及工艺设计。专业的家装零售门窗品牌企业有责任、有义务对合作代理商进行上述环节的技术辅导及支持。

111 2021 年广州建博会家装门窗有何共性特征？

　　国内家装零售门窗的行业盛会是每年 7 月的广州建博会，门窗品类在建博会所占的比重也在逐年递增。广州建博会是解读国内家装门窗发展趋势最有效率的场合，建博会的门窗展品往往成为家装门窗行业的风向标。2021年广州建博会上的参展门窗有何共性的特征与规律呢？下面是笔者的个人理解及认知，仅供读者参考。

产品设计：同质化的趋势越来越明显，南北门窗结构设计互相融合的速度大大加快；

主流系列：内平开窗 75 系列、外平开窗 120 系列；

门窗软件：木塑窗的加工软件普及度高，铝窗加工软件的挑战是结构型材多、迭代快，标准化之路任重道远；

效率是门窗零售竞争的核心，产品系列的聚焦是效率的基础；

拥有线上营销思维的传统门店代理商值得关注，网络揽客和终端接单是门窗销售商的两大核心竞争力；

主流品牌窗系列展品基本采用 1.8mm 壁厚；

传统国内头部工程类五金品牌（坚朗、合和）的承重及传动部件成熟，外观造型设计及表面处理工艺仍需提升；

装备自动化是趋势，但是铝窗设备自动化的联机基于产品系列的聚焦和重组；

安装标准化走向前台，说明安装工艺的标准化成为行业痛点。

　　相关内容延伸：建博会之所以能吸引众多门窗厂家参与是因为建博会是家装零售门窗企业招商的重要场合和平台，建博会既是门窗企业展示产品、接洽意向代理商的重要场所，也是有意向开店销售门窗的代理商比较产品、选择厂家的最好机会，但是随着近几年家装门窗行业的竞争饱和及新冠困扰，招商的效果已经不能与三五年前同日而语，所以家装零售门窗企业在建博会展现什么、如何展现、实现什么目的，如何实现就成为不多余的问题，依靠惯性参展的操作方式是否妥当呢？相信其他成熟品类在建博会上的表现和出位方式及内容也许可以给我们家装零售门窗企业的同仁一些启发和借鉴。

章节结语：所思所想

家装门窗市场尚处乱世，唯有时间可以验证各品牌的技术含量

门窗设计的核心是技术的底蕴，技术底蕴涉及材料、结构、工艺

家装门窗的挑战是消费者缺乏识别门窗性能好坏的专业知识和技能

家装门窗乱世的特征：无霸主、无权威、无共识、无体系

门窗技术是工程市场见高度、家装市场练深度

家装门窗如果无视各种潮流设计的技术挑战，必然追得快、退得更快

土耳其·轶川涂装是专业从事粉末涂装设备和自动化系统的研发、生产和销售跨国集团公司。

公司成立于1992年，全球总部位于伊斯坦布尔，占地面积超过15 000平方米，从业人员超过2000人。在土耳其、德国、中国等国家都设有研发中心，其中直属和经销机构遍布全球60多个国家和地区，提供粉末喷涂整套解决方案和完整的售后服务系统。

公司拥有50多项专利和各种专业的认证证书，其中包括CE，ATEX，ISO 9001，TSEK，UKR-SEPRO，GOST-R等。

基于欧盟先进的制造标准和30年粉末喷涂设备的制造经验，轶川对于型材、板材以及各类钣金件的粉末喷涂有着丰富的经验和大量的案例。

亚太总部位于上海，始终秉承"客户至上"的经营理念，在上海、无锡、天津、广东、浙江、安徽、山东、越南等地设立服务中心，为客户提供销售、业务咨询、技术培训和安装调试等服务。

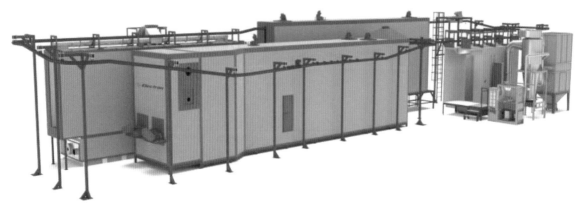

亚太总部：

轶川涂装（上海）有限公司

地址：上海市嘉定区嘉美路955弄5号

电话：186　2168　0453

09 门窗安全

如何保障门窗安全？

如何保障门窗安全？

112　门窗安全涵盖哪些内容？

　　门窗安全分为结构安全和使用安全两大方面。结构安全指的是抗风压性能，使用安全指的是在门窗开启状态下防止室内人员有坠落的风险。结构安全属于门窗性能的范畴，使用安全属于门窗功能的范畴。下面分别就这两个方面做简要介绍：

　　门窗结构安全：门窗抗风压性能是指在门窗关闭状态下承受风压状态的整体结构完整性。整体结构包括门窗的所有组成部分，比如门窗框架结构、门窗玻璃、门窗五金及配辅材料。在抗风压性能测试中最容易出现问题的是中梃的结构强度与最大板块玻璃的抗挠度变形的强度。门窗整体的结构强度分为框墙连接强度、框架自身结构强度、玻璃强度、开启扇锁闭连接强度、压线强度、角部强度等具体细分内容，在本篇后续的问题中将一一做深入的讲解与介绍。门窗结构安全的校验报告是工程门窗市场投标资料中不可或缺的组成部分，但是在家装零售门窗领域却容易被疏漏。

　　门窗使用安全：门窗使用安全是家装零售门窗领域比较关注的部分，特别是阳台和大开启部分的坠落防护是普通消费者关注的焦点，所以在家装零售门窗的配置方面，金刚纱及安全护栏结构都有使用中防坠落的考虑，在此需要特别指出的是外开窗的使用安全问题。外开窗开启状态时悬在室外，如果遇到恶劣气候就会存在坠落的风险，所以防坠落的五金件设计显得非常必要，另外，外开窗关闭时人的重心偏向室外，如果开启位下沿低于人体胯骨高度就存在风险。

　　相关内容延伸：从专业技术的角度理解门窗安全性主要是指门窗的结构安全。结构安全是门窗企业进行门窗结构设计的基础，其核心是强度计算及校核，因为结构强度是结构上各组成部分（框与扇、框与玻）原始制造位置及组合性能的基础，可以设想一下，如果门窗结构因强度不足而变形，那么门窗各部分的相对错位、损坏、脱落将导致门窗气密性、水密性、保温性、隔声性无从谈起。门窗结构强度计算涉及杆件（特定位置型材）和板件（最大单元玻璃）的强度预设计，强度设计的条件基于不同地域、不同高度、不同建筑体型、不同周边环境，所以需要结合门窗所在位置及洞口具体分格方式进行动态的校核。同样的窗型系列产品，在西安的 10 层住宅上安装没问题不代表在厦门的 10 层住宅安装就可以；同一栋建筑相同的洞口，相同的分格方式、相同的窗型系列产品，2 层安装没问题，但 20 层安装可能就有隐患。这就是门窗结构强度计算的通俗理解和认知。

113　什么是门窗抗风压性能?

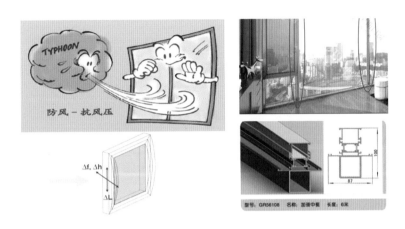

　　门窗抗风压性能,通俗而言就是门窗抵御风力的能力。风压指的是风载条件下对风载作用面的压力,风压分为正风压和负风压。正风压是指风直吹在建筑门窗上所产生的与风向一致的正向压力,正风压导致门窗中的框架结构型材向室内弯曲;负风压是指非直吹的风吹过建筑门窗所产生的吸力,负风压导致门窗中的框架结构型材向室外弯曲。所以门窗的抗风压能力就是指在正、负风压条件下,门窗框架型材保持结构稳定的能力。正风压比较容易理解,负风压理解起来有些困难,实际生活中最相近的例子就是在火车站台上,高铁列车高速开过的瞬间会产生一股强劲的吸力,这就是负风压,而且负风压产生的吸力往往大于正风压产生的压力,这就是为何台风状态时被摧毁的门窗往往是被吸走的,很少出现门窗被吹到室内的情况。下面分别就风压下门窗的型材及玻璃的受力状况做简要介绍:

　　风压条件下的型材(杆件)强度:型材强度主要聚焦于门窗中梃的结构强度校核,因为门窗在承受风压状态时的主受力板块是玻璃,玻璃的挠度变形受力直接转嫁到中梃,所以中梃的结构强度就成为框架结构强度中最薄弱的环节,因此我们看到型材的加强结构往往出现在中梃部位。按照加强结构所处位置,分为室内加强中梃与室外加强中梃。

　　风压条件下的玻璃(板件)强度:玻璃强度主要和玻璃原片的厚度有关,面积越大,玻璃原片厚度要求越厚,变相增厚的安全措施就是夹胶。钢化玻璃对玻璃强度的提升有显性的贡献,更重要的作用是从减小玻璃破碎时的碎片颗粒度来减少对人体的伤害。《建筑玻璃应用技术规程》(JGJ 113—2015)中对不同玻璃厚度适用的最大面积有明确的量化要求。

　　相关内容延伸: 就我国的地域气候特征而言,东南沿海地区的风压考验远远大于内陆地区,极限风压值可以相差一倍以上,而东南沿海地区建筑的东立面、南立面门窗所经受的风压考验又大于北立面与西立面门窗,尤其是东南立面的拐角位置是局部复合风压考验最为严峻的位置,如果此位置有阳台封闭或飘窗定制,安全计算就显得尤其重要,这些必要的门窗安全计算报告对工程门窗项目来说是必不可少的投标内容及验收环节备案资料,但是对于家装零售门窗项目而言,80% 的销售代理商缺少这样的安全意识,99% 的销售代理商缺少这样的专业计算能力,这也是为何家装零售门窗事故频发的底层原因。

114 如何理解门窗抗风压性能分级？

门窗抗风压性能分级

分级	分级指标值 P_3
1	$1.0 \leqslant P_3 < 1.5$
2	$1.5 \leqslant P_3 < 2.0$
3	$2.0 \leqslant P_3 < 2.5$
4	$2.5 \leqslant P_3 < 3.0$
5	$3.0 \leqslant P_3 < 3.5$
6	$3.5 \leqslant P_3 < 4.0$
7	$4.0 \leqslant P_3 < 4.5$
8	$4.5 \leqslant P_3 < 5.0$
9	$P_3 \geqslant 5.0$

$$u_1 = \frac{5q_1 l^4}{384EI}$$

$$u_2 = \frac{5q_2(2l)^4}{384EI}$$

$$u_2 = 2u_1 \Rightarrow \frac{5q_2(2l)^4}{384EI} = 2 \cdot \frac{5q_1 l^4}{384EI}$$

$$\Rightarrow \frac{q_2}{q_1} = \frac{2 \cdot l^4}{(2l)^4} = \frac{1}{2^3} = \boxed{\frac{1}{8}}$$

前面谈到，门窗抗风压性能通俗而言就是门窗抵御风力的能力。门窗抗风压性能的书面解释是关闭状态下外（门）窗在风压作用下不发生损坏和功能障碍的能力，具体抗风压性能数值应按照《建筑结构荷载规范》（GB 50009—2012）第 8.1 条相关要求计算风压。从《建筑结构荷载规范》（GB 50009）中我们可以得到以下信息：一、这是国家标准；二、这是强制性国家标准，说明门窗的抗风压性能是在国家标准强制要求下严格执行的。上图中表是门窗抗风压性能分级表，其中分级指标 P 的单位是千帕，由低到高不同的分级代表由弱到强抵御风压的能力。不同的风压值主要和地域、周边环境、层高三个主要因素相关。下面分别就此三个关联要素做简要介绍：

建筑所处地域： 地域不同，极限风压值就不同。我国幅员辽阔，各地气候与风压值存在很大差别，东南沿海地区的夏秋之际是台风登陆的高发时间，近几年最大风力达到 16 级，这在内陆地区是不可能发生的情况，所以沿海地区建筑的抗风压强度要求明显要高于内陆地区。

建筑周边环境： 周边环境主要是指城市、郊区、农村等的差别，越是旷野，楼房少、风力阻挡少，风速无衰减，风压大。

建筑层高： 建筑高度不同，风压也存在倍数级的差异，楼层越高，风速越大，风压也就随之越大，这也是越是高层建筑越容易出现门窗哨音现象的本质原因。

相关内容延伸： 日常生活中提及的台风等级是按照风速进行定级的，风速是产生风压的直接原因，和车辆发生撞击时的冲击力与车速密切相关同理，风速越大，风压越大，计算抗风压强度的基础是界定当地的最大风压，从风速折合计算成风压的过程比较复杂，在此不做详述，但是可以做简单的量化介绍，16 级风的瞬时风压是 1085Pa，这么看来似乎风压值并不大，但是风压只是强度计算的变量条件之一，另外的重要条件是要结合具体洞口尺寸的最大跨距梁架构型材的强度及最大独立单元玻璃的强度，所以门窗的抗风压计算是一个比较系统的、涉及多方变量要素、需要专业计算工具及专业技术技能来完成的专业项目。

115 如何理解门窗抗风压性能分级?

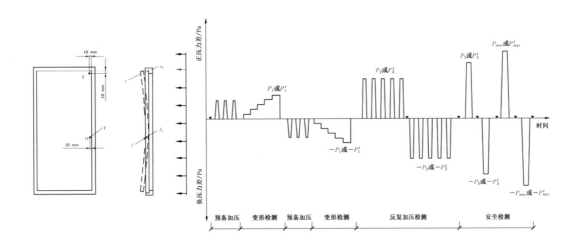

引自《建筑外门窗气密、水密、抗风压性能检测方法》(GB/T 7106—2019)

9.2.4 变形检测

9.2.4.1 定级检测时的变形检测应按下列步骤进行:

a）先进行正压检测，后进行负压检测。

b）检测压力逐级升、降。每级升降压力差值不超过 250Pa，每级检测压力差稳定作用时间约为 10s。检测压力绝对值最大不宜超过 2000Pa。

c）记录每级压力差作用下的面法线挠度值（角位移值），利用压力差和变形之间的相对线性关系（线性回归方法见附录 C 中的 C.4）求出变形检测时最大面法线挠度（角位移）对应的压力差值，作为变形检测压力差值，标以 $\pm P_1$。不同类型试件变形检测时对应的最大面法线挠度（角位移值）应符合产品标准的要求。

注：产品标准无要求时，玻璃面板的允许挠度取短边 1/60；面板为中空玻璃时，杆件允许挠度为 1/50，面板为单层玻璃或夹层玻璃时，杆件允许挠度为 1/100。

d）记录检测中试件出现损坏或功能障碍的状况和部位。

总体来说，抗风压测试需要进行正、负风压的两重测试，风压值越大说明结构的刚性越好，门窗越安全。

相关内容延伸： 前文已经说过，16 级风的瞬时风压是 1085Pa，也就是抗风压等级中最小的起步级别，那么门窗检验报告中的抗风压等级是不是达到一级就安全呢？当然不是，甚至检验报告达到 9 级的门窗在实际使用中都不一定是安全的，这是因为门窗抗风压检验时的门窗尺寸仅 1470×1470mm，而实际安装门窗的洞口可能远远大于此尺寸（比如封阳台或别墅跨层的整立面门窗），而尺寸的增大对强度的衰减达到指数级，所以门窗抗风压计算一定要结合具体洞口的分格进行校验，门窗的抗风压检验报告只能作为不同品牌、不同型号系列产品之间横向对比的参考。

116　为什么说门窗抗风压性能是其他门窗性能的基础?

附表 2　建筑外门窗气密性能分级表

分　级		4	5	6	7	8
单位缝长分级指标值 q_1	m³/(m·h)	$2.5 \geq q_1 > 2.0$	$2.0 \geq q_1 > 1.5$	$1.5 \geq q_1 > 1.0$	$1.0 \geq q_1 > 0.5$	$q_1 \leq 0.5$
单位面积分级指标值 q_2	m³/(m²·h)	$7.5 \geq q_2 > 6.0$	$6.0 \geq q_2 > 4.5$	$4.5 \geq q_2 > 3.0$	$3.0 \geq q_2 > 1.5$	$q_2 \leq 1.5$

附表 3　建筑外门窗水密性能分级表　Pa

分　级	1	2	3	4	5	6
分级指标 ΔP	$100 \leq \Delta P < 150$	$150 \leq \Delta P < 250$	$250 \leq \Delta P < 350$	$350 \leq \Delta P < 500$	$500 \leq \Delta P < 700$	$\Delta P \geq 700$

注: 第6级应在分级后同时注明具体检测压力差值。

附表 4　建筑门窗保温性能分级表　W/(m²·K)

分　级	1	2	3	4	5
分级指标值	$K \geq 5.0$	$5.0 > K \geq 4.0$	$4.0 > K \geq 3.5$	$3.5 > K \geq 3.0$	$3.0 > K \geq 2.5$
分　级	6	7	8	9	10
分级指标值	$2.5 > K \geq 2.0$	$2.0 > K \geq 1.6$	$1.6 > K \geq 1.3$	$1.3 > K \geq 1.1$	$K < 1.1$

附表 5　建筑门窗空气声隔声性能分级表　dB

分　级	1	2	3
分级指标值	$20 \leq R_w + C_{tr} < 25$	$25 \leq R_w + C_{tr} < 30$	$30 \leq R_w + C_{tr} < 35$
分　级	4	5	6
分级指标值	$35 \leq R_w + C_{tr} < 40$	$40 \leq R_w + C_{tr} < 45$	$R_w + C_{tr} \geq 45$

注: 外门、外窗空气声隔声分级采用 $R_w + C_{tr}$，内门、内窗空气声隔声分级采用 $R_w + C$。

前面话题已经说明正风压的压力导致门窗中的框架结构型材向室内弯曲，负风压产生的吸力导致门窗中的框架结构型材向室外弯曲，所以门窗在实际使用过程中，门窗框架结构在正、负风压条件下不停地处于向内、向外的反复拱曲变形状态。门窗固定部分的玻璃是安装在型材框架结构上，门窗的开启扇是通过五金将开启扇和窗框结构进行连接及锁闭，所以门窗框架结构（型材）是整个门窗的基础结构，而门窗的气密、水密、隔热、隔声等使用性能都是基于框架结构的稳定前提。下面就两个阶段来简要说明门窗抗风压对门窗其他使用性能的决定性意义:

风压作用下框架结构可控拱曲变形阶段: 在可控拱曲变形阶段，门窗框架结构与墙体的连接及密封保持有效，这时门窗整体的原始设计性能都基本保持，框墙部分由螺栓强度保持连接，由弹性密封体保持密封;扇框部分由五金保持连接，由密封胶或胶条保持密封;框架结构本体由自身强度及连接件强度保证结构整体强度，由弹性密封体保持有效密封，这个阶段不会出现板块震颤、漏水等结构失稳的前期征兆。

风压作用下框架结构失控拱曲变形阶段: 在结构失控拱曲变形发生时，门窗整体的原始设计性能因框架结构的相对位移超出了弹性密封的原始设计边界而逐步失效。首先出现失效反馈的是框架结构本体的稳定性，其次考验的是框墙部分连接，扇框部分连接则在其后，这个阶段开始出现板块震颤、漏水等结构失稳的前期征兆并逐渐加重。

相关内容延伸: 如果用一个词对此问题进行概括就是"皮之不存，毛将焉附"。结构强度是结构上各组成部分（框与扇、框与玻）原始制造位置及组合性能的基础，可以设想一下，如果门窗结构因强度不足而变形，那么门窗各部分的相对错位、损坏、脱落将导致门窗气密性、水密性、保温性、隔声性无从谈起。

117　门窗抗风压性能的基础是什么?

《建筑外窗气密、水密、抗风压性能检测方法》(GB/T 7106—2019)

表 7　不同类型试件变形检测对应的最大面法线挠度(角位移值)

试 件 类 型	主要构件(面板)允许挠度	变形检测最大面法线挠度(角位移值)
窗(门)面板为单层玻璃或夹层玻璃	$\pm l/120$	$\pm l/300$
窗(门)面板为中空玻璃	$\pm l/180$	$\pm l/450$
单扇固定扇	$\pm l/60$	$\pm l/150$
单扇单锁点平开窗(门)	20 mm	10 mm

　　通过前面的描述可知,门窗框架结构在正、负风压条件下抗内、外拱曲的变形能力决定了门窗整体结构的稳定性,也是门窗其他使用性能的基础,那么门窗框架结构中到底应该以哪部分结构杆件作为拱曲计算的依据呢?上图表中给出了不同门窗单元的校核方法(挠度是指拱曲变形的具体数值),下面分别简要说明,重点需要关注及说明的是 l 值(由于门窗单元一般情况下是矩形结构,宽度为 l、高度是 h,所以 l 没有明确说明时就是指的短边)的界定和选择(为了便于直观量化理解, l 统一取值 6000mm):

　　单层或夹胶玻璃状态下,挠度变形量小于 $l/120$:此处 l 在分格单元存在中梃结构时指的是中梃长度, 6000/120=50mm,由于单层及夹胶玻璃的单一材质整体刚性本质,所以许可的挠度变形量相对较大。

　　中空玻璃状态下,挠度变形量小于 $l/180$:此处 l 也是常指中梃长度, 6000/180=33.33mm,中空玻璃的本质属于复合结构,密封及粘接使用弹性体材料完成,中空玻璃板块拱曲时,两片玻璃受力状态不同,这其中既要考虑弹性体的抗位移强度及撕扯剪切力,还需要统筹玻璃原片的挠度受力,所以许可的挠度变形量相对较小。

　　单固定扇状态下,挠度变形量小于 $l/60$=6000/60=100mm,单固定的玻璃挠度只是考验玻璃本体和压线强度及玻璃入槽深度保证玻璃拱曲变形时的脱槽风险,受力单纯,所以许可的挠度变形量最大。

　　单扇单锁点平开扇状态下,挠度变形量小于 20mm:单平开扇的挠度变形主要是考虑五金锁闭的抗位移能力,所以直接量化为 20mm,其实也是许可挠度变形量的最小值,在一些特殊气候的高层项目中, 20mm 也是挠度设计边界。

相关内容延伸: 单纯的理论解释总是枯燥的,其实这个表就是想说明两种情况下的拱曲变形许可程度不同,一是就纯粹的玻璃板件而言,单材质玻璃能接受的拱曲变形是大于复合材质玻璃的拱曲变形,所以就此而言中空玻璃也存在着一定的使用局限性。二是当玻璃与边框型材组合成为门窗单元后,玻璃板件与边框型材的整体拱曲变形许可度得到了很大的提升。综上所述,玻璃与型材结合后的安全余地要好于单纯的玻璃板块。

118　铝窗型材的强度如何保障？

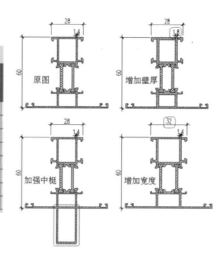

Mechanical Properties [2,3]			
Temper	Wall thickness t [mm]	$R_{p0.2}$ [MPa]	R_m [MPa]
T4[a]	t ≤ 25	60	120
T5	t ≤ 5	120	160
	5 < t ≤ 25	100	140
T6[a]	t ≤ 5	150	190
	5 < t ≤ 25	140	170
T64[a,b]	t ≤ 15	120	180
T66[a]	t ≤ 5	160	215
	5 < t ≤ 25	150	195

图中标注：原图、增加壁厚、加强中梃、增加宽度

　　门窗框架结构在正、负风压条件下抗内、外拱曲的变形能力主要是由结构杆件（型材）的强度决定的。就隔热铝门窗幕墙来说，隔热铝型材的强度保障主要通过三种途径来实现：隔热铝材的材质、隔热铝材的铝材壁厚、隔热铝型材的结构设计，下面分别简要说明：

　　材质对隔热铝材强度的作用：隔热铝型材的材质强度从三个方面来分析：一是铝材部分的强度，主要是和铝材的时效处理状态有关，T66、T6、T5 三种时效状态的强度依次递减，T66 最高，T5 最低，但是强度高的同时意味着加工变形能力差，所以单纯强调强度就会导致铝材与隔热条加工复合时的咬合强度会存在很大衰减的风险和挑战；二是隔热条的强度来自聚酰胺尼龙 66 与增强玻纤的成分比例及材料的原生新料，不得使用回收料或其他成分材料；三是隔热条与铝材的滚压复合强度，这是由两者的自身强度和滚压复合工艺来保证的。

　　铝材壁厚对隔热铝材强度的作用：铝材壁厚越大，型材强度越高，这是比较容易直观理解的。

　　型材结构设计对隔热铝材强度的作用：型材结构对强度的贡献作用其实是实际项目设计时最常见的解决途径，因为壁厚增加带来的成本提升往往大于结构设计上的局部增强，实际门窗板块单元中的主要受力结构是中梃，所以型材结构局部加强就是针对中梃的增强。在工程中采用整体式加强中梃；在家装零售项目中，根据实际测算后需要加强的状态下，往往采取复合式加强中梃结构。

　　相关内容延伸：型材强度是门窗结构整体强度的基本保障，从专业的角度而言，结构设计强度是基本措施、材质强度是提高手段，壁厚强度是最后的底线，因为这三者之间的成本是递增关系，所以理性的逻辑是同等的结构设计前提下看材质，同等结构设计和材质情况下，看型材壁厚。《铝合金门窗》（GB/T 8478—2020）中对外门外窗、内门内窗的型材壁厚都进行了相关规定，虽然这是部推荐性国家标准，不是强制要求，而且国外标准中对强度结果更为关注，对实现过程给予了相当的空间，但是针对国内无序竞争环境下出现的部分企业技术认知缺陷，技术手段缺乏，安全底线缺失现象，进行必要的底线控制是保护消费者安全和权益的有效手段。

119　型材强度的计算校核如何进行？

设计阶段:根据风荷载和自重荷载，选择适当的型材

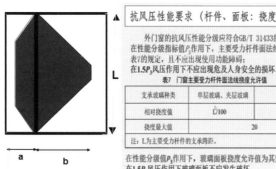

　　门窗框架结构在正、负风压条件下内、外拱曲的最大变形大都产生于最长的两点固定梁的中间位置，最长的两点固定梁往往是门窗的连续非断开的中梃，由于现实环境下门窗洞口的宽度尺寸往往大于洞口高度，所以从保障型材刚性强度的角度出发，横竖中梃的十字连接往往是高通横断的连接工艺（型材杆件越长，中间的挠度变形量越大），所以校核通长竖梃的挠度变形量是否符合相关标准的要求就是门窗框架结构抗风压性能计算的依据（边框型材由于框墙连接处于多点固定连接，而中梃处于两端连接，所以选择中梃进行校核）。现在型材挠度计算都是通过专业软件计算校核完成的。专业软件的计算过程分为中梃型材结构、门窗所处地点、周边环境、高度的录入这四个计算步骤，下面分别简要说明：

　　中梃型材结构录入：不同结构的中梃其强度也有所不同，常见的中梃加强方式是提升其占墙厚度来进行处理，在主体结构完全一致的情况下，仅局部增强不同的占墙厚度就能获得不同的结构强度，所以计算中梃的抗风压强度的基础就是中梃结构的 CAD 图纸录入。

　　门窗所处地点录入：不同城市的极限风压不同，东南沿海城市的台风登陆概率高，所以风压值大，内陆城市相对风压值较低。专业软件会将各地代表城市的极限风压值提前录入在后台数据库中，当输入地点时，风压极限值即直接代入。

　　门窗地点周边环境录入：也就是地面粗糙度，主要是从地面建筑物密度对风速遮挡的角度来进行区别对待。

　　门窗所处高度录入：门窗所在高度不同，风压强度差别很大，所以计算门窗抗风压强度时必须录入门窗所处的建筑高度，不同高度对应的风压值也是提前录入在后台数据库中，当输入高度时，风压极限值即直接代入。

　　相关内容延伸：通过上述流程及细节描述可以看出，门窗的抗风压计算是一个比较系统的、涉及多方变量要素、需要专业计算工具及专业技术技能来完成的专业项目。对于消费者而言，是否能提供强度计算报告是鉴别门窗企业技术实力与专业态度的直观标尺。对于门窗销售代理商而言，培养专业的门窗项目方案设计人员，运用专业的计算工具对具体项目进行强度校核是未来核心竞争力的重要内容。对于门窗企业而言，给与消费者正确的技术认知普及和引导，给与销售代理商提供专业的技术辅导及支持是企业责任感及技术实力的综合体现。

120 为何国家标准对型材挠度相关规定会有变化？

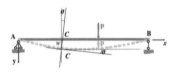
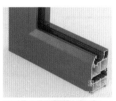
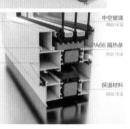

国家标准《铝合金门窗》（GB/T 8478）的 2003 年版中关于抗风压性能挠度的要求是：单层、夹层玻璃，挠度≤ L/120；中空玻璃，挠度≤ L/180；绝对值≤ 15mm。2008 年版中关于抗风压性能挠度的要求改为：单层、夹层玻璃，挠度≤ L/100；中空玻璃，挠度≤ L/150；绝对值≤ 20mm。通过对比我们可以发现，2008 年版的要求做了适当的放宽。出现这种变化的直接原因是 2003 年版标准主要针对的是普通铝合金门窗（非断桥铝门窗），而 2008 年版标准主要针对的是从 2002 年开始在国内大量推广的隔热铝合金门窗（断桥铝门窗），由于隔热铝型材作为复合结构的弹性变形特征，结合国外相关标准的规定，所以对隔热铝型材的挠度变形量做了适当的放宽。下面对普通铝材和隔热铝材的结构特征分别简要说明：

普通铝材的结构特征： 普通一体化铝材的本质是同一种材料的整体刚性，型材各部位材质一致导致的结构各部位的刚性强度呈现连续性、一致性的特质。

隔热铝材的结构特征： 隔热铝型材是复合结构，隔热条的强度、铝材的强度、隔热条与铝材滚压复合强度是三个独立的强度部分，由于隔热条的材质决定了隔热条强度的弹性余地较大，加上隔热条与铝材的滚压复合强度也有一定弹性特征，基于上述结构特征，对隔热型材的挠度变形量做了适当的放宽。

相关内容延伸：《铝合金门窗》（GB/T 8478）是一部国家标准，按照常规，国家标准的修订间隔周期一般为 10 年左右，《铝合金门窗》2008 年版之后的修编就是现行的 2020 年版，但是《铝合金门窗》（GB/T 8478）的 2003 年版与修编的 2008 年版之间仅间隔 5 年时间，这种超常规提前修编的原因是 2002 年隔热铝合金门窗在北方工程市场崭露头角，由于建筑节能要求的广泛推进，隔热铝合金门窗迅速成为铝门窗的主流产品，而因为隔热铝合金型材与普通一体化型材的结构形式存在本质不同，隔热铝合金型材的复合结构特征导致《铝合金门窗》（GB/T 8478）2003 年版中的一些技术参数要求不再合理，所以就对其进行了及时的修编，这也成为为数不多的五年内进行国标修编的个案。

121　隔热铝窗的抗风压性能有何特征？如何保障？

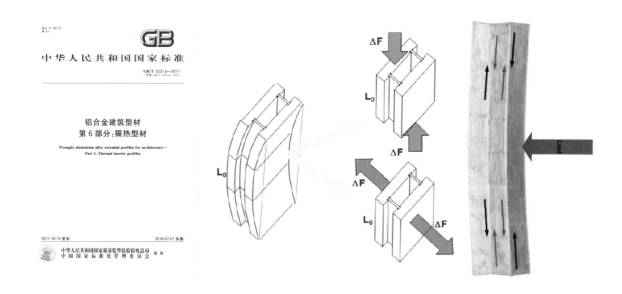

　　隔热铝型材是由内、外侧铝型材通过隔热条的机械滚压复合在一起的复合杆件结构。隔热铝型材在正、负风压作用下的拱曲变形造成两侧铝材与隔热条之间存在相对位移的趋势，这就是隔热铝型材的抗剪切强度，另外，隔热铝型材处于内外温差的作用下也会产生拱曲变形，同样考验隔热铝型材的抗剪切强度。由于隔热条与型材之间是通过机械滚压的工艺复合在一起的，所以这种连接强度主要体现在纵向抗剪切强度及横向的抗拉强度（横向抗拉强度不在此讨论），复合连接强度主要受到隔热条品质、复合滚压工艺两重因素的影响，下面分别简要说明：

　　隔热条品质对复合连接强度的影响：隔热条的主要两种原料是聚酰胺尼龙（PA66）与增强玻纤，除此之外还有总量比例为 8% 左右的各种稳定剂和添加剂，所以隔热条的材质硬度是受材料的成分比例及材料的原料状态决定的，如果再掺混其他成分材料，就进一步导致隔热条的各种物理性能及化学性能迥然，其中隔热条的自身强度及精度是基础，隔热条的表面硬度与隔热型材的复合连接强度也联系密切，硬度过硬则型材咬合太浅，硬度过软则咬合容易但咬合易脱。

　　复合滚压工艺对复合连接强度的影响：隔热型材的滚压复合工艺由开齿、穿条、滚压三个步骤组成，其中对铝材的隔热条结合槽口进行开齿是最重要的环节，开齿质量直接决定复合连接强度。

　　相关内容延伸：不管什么型材材质、结构，门窗抗风压性能的本质是一样的，主要是衡量门窗洞口单元内最薄弱部位的强度性能，因为门窗抗风压性能遵循"短板效应"，即最薄弱的部件决定整体的性能。就整体门窗洞口单元而言，所有构件分为板件（玻璃）和杆件（型材），最薄弱的板件是面积最大的单块玻璃，最薄弱的杆件是跨距最长的通长型材（中梃），所以无论型材什么材质，最大面积单元玻璃的强度校核是一致的。隔热铝合金门窗的杆件强度就要计算该门窗型号系列的中梃隔热铝型材强度，而隔热型材强度的关联要素前文描述的已经比较完整了。

122 隔热条品质对隔热铝窗抗风压性能的影响有哪些?

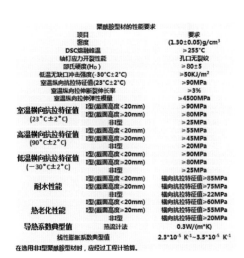

  隔热铝型材是由内、外侧铝型材通过隔热条的机械滚压复合在一起的复合杆件结构,隔热条作为结构件,对隔热铝型材的纵向抗剪切强度及横向的抗拉强度起到决定性作用,而隔热铝型材的强度是隔热铝门窗抗风压性能的核心保障,所以隔热条的品质对隔热铝门窗的抗风压性能产生直接影响。隔热条的品质主要体现在强度、硬度、尺寸精度、性能耐久度四个主要方面,下面分别简要说明:

  隔热条强度对隔热铝型材强度的影响:隔热条作为隔热铝型材的组成部分,其强度直接决定隔热铝型材的整体强度,与隔热铝型材横向抗拉强度与纵向抗剪强度相对应,隔热条强度也分为横向抗拉和纵向抗剪两个强度量纲。

  隔热条硬度对隔热铝型材强度的影响:前面已经说到,隔热条的表面硬度与隔热铝型材的复合连接强度联系密切,硬度过硬则型材滚压复合时铝材的压合夹头与隔热条咬合太浅,强度无法保证,隔热条硬度过软则咬合容易但咬合易脱,隔热条与型材的滚压复合强度依然无法保证。

  隔热条尺寸精度对隔热铝型材强度的影响:隔热条尺寸精度如果达不到设计要求(±0.05mm),复合而成的隔热型材就容易产生扭拧、侧弯等质量缺陷,强度缺陷是一个方面,更主要的是型材不平直就无法保证框架结构的整体组合接缝的严密性和吻合性,门窗的气密性、水密性也就无从保障。

  隔热条性能耐久度对隔热铝型材强度的影响:隔热铝门窗在实际使用过程中需要经受水、紫外线、风载变形、温差的循环考验,隔热条各项原始性能的持久性决定隔热铝窗性能的持续性,其中强度稳定性是重要的基础保证。

  相关内容延伸:隔热条作为隔热型材的组成部分,既是隔热铝门窗的结构件也是隔热铝门窗的功能件。隔热条与内外腔铝材的复合结构强度在抗风压计算过程中是按照通常标准情况进行软件自动设定的理论数值,所以只要是结构相同,不同的隔热条品质,不同的复合加工工艺所带来的实际隔热型材强度差异在理论计算过程中是无法进行差别化对待的,但是在实际运用过程中,隔热条品质与复合加工工艺所带来的同等结构隔热型材的强度差异是无法回避的,这种需要专业检测设备才能检验的品质差异只有检测机构才能通过实际检测数据进行评判,消费者除了索取相关检验报告之外,只能从品牌背书上寻找心理安慰了。

123 门窗玻璃的强度如何保障？

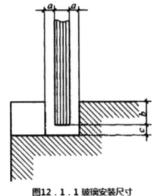

图12.1.1 玻璃安装尺寸

7 建筑玻璃防人体冲击规定

7.1 一般规定

7.1.1 安全玻璃的最大许用面积应符合表7.1.1-1的规定；有框平板玻璃、真空玻璃和夹丝玻璃的最大许用面积应符合表7.1.1-2的规定。

表7.1.1-1 安全玻璃最大许用面积

玻璃种类	公称厚度（mm）			最大许用面积（m²）
钢化玻璃	4			2.0
	5			2.0
	6			3.0
	8			4.0
	10			5.0
	12			6.0
夹层玻璃	6.38	6.76	7.52	3.0
	8.38	8.76	9.52	5.0
	10.38	10.76	11.52	7.0
	12.38	12.76	13.52	8.0

　　门窗框架结构在正、负风压条件下抗内、外拱曲的变形能力主要是由结构杆件（型材）的强度决定的，而结构杆件的拱曲变形是由于玻璃板件作为门窗的主要受力面积自身受到正、负风压的作用而产生拱曲变形所产生的连带效应，所以玻璃本身的结构刚性也是必须给予关注的内容。玻璃自身的刚性最直接的关联要素就是玻璃的厚度及结构，不同的玻璃结构刚性不同，而玻璃面积直接关系到受到的风压压力，所以不同结构的玻璃随着玻璃面积的增加就需要增加厚度来保障玻璃自身的强度安全。下面分别就钢化玻璃和夹层玻璃的面积与厚度配置做简要说明：

　　钢化玻璃的面积与厚度配置：从上图表中不同厚度玻璃与许用面积的逻辑比值可以看出，钢化玻璃的许用面积比更大，所以玻璃钢化工艺对玻璃的刚性强度有重要的提升作用。钢化玻璃厚度与许用面积的比例关系基本上是面积数翻倍的关系。钢化玻璃复合中空玻璃时，以单片的钢化玻璃厚度为基准核算许用面积。

　　夹层玻璃的面积与厚度配置：夹层玻璃除了能提升玻璃的组合厚度外，夹胶工艺还可以在玻璃意外破损时使玻璃碎片整体粘连在胶片上而不飞溅或坠落伤人。夹胶玻璃和钢化玻璃是从不同角度减轻或预防玻璃意外破碎后的碎片伤害，所以钢化玻璃与夹胶玻璃都被称为安全玻璃。夹胶玻璃的隔声效果比中空玻璃优势明显，在城市喧闹环境中的门窗玻璃选型上应该优先考虑夹胶中空玻璃。

　　相关内容延伸：玻璃强度主要是厚度和工艺，厚度越厚强度越高。夹胶工艺是单片玻璃强度不能满足强度需求的情况下进行有效强化的重要手段，钢化工艺是基础的强化工艺，不作为特殊工艺手段加以讨论。玻璃作为最成熟、最标准的门窗构件工业品，只要品类相同，四大原片玻璃厂家（耀皮、南玻、信义、台玻）的原片品质一致性都是值得信赖的，所以消费者关注玻璃原片的厂家其实是存在一定误区的，玻璃品质的差异不在于原片，而是在于玻璃深加工，比如中空玻璃的合片生产。家装零售门窗的特性决定了几乎90%的玻璃尺寸都是定制的，所以对于玻璃深加工企业而言，品质控制、订单处理准确性和及时性是最核心的生产考验。

124 台风登陆为什么会出现整体门窗框架与墙体脱离的现象？

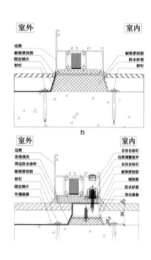

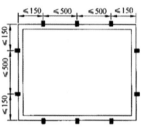

4 金属附框固定片安装位置应满足：角部的距离不应大于 150mm，其余部位的固定片中心距不应大于 500mm（图 7.3.1-1）；固定片与墙体固定点的中心位置至墙体边缘距离不应小于 50mm（图 7.3.1-2）；

图 7.3.1-1 固定片安装位置

门窗在正、负风压作用下如果出现整个门窗的框架结构及玻璃从安装位置脱离的情况，就说明是门窗与墙体的安装出现了问题。门窗安装指的是门窗外框与墙体的有效连接，有效连接指的是连接强度有效，气密、水密、保温有效。家装零售门窗安装由于安装面积小而采用更便捷、更有利于洞口处理、成本更高的干法安装，但是对于多雨湿润地区，门窗上墙也有采用湿法安装的方式。下面就零售门窗的干法安装和零售门窗的湿法安装分别做简要介绍，这里所说的零售门窗干法安装和湿法安装与工程门窗领域所说的干法安装和湿法安装有很大区别：

零售门窗干法安装： 零售门窗干法安装的主要特征是用螺栓或专用螺钉将窗框安装在洞口墙体上，然后用发泡剂填缝，最后是密封胶收边，所以零售门窗的框墙结合强度取决于安装螺栓或螺钉的强度及数量，至于安装位置可以参照工程门窗的相关要求。而工程门窗干法安装的主要特征是钢副框的运用。所以同为干法安装，表达的具体内容有所差别。

零售门窗湿法安装： 零售门窗的湿法安装也是用螺栓或专用螺钉将窗框安装在洞口墙体上，然后用防水砂浆填缝，最后是密封胶收边。这里的湿法安装与前面干法安装的差别是填缝材料的不同，就框墙结合强度而言，主要还是取决于安装螺栓或螺钉的强度及数量。而工程门窗湿法安装的主要特征是没有钢副框，直接框墙结合。

相关内容延伸： 工程门窗的干法安装与湿法安装两者的最大区别就是湿法安装必须在墙体湿作业前窗框上墙，而干法安装可以在室内外装修完成后再整体门窗上墙安装。湿法安装存在着土建在施工过程中对门窗污损、对成品保护不利的弱点。就家装零售门窗而言，门窗的安装强度与湿法安装或干法安装关联不大，而与安装螺栓的结构、材质、螺径螺长规格、安装位置、安装密度这几个因素高度相关，概括来说就是安装螺栓的种类选择和螺栓的使用数量与工艺有关，不同的安装墙体结构需要选择不同的适用螺栓，混凝土腔体、实心砖墙体、空心砖墙体这些不同的墙体结构决定选择何种螺栓。螺栓数量和安装工艺是整体框墙连接的基础保障，大量整窗框体脱落的案例都是因为螺栓使用数量不足及安装工艺有缺陷造成。

125 台风登陆为什么会出现整个开启扇脱离的现象？

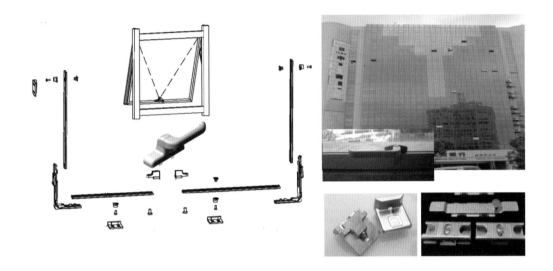

　　门窗在正、负风压作用下如果出现锁闭状态下的开启扇从门窗整体框架安装位置脱离的情况，就说明是开启扇与窗框的连接出现了问题（门窗开启扇在开启状态下受到风荷载作用出现的开启扇脱落就本质而言也是连接强度问题，但是责任认定及原因关联因素众多，比锁闭状态的受力要复杂很多，需要实事求是、客观分析，不属于在此讨论范畴）。门窗开启扇与窗框的连接是由门窗五金来实现的，所以门窗五金对于保障开启扇的安全是至关重要的。下面就五金概述、锁闭类别、锁闭强度核心要素分别做简要介绍：

　　五金概述： 门窗五金的锁闭形式分为单点锁闭和多点锁闭，多点锁闭又分为联动锁闭（单执手联控多个锁闭点，塑钢五金是将锁点连杆与限制结构整体集成，铝窗五金是将锁点连杆置于铝型材的 C 槽结构内，由 C 槽来限制锁点连杆的行程范围）和排联动锁闭，而联动锁闭锁点的锁闭位移一致性保证了多点锁闭时的受力一致性。

　　锁闭类别： 锁点分为普通搭接锁闭和 U 型槽嵌入式锁闭。U 型槽嵌入式锁闭结构的锁座是 U 型嵌入式设计，锁点采用蘑菇头结构。普通搭接锁闭是两维限位，U 型槽嵌入式锁闭是三维限位。就锁闭强度来说，锁座与锁点的搭接高度是根本。就锁闭稳定性和防脱撬安全性而言，U 型槽嵌入式锁闭结构的优势明显。

　　锁闭强度核心： 锁闭强度的核心是三个方面：一是锁点数量及分布；二是锁闭点的受力一致性；三是锁闭时的锁点锁座搭接高度。这三个方面在五金选型及结构设计时就需要统筹规划，再由加工安装时落实执行。

　　相关内容延伸： 在实际生活中，关闭状态下的开启扇因为五金锁闭强度不足而导致整扇被损坏的情况大多是因为五金安装连接强度的缺陷，这种连接强度缺陷常见于安转紧固件选择不当或连接工艺缺陷，特别是铝窗五金使用螺接方式是需要背部加强工艺来保障五金安装强度的持续有效，包括所使用的螺钉的结构及材质都需要关注。在台风登陆时，整扇的五金锁闭强度失效不是一蹴而就的，前奏是开启扇水密失效，这时就会出现比较严重的外部雨水渗漏现象，进一步发展为窗扇开始出现松动及震颤，最后才发展为整扇的脱落。锁闭状态的平开窗开启扇整扇脱落是不多见的，特别是多点锁闭状态下。

126 隔热铝窗的角部强度的意义和保障手段是什么？

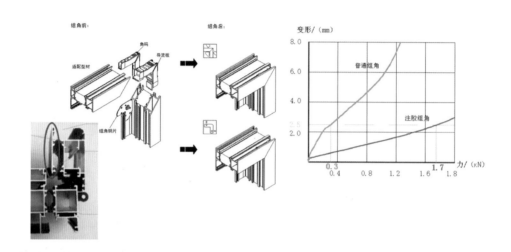

　　前面讨论的门窗在正、负风压作用下出现的整体框架或开启扇从门窗整体框架安装位置脱离的情况都属于极限安全问题，大部分实际状态是门窗的原始结构稳定性出现破坏而造成的门窗漏风、漏雨（气密性能、水密性能缺陷），这种原始结构失稳现象表现为门窗使用一定时间后出现的开缝、掉角、磕碰、异响等问题。对于隔热铝合金而言，隔热铝合金型材的复合结构决定了上述问题的发生概率比传统通体铝合金门窗要高很多，这其中有隔热型材复合强度的原因，有五金安装的原因，也有五金自身强度的原因，但最常见的是由隔热铝合金门窗的角强度不足导致的。下面就隔热铝合金门窗角强度基本原则、组角工艺、角码结构分别做简要介绍：

　　角强度基本原则：角强度的基本保障是设计和结构，隔热型材的复合结构特征决定了角部稳定性的基础是冷暖双腔角码结构，这是家装零售门窗为了满足结构造型、功能设计而经常忽略的重要内容。双腔角码基础上的角码注胶工艺是角强度的重要保障手段，所以两者缺一不可。

　　组角工艺：工程铝窗组角工艺因为批量大、门窗型材规格统一，采用设备撞角工艺；家装零售铝窗因为单一订单涉及门窗型材多、开启方式多，所以采用更为灵活的人工销钉（螺钉）组角工艺。

　　角码结构：角码结构分为分离式铸铝角码、锯切导流角码、螺钉式拉紧活动角码等结构，具体适用性需要与型材结构及门窗单元大小统筹考虑、选择使用。注胶组角工艺决定了流道结构、码材间隙等技术设计内容需要结合门窗加工所在地的气候温度条件、选用的组角胶流性等具体前置条件进行事先规划。

　　相关内容延伸：就国内家装零售门窗而言，铝窗角部强度的意义主要是体现在两个方面：一是保障整框搬运、运输过程中的组角刚性持续有效，在搬运和运输过程中，窗框不均匀受力的情况是常态，如果组角刚性不足，就无法保证原始组角的平整度质量；二是保障开启扇在使用过程中的持续稳定性，因为我国的开启扇尺寸比较大，玻璃原片厚度也比欧美要厚 20%~40%，如果门窗再选择三玻配置，那上述因素就导致我国的开启扇重量对未来开启扇的持续稳定存在较大的挑战，整扇不掉角除了扇框的角强度保证外，五金的选择、玻璃垫块的安装工艺也是必须关注的内容。

127　为什么隔热铝窗角部加强片有不同材质和设计？

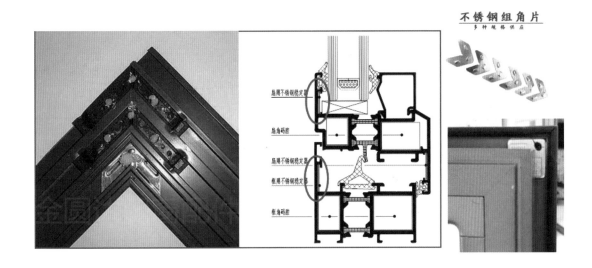

　　前面讨论的隔热铝合金门窗的角强度话题中提到，除了室内外铝材两腔体的角码之外，在扇、框型材的悬臂结构内侧需要增设角部加强片。角部加强片除了辅助增强角部强度之外还有两个重要作用；一是对组角过程中容易出现的拼缝型材高低差进行有效的平整和修正；二是通过注胶工艺对组角悬臂拼缝处进行有效的密封，对提升隔热铝合金门窗角部的气密性能、水密性能起到重要作用。角部加强片按材质主要分为刚性材质的不锈钢插片、铸铝对接插片和非刚性材质的尼龙插片。下面就这三种角部加强片分别做简要介绍：

　　不锈钢插片： 不锈钢插片是目前市场上最常用、最经济的角部平整加强辅件，由于不锈钢材质的硬度大于铝合金型材，所以在插入铝材悬臂槽口内时一旦与型材角片槽口不吻合，硬装反而适得其反，加上冲压的精度控制手段比较简单，所以加工门槛低，加工精度更难保障。角钢片看似简单，但是精度匹配性很重要。

　　铸铝对接插片： 铸铝对接插片的契合度可调整，同是铝材质也有更好的相容度，是最佳的角部平整加强辅件；但是铸铝的开模成本和材料成本导致价格比较高，批量性制造的特征也设置了起订量的门槛制约。

　　尼龙插片： 出于对铝材结构精度的包容性，尼龙插片是既保障了插入的弹性余地，又充分保证了角部平整所需要的刚性和注胶流道设计，尼龙插片是功能性与价格统筹考虑后的解决方案，是介于不锈钢与铸铝材质之间的适中选择。

　　相关内容延伸： 角片的材质选择对整窗性能的影响是比较有限的，对门窗组框拼接的外观平整度有一定的修正作用，对门窗销售的概念点引导是比较重要的，这也是为何工程门窗的角钢片几乎千篇一律，家装零售门窗的角片却百花齐放，百家争鸣，在家装零售门窗的销售过程中，厂家和代理商对外露件的关注度较高，因为这是消费者可以看得见的地方，所以差异化所投入的精力和成本都是显性的，特别是对于品质、品牌并不自信的部分厂家往往更在乎外露件"卖点"的打造和策划，这种营销价值大于实用价值，夸大细节，制造卖点的包装手段是市场竞争无序的具体体现，无可厚非，多说无益，时间才是最好的解决方案。

128　台风登陆为什么会出现整片玻璃脱落的现象？

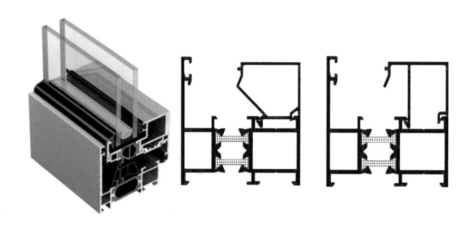

　　前面我们讨论过门窗框架结构杆件的拱曲变形是由于玻璃板件作为门窗的主要受力面积自身受到正、负风压的作用而产生拱曲变形所产生的连带效应和玻璃本身的结构刚性，那么在结构刚性和玻璃刚性都得到保障的情况下，玻璃与框架结构的安装强度就成为关键，强风压作用下的整片玻璃脱离门窗框架就是玻璃与框架结构的安装强度不足导致的。由于相关门窗安装及结构设计规范中考虑玻璃的安装及更换便捷，所以都是将玻璃安装从室内侧进行，这就要求玻璃压线居于室内侧，所以整片玻璃脱离门窗框架往往是向室内脱离，这对于强风条件下的室内人员及财产安全构成严重威胁，而整片玻璃脱离门窗框架往往是玻璃压线的强度设计缺陷导致的。压线强度与压线型材的结构设计与壁厚密切相关，下面分别做简要说明：

　　玻璃压线型材的结构设计强度：玻璃压线的结构设计有开口设计和封闭结构设计两种，这两种设计的优缺点正好相对，开口设计的压线尺寸具备一定的变形弹性，所以对尺寸精度的包容性较好，装卸都比较便捷，但是容易变形，这就导致安装后的整体平整度及与框体的接缝契合效果不佳，对应的压线强度也相对较弱。反之，封闭设计的压线尺寸基本不具备变形弹性，所以对尺寸精度的包容性差，装卸需要专业工具的辅助，但是不易变形，安装后的整体平整度及与框体的接缝契合效果比较好，压线强度比较高。

　　玻璃压线型材的壁厚强度：压线壁厚的设计与结构选择的原理基本一致，壁厚增加，强度增加，但是安装包容度低，对门窗的原始加工精度要求高。

　　相关内容延伸：上述内容主要是针对玻璃压线强度部分进行阐述，这也是整片玻璃出现脱落的传统主要原因，如果压线在室内，整片玻璃是向室内脱落，如果玻璃压线在外侧，则向室外脱落。近些年出现的一些玻璃脱落则出现在新兴的窄边结构门窗上，这种情况与传统的压线强度不足而导致的玻璃脱落不同，窄边结构的玻璃入槽深度不足才是根本原因，为了追求外观的颜值而牺牲门窗的安全性能是舍本逐末的短视之举，视相关标准明确的设计数值于不顾是技术缺失的具体体现，更是企业社会责任感和敬畏感淡漠的表现。

129　如何实现玻璃压线造型、安装与强度的整体平衡？

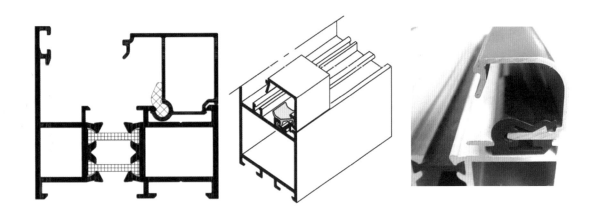

前面讨论了门窗玻璃压线强度与压线型材的结构设计与壁厚的关系，在实际门窗设计中，出于门窗内视面审美的需求，压线造型是消费者非常关注的内容。常见的压线造型有常规的直角压线、追求视觉窄边效果的斜边压线、复古风格的圆弧压线三种。从便于安装的角度而言，压线的弹性越好就越容易安装，但是从压线的结构强度来说又是刚性越强越好，所以既要保证压线拼接美观平整基础上的安装便捷，又要保障压线强度，就成为压线结构设计及压线安装工艺设计的重要内容。下面就压线弹性胶棒及专用卡接件这两种压线安装辅件做简要说明：

压线安装弹性胶棒： 在玻璃压线与压线槽口的定位卡接处分段嵌入弹性胶棒的工艺可以在一定程度上缓解封闭压线安装精度包容度低的问题，在两个刚性装配结构上直接设置宽裕弹性变形余量的胶棒起到了很好的缓冲作用。在日系结构中可以看到此辅件得到广泛使用，而且是连续成环的封闭结构，除了解决上述的安装弹性问题外，日式结构的压线胶棒还起到压线处的水密封作用，这需要对胶棒的材质和密封弹性做深入的分析和试验。

压线安装专用卡接件： 压线安装专用卡接件的设计来源于旭格的专利设计。这种卡接件是分段使用，可以很好地保障压线的安装便捷性和成型度。旭格的玻璃压线造型是简单的单片式拐角设计，这就需要对压线的刚性提出比较高的要求。另外，国内消费者比较喜欢的圆弧压线的拼接契合平整度也是通过类似的专用卡接件来保障的。具体做法是在最后一支圆弧压线的安装边框槽上先预装两三个这样的卡接件，然后将最后这支圆弧压线平推后定位。

相关内容延伸： 真正在一线从事门窗设计研发的技术人员都会有这样的体会：结构框架设计周期长，压线设计周期很短，但是在产品实际打样及试产过程中最耗费精力的结构件部分恰恰是不起眼的压线，压线的结构设计要考虑安装工艺实现的安装便捷性、反复卸装的一致性、外观拼接的平整性、公差配合的合理性、胶条配合的稳定性和便捷性、辅件配合的必要性、外观造型实现的通用性，玻璃厚度误差的包容性等诸多因素，即使积累了相当的实际经验，最终结果还是要等实际拼装的时候才能验证，所以压线虽小但不得不提，认同此观点的都是一线设计的"老炮儿"。

章节结语：所思所想

门窗安全是门窗其他使用性能的基础

门窗框架结构安全以杆件抗风压强度为基础，框墙安装连接强度为保障

门窗玻璃安全与玻璃材质、结构、玻璃厚度、压线强度有关

门窗开启扇安全与五金息息相关

门窗角强度是门窗结构稳定性的试金石

10 门窗漏风

如何防止门窗漏风？

如何防止门窗漏风？

130   如何理解门窗的气密性能分级？

ICS 91.060.50
P 32

GB

中华人民共和国国家标准

GB/T 7106—2019
代替 GB/T 7106—2008

建筑外门窗气密、水密、抗风压
性能检测方法

Test methods of air permeability,watertightness,wind load resistance
performance for building external windows and doors

2019-12-20 发布   2020-11-01 实施

国家市场监督管理总局
国家标准化管理委员会 发 布

4.1 气密性能
4.1.1 分级指标
　　采用在标准状态下,压力差为 10 Pa 时的单位开启缝长空气渗透量 q_1 和单位面积空气渗透量 q_2 作为分级指标。
4.1.2 分级指标值
　　分级指标绝对值 q_1 和 q_2 的分级见表 1。

表 1   建筑外门窗气密性能分级表

分　级	1	2	3	4	5	6	7	8
单位缝长 分级指标值 $q_1/[m^3/(m·h)]$	4.0≥q_1 >3.5	3.5≥q_1 >3.0	3.0≥q_1 >2.5	2.5≥q_1 >2.0	2.0≥q_1 >1.5	1.5≥q_1 >1.0	1.0≥q_1 >0.5	q_1≤0.5
单位面积 分级指标值 $q_2/[m^3/(m^2·h)]$	12≥q_2 >10.5	10.5≥q_2 >9.0	9.0≥q_2 >7.5	7.5≥q_2 >6.0	6.0≥q_2 >4.5	4.5≥q_2 >3.0	3.0≥q_2 >1.5	q_2≤1.5

　　气密性能是建筑门窗的主要物理性能，是指门窗在正常关闭状态时，阻止空气渗透的能力，以单位开启缝长空气渗透量 [单位: $m^3/(m·h)$] 和单位面积空气渗透量 [单位: $m^3/(m^2·h)$] 作为分级指标。分级时采用在标准状态下，压力差为 10Pa 时的单位开启缝长空气渗透量 q_1 和单位面积空气渗透量 q_2 作为指标，《建筑外门窗气密、水密、抗风压性能检测方法》(GB/T 7106—2019) 中对门窗的气密性能进行了分级，如上表所示，1 级气密性最低，8 级气密性最高。

　　门窗气密性就是阻止室内外空气对流的能力，通俗而言就是门窗是否漏风。门窗漏风对门窗的保温性能产生直接影响，门窗气密性能差，一会导致夏季空调制冷时室内的冷气外泄，室外的热流进入；二会导致冬季取暖时室内的暖气外泄、室外的冷空气进入，而冬季也是寒风季，"针大的眼，斗大的风"，就进一步加大了室内的寒冷程度。

　　门窗漏风对门窗的隔声性能也产生直接影响。漏风代表有缝，漏风就是空气对流，而声波主要依靠空气传播，有空气对流，声波就能传播，传统推拉窗的隔声性能不佳最直接的原因是传统推拉窗采用毛条密封导致气密性不佳，所以，门窗气密性对于整窗性能至关重要。

　　相关内容延伸：门窗气密性能对于北方冬季寒冷地区显得尤为重要，是门窗节能的重要保障和基础。建筑节能相关标准中对门窗气密性能都会提出明确要求。我国的气密性等级设定单位开启缝长空气渗透量和单位面积空气渗透量两个分级指标的潜在初衷和逻辑是针对门窗的不同形式进行评定，单位开启缝长空气渗透量主要是针对开启窗的气密性能进行衡量，单位面积空气渗透量更侧重于固定窗的气密性能进行衡量，但实际送检样窗往往是半固定半开启的分格方式，对于固定与开启组合单元就分别测试整体单元的单位开启缝长空气渗透量和单位面积空气渗透量两个指标，然后结合这两个指标分别进行等级界定。

131 门窗气密性能是如何测试的？

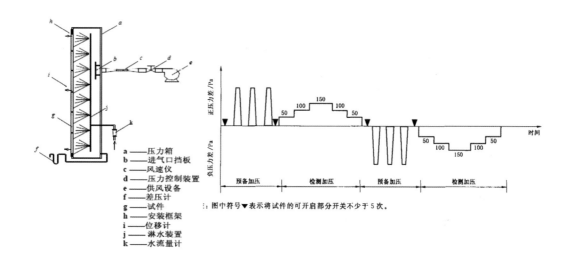

a —— 压力箱
b —— 进气口挡板
c —— 风速仪
d —— 压力控制装置
e —— 供风设备
f —— 差压计
g —— 试件
h —— 安装框架
i —— 位移计
j —— 淋水装置
k —— 水流量计

注：图中符号▼表示将试件的可开启部分开关不少于 5 次。

引自《建筑外门窗气密、水密、抗风压性能检测方法》（GB/T 7106—2019）

7.2　预备加压

在正压预备加压前，将试件上所有可开启部分启闭 5 次，最后关紧。在正、负压检测前分别施加三个压力脉冲，定级检测时压力差绝对值为 500Pa，加载速度约为 100Pa/s，压力稳定作用时间为 3s，泄压时间不少于 1s，工程检测时压力差绝对值取风荷载标准值的 10% 和 500Pa 二者的较大值，加载速度约为 100Pa/s，压力稳定作用时间为 3s，泄压时间不少于 1s。

7.3　渗透量检测

7.3.1　附加空气渗透量检测

检测前应在压力箱一侧，采取密封措施充分密封试件上的可开启部分缝隙和镶嵌缝隙，然后将空气收集箱扣好并可靠密封。按照 7.1 规定的检测加压顺序进行加压，每级压力作用时间约为 10s，先逐级正压，后逐级负压，记录各级压力下的附加空气渗透量，附加空气渗透量不宜高于总空气渗透量的 20%。

7.3.2　总空气渗透量检测

去除试件上采取的密封措施后进行检测，检测程序同 7.3.1，记录各级压力下的总空气渗透量。

7.4　检测数据处理

132 为什么门窗气密性能有两个指标，如何理解？

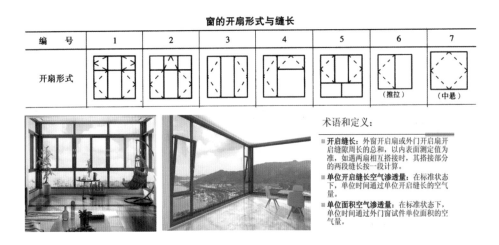

门窗气密性能是建筑门窗性能指标体系中采用"双行线"的，分级指标既可以参照单位开启缝长空气渗透量 [单位：$m^3/(m \cdot h)$]，也可以参照单位面积空气渗透量 [单位：$m^3/(m^2 \cdot h)$]。分级时单位开启缝长空气渗透量标注为 q_1，单位面积空气渗透量标注为 q_2。而其他门窗性能指标体系均采用"单行线"，即只有一个衡量指标，那么门窗气密性能采用"双量纲"是基于什么原因和背景呢？

上图中的对比就能说明问题，如果只参照单位面积，那么开启面积比例越小气密性就越好，开启扇面积比例小有利于气密性能的提升，但是也制约了通风换气量；如果只参照单位开启缝长，那么不同的开启方式有可能缝长一致，但是开启面积有很大差别，通风换气量就会有很大差别，所以设定两个值就是为了追求在对门窗气密性能进行平行比较的时候可以选择相对合理、公平的指标参数进行对比。

在实际固定洞口大小尺寸的前提下，选择开启方式、开启部位、开启宽高比是比较专业的门窗项目设计内容，在此很难简而言之，但可以定性的是两点设计基本原则：

在保证必要的换气次数前提下，尽量缩小开扇面积；

相同开启方式前提下，选用周长与面积之比值较小的窗扇形式，即开启面积越接近正方形越有利于节能。

相关内容延伸： 日常生活中，家装零售门窗大固定小开启的常见洞口分格方式，如果从景观的角度来说是有其合理性的，通风面积能达到室内的换气量要求即可，如果从节省成本的角度而言有一定的道理，但是进行量化分析的话就会发现存在一定程度此消彼长的状况：开启扇减少降低的是五金及纱窗成本，但是也牺牲了室内的通风换气量，而大固定玻璃会导致玻璃厚度是随着玻璃面积的增加而增加的，这是因为独立单元玻璃面积越大，对玻璃本身的强度要求就越高，玻璃原片厚度就要增加，玻璃厚度增加 30%，玻璃单价增加可能会增加 50%，甚至更多，另外大玻璃往往需要吊装，由此产生的吊装费用及风险费用也是不能忽视的。

133 为什么说门窗气密性能是门窗保温、隔声性能的基础?

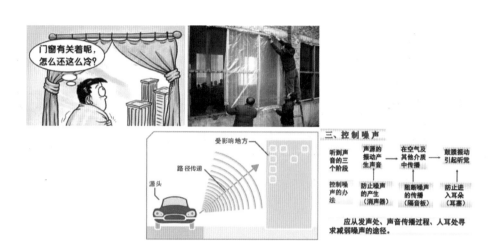

　　门窗气密性就是阻止室内外空气对流的能力,通俗而言就是门窗是否漏风。门窗漏风对门窗的保温性能产生直接影响是不难理解的,对于我国大部分地区来说,夏季空调制冷是常态的,门窗气密性不佳就导致室内的冷气外泄,室外的热流进入,降低制冷效果,加重制冷负担,增加制冷能耗;在冬季时,淮河以北地区室内取暖也是常态,门窗气密性不佳就导致室内的暖气外泄、室外的冷空气进入,而对于广大的寒冷及严寒地区来说,除了室内取暖的效果被衰减以外,冬季也是寒风季,"针大的眼,斗大的风",就进一步加大了室内的寒冷程度,所以对于传统的气密效果不理想的门窗采取用 PVC 膜覆盖门窗并封闭恰恰就解决了门窗气密性的缺陷所带来的寒冷感受。

　　门窗漏风对门窗的隔声性能也产生直接影响。漏风代表有缝,漏风就是空气对流,而声波主要依靠空气传播,有空气,声波就能传播,传统推拉窗的隔声性能不佳最直接的原因是传统推拉窗采用毛条密封导致气密性不佳,当然就门窗隔声而言,门窗气密性仅关联依靠空气传播的声波,对于依靠固体传播的声波及由振动产生的声波是无效的,而在实际生活中,这几种声音传播渠道往往是复合存在的。

　　相关内容延伸:门窗气密性能对于北方冬季寒冷地区显得尤为重要,是门窗节能的重要保障和基础。建筑节能相关标准中对门窗气密性能都会提出明确要求。而门窗气密性与门窗水密性的关系可能出乎大家的常识判断。就普通常识而言,门窗气密性似乎应该是和门窗水密性呈现正比例关系,即气密性越好水密性越佳,理由是连透气都难那透水就更难,但是实际情况往往恰恰相反,门窗水密性是需要防水和排水结合统筹设计,而门窗排水必须基于基本的窗内外等压原理,不等压的状况下,窗内的水就无法顺畅的排出窗外,从而向室内渗漏,为了保证等压,门窗的气密性就会承受考验。所以在实际门窗设计中,门窗水密性与气密性是存在一定矛盾的,这就凸显门窗系统设计的优势和必要性。

134 中欧内开窗气密结构的设计有何差别?

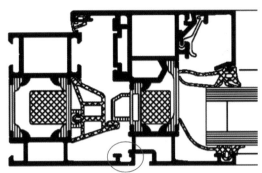 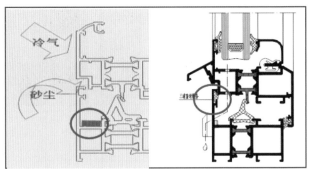

　　全球而言,铝合金门窗主流体系分别是欧洲本土的内平开体系、日本的外开及推拉体系、英美的外开及提拉体系这三大流派。国内 2000 年前铝窗以日系结构为主,2000 年后工程铝门窗由北向南逐渐以欧系内平开结构为主。虽然国内内开窗主体借鉴欧洲的成熟结构,但是在门窗气密性结构设计方面有所差别,最主要的差别是欧洲内开窗采用两道密封体系,国内内开窗采用三道密封。下面就这两种密封体系设计的缘由及利弊做简要介绍:

　　欧系内开窗两道密封结构设计:欧式内开窗的外道密封不做主要是基于欧洲的气候条件。欧洲属于大陆性气候,雨水量适中,飓风概率小,空气干燥,外道密封不做就保证了关闭状态下的框扇之间的水密腔(关闭时的框扇之间腔体被框上的主密封胶条分为室外侧的水密腔与室内侧的气密腔)与室外是连通状态,这种水密腔与室外保持同等气压的状态就是自然等压,自然等压状态下遇到降雨时,大部分雨水通过滴水檐进入框上的水密腔内,再通过排水孔排到室外。

　　我国内开窗三道密封结构设计:我国气候与欧洲有本质差别,北方地区雨水少、沙尘大,南方地区雨水多,东南沿海台风伴随强降雨的现象多见,而且我国属于典型季风气候,冬季风力比较强劲,所以我国的内开窗做外道密封,对于北方地区来说,有效地隔绝室外的沙尘进入水密腔内,对于南方地区来说,外道密封可以防止大风大雨气候时的大量雨水短时进入水密腔而造成排水压力。做了外道密封就造成关闭时框扇的水密腔处于负压状态,为了确保排水的通畅,就需要在门窗结构设计的时候考虑等压孔的位置与加工方式。

　　相关内容延伸:总体来说,国内内开窗的三道密封设计对提升门窗气密性起到一定的作用,但是对门窗水密性有利有弊,有利之处在于外道密封缓解了强降雨时大量雨水短时进入水密腔而造成的排水压力(强降雨对于欧洲大陆性气候条件下是比较少见的),弊端在于需要配套进行水密腔内外的等压设计和加工工艺,因为增加的外道密封破坏了原始欧洲内开窗的自然等压条件,这就需要进行门窗的系统设计及工艺来保障。门窗并不是高科技,但需要对门窗各项性能的原理和保障措施具备系统规划的设计理念,以追根溯源的理论知识做基础,加上反复的实验过程中积累的经验和教训为验证,才能避免想当然的误区。

135　如何克服加工误差对门窗气密性能的影响？

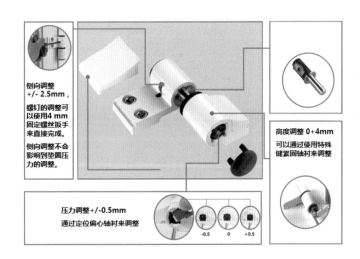

　　门窗性能总体来自两个方面：一是设计，包括结构设计、材料设计、配合设计及工艺设计；二是加工制造，就是将设计的内容尽可能实现。但是实际加工制造过程中的加工误差、装配误差是在所难免的，只是实际加工结果与设计差异的多少存在差别，所以加工成品与设计之间存在误差是定性的概念，误差多少是定量的概念。

　　就门窗气密性能而言，平开窗体系的气密性主要是通过框扇间胶条的压缩变形来实现的。对于固定部分而言，日式传统的打胶密封是通过密封胶填塞玻璃与门窗框体之间的缝隙来实现密封，欧式的胶条密封是通过胶条的压缩变形来实现玻璃与门窗框体之间的缝隙密封。对于开启扇部分来说，都是通过框扇间胶条的压缩变形来实现的。门窗设计阶段的胶条压缩变形量是纯粹的理论计算产物，实际加工中不可避免的误差会导致实际成品使用中胶条的压合密封出现过松或过紧的现象。过松说明胶条压缩变形量不足，过紧说明胶条压缩变形量超量；过松影响气密性能，过紧导致五金操作启闭力过大，所以需要通过调整窗扇间隙来实现胶条压缩变形量处于合适的状态，这种调整最简单直接的途径是采用具备调整功能的五金。

　　门窗五金的调整功能主要分为三个维度，即开启扇的上下调整、左右调整、开启扇与窗框压合度的深浅调整。五金可调整的维度决定了能消化哪些加工误差，具体调整的数值决定消化加工误差的能力，这需要在实践中具体问题具体应对和选择。总之，该五金是否具备调整功能？该五金在哪个维度具备调整功能？该五金在此维度可调整的范围是多少？这是五金调整功能的三级问题，也是甄选五金的重要依据。

　　相关内容延伸：门窗的加工误差是不可避免的，不同产品之间的差别在于两点：一是加工误差的数值大小，二是加工误差通过何种方式来进行消化和弥补。加工误差的数值取决于材料的自身精度、加工设备的加工精度、组装工艺设计的合理性、科学性、完整性及落实程度，这些都是门窗加工制造品质控制的长期主题。加工误差的消化主要是两条途径，一是密封胶条，二是五金。前面重点强调了五金的调节功能，这是加工误差较大情况下的应对措施，对于加工误差较小的情况，依靠胶条的弹性特征就可以进行有效补偿，当然这就需要对胶条的结构、材质进行统筹设计。

136 隔热铝门窗气密性能的基础是什么?

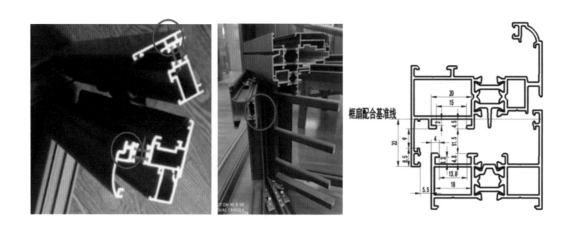

前面提到门窗性能总体来自两个方面,一是设计,包括结构设计、材料设计、配合设计及工艺设计;二是加工制造。实际加工制造过程中的加工误差、装配误差通过采用具备调整功能的五金件来消化,将设计的内容尽可能实现。

门窗设计阶段最重要的内容就是强度计算及校核,结构强度计算是其中最重要的部分,前面关于门窗抗风压性能的相关内容已经有所涉及。就门窗气密性能而言,结构强度也是基础保障,若结构稳定性不能保障,所有的密封设计都没有意义。而对于隔热铝合金门窗所采用的隔热型材来说,复合结构型材的自身属性决定了隔热型材的内、外冷暖铝材腔体都需要设立有效的连接紧固角码来保证整体结构的持续稳定,特别是对于开启扇型材,结构设计尤其重要。下面从三个方面进行说明:

受力梁的结构定性需要:就受力结构的分类方式而言,两点固定支撑的受力杆件称为简支梁,单点固定支撑的受力杆件称为悬臂梁,悬臂梁的稳定性远远不如简支梁。双腔角码设计是简支梁结构,单腔角码设计是悬臂梁结构,所以单腔角码组合连接的框体结构的强度及稳定性是存在挑战和风险的。

玻璃自重对隔热型材的拉、剪受力转化的需要:由于玻璃不是完全置于隔热型材的中间,隔热铝门窗的压线内置设计使得玻璃的位置往往置于型材的外侧位置,玻璃自重对隔热型材的外侧冷腔的考验更大,所以冷腔角码对于整体结构的稳定性是至关重要的。

国内开启扇尺寸及玻璃选择的需要:国内开启扇越来越大,玻璃配置越来越重,对框架结构的刚性挑战也愈加严峻。

相关内容延伸:综上所述,国内家装零售门窗的开启扇的尺寸边界缺乏足够的重视,对玻璃配置所造成的开启扇重量增加缺乏应有的警惕,对隔热型材的冷暖双腔结构缺乏必要的技术认知,最终的叠加效果就是以牺牲隔热铝门窗的基本气密性能为代价。消费者对门窗的技术认知是非专业的,提出的需求有些是合理的,有些是需要通过专业的技术讲解说服的,如果门窗企业不具备系统的门窗专业技能手段,就不能设计、制造出性能长期稳定的门窗产品,门窗销售代理商如果不能以专业的门窗知识作为沟通工具,再好的产品也难以被消费者认知,所以对代理商的技术辅导及支持是门窗企业的责任和义务,对消费者的技术普及更是任重道远。

137　我国建筑类标准对门窗气密性的相关要求有哪些?

序号	标准	气密性能要求	
		q_1,[m³/(m·h)]	q_2,m³/(m²·h)
1	JGJ 26—2018	严寒地区 ≤1.5 寒冷地区 ≤2.5（1～6层） ≤1.5（≥7层）	严寒地区 ≤4.5 寒冷地区 ≤7.5（1～6层） ≤4.5（≥7层）
2	JGJ 134—2010	≤2.5（1～6层） ≤1.5（≥7层）	≤7.5（1～6层） ≤4.5（≥7层）
3	JGJ 75—2018	≤2.5（1～9层） ≤1.5（≥10层）	≤7.5（1～9层） ≤4.5（≥10层）
4	GB 50189—2015	≤1.5	≤4.5

国内建筑设计及门窗相关国家标准中对门窗气密性都有明确的规范要求，这说明门窗气密性是建筑设计及门窗设计中不可或缺的部分和内容。下面就建筑类标准中的相关内容做具体说明：

我国现行建筑节能设计标准《严寒和寒冷地区居住建筑节能设计标准》（JGJ 26—2018）、《夏热冬冷地区居住建筑节能设计标准》（JGJ 134—2010）、《夏热冬暖地区居住建筑节能设计标准》（JGJ 75—2018）及《公共建筑节能设计标准》（GB 50189—2015）都对建筑外门窗的气密性能做了具体的规定。从具体要求的相关内容中我们发现以下三个规律：

楼层高的门窗气密性能要求高：楼层越高意味着门窗承受的风压值越大，高楼层遇到室外有风的时候常常会出现风哨声就是直观的反映，所以这时候对门窗的气密性就需要提出更高的要求，因为风压值越大，气密性差导致的空气渗透量越大，冬季取暖\夏季制冷的时候，空气渗透就意味着室内能量的流失。

冬季气候越寒冷的地区，门窗气密性能的要求越高：我国的北方地区属于季风性大陆气候，冬季不仅寒冷，而且风力强劲，与高楼层的大风压造成的空气渗透量及能耗的增加同理，越是寒冷地区保持室内的取暖温度越是不易，出于节能及室内温度的体验感的双重考虑，都需要对门窗气密性提出更高的要求。

相同地区，公共建筑比居住建筑门窗气密性能的要求高：公共建筑的单位面积人数是大于住宅建筑的，而且全年的制暖或制冷时间也比住宅建筑长，出于节能的考虑，需要防止室内外的空气渗透现象。

相关内容延伸：门窗气密性能的量化检测结果需要借助专业的检测工具和手段，门窗的性能检验报告是消费者可以参考的有效途径，但是门窗检验报告是可以通过一些非正常的手段进行"整容"或"嫁接"的，如何避免这些不真实的门窗检验报告给消费者带来的伤害呢？一是大品牌零售门窗的检验报告更值得信任，因为大品牌企业的社会知名度高，违规操作的风险大，企业不会因小失大；二是消费者要以完整的电子版检验报告为依据，电子版文件的"整容"壁垒高，难以操作；三是关注检验报告的完整度和连续性，防止偷梁换柱和改头换面。门窗检验报告之所以只能作为参考是因为检测样窗的分格形式和尺寸大小与实际定制窗存在很大不同，而分格与尺寸对整窗性能的影响很直接。

138　我国铝门窗标准对门窗气密性的相关要求有哪些？

国内建筑设计及门窗相关国家标准中对门窗气密性都有明确的规范要求，这说明门窗气密性是建筑设计及门窗设计中不可或缺的部分和内容。下面就目前门窗国家标准《铝合金门窗》（GB/T 8478—2020）中对门窗气密性的相关具体内容做具体说明：

参照《建筑幕墙、门窗通用技术条件》（GB/T 31433—2015）中气密性能分级规定：在此标准中，门窗的气密等级由低到高分为 8 级，1 级气密性最低，8 级气密性最高，每级按照单位缝长和单位面积设定两个空气渗透量的数值指标。

外门气密等级 4 级以上：由于外门是人行通道的组成部分，所以为了保持通行的无障碍性，门槛的设置都会采取相对低缓的过渡坡面设计，这给气密性的结构设计造成了一定损失和影响，而且由于人行通道的常规设计一般都会考虑室内外环境的过渡空间或回风空间设计，所以对外门的气密等级要求就相对宽松一些。

外窗气密等级 6 级以上：外窗直接遮风挡雨的位置特征就需要对其气密性提出高标准、严要求，由于我国的季风性气候特征及高层建筑越来越多，所以对气密性的要求就更需要关注。

地弹簧等无框门不做气密等级要求：地弹簧门多用于公共建筑高密度通行的场合，比如医院、学校的通道，商业场所独立单元的进出场合，所以这种高频度的使用特征对气密性就没必要，也无法提出相关要求。

相关内容延伸：我国的标准体系由于制定单位的不同、实施的时间不同、标准的级别不同（国家标准、行业标准、地方标准、团体标准、企业标准），所以有的时候会出现内容指标互相冲突的地方，作为有责任、有自信、有实力的主干企业一般都会采用更严苛的那个指标作为基础，这才是保证企业持续发展的正确理念和做法。另外，国内企业对待国标的心态决定了企业的心态和格局，真正有底气的企业把国家标准的数据作为下限的底线，把不断实现更优的性能数据作为长远的追求，在追求性能结果的过程中，对手段和途径则采取更包容、更开放的科学态度和理性认知，这才是促进行业技术进步的正能量和主旋律。

139　欧洲相关标准对门窗气密性的相关要求有哪些？

应力组	A	B	C
建筑物高度（m）	≤8 ——3层别墅	≤20 ——多层电梯公寓	≤40 ——13层高商业
气密性要求	a_n ≤2.0m³/(h·m)——5级	$a a_n$ ≤1.0 m³/(h·m)——7级	a_n ≤0.5 m³/(h·m)——8级

　　全球建筑节能启动最早、建筑节能技术最全面的地区是欧洲，欧洲对建筑节能要求最高的国家是德国，德国也是被动房理念的发源地，所以从德国对居住建筑门窗气密性的最简单直观的相关要求中，我们可以发现一些规律，下面做简要的归纳说明及介绍：

　　仅就建筑高度作为门窗气密性能的设定依据： 这说明楼层高低对门窗气密性的要求不同，欧洲的高层建筑的密度是比较低的，在这种情况下，欧洲对建筑高度带来的风压变化仍给予了足够的关注，而且欧洲的每一级标准提升都是基于原来基础数值的折半数值进行要求的，由此可以看出风压变化对门窗气密性考验的重要性。

　　建筑高度8m的建筑形态及门窗气密性能设定： 8m以下一般是指常规私人住宅（3层），门窗气密性要求小于2.0m³/（h·m），相当于国内的5级的气密等级要求，所以普通住宅的要求并不高。

　　建筑高度20m的建筑形态及门窗气密性能设定： 20m以下是指多层（7层）常规电梯公寓，门窗气密性要求小于1.0m³/（h·m），相当于国内的7级的气密等级要求，所以随着建筑高度的提升，对门窗气密性的要求提升得更快。

　　建筑高度40m的建筑形态及门窗气密性能设定： 40m以下是指高层商业建筑（13层）的居住空间（酒店），门窗气密性要求小于0.5m³/（h·m），相当于国内8级的最高级气密等级要求。

　　相关内容延伸： 德国的门窗气密性能数据要求呈现的特点主要是两个方面值得关注：一是建筑高度对门窗气密性的要求提升的速度是跨越式的，不是我们常见的循序渐进的阶梯式，这其中主要反映的内在逻辑是建筑高度决定了不同的建筑形态，建筑内的人口密度是不同的，采暖制冷的周期也不一样，对于商业建筑、人口密度大、采暖制冷能耗周期长的建筑物的气密性要求就高出很多。当然，建筑高度也和室外风速及风压有关，风速大，风压高造成的空气渗透量也会加大，所以气密等级要求就需要做本质提升。

140 推拉窗的气密性为什么不好？有什么实际体验？

　　推拉门窗的突出优势是组合开启面积大（对比平开而言），开启状态不占室内空间。传统的毛条摩擦密封方式是导致门窗气密性差的根本原因，日式推拉结构独特的摩擦胶条密封方式及欧式推拉结构的挤压胶条密封方式（通过特殊的提升推拉五金体系来实现关闭、静止时胶条挤压密封，开启运行时胶条脱离密封挤压位来避免推拉扇滑行时的密封阻力）就通过不同途径有效提升了推拉门窗的气密性能。传统毛条密封的推拉结构的气密性不佳在日常生活中的具体影响体现在以下三个方面：

　　传统推拉门窗在关闭状态下，高层建筑在室外微风状态下出现纱帘摆动，当室外强风时就会出现推拉门窗"吹哨"的现象，这是推拉门窗使用中的"显性"烦恼。

　　"隐性"损失在于传统推拉门窗的气密性不佳，室内外的空气会产生直接的对流现象，所以当冬季室内取暖时暖流外泄，当夏季室内制冷的时候冷气流失，这就造成能耗的增加和室内空间的温度体验舒适度不佳。就此角度来说，传统毛条密封的推拉铝门窗采用隔热铝型材的作用将大打折扣，内外空气对流造成的能耗损失远大于隔热型材带来的阻隔铝型材热传导所带来的保温效应。

　　由于门窗气密性能直接关联门窗隔声性能，所以推拉门窗的隔声效果不佳是由于其气密性能缺陷造成的。

　　相关内容延伸： 综上所述，判断推拉结构气密性好坏最简单直观的方式是关注推拉结构的密封方式，无论是日式的摩擦胶条密封，还是欧式的挤压胶条密封，都是采用胶条密封，传统的毛条密封对推拉结构气密性能不佳产生本质性影响。正是因为这一原因，当公共建筑节能设计规范首次对建筑门窗提出具体的气密性等级要求时，传统的毛条密封推拉窗就逐渐淡出了公共建筑的门窗项目。

141　日本及欧洲推拉门窗气密性是如何保障的?

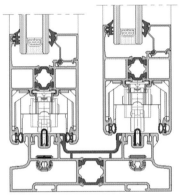

日式胶条密封结构的技术关键是三个方面：一是胶条材质及结构设计，既要保证有效的摩擦密封又要保证摩擦密封状态下的启闭顺畅，摩擦密封胶条与平开窗采用的压合式三元乙丙橡胶胶条存在材质和特殊的处理工艺差别；二是结构设计来实现胶条密封的有效搭接；三是各种密封辅件的配套开发与使用，例如堵头封盖、光勾企的辅件配套等，日式胶条密封结构只是名称上体现密封材质的本质差别，其实是完整的结构设计、材料、辅件配套、装配工艺的系统化差别。

欧式大开启推拉门的胶条挤压密封是通过特殊的提升推拉五金体系来实现关闭、静止时胶条挤压密封，开启运行时胶条脱离密封挤压位来避免推拉扇滑行时的密封阻力，这样就从本质上既保证了密封气密性能，又解决了开启密封阻力的问题。下面对欧式提升推拉密封结构进行具体分析：

提升推拉结构的密封分为推拉扇运行及静止两种状态，由五金驱动的推拉扇运行及静止两种状态下的密封胶条相对位置不同，从而密封状态不同。推拉扇在推拉运行时由五金驱动实现整体推拉扇的提升运行状态，提升运行时推拉扇上的胶条随推拉扇整体提升，胶条脱离挤压密封状态，推拉阻力仅来自推拉扇的自重。当推拉扇处于静止状态时，五金驱动整体推拉扇下坠，扇上的密封胶条随扇下落，与推拉框上的结构实现挤压密封，有效保证密封性能。

提升推拉五金分为三个部分：一是承重机构，主要是下滑轮，一般下滑轮分为辅助承重轮组和主联动轮组，下滑轮组的选择与配置与推拉扇自重密切相关；二是传动机构，实现滑轮组提升及下坠与执手间的联动；三是锁闭机构，实现锁点或锁座与执手间的联动。

相关内容延伸：欧式推拉结构中还有两款采用胶条密封的开启方式目前在国内运用的还不多，分别简要介绍如下：一是内倾推拉门，这款结构比较类似别克商务车 GL8 的后排车门侧滑出式的开启方式，内倾推拉门进入我国的时间比较久远，但因为五金件昂贵，开启故障率较高而推广不力，开启故障的原因主要是加工精度和型材结构强度设计不足造成的，国内企业借鉴此款五金开发了轻型款的产品用于窗产品的延伸，这就是市场上能看到的"漂移窗"，但是故障率的问题依然存在，所以也未得到广泛运用。二是近些年引入国内的推拉压紧门，这种开启方式尚处推广期，主要障碍是五金的价格和加工精度要求高，未来走势尚需假以时日。

142 为何北方地区对门窗气密性能应该更加关注？

我国地域辽阔，南北跨度大，具有热带、亚热带和温带等多种热量带，这是致使我国气候类型复杂多样的主要基础原因。我国气候的主要特征可以概括为两个主要方面：一是气候类型复杂多变；二是大陆性季风气候显著。从东南沿海往西北内陆，气候的大陆性特征逐渐增强，依次出现湿润、半湿润、半干旱、干旱的气候区，这是我国西北地区特别干旱、植被稀疏的根本原因之一。同时，我国是世界上季风气候最发达的区域之一。冬季受亚洲高压的控制，盛行寒冷、干燥的偏北离陆风，夏季则受西北太平洋副热带高压的控制，盛行由海上来的潮湿、温暖的偏南气流，温湿多雨。

我国一系列东西走向的山脉成为气候的水平分界线。例如，秦岭山脉是我国气候上的重要分界线，冬季，它削弱了北方冷空气的南下，使秦岭北侧和南侧的气候有显著差异。南岭也是我国气候的一条重要界线，冬季南下的冷空气受阻于北坡。所以南岭以南是我国的夏热冬暖地区，南岭与秦岭—淮河之间是夏热冬冷地区，秦岭以北是寒冷和严寒地区。

我国广大的寒冷、严寒地区冬季寒冷，季风凛冽，门窗气密性对室内保温起到决定性作用，春秋两季的季风又导致雾霾、沙尘天气多发，门窗气密性对室内的清洁程度也起到决定性作用。与我国北方维度相近的欧洲地区国家对门窗气密性就作为建筑节能的关键性指标而给予高度关注，而这些国家的季风强度考验远不如我国严峻。

相关内容延伸： 北方住宅门窗重在气密性能，南方住宅门窗重在水密性能，这是我国住宅门窗性能的关注差异。通过前面那么多具体小问题的分解剖析和介绍，相信大家已经了解，对于北方干燥多风、冬季寒冷的气候条件，门窗气密性既涉及室内的清洁压力，也涉及冬季取暖时的室内体验，所以北方地区消费者对门窗气密性能的关注就是自然而然的选择了。而门窗气密性的基础保障是门窗的抗风压性，这是整体门窗结构保持设计和原始密封状态的根本；门窗气密性的重要保障是门窗的加工误差控制在可接受的范围内，可以通过胶条的弹性及五金的调节功能加以消化和补偿；门窗气密性的直接保障是密封胶条的设计与选择，设计结构、公差、材质等诸多专业范畴。

章节结语：所思所想

门窗气密性能是门窗保温性能、门窗隔声性能的基础保障

北方住宅门窗需重点关注门窗气密性能

门窗气密性能是建筑标准、门窗标准强调的重点

门窗气密性能的重点是密封体系设计

胶条是门窗密封体系的核心

胶条选择的核心是品类、材质、设计

德国诺托弗朗克集团

享誉世界的门窗五金专家

内开内倒窗五金发明者
window & door hardware

铝合金／塑钢／实木／木铝复合

www.roto-frank.com

11 门窗漏水

如何防止门窗漏水？

143　如何理解门窗的水密性能分级？

门窗水密性能是建筑门窗的主要物理性能之一，是指在给定风压和淋水量的作用下，门窗幕墙单元防止室外的水进入室内的性能，以室内看见严重渗漏时的风压 [单位：帕斯卡 Pa] 值作为分级指标。《建筑外门窗气密、水密、抗风压性能检测方法》(GB/T 7106—2019) 中对门窗的水密性能进行了分级，如上表所示，1 级水密性最低，6 级气密性最高，6 级后应具体标注风压数值。

门窗水密性就是门窗整体的防雨水渗漏的能力。"风雨同时作用"的状态是模拟自然界雨水在风的作用下。雨水渗漏的程度是否严重，风压的大小是决定因素。在台风和热带风暴多发地区，吹送雨水的瞬时风压很大，所以没有压力作用下的简单淋水演示没有意义！

严重渗漏是指雨水从试件室外侧持续或反复渗入外门窗试件室内侧，发生喷溅或流出试件界面的现象。对渗漏的定义是基于对门窗防渗水功能的界定：雨水不应从试件室外侧持续或反复渗入室内侧。故"严重渗漏"与否是以"试件界面"为界。其次，确定是否严重渗漏还要观察雨水流动的状态。"持续或反复渗入"意味着渗漏或已连续，或间而不断，渗入的水无法及时排出，无法遏制，也无法以擦拭解决。

相关内容延伸：水密性能测试的淋水量 2L/（m² · min），相当于 24h 降水量 2880mm（大暴雨是 250mm 以上），就降水量来说，水密性能测试时淋水量是远远大于实际降雨量的数值，据此可知水密性能等级实际考验的不是降水很大时的门窗渗漏问题，而是在有强风作用条件下的门窗渗漏问题，作为水密性能最高的 6 级对应的压力 700Pa 而言，这一压力值相当于 12 级飓风状态下的风压值，所以对于东南沿海地区来说，如果要在台风登陆状态下保持门窗不渗漏就需要将选购的门窗水密性目标定级在 5~6 级，毕竟近几年可记录的登陆台风等级达到 10~12 级的情况是每年时有发生，只是台风登陆的地点有所不同。

144　门窗水密性能是如何测试的？

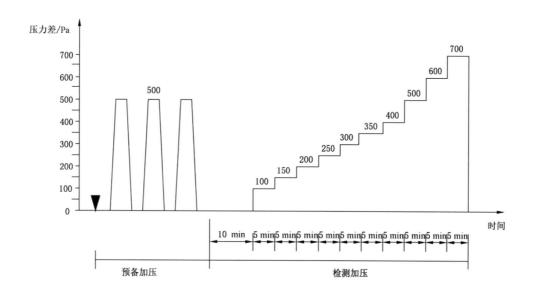

8.2　预备加压

在预备加压前，将试件上所有可开启部分启闭 5 次，最后关紧。检测加压前施加三个压力脉冲，定级检测时压力差绝对值为 500Pa，加载速度约为 100Pa/s，压力稳定作用时间为 3s，泄压时间不少于 1s，工程检测时压力差绝对值取风荷载标准值的 10% 和 500Pa 二者的较大值，加载速度约为 100Pa/s，压力稳定作用时间为 3s，泄压时间不少于 1s。

8.3　稳定加压法

8.3.1　定级检测

按照图 4 和表 1 顺序加压，并按以下步骤操作：

a）淋水：对整个门窗试件均匀地淋水，淋水量为 2L/（m² · min）。

b）加压：在淋水的同时施加稳定压力，逐级加压至出现渗漏为止。

c）观察记录：在逐级升压及持续作用过程中，观察记录渗漏部位。

145 实际生活中如何认知水密性能？

风力	描述	风速（m/s）	风压（Pa）	
0	无风	0.0~0.2		
1	软风	0.3~1.5		
2	轻风	1.6~3.3		
3	微风	3.4~5.4		
4	和风	5.5~7.9		
5	劲风	8.0~10.7		
6	强风	10.8~13.8	94.5	(100)
7	疾风	13.9~17.1	150.1	(150)
8	大风	17.2~20.7	224.4	(250)
9	烈风	20.8~24.4	319.2	(350)
10	狂风	24.5~28.4	437.2	(500)
11	暴风	28.5~32.6	583.3	
12	飓风	32.7~	668.3	(700)

　　门窗水密性能是指在给定风压和淋水量的作用下，门窗幕墙单元防止室外的水进入室内的性能，所以核心要素是两个，一是水，二是风。

　　水密性能测试的淋水量 2L/（m² · min），相当于 24h 降水量 2880mm，我国气象相关标准中对大暴雨的定级指标是 24h 降水量 250mm，也是降雨的最高等级。由以上数据对比可知，水密性测试的淋水量超过大暴雨降雨量 10 倍以上，所以正常状态下雨再大都不是门窗水渗漏的主要因素。

　　门窗水密性能测试的风压是我们日常生活中难以直观感受的，也没有直接的数据进行播报，但是风压是和风速直接相关并可以进行量化测算的，上表中给出的表格是国际通行的风速定级，最高"飓风"等级风速条件下的风压值是 668Pa，接近门窗水密性测试的 6 级 700Pa，所以门窗水密等级测试基本涵盖了日常生活中的风力等级。

　　我国季风气候显著，东南沿海夏季台风多发，而且风力等级超出常规等级：2017 年珠海"飞鸽"台风瞬时风速为 51.9m/s（相当于 16 级风，风压约 1100Pa），2018 年深圳"山竹"台风风力超过 14 级（风压约 900Pa），所以我国东南沿海建筑的门窗水密性在台风登陆时面临严峻考验。

　　相关内容延伸：亚洲飞人苏炳添的百米均速超过 10m/s，相当于劲风等级风速；我国"复兴号"高铁时速达到 350km/h，接近 100m/s，相当于珠海"飞鸽"台风瞬时风速的两倍。就我国近十年的台风登陆记录情况来看，下列地区对门窗的抗风压性能和水密性能需要给予重点关注：海南，台湾，澳门，香港，广西北海、防城港，广东湛江、茂名、阳江、珠海、深圳、汕尾、汕头、潮州，福建厦门、漳州、泉州、莆田、福州，浙江温州、宁波、台州、舟山，上海，江苏南通、连云港。

146　门窗水密性能与门窗漏水可以等同吗?

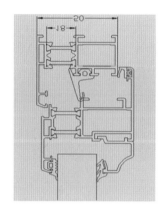

　　门窗水密性能是指在给定风压和淋水量的作用下,门窗幕墙单元防止室外的水进入室内的性能,以室内看见严重渗漏时的风压 [单位:帕斯卡(Pa)值作为分级指标。"风雨同时作用"的状态是模拟自然界雨水在风的作用下。雨水渗漏的程度是否严重,风压的大小是决定因素。所以水密性能测试是短时间内不断加风压直至把室外淋水"压"进室内的过程。

　　渗漏是指日常生活中,雨水从门窗外部慢慢进入室内的现象,而雨水进入室内的渠道既可能是门窗本体,可能是墙体,也可能是门窗与墙体的结合部,所以雨水渗漏与门窗水密性能测试并不能够完全等同。主要体现在风压条件、水进入室内的途径、时间条件这三个方面的不同,下面分别做简要介绍:

　　风压条件: 水密测试时强调风压达到多少时门窗内部出现连续的渗水现象,所以水密测试时的渗水原因主要就是外部风压条件;雨水渗透的因素则复杂很多,是综合因素作用下的结果,而且雨水渗透的特征不像水密测试时那么直观和明确,往往不是通过直接见水的方式来反馈的,而是通过水渍、墙体发潮、框墙结合处发霉等间接现象才知晓。

　　水进入室内的途径: 水密测试时雨水只有通过门窗本体进入室内,但是实际生活中的雨水渗漏除了门窗本体之外,还有其他多种渠道,比如框墙结合处,甚至是墙体本身,所以雨水渗透的原因需要探究,责任不一定在门窗施工方。

　　时间条件: 水密测试是短时间见效果,雨水渗透则是缓慢的、持续的、逐渐演变和发展的累积结果。所以门窗水密性能与门窗漏水是不可以等同的两个概念。

　　相关内容延伸: 虽然不能将门窗水密性能好坏与门窗是否渗漏等同,但是两者之间的关联性是不能回避的,下面可以具体细化为以下几种情况来具体描述:一、水密性能差的窗,发生渗漏的概率很高;二、水密性能好的窗,发生渗漏的概率会比水密性能差的窗要低,但不能保证不发生渗漏;三、发生渗漏的窗,水密性能不一定差;四、不发生渗漏的窗,水密性能好。虽然前述内容有些绕,但是只要真正理解了门窗水密性能和门窗渗漏这个概念,理顺两者之间的逻辑关系并不复杂。

147 为什么以前的普铝外开窗不漏，现在的隔热铝外开窗却漏水？

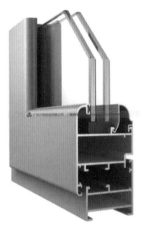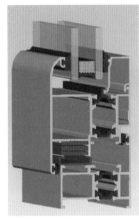

门窗水渗漏从本质来说是由三个方面原因造成的：

1. 结构设计造成排水不畅或存在结构性积水。

2. 加工工艺不良造成的拼接处渗漏。

3. 门窗安装过程中框墙结合防水处理不到位造成的墙缝渗漏。

结构设计原因由门窗设计人员负责，加工工艺原因由工艺设计及加工制造人员负责，门窗安装原因由安装人员负责。

传统普通铝门窗和隔热铝门窗最本质的差异在于型材结构的不同。就加工工艺来说，隔热铝窗由于复合结构的原因对接缝带的处理需要做特殊的工艺设计，至于安装工艺而言本质的差别不大。所以对于隔热铝外开窗的雨水渗漏问题来说，需要从结构设计及加工工艺两个方面进行分析：

结构设计原因： 由于隔热铝门窗的型材是由隔热条与铝型材复合加工制成，所以选择的隔热条形状直接关系到进入框扇间的雨水是否能及时、顺畅排出窗外，C 型隔热条是防止雨水积存的合理选择，但是 C 型隔热条的强度考验及 C 型斜度与铝材夹头结构的契合度都是需要深入考量的因素，所以不能简单判断用 C 型隔热条就不渗漏。

加工工艺原因： 隔热条与铝材滚压复合的接缝紧密度都与雨水渗漏有直接关联，家装零售门窗领域的隔热条与铝材的滚压复合大多由门窗厂自行加工，所以有些企业对隔热型材的加工复合缺乏足够的技术认知，加工复合质量达不到要求是雨水渗漏的主要原因，比如型材夹头不开齿或开齿质量不佳就会导致滚压复合的接缝致密度难以达到设计要求。

相关内容延伸： 总体来说，普铝外开窗的结构简单，结构性积水可能小，排水通道设计简单明了，易设计易加工。而隔热铝外开窗结构复杂，如果窗纱一体设计就空间更加局促，结构积水可能性较大，排水通道设计与加工都存在挑战，所以同为外开窗，但因基本结构不同，水密效果不能惯性理解。

148　隔热铝窗隔热条选择与整窗水渗漏有关系吗？

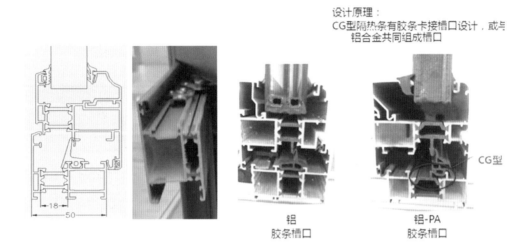

设计原理：
CG型隔热条有胶条卡接槽口设计，或与铝合金共同组成槽口

CG型

铝
胶条槽口

铝-PA
胶条槽口

　　前面提到隔热铝门窗所用的隔热型材是由内外腔铝材与中间的隔热条结构滚压复合在一起而形成，所以隔热条作为隔热铝材的组成部分，是结构件也是受力件。隔热条作为结构件主要体现在两个方面：一是功能，二是强度。隔热条的功能和强度都与隔热铝窗的水密性能直接相关。隔热条的不同形状受力情况都不一样，对于隔热铝窗水密性能而言，I型和C型隔热条的条形差别是需要分别讨论和分析的，下面具体逐项分析：

　　I型隔热条的强度和功能与水密性的关联分析：I型隔热条是早期工程隔热铝门窗常见的选择，主要是因为工程门窗市场关注门窗的保温性能与成本，I型隔热条的好处是成本低、结构强度高，但问题是在与铝材滚压复合加工后形成一条槽，在门窗使用过程中遇到雨水进入这条槽就比较难排出，形成结构性积水，这就形成了排水隐患和渗漏风险。

　　C型隔热条的强度和功能与水密性的关联分析：C型隔热条的使用可以从结构上规避使用I型隔热条而产生的低位积水槽的隐患，但是C型隔热条的结构强度比I型隔热条低（详见后续具体数据的对比分析），所以在使用大宽度C型隔热条时需要对C型隔热条的结构进行深化设计来提升其强度。另外，C型隔热条的C型斜度与铝材夹头结构的契合度也需要深入考量，如果在结构设计及选用时忽略了两者配合的紧密度，遇水时的毛细原理依然会导致渗漏，所以不能简单地判断用C型隔热条就不渗漏。

　　相关内容延伸：加工复合质量达不到要求也是雨水渗漏的原因，比如型材夹头不开齿或开齿质量不佳就会导致滚压复合的接缝致密度难以达到设计要求，从而产生渗漏。隔热条作为隔热铝型材的组成部分，既有结构件的功能，也有功能件的功能，当隔热条与型材与冷暖腔铝材复合而成隔热铝型材，隔热条本身的结构就构成隔热铝型材整体的一个部分，所以不同规格、外形结构的隔热条就造成隔热铝型材不同的结构，这种结构差异自然对门窗的结构性积水及排水通道设计及加工带来差别，所以隔热条的选择直接关系到隔热铝门窗的水密性能。

149　欧洲隔热铝窗常见的胶丝隔热条是为防止渗漏吗？

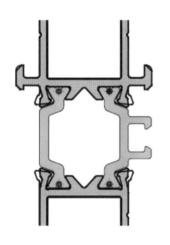

　　前面提及隔热铝型材是由隔热条与铝材的机械滚压复合而成，隔热条与铝材的结合是纯粹的物理连接，隔热条与铝材的结合处存在缝隙，这是由隔热型材的加工工艺决定的，是刚性存在的。缝隙的大小是由三个方面因素决定的：一是隔热条的精度；二是铝材的精度；三是复合加工工艺的操作因素。

　　上述这三方面的因素也决定了隔热型材的整体尺寸精度。既然有缝隙就存在水渗漏的可能性，这种可能性也是刚性的。有一种头部带胶线的隔热条，在欧洲得到广泛的运用。胶线材质及结构也经历了两个阶段，使用的机理都是胶线在 200℃高温条件下融化后在隔热条头部与铝材槽口底部形成涂布，形成一种粘接效应。这种粘接效应在欧洲隔热型材加工复合工艺中体现出价值，但在我国的实际运用很少，具体原因分析如下：

　　欧洲胶丝隔热条的使用背景：欧洲的隔热型材基本都是先穿条复合后再统一做表面喷涂处理，所以欧洲的隔热铝窗基本都是里外同色的，在隔热型材整体喷涂的时候会造成滚压复合夹头的回弹，使用带胶丝的隔热条就是为了弥补这种结合强度的衰减，胶线在喷涂后烘烤固化箱 200℃高温条件下融化，在隔热条头部与铝材槽口底部形成涂布粘接效应，这就增强了滚压复合的强度，当然在一定程度上也起到了对滚压结合部的密封效应。

　　我国胶丝隔热条的使用制约因素：由于我国基本都是先对里外铝材进行表面处理后，再与隔热条滚压复合后直接进入门窗的下料、加工环节，没有高温烘烤的环节，所以即使采用带胶线的隔热条也无法使胶线融化，因此很少采用。

　　相关内容延伸：带胶丝的隔热条生产工艺比传统的隔热条生产要复杂，需要在隔热条挤出的同时进行胶丝复合，这种同步完成的过程带来生产效率和成品效率的挑战，所以胶丝隔热条的成本并不是隔热条成本加胶丝的成本那么简单，所以如果有一天国内对隔热铝门窗内外型材的颜色不那么关注，而转向欧洲隔热铝型材先穿条后喷涂的工艺时，夹胶丝隔热条的使用将是大概率事件，问题是国内的隔热条企业现在是否开始进行相应的技术攻关及储备，那时是否能提供合格的批量化产品并保持成本优势。

150 什么是门窗排水的等压原理？

无论是门窗的水密性能测试，还是实际生活中出现的门窗渗漏，都需要解决排水的问题，即使是玻璃与框体的打胶处理，开启扇部分也难免会有雨水进入到框扇结合的部位，所以门窗本体的水密性能结构设计就是解决三个问题：

1. 要防止外水大量进入框扇结合部；

2. 要保证进入框扇结合部的水能顺畅排到室外；

3. 处理好门窗整体的框扇缝隙，防止进入框扇结合部的水进入室内。

在欧洲系统门窗的设计中一般不设置框扇外道密封，玻璃与窗框的结合部用胶条密封，所以其水密性能设计是重在上述的后两点，要保证进入框扇结合部的水能顺畅排到室外就要保障开启扇关闭时框扇结合部的腔体压力与室外压力一致，这是排水的前提条件。不管是家装零售门窗市场时髦的隐排水设计，还是工程门窗市场常规的明排水孔＋排水孔盖的设计，等压设计是顺畅排水的基础条件。

等压原理就是疏为主、堵为辅，缝隙两侧的压力差是雨水被挤压进室内的原因，在型材结构上设计合理的开口，消除框扇结合部的内外压力差，让雨水通过排水孔流出室外，才能从源头上解决漏水问题。就像茶壶盖上都会有个孔，这个孔就是让壶内外的压力一致，有了这个孔，壶里的茶水才能通畅地流出来，堵了这个孔，茶水就"闷"在茶壶内而倒不出来了，这是等压原理最直观的运用实例。

相关内容延伸： 等压原理的运用在实际生活中是比较多见的，比如带有滤网的保温杯直接加水，经常就会水漫现象，这就是滤网上的小孔被短时大量的进水造成封堵，造成杯体内与杯外不等压，短期的进水障碍造成落水不畅，落水不畅产生水漫，解决方案相信大家都有经验，一是加水速度放慢；二是斜杯，让一部分滤网上的进水孔不接触到水，这部分进水孔就起到等压孔的作用，落水就会很顺畅；三是暂时取出滤网，宽大的杯口就是自然等压状态。从此角度去理解门窗的排水孔就会理解雨小时门窗不漏水，雨大了门窗漏水的原因了。

151 平开窗如何进行等压设计？

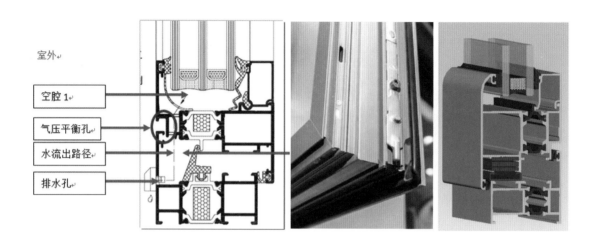

在我国 2005 年后的新建建筑中，由于各地建筑节能政策的推进，对于门窗气密性、保温性、隔热性都有了明确的规范要求及验收标准，所以平开窗成为工程门窗的主流。对比传统常见的推拉窗而言，平开窗的气密性、抗风压性、隔声性、保温性、舒适性等方面都提升明显，但是在水密性能上的优势似乎显得比较模糊，这是因为从结构上而言，内开窗框外高内低，从直观上觉得容易漏水，外开窗框内高外低，但是传统的普通铝窗的水密性能优势却在升级为隔热铝窗后有所衰减，究其根本就是等压原理的运用未能被充分认知。

当窗户出现渗水的情况时，第一个反应就是堵，在雨淋开口处再加密封材料。但结果这样的窗户反而会漏雨漏得更厉害。等压原理就是疏而不堵，缝隙两侧的压力差是雨水被挤压进室内的原因，在隔热型材框架结构上设计等压孔，消除压力差，让雨水通过排水孔流出室外，才能从源头上解决漏水问题。

采用等压原理，解决水与气的分离，需要在型材结构设计时设计排水孔和气压平衡孔，当玻璃外侧胶条失效后，水进入到玻璃与型材之间的空腔内，在型材上开排水孔可以使进入空腔 1 内的水顺着排水路径排到框扇结合部的水密腔，再通过水密腔的排水孔排到室外侧。装了外侧止口胶条并且处于压紧状态时，框扇结合部的水密腔相对于室外侧环境可能形成负压，则水密腔内积存的水不能排出到室外。外侧止口胶条可以提高气密性并防止灰尘进入，但要控制好压缩量，或者将框扇组合处上部横向外侧止口胶条做必要的技术处理，从而让水密腔与室外形成等压。

相关内容延伸： 无论是内开窗还是外开窗，考虑等压设计的时候往往对开启扇部分给予关注而忽略了固定部分，由于国内门窗洞口大固定小开启的分格方式，所以其实固定玻璃部分的进水不能忽视。另外，由于玻框腔体小而更易产生负压，所以固定玻璃部分的等压设计更值得重视。之所以我们实际看到的渗漏大多出现在开启部分，除了开启部分的自身进水速度大于排水速度之外而造成的开启部位泛水外，有很多时候是固定与开启之间的中梃连接密封没有做到位，固定部分的进水在横型材上造成了通体结构积水。固定部分的等压设计与开启部分没有本质差异，但一是容易被忽略，二是处理工艺相对麻烦。

152　推拉窗如何进行等压设计？

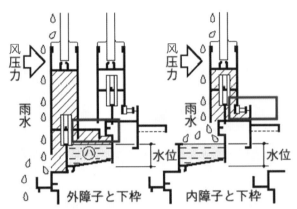

　　华中、西南、华南、华东地区的既有住宅建筑中大量使用了推拉窗，其优点是通风面积大，不占用室内空间，但是气密、隔声性能都欠佳，这是推拉窗采用毛条密封的原因。但是对于封阳台来说，由于阳台到室内的门起到了气密及隔声的二道屏障的作用，所以推拉窗在家装零售门窗领域还是占有相当的市场份额。

　　对于传统的毛条密封的推拉窗来说，讨论等压原理运用是个伪命题，因为毛条密封性能不佳，室内外的空气对流就是直接的等压，所以传统毛条密封推拉窗的水密性能，一是提升室内挡水壁与室外进水位的落差，二是保证排水通道的合理性及通畅性。

　　对于日式胶条密封的推拉门窗来说，由于胶条的密封性能好，所以讨论其推拉结构的等压原理是有一定价值的。日式推拉窗的胶条在推拉扇静止与滑动过程中是没有位置变化的，也就是说基本处于搭接位置，所以关闭状态下的等压考虑的是基于风压条件下推拉扇内外侧的位移而形成瞬时的、间歇的等压。另外，关闭时的光勾企咬合位置的结构设计上，是通过气流的多道次折回路设计来衰减外在的气压，从而实现内外等压。

　　对于欧式胶条密封的提升推拉门来说，胶条密封在推拉扇静止与滑动中位置发生变化，所以等压处理要复杂一些，但是因为推拉门比推拉窗面临的水密性考验要小很多，所以在此不做分析，待后期做窗型设计及分析内容时再做分享。

　　等压原理是提高门窗水密性的基础，原理容易理解，但需要相当的设计及工艺细节的实现，比如框扇搭接处的间隙、密封胶条的设计选用等。门窗不是高科技，外表看起来可能差不多，但是结构与工艺设计需要一定的技术积淀。

　　相关内容延伸： 在家装零售门窗销售领域，由于抖音、视频号、小红书、B站这样的视频平台崛起，为普通个人提供了宽广的个人发声舞台，普通消费者有了更直观、更广泛获取信息的渠道，视频现象是内容发布者与内容获取者互动的新时代特征，但是无论是视频平台还是普通消费者对于视频内容的科学性、客观性、准确性都缺乏有效的评判能力和鉴别手段，特别是像门窗这样相对小众的专业性领域，这给观众造成新的信息困扰，以前是不知咋回事，现在是不知听谁的，曾经就有视频说到一款普通毛条密封方式的推拉窗的等压设计如何高深，此话题就是专为此视频定制的拨乱反正。门窗领域的视频有不少内容是主播将一些专业概念引用到自己的产品上，但对此专业概念的理解深度却不得而知。

153　为什么有排水孔，水却排不出去？

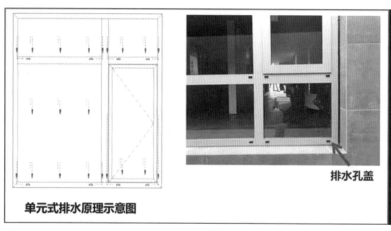

单元式排水原理示意图

排水孔盖

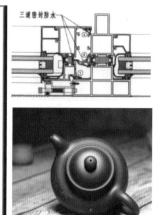

三道密封防水

　　无论是外开窗、内开窗，还是推拉窗，排水孔都是不可或缺的。就家装门窗而言，为了追求外立面的美观性及外观的差异化卖点，隐藏式排水成为市场新宠，主要的差别就是排水孔的不直接可视，传统的侧立面排水孔与隐藏式的下立面排水孔不存在本质的差异，所谓利用重力更有利于排水的理论只是卖点，不是科学。

　　无论是下排水的隐藏式，还是侧排水的传统式，开了排水孔但是排水不畅的问题并不少见，究其根本就是等压原理的运用未能被充分认知。对内开窗、外开窗、推拉窗的排水不畅原因简要分析如下：

　　内开窗的排水不畅原因：内开窗的排水不畅存在四种可能性，一是开启扇排水孔在冷腔是上下贯通铣钻，二是外道密封未做等压处理，三是固定板块排水孔位置及数量不到位，四是开启扇结构设计导致排水孔不在积水低位。

　　外开窗的排水不畅原因：外开窗的排水不畅也存在六种可能性，一是开启扇排水孔在冷腔是上下贯通铣钻，二是外道密封未做等压处理，三是固定板块排水孔位置及数量不到位，四是开启扇结构设计导致排水孔不在积水低位，五是框扇外侧摩擦铰链安装对排水孔位置及数量造成干涉，六是开启扇装换料与窗框的排水通道设计存在缺陷。

　　推拉窗的排水不畅原因：推拉窗的排水如果是高低轨设计，排水孔未形成错位设置或排水通道设计不合理；如果是平轨设计，室内侧的挡水壁高度不足会导致排水速度不及积水速度，又缺乏必要的挡水缓冲导致渗漏。

　　相关内容延伸：排水孔的问题说到底无非是位置不对、数量不对、形制不对，但是最大的意识误区是把排水孔也当成等压孔，在排水量不大的时候，这种意识没什么问题，但是当排水量大的时候，这种意识就会导致排水不畅而造成泛水渗漏，所以对于国外成熟系统门窗的排水通道结构设计（排水孔是排水通道设计的主要表现方式）需要结合其源生地的气候条件进行客观评判，不加分析就照搬套用就变成了刻舟求剑。综上所述，按照实事求是的原则，我国内陆地区与东南沿海地区的门窗排水通道设计应该是有所差异的，因地制宜才是排水通道设计的基本出发点。

154 如何从门窗排水孔看门窗设计的理念和认知?

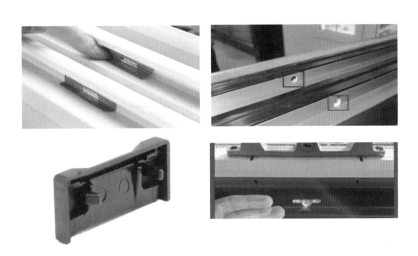

前面提到无论是外开窗、内开窗，还是推拉窗，排水孔都是不可或缺的，不管是传统的侧立面排水孔还是隐藏式的下立面排水孔，都是为了让框扇结合部的室外进水顺利排到室外，因为简单所以往往容易被忽略，小小排水孔其实和排水有不小的关系，从排水孔可以看出整窗生产制造企业的理论基础及实践认知。下面就从排水孔的孔数、孔位、孔型、尺寸、对应关系、孔盖、孔加装物七个方面谈谈笔者的理解和认知，仅供参考，如有不同理念，敬请指正:

排水孔的数量: 对固定和开启单元要独立对待，每一个单元都要设置左右两个排水孔，固定大单元还需要增设。

排水孔的位置: 排水孔位置分布左右，具体位置参见各自工艺设计，常规而言建议距角部 100~150mm。

排水孔的孔型及尺寸: 排水孔孔型视具体排水孔盖设计有所不同，无论是长腰孔还是中间带凸圆长腰孔，都需要克服风压可能造成短暂封孔现象及水珠的表面张力阻碍，所以建议长度不宜小于 42mm，宽度不宜小于 7mm。

排水孔的对应关系: 对应排水孔建议错位 30mm 以上，避免贯穿造成风压封孔。

排水孔的孔盖: 排水孔孔盖一是避免风压气流直接封孔，二是防止蚊虫进入，三是保证安装的便捷与持续有效，所以内部结构可以自行设计。为保持内部通道的畅通，盖内最小尺寸限值也可参考上述孔型尺寸的下限。

排水孔的加装物: 推拉窗或隐排水不设置排水孔盖情况下，为了防止蚊虫进入会加设防虫纱片，这易导致水珠张力下的排水不畅，需要通过其他途径解决。

相关内容延伸: 排水的位置、数量、形制不是一成不变的，是基于具体的气候区域的极限降水量及风压条件下的对应具体方案，这需要在不断地实验验证和实践检验中积累经验并不断修正，由于门窗实际使用状态下的水密性能涉及降水量和风压两个变量条件，但是在门窗水密性能测试时是降水量恒定，风压变化时的水密状态测试，所以测试时的经验并不完全适用于实际使用状态，所以上述内容及具体方案仅代表个人的建议和经验，适用与否需要大家在实践中结合外部条件加以验证。

155　铝合金外开窗就一定水密性能好吗?

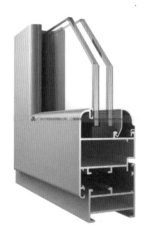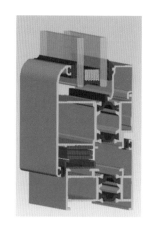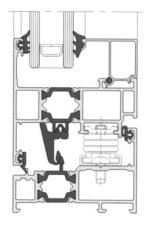

　　传统通体铝合金外开窗（上图左 1）由于窗框的外低内高结构决定了其门窗水密性能具备一定的结构优势，但是隔热铝合金外开窗的结构设计呈现多样化形态，具体水密性能如何，就需要结合结构进行具体分析，才能给予理论上的预判（仅讨论结构对门窗水密性能的影响，不考虑加工品质差异对门窗水密性能的作用）。

　　就目前国内主流的隔热铝合金外开窗结构而言，主要存在以下三个模版设计（上图 2~4）：一是传统通体铝合金外开窗的隔热铝结构升级版；二是日式与欧式外开窗的结合版；三是家装零售门窗市场主流的窗纱一体版。下面就此三个模版设计结构分别做简要分析：

　　传统升级版：传统外开窗升级版的问题在于摩擦铰链的外装导致对排水通道的设计和实现存在一定的阻碍，而且转接框与窗框的排水通道设计及孔位对应的工艺处理也需要特别关注。

　　日欧结合版：摩擦铰链内置的外开窗结构能充分保证排水孔的设计与工艺与内开窗保持一致，也克服了上面所说的摩擦铰链安装对排水通道的干涉，这样的气密腔与水密腔完全分离的外开窗结构成为市场主流的道路并不平坦，主要挑战不在于结构，而在于五金配套的结构设计与材质保障。

　　窗纱一体版：窗纱一体的结构设计及工艺延伸版本太多，很难全部列举分析，但是窗纱一体最常见的管式底框结构扣接玻扇内框的结构设计是没有密封效应和长期稳定性的，就本质来说是有 C 槽的平框设计，所以水密性存在挑战。

　　相关内容延伸：外开窗的水密优势有其结构性的先天优势，但是这种优势在隔热铝合金型材的复合结构特征、国内开启扇重量对承重五金的考验、等压原理的设计运用、转换框的结构设计与拼接工艺等具体的挑战面前经受着重重考验，就外开窗结构多样性和产品多样性而言，我国是毫无争议的处于全球领先的地位，但是就外开窗的品质稳定性、工艺稳定性、结构稳定性、五金稳定性等多方面尚待实践过程中所形成的技术共识和认可，所以百花齐放，百家争鸣是行业的乱世，也是行业的盛世，经得起消费检验和技术验证双重认可的外开窗产品是门窗行业技术人的目标和骄傲。

156　内开窗与外开窗水密结构设计有什么本质不同？

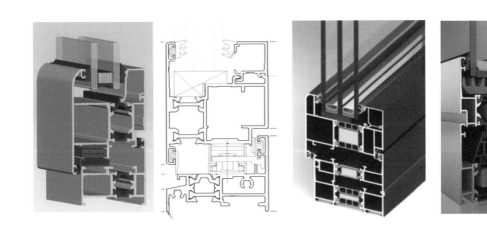

　　门窗水密性能的提升首先是从结构设计入手，其次是加工制造过程对密封工艺的落实到位。2000 年以前我国的铝合金窗基本以日式结构为主，50 外开窗、80 推拉窗是全国统一的窗型；2000 年后随着我国建筑节能要求的推进，隔热铝合金窗外开窗结构设计有原普铝升级款、日系独立款、内开转接款三类。

　　内开窗结构设计主要借鉴的是欧洲大陆国家（德国、意大利为代表）的结构，国内内开窗开启部窗框与窗扇之间采用三道密封，外道密封方式的防水性能得到提升，相对于传统的欧洲两道密封方式，气密性能可以提高一个性能等级。水密性能因为采用三道的多道密封方式以实现多腔减压和挡水，这些都提升了开启部分水密性能，但是前提是水密腔内外要等压。下面具体逐项简要分析：

　　普铝升级款外开窗： 普铝升级主要就是结构及五金安装位置都不变，只是将普铝转变成隔热型材，隔热型材的复合接缝紧密度存在新的挑战，冷暖双腔角码的结构稳定性需要保障，排水设计延续传统外开的内挡水壁防水特征。

　　日系独立款外开窗： 传统日系外开结构延续本土的单腔角码结构设计，但是日系外开本土的开启扇尺寸较小，国内开启扇尺寸大，所以冷暖双腔角码的结构稳定性需要保障，日系隐排的设计对使用建筑高度也有所限制。

　　内开转接款外开窗： 转接框与窗框的结合密封工艺及排水通道设计是值得关注的要点。

　　欧系内开窗： 三道密封的内开窗水密设计重在内外等压，还有就是确认排水通道的设计合理性和工艺标准化。

　　相关内容延伸： 就本质而言，无论是内开窗还是外开窗，水密设计的原理是共同的，无非是排水通道的合理性及等压原理的基础保障，只是由于内开窗和外开窗的结构形式差异，在具体设计时需要区别对待，处理手段在结构设计的阶段就要充分统筹，不能等结构设计完成了再来想方设法的进行考虑排水通道和等压设计，这就好比房子装修前就要考虑未来的家具、家电尺寸是一个道理。将门窗的 6 项性能在结构设计与配置设计之前就要统筹规划是设计的基础，结合不同区域的自然条件、不同空间的居家需求是统筹门窗 6 性的基础。隔热铝门窗的内部结构复杂，工艺处理空间小，等到结构定型再来规划排水通道就会捉襟见肘，顾此失彼。

157 内开窗多一道密封就一定有助于提升水密性能吗?

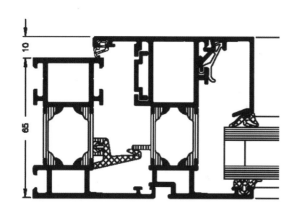
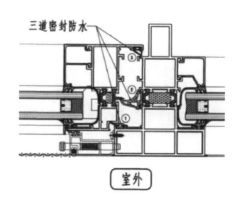

门窗水密性能的提升首先是从结构设计入手，其次是加工制造过程对密封工艺的落实到位。我国的隔热铝合金内开门窗结构设计主要借鉴的是欧洲大陆国家（德国、意大利为代表）的内开门窗的结构设计，但是在密封道次上，我国的主流内开隔热铝合金窗在开启扇的外部扇框结合处增加了一道密封，形成外道密封、等压主密封、内道密封的三道密封体系，而欧洲本土的内开隔热铝合金窗是不设置外道密封的。我国内开隔热铝窗的三道密封体系不一定有助于提升内开隔热铝窗的水密性能，甚至是有损隔热铝窗的水密性能的。下面具体从三个方面进行综合分析：

增加外部扇框结合处密封可以防止降雨时大量雨水直接进入框扇间的水密腔，减轻了排水的负荷。从这一角度来说，外道密封是有利于内开窗水密性能提升的。

增加外部扇框结合处密封可以提升内开窗的气密性能，对于北方地区而言，可以有效防止沙尘进入水密腔而形成沉积，防止堵塞排水孔而造成的排水不畅，也减少了清理的压力。从这一角度来说，外道密封也是有利于内开窗水密性能提升的。

增加外部扇框结合处密封容易形成框扇间水密腔的负压状态，在大风大雨气候下，风压对排水孔造成压力封堵，两者同时作用下造成水密腔体的积水难以排出，积水持续增多必然导致渗漏的可能性随之增加，而内开窗的窗框结构是外高内低，这就导致更容易产生渗漏。所以内开窗增加外道密封就一定要从结构和加工工艺上保证水密腔的内外等压，这样才能保证水密腔内的积水顺利从排水口排出窗外，以提升内开窗的水密性能，不等压只会适得其反。

相关内容延伸： 内开窗的三道密封工艺是国内在欧洲成熟内开窗结构上的一种局部创新，这种创新的出发点不是技术的角度提升性能，而是迎合消费者觉得多一道密封有利于整窗的气水密性能的自然逻辑，就像消费者自然而然的认为三玻两中空玻璃性能好于两玻单中空玻璃；型材壁厚越大，门窗质量越好一样，但是普通消费者理解不了多了外道密封就损失了自然等压，更难了解等压对排水的重要性（能把此书看到此处的消费者就应该可以了解了），所以对于家装零售门窗企业来说，普及门窗技术知识是责任也是义务，赠人玫瑰，手有余香。

158　如何提升推拉门窗的水密性能？

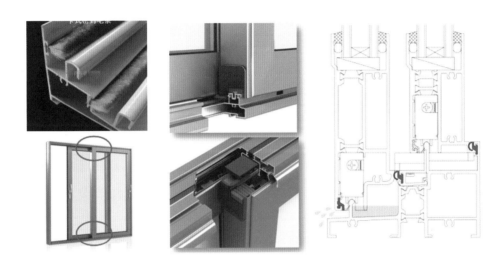

　　传统推拉窗的水密性能结构设计要点是提高室内侧挡水壁（也是室内侧纱窗窗扇的滑轨）与外玻扇积水位的落差高度，利用落差（1mm=10Pa）来提升推拉结构的水密性能，这种设计理念下就促成了日式的高低轨推拉窗结构。但是高低轨推拉窗结构在使用过程中也存在三点制约性：

　　1. 玻璃外扇安装时需从室外安装，家装零售门窗施工时不具备工程门窗的脚手架便利条件；

　　2. 由于门槛高度设计通过顺畅性，所以高低轨设计推拉门不被接受；

　　3. 追求美观造成内外玻扇窗框型材不一致，加工、库存都存在一定不便性。

　　除了结构设计之外，推拉结构的薄弱环节主要是在光勾企结合部（推拉扇与推拉扇互相锁紧的部位），推拉结构气密性和水密性的薄弱环节都聚焦在此，而解决光勾企结合部的气、水密性就需要从配套辅件的设计及配合工差两个方面去深入钻研。配套辅件（封盖、堵头、连接件）的设计及结构合理性体现技术的底蕴。

　　另外，拼框接缝的密封性也是水密性能的基础，这方面主要是从加工工艺及密封材料两个方面来进行有效保障，传统日式拼框以 90°为主，欧式推拉拼框以 45°居多，90°拼接主要是关注密封材料，45°拼接主要是注重工艺设计。

　　相关内容延伸： 推拉结构的水密性本质是排水通道的顺畅性和合理性，至于拼框接缝的密封性，对平开门窗一样是重要的，而对于采用胶条密封的推拉结构，无论是借鉴日式的摩擦胶条密封，还是欧式的挤压胶条密封，等压原理也是需要关注的内容。总体而言，推拉结构的水密性能设计比平开结构要单纯，实现手段也比较直接，结构设计的变化余地比较小，工艺加工的余地比较宽裕，所以推拉结构的水密性能达到基本需求不难，难的是达到比较高的水密性能等级（比如达到 800Pa 以上），那就需要对推拉结构设计和排水理念做彻底的系统更新。

159 打胶就可以解决门窗渗漏吗？

门窗渗漏是一个简单又复杂的问题，说它简单是因为渗漏就是有水进入室内，进水的途径无非三条：一是窗框与墙体结合处；二是玻璃与窗框的结合处；三是开启部分的扇框结合处。说它复杂也是三条：一是室内的渗漏处不一定是进水处；二是水的来源比较复杂：既可能是室外的雨水，也可能是结构内的积水，甚至可能是型材腔体内的结露水；三是水源不同处理方式完全不同，所以打胶不一定能解决门窗渗漏的问题。下面具体逐项分析：

框墙结合处打胶： 确认室外侧的外道密封失效，打胶是有弥补作用的。

玻框结合处打胶： 玻框打胶密封是日式门窗的传统密封工艺，所以如果确认是固定单元独立渗漏，打胶有效。

扇框结合处无法打胶： 开启部分只能是活动式密封，所以胶条的材质、角部过渡、形制设计、压缩量余地是要点。

室内渗漏处打胶： 室内渗漏导致墙体变湿但无法判断进水位的话，内部框墙接触部位的打胶是无效的

解决水的来源才是问题的关键： 室内渗漏发生后，必须解决进水位置和水的来源，在进水位进行密封处理才是彻底解决的方式，至于水源就需要结合渗漏的时间和季节进行综合判断，如果是外水，解决进水位和水源当中任何一个问题就都可以解决渗漏问题。

相关内容延伸： 渗漏的解决思路需要建立在正确的理解逻辑基础上，盲目地采用打胶密封手段有可能是无功而返。从解决门窗渗漏的根本逻辑来说，确认外部进水后，从解决外部入水的角度，打胶是可以解决门窗渗漏的问题的，但是如果只是内部的出水位进行打胶的话，那有可能就是按下葫芦浮起瓢，也许下次原有位置不再出水，但是其他部位开始出水，因为进水位是第一要点，同时要考虑等压原理的问题，只要内外不等压，进了水就排不出去，这种情况有可能打胶是适得其反。

160　飘窗渗漏的具体原因分析是什么？

　　飘窗是日常房型结构中常见的窗台结构形式，由于其的使用经济性及采光、视野的通透性而受到开发商及业主的共同青睐，但是在飘窗的开启方式选择上开发商和业主需要考虑实际使用的便捷性和性能。就便捷性而言，外开窗因开启不畅，特别是关闭困难而成为飘窗的禁忌，推拉窗因为气密性缺陷带来的高层"风哨"及隔声、保温性能不佳而成为飘窗的选择下策，在此比较背景下内开窗就成为首选，但是内开窗的水密性能因为其窗框结构的外高内低而存在结构性挑战，所以飘窗的雨水渗漏是新房使用及家装换窗后经常会遇到的问题。下面具体分析：

　　首先界定是什么水：室内侧看见有水不一定就是雨水，除了雨水还有可能是结露水。雨水、结露水是不同的，雨水是外水，结露水是内水，"水源"不同，来源不同，产生的原因不同，解决思路也不同。雨水还是结露水一般比较容易界定和区分，最不易鉴别的是夏热冬冷地区冬季的连续阴雨天气时，室内见到少量渗漏水，就需要结合整窗各部位情况进行仔细鉴别。另外，结露水的产生不一定在型材或玻璃的室内侧，也可能在型材暖腔的内腔产生，那是另外的话题了。

　　其次是确定正确的解决渗漏思路：如果是雨水就需要明确哪里是进水位，解决渗漏一定是从进水位下手处理才有效，在见水位（渗漏位）处理是堵了这里，漏了那里，所以解决门窗渗漏不能"头痛医头脚痛医脚"。

　　最后才是结合窗型开启方式查找渗漏的进水位置进行处理：确认进水位需要结合现场情况及具体窗型做深入的现场分析和试验，限于篇幅限制和基于实事求是的原则，文字表达所能达到的深度也就局限于此了。

　　相关内容延伸：飘窗渗漏是南方门窗渗漏的常见部位，这其中既有可能是门窗拆装过程中对飘窗悬挑预制板外墙体阳角处的折弯防水连续性造成破坏产生的墙体渗漏，也有可能是 L 型或 U 型飘窗的转角处拼接密封处理不到位造成的拼角渗漏，这是飘窗渗漏对比其他常规立窗渗漏的特殊之处，所以在此特别描述。

161　角部是漏水的重点，如何处理？

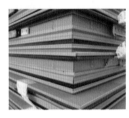

　　铝门窗角部是门窗水密性能测试及实际生活中都容易出现水渗漏的部位。这里所说的门窗的角部不仅仅局限于扇和框的四个角的位置，也包括铝门窗固定与开启之间分格的框、梃、梁连接部位，也就是我们专业称谓的"T 字连接"和"十字连接"部位。为何角部是渗漏的多发部位呢？这是因为接缝处就是角部，而门窗工艺设计中至少有六成精力都聚焦于处理门窗的接缝处问题，这其中包含很多技术处理的细节，下面只能进行简单的分析：

　　角部是门窗内部积水的汇集处： 无论是窗框还是窗扇的型材内部都可能有水的产生，室外侧的冷腔内本身就是排水通道的经过处，室内侧的暖腔腔体内存在结露水产生的可能性，而这些水在自重作用下都会在框扇的下角部积存，所以现在的注胶角码工艺对待这个问题没有实际深入的探究和分析。

　　角部也是室外水进入门窗内部的主要入口： 角部接缝除了型腔内部的注胶角码结合的部分还有角钢片平整结合的部分，这两部分的结合部在毛细作用下也会有水的渗入，只要能顺畅排出室外，这些室外进水就都不是问题。

　　角部密封有效性的前提是结构稳定： 角部结构的稳定性最重要的基础是冷暖双腔角码的结构设计。

　　"T 字连接"和"十字连接"部位的密封很重要： 室外进水位与室内见水位往往不一致，所以以界定进水位的前提就是固定和开启单元之间的相对独立性得以保障，"十字连接"部位的密封有效性是保证独立性的前提。

　　角部注胶密封有效性的具体细节内容： 有效的角部注胶密封基于下述内容的细节处理：内角码种类、注胶流道的设计理念，流道设计的有效性，胶型的选择，注胶环境的控制，注胶固化时间的控制，外角片的设计，等等。

　　相关内容延伸： 角部渗漏的处理工艺欧式与日式有所不同，欧式角部防渗工艺主要是在接角型材的端面涂抹防渗胶来防止渗漏，近期在网络流传的欧式门窗组框工艺视频中出现主人公用调和成象腻子般的稠密胶状物进行端面涂抹后再进行接角的片段，片中对此并未进行详细的旁白介绍，所以此腻子状粘稠胶状物的构成不得而知，但从涂抹部位与方式来看，与传统的防渗胶是同样机理与作用。日式角部防渗工艺是在接角型材的端面放置防渗胶片来防止渗漏，在接角前将专用防渗胶片置于对角型材的端面处，然后再进行撞角或接角拼接，这与日式传统的接缝防渗垫片是同样的机理，材质有所差别而已。

162　角部注胶只是为了防止漏水吗？

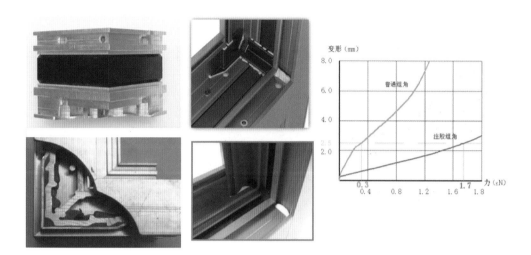

　　铝门窗角部是门窗水密性能测试及实际生活中都容易出现水渗漏的部位，也是门窗整体稳定性的薄弱环节，所以角部打胶不仅仅是为了密封效果，更是角强度的有效保证。现在开启扇及固定单元的板块面积越来越大了，玻璃层数也从双玻单中空向三玻两中空升级，这都导致门窗单元的重量在增加，对角部强度的考验要求也越来越高，所以有效的角度打胶工艺显得越来越重要。有效的角部打胶体现在以下方面：

　　内角码种类的合理使用：挤压空心角码需要设计匹配的导流板结构，铸铝角码需要保证型腔内尺寸的精度，一体式挤压角码的流道设计合理性需要用胶量的定量比较验证。

　　注胶流道的设计理念：注胶流道设计的出发点是处于角强度还是基于密封，同时兼顾的结果就是用胶量的增加。

　　流道设计的有效性：流道设计、间隙余量基于不同注胶温度及胶类的选择，不同的胶及不同温度下胶的流性黏度不同。

　　胶型的选择、注胶环境、固化时间的控制：单组分还是双组分的选择是基于环境温度及对固化时间的要求，最终的角强度结果及密封性能除了胶的原因之外还需要考虑角码结构设计及流道设计的综合合理性。

　　涂胶与注胶的结合使用：拼角接缝处的涂胶工序是不能由注胶替代的，合理的注胶也不应该出现在组角拼缝处。

　　平整角片的设计：平整角片的注胶工艺是点式法，对悬臂拼接处内侧发挥固化作用，性价比是不得不考虑的方面。

　　相关内容延伸：角部注胶的本源是提高门窗组框后的角部强度，对未来的整框运输和搬运稳定性及开启扇整体稳定性提供强度保障。从提高角部防渗的作用来说，首先是角部的防渗胶或防渗垫片的使用，其次是要看注胶角码的流道设计是否能够实现完整的闭环圈密封，最后还要看打胶实际的胶体涂布效果，所以说角部注胶只是防止角部渗漏的一个环节，而且还不是主要环节。角部注胶防止渗漏的说法是家装零售门窗销售领域的销售话术，没有角部注胶的完整剖面做验证，无法判断其真实性。

163　玻璃与窗框之间密封是胶条好还是打胶好?

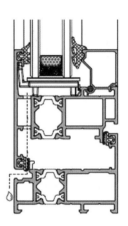

较好的打胶质量

　　门窗的玻璃与型材之间的结合密封是打胶还是用胶条,一直是家装门窗争论的焦点,而且还延伸为是否是系统门窗的鉴别标准之一,这其实是断章取义,客观回答这个问题就需要对胶条密封和打胶密封的使用地域进行分析。

　　欧洲大陆国家门窗用胶条密封是因为胶条是标准工业品,符合标准化制造的理念,而且用胶条密封没有等待的时间,可以连续生产。而且欧洲人口密度低,劳动力价格昂贵,欧洲大陆国家的抗风压及水密考验都不大,这些综合的人文及气候环境原因导致胶条密封成为选择。

　　日本及东南亚海洋性气候国家,抗风压及水密考验压力大,人口密集,劳动力资源丰富,门窗洞口尺寸偏小,所以传统的日本门窗都是采用打胶密封的工艺。随着隔热铝内开窗的引进,欧式的胶条密封工艺也逐渐被日式门窗采纳。打胶密封和胶条密封各有利弊,需要从性能、成本、安装进行综合比较分析,简单评价好坏是不完整的:

　　性能比较:就沿海季风气候的中低层建筑而言,打胶的密封持久性能更好保障,高层建筑由于板块拱曲变形大对胶体的撕扯弹性考验大,所以对所用胶体弹性度需要提前试验,如果不能确保就不如使用密封胶条。

　　成本比较:打胶比普通密实三元乙丙胶条的初次使用成本低,但是如果出现玻璃更换情况,综合成本打胶更高。

　　安装比较:如果玻璃是在工厂内全部安装到位,胶条的安装更便于实现标准化,如果现场玻璃安装,那么有经验丰富的打胶技术工人就更倾向于打胶,打胶需要室外操作的安全风险也是值得考虑的方面。

　　相关内容延伸:在日式系统窗的工艺中,打胶是主流密封方式;在欧式系统窗的工艺中,胶条是主流密封材料,所以不能简单地评判谁好谁差,更不能说谁就是系统窗的标签,这都是不客观的非专业说法,无论是打胶还是胶条,都需要结合运用场景的实际情况进行实事求是的分析后再选择合适、合理的工艺方法和材料,只有匹配的才是最好的,只有匹配才是符合系统化理念和标准的。就我国实际情况来看,打胶的限制是施工条件,不是人;玻璃厚度公差导致的实际玻框间密封状态与原始设计之间缝隙差的消化途径而言,打胶比胶条要可控和简便很多,所以胶条与打胶结合的"胶胶"密封方式也许更适合我国实情。

164　什么样的边部密封胶条能保证门窗的水密性能?

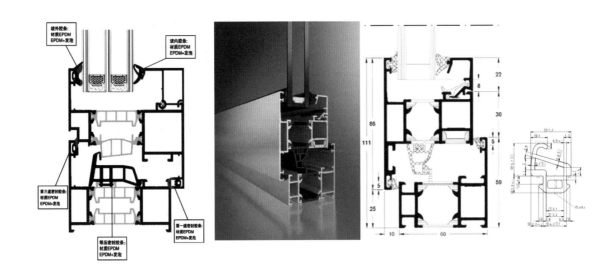

　　外开窗和内开窗的边部密封胶条基本分为两大部分四个部位:一是玻璃与型材的玻内、玻外密封;二是开启扇与窗框的外部密封和内部密封。胶条密封又有三个要素,分别是胶条结构设计、胶条材质、胶条硬度。所以对门窗水密性能而言,边部密封胶条就需要从四个部位的三要素分别分析和说明:

　　玻璃与型材的玻外密封胶条:玻外胶条是站槽胶条,属于入槽根部闭腔锥倒拔结构,便于压入槽口不易脱槽;上部有两种结构设计,一是传统多片鳍式结构,二是发泡复合结构,这两种设计都是为了保持较大的弹性余量以应对风压作用下的玻璃板块拱曲变形时保持胶条与玻璃之间的有效密封,追求弹性所以硬度设计稍低,邵氏硬度基准60。

　　玻璃与型材的玻内密封胶条:玻内胶条为了保证压线对玻璃的有效支撑,所以硬度设计高,邵氏硬度基准70。非站槽的使用类型导致形制设计相对简单,普遍采用八字全密实结构。

　　开启扇与窗框的外部密封胶条:框扇外部胶条是站槽胶条,属于入槽根部闭腔锥倒拔结构,上部有两种结构设计,一是传统单耳弹性结构,二是发泡复合结构,这两种设计都是为了保持较大的弹性余量以应对风压作用下的开启扇板块拱曲变形时保持框扇之间的有效密封,为了实现较小启闭力的舒适体验,硬度设计稍低,邵氏硬度基准60。

　　开启扇与窗框的内部密封胶条:框扇内部胶条设计原则基本与框扇外部胶条同理,见上述,不赘述。

　　相关内容延伸:胶条设计涵盖了结构设计、材质选择、复合结构设计、公差设计等方面,其实这其中最难的是公差设计,因为结构及尺寸可以借鉴,材质也可以借鉴,不管是通过胶条供应商的助力还是直接借鉴,但是公差设计却需要结合实际情况灵活运用,特别是在国内目前玻璃原片厚差比较不可控的情况下,玻框胶条的公差设计就显得尤其重要。另外,特别要指出的是,在借鉴成熟产品设计的时候需要对结构和材质的原理进行分析,不能照搬硬套,因为这其中有两种情况值得探究,一是适用性和匹配性,二是合理性,特别是第二点很有意思,在家装零售门窗领域,错误的结构设计或材料选择蔚然成风的现象时有发生,其中缘由不言自明。

165 玻框密封胶条安装要点是什么?

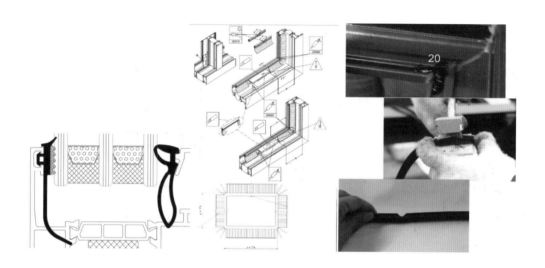

外开窗和内开窗的边部密封胶条基本分为两大部位: 一是玻璃与型材的密封; 二是开启扇与窗框的搭接密封。这两个部位的边部密封胶条安装工艺有所差别, 玻璃与型材的密封胶条安装工艺如下:

1. 从玻外胶条槽顶部的中部塞入压边胶条, 绕扇一周成为一根连续胶条并在顶部的胶条接缝处用胶水粘接。

2. 角部处理:

转角槽口注胶 20mm 予以密封;

胶条转角时用专用 45° 剪刀剪出转角缺口, 正确使用胶条剪;

T 型接头位置, 在胶条底座裁出豁口, 不得切断, 保证胶条连续, 平滑转角;

每边加长 1% 预留胶条伸缩量, 避免热胀冷缩导致胶条出槽。

3. 装配玻璃时密封胶条的安装:

装配玻璃时, 使玻璃压紧玻外胶条, 注意玻外胶条不得变形、缺口或脱落;

按照顶部、下部和侧边的顺序安装玻璃压条, 使玻璃抵住玻外胶条, 用胶条辊压入厚度适当的玻内胶条。为安装内侧胶条方便, 装胶条前, 可在玻璃周边使用硅胶润滑喷雾剂。

相关内容延伸: 近些年在高保温性能隔热铝窗上出现了玻框间的长尾胶条, 此胶条的侧面设有定位限位点, 玻外设有与槽口填充密封的位, 与玻璃密封部设置多个变形凸起, 长尾胶条使得在密封玻璃的同时隔绝室内与室外的热量交换, 该结构还有软硬间隔的凸起阻隔, 有效地增强了密封效果, 长尾胶条尾端延伸到门窗的隔热条上, 玻内胶条双长尾空腔结构, 更加有效地降低了玻框空间的冷热空气对流而带来的能量损失, 提升了整窗保温性能, 也提升了家居体验和节能效果。

166　框扇密封胶条安装要点是什么?

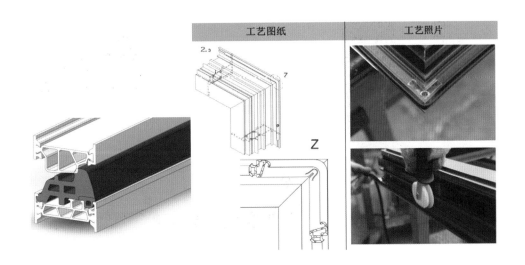

外开窗和内开窗的边部密封胶条基本分为两大部位:一是开启扇与窗框的边部搭接密封;二是开启扇与窗框的主密封。这两个部位的边部密封胶条安装工艺有所差别,开启扇与窗框的边部搭接密封胶条安装工艺如下:

(1)从压边胶条槽顶部的中部塞入压边胶条,绕扇一周成为一根连续胶条,并在顶部的胶条接缝处用胶水粘接;

(2)转角处理:离角部20mm,让胶条绕过角部,不要塞入槽口内,将胶条的唇边向外翻,再塞入胶条槽,使胶条的内侧拱起呈Z字形并保证胶条座塞入槽口内;

(3)每边加长1%预留胶条伸缩量,避免热胀冷缩导致胶条出槽。

开启扇与窗框之间的主密封是一个值得关注的话题。以前说到主密封胶条就是特指内开窗,也称之为等压胶条和鸭嘴胶条,但是在近几年的家装零售门窗市场随着一些知名品牌在外开窗结构上推出了类似内开窗的主密封胶条以后,内开窗和外开窗就都实现了室内外两道边部密封及框扇内的主密封的三道密封结构。外开窗的主密封胶条站位是一个值得深度探讨的话题,借鉴没有问题,问题是借鉴的目的是为了提升门窗性能还是为了借鉴而借鉴?

相关内容延伸:就系统门窗的设计逻辑而言,有几个配套件的安装槽口是力求一致和通用的,这其中就包括胶条的安装槽口,胶条槽口一致的初衷是为了胶条根部结构的设计统一,不同部位胶条的头部结构和材质是根据结构变化的,所以不同部位胶条在安装过程和实用过程的受力及变形是不同的,这种情况有时会导致局部部位的胶条安装不顺畅或局部部位的胶条使用过程中不稳定,这种情况下如果对胶条头部结构或材质进行设计调整很难实现满意效果的话,将不得不调整胶条根部结构及硬度设计,所以就会出现胶条槽口不一致,这就是理想与现实的距离。

167　内开窗主密封胶条对门窗水密性能的作用和要点是什么？

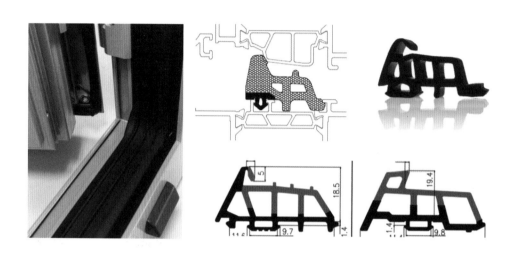

　　内开窗的中间密封（等压密封、鸭嘴）胶条对于内开窗的水密性至关重要，因为主密封胶条把内开窗开启扇的框扇结合腔分为外部的水密腔和内部的气密腔，而且由于内开窗框是外高内低的整体结构，所以主密封胶条是阻挡水密腔内积水进入气密腔的唯一阻挡，这就对主密封胶条提出了很高的要求。而前面我们已经说到角部是渗漏的多发部位，这一原则对主密封胶条同样适用，所以内开窗主密封胶条对门窗水密性能的要点有四个要素，分别是胶条结构设计、胶条材质、胶条硬度、主密封胶条角部处理工艺。下面分别从这四个要素进行分析和说明：

　　主密封胶条结构设计：主密封胶条是多腔体站槽胶条，随着窗型系列的加大，为了保证站槽的强度稳定性，站槽设计分为单槽与多槽，主站槽结构根部闭腔锥倒拔结构，便于压入槽口不易脱槽，辅助站槽结构一般采取倒扣设计。当主密封胶条宽度进一步加大时，处于系统统筹设计的模块化通用设计，也可以考虑组合式的非整体结构设计。

　　主密封胶条材质：主密封胶条材质分为全密实三元乙丙和上部发泡下部密实的复合三元乙丙两种材质。密实三元乙丙的强度稳定性好；发泡三元乙丙的弹性余量大，可以消化加工误差，保证持续有效密封，发泡的保温性能也更好。

　　主密封胶条硬度：为了保证较小启闭力带来的启闭体验，密实三元乙丙的设计邵氏硬度在基准60，发泡结构则更低。

　　主密封胶条角部处理工艺：传统密实结构采用专用胶角与直边胶条搭接粘接和整框焊接两种工艺，主发泡结构采取连续折弯单点粘接工艺，但是角部需要采用角部专用辅件加注胶密封处理，单纯连续折弯很难保证角部密合。

　　相关内容延伸：连续折弯胶条需要配置专用的角部密封辅件并打胶，这是连续折弯胶条角部密封处理的标准配置，如果只是使用了连续折弯胶条，实现了视觉上、触觉上的体验感提升，但却忽略配套的角部工艺配合，那就会在未来的水密体验上被消费者所诟病，在家装零售门窗设计中关注可视的外露部分体验，忽略内在的工艺配合是事关行业及企业健康、持续发展的隐性挑战。

168 主密封胶条的安装工艺要点是什么？

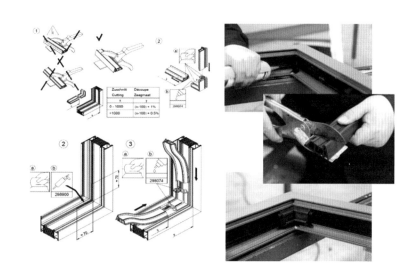

　　内开窗的中间密封（等压密封、鸭嘴）胶条对于内开窗的水密性至关重要，因为主密封胶条把内开窗开启扇的框扇结合腔分为外部的水密腔和内部的气密腔，而且由于内开窗框是外高内低的整体结构，所以主密封胶条是阻挡水密腔内积水进入气密腔的唯一阻挡，这就对主密封胶条提出了很高的要求。而前面我们已经说到角部是渗漏的多发部位，这一原则对主密封胶条同样适用。主密封胶条安装工艺如下：

　　（1）在中心胶条槽角部注胶 70mm；

　　（2）塞入中间密封胶条转角胶角，注意胶角的密封唇形状完整，无变形；

　　（3）用专用胶条剪刀将中间胶条剪切适当尺寸，保证胶条端部整齐；

　　（4）塞入中间密封胶条，用胶水粘接胶角与胶条的端部接触面，但不要粘接密封唇部分；

　　（5）每边预留 1% 胶条伸缩量，避免热胀冷缩导致胶条出槽。

　　相关内容延伸：主密封胶条的工艺从起初的胶角与胶条的接唇粘接，到整框焊接工艺，再到连续折弯胶条工艺一直处于不断的进步发展中，不同工艺之间各有利弊，不能简单地加以好坏高低区分，更不能成为整窗好坏的标签，所有的工艺、材料都是过程和手段，整窗的性能及体验才是结果和目的。

　　胶条的安装工艺是门窗加工工艺中会需要反复调整的部分，对于框扇间主密封胶条来说，核心挑战来自两个方面，一是加工误差带来的实际搭接密封位置与设计位置之间的误差如何通过胶条的弹性设计来消化和补偿，二是胶条的结构弹性与硬度选择如何在安装便捷与密封有效之间不断调整与平衡。胶条的适配性是一个枯燥无趣的过程，结构与硬度是反复调适的手段，这需要整窗企业技术人员与胶条企业技术人员的通力合作及均保持耐性与定力，技术的价值在最后的安装体验和使用体验中得到验证，这就是技术的无言魅力。

169 欧式内开窗的排水设计理念是什么？

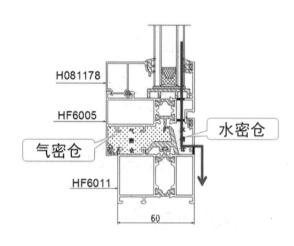

欧式内开窗是欧洲大陆地域国家的主流开启方式，内开窗的中间密封胶条对于内开窗的水密性至关重要，因为主密封胶条把内开窗开启扇的框扇结合腔分为外部的水密腔和内部的气密腔，主密封胶条是阻挡水密腔内积水进入气密腔的唯一阻挡。另外，前面我们已经说到角部是渗漏的多发部位，所以内开窗的固定与开启之间分格的框、梃、梁连接部位，也就是我们专业称谓的"T字连接"和"十字连接"部位必须进行有效密封，从而使固定玻璃部分与开启扇部分的水通道形成有效的隔离。欧式内开窗的门窗水密性能设计的要点是三个要素，分别是主密封胶条、等压原理、固定与开启部分各自独立的排水设计，下面分别就这三个要素进行分析和说明：

主密封胶条： 前面已经就主密封胶条的材质、结构设计、角部处理、硬度设计、安装加工工艺进行了较为细致的描述，在此就不再赘述，特别强调的是主发泡三元乙丙胶条连续折弯工艺需配合角部的专用辅件及注胶工艺保证角部密封。

等压原理： 排水通道正常发挥作用的前提是框扇间水密腔与室外等压，国内采用的三道密封就特别要注意外道密封增设后带来的等压处理设计的必须性，把排水孔和等压孔合二为一的认知在理论上可行，但在实际运用中往往受到严峻挑战，特别是东南沿海强烈季风气候及高层建筑季风气候与强降雨并发时，两孔合一的理论很难成立。

固定与开启部分各自独立的排水设计： 门窗渗漏的解决逻辑是找到进水位才能有的放矢，所以中梃连接处的密封处理是保证单元独立的重要前提，单元独立是结构与工艺设计的目标，所以固定与开启独立设置排水通道是基本通则。

相关内容延伸： 在家装零售市场，内开窗的排水设计往往存在三个误区，一是每个独立单元双排水孔的基本理念缺失，为了追求外立面的视觉效果而减少排水孔的数量，二是忽略水密腔的容积设计，三是开启扇的排水通道设计缺失或工艺实现存在障碍。内开窗是欧洲的成熟窗型，欧洲大陆国家的水密要求比我国要低，所以在我国必须要提升原有欧式内开窗的水密性能设计才能适应我国的气候条件，如果连欧式内开窗的既有水密设计要素都不能保证，那是技术认知的缺失。

170　欧式门窗排水孔处理方式及专用部件有何特殊？

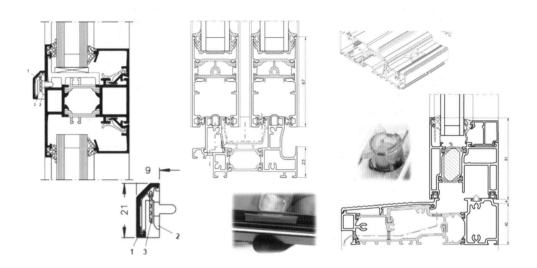

　　欧洲是工业革命和机械制造的发源地，所以欧式思维的底层逻辑是通过工业品来解决问题，在门窗水密性能问题上也是遵从这一惯性思维。前面提升推拉结构的气密性话题中我们分析了欧式提升推拉和日式推拉的不同解决思路，欧式提升推拉就是通过五金工业品来解决推拉结构的气密性能提升。

　　对于门窗水密性能来说，排水孔是门窗结构内的积水排向室外不可或缺的出口，但是在室外风速很高的时候，风速带来的风压容易造成排水不畅，如果这时还有降雨，那室外的风压还会通过排水孔把室外雨水"压"进门窗结构内部。另外，排水孔也是气流和蚊虫进入门窗结构内的通道，而气流会产生"风哨"音，这都是门窗设计及制造中需要解决的问题。下面看看欧式门窗的排水孔辅件产品是如何解决上述问题的：

　　侧排水孔盖内的单向导流片：单向导流片的原理就是简单的单向阀原理，只允许室内气流及水流向室外侧的流通，当遇到室外侧方向过来的气流或水流时，导流片就会贴近排水口形成封堵效应。前提是框扇水密腔与室外等压。

　　单向弹性排水孔曲片：单向排水孔曲片的原理与单向导流片类似，材质很有讲究，基本的工作状态是曲片与排水孔保持贴合，室内的水流、气流可以通过，当室外气流强劲时曲片向内弯曲，扩大排水口和等压效果，加速排水。

　　排水单向阀：这是成熟的工业化制品，只允许室内的气流和水流向外流通，室外气流和水流被阻隔，制品成本比较高。

　　相关内容延伸：欧洲系统门窗的专用辅助件、配套件的周全是系统化材料的具体体现，但是每个专用辅件都有其一定的使用场景，而且这些专用辅件因为使用概率的原因，备货不是长期充足的，加上使用数量的局限，价格也比较昂贵，所以专用辅件也是解决问题的手段和工具，如果能找到更快捷、有效、经济的解决方案和手段，那才是真正的超越和创新。对于国外的设计和配套件产品，客观的评判、积极的学习，不盲从不迷信才体现技术人的思考独立性。

171 日式外开窗的排水理念是什么?

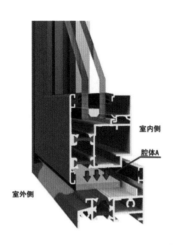
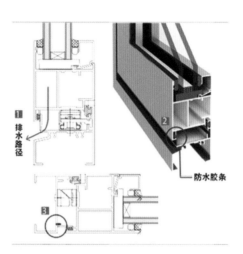

门窗水密性能的提升首先是从结构设计入手,其次是加工制造过程对密封工艺的落实到位。2000 年以前我国的铝合金窗基本以日式结构为主,50 外开窗、80 推拉窗是全国统一的窗型,2000 年后随着我国建筑节能要求的推进,日式隔热铝合金外开窗结构继承了 50 普铝外开窗"防排"结合的排水理念,日系外开窗常规设计采用内、外两道密封。下面从外道密封胶条、等压原理、固定与开启部分各自独立的排水设计、开启部位的排水设计四个方面进行分析:

外道密封胶条: 日式外开窗的密封胶条采用硬度较高的单片式悬臂结构微量搭接设计或纯摩擦密封设计,这种结构的优势在于高风压情况下的正、负风压作用时,开启扇的拱曲变形作用下外道密封胶条间歇性脱离密封状态,让水密腔内的积水可以全通道快速排出。但是单片式结构的外形尺寸稳定性受抗老化性能和加工安装误差的双重考验。

等压原理: 日式的等压设计是从胶条上设置等压孔,处理直接,简单有效,但是对胶条的材质和气密性损失需要探究。

固定与开启部分各自独立的排水设计: 固定单元与开启扇各自独立排水的设计属于常规通则。

开启部位的排水设计: 开启部位的摩擦铰链内置为外侧水密腔的排水保证了足够的空间和顺畅,且排水孔的数量、位置、孔型与欧式排水孔都有所区别,加上隐排的结构设计及独特的外道密封胶条,形成富有特色的日式外开窗排水体系,值得注意的是国内门窗设计大量借鉴日式隐排结构,但是忽略了体系的消化和吸收,这种断章取义的做法不可取。

相关内容延伸: 日式外开窗的整体设计结构简洁,配套件也简练,在日本本土的门窗展品体验厅,简洁的月牙钩锁及七字执手仍然可以看到在使用,只是表面处理和外观构造做得更加精细,但本质都是单点锁闭结构,当然,这样的单锁点五金的使用场景是有明确的限制和说明。日式窗的结构追求简单,配套件讲究实用,工艺步骤不一定少,但每一步力求简单直接,效率和品质双控制,所以学习借鉴国外的成熟门窗,需要用系统的思维从结构、配件、材料、工艺全链去消化理解。

172　日式推拉窗的排水理念是什么？

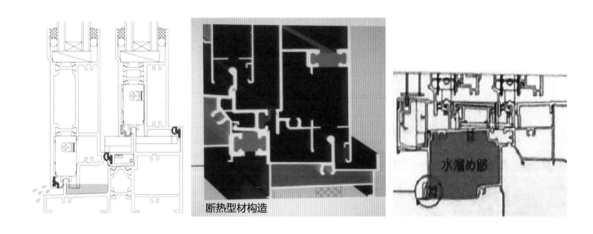

断热型材构造　　　　　　　　　　水漏め部

传统推拉窗的水密性能结构设计要点是提高室内侧挡水壁（也是室内侧纱窗扇的滑轨）与外玻扇积水位的落差高度，利用落差（1mm=10Pa）来提升推拉结构的水密性能，这种设计理念下就促成了日式的高低轨推拉窗结构。高低轨推拉结构的排水通道设计要从内、外扇分别分析：

推拉外扇（低轨扇）排水通道：外扇轨道内腔积水通过轨道排水孔或轨道两边拼接处的铣冲缺口排泄。

推拉内扇（高轨扇）排水通道：内扇排水利用高差将积水排到低轨腔区间，再与低轨排水通道合并排泄。

除了常规结构设计之外，日式推拉结构还有一种大储水腔的高水密结构设计，这是专为应对台风暴雨的附加结构设计，通俗来说就是在原有的正常推拉结构基础上在外扇轨道下部设置一个专用的储水腔，统一收集窗体来不及排到室外的积水。这种设计是基于台风的间歇性特征，正风压状态下排水不畅就会有积水来不及排，有了储水腔的统一、及时搜集就有效地防止了来不及排的积水倒灌室内，而且储水腔的排水位处于整个门窗结构的最下端，落差水压可持续抵御风压，保持持续的有效排水状态。有了这样的"水库"，推拉结构在平轨状态下依然能保持600Pa以上的水密性能。

另外，拼框接缝的密封性也是水密性能的基础，日式拼框以90°螺接为主。90°拼接的密封连接主要是依靠密封材料的组合设计及独特的材质和密封工艺，这方面国内也有一些专业的密封解决方案供应商在学习和借鉴。

相关内容延伸：日式推拉结构是摩擦胶条密封，所以等压设计是日式推拉必须要考虑的。推拉结构毕竟不是平开结构，轨道滑动方式决定了空气对流的空间和通道比平开余地要大，所以日式推拉在等压设计上没有考虑增加特别的工艺处理，只是将排水通道的空间做了技术处理，避免气流或水流的直接性封孔排水障碍。

173 安装结构设计对门窗水密性能有什么影响？

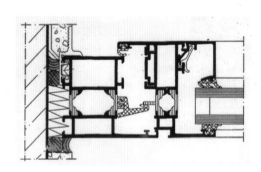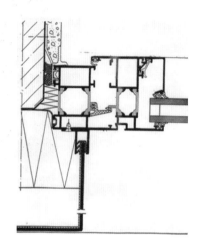

门窗安装与门窗水密性能的关系就门窗检测而言是关联不大的，因为门窗水密等级测试是仅对门窗本体的水密性能进行测试，整体外框与测试架的结合是要进行完全有效的密封处理的。但是，门窗安装设计与门窗实际使用过程中可能出现的结露或渗漏是有密切关系的，所以需要高度重视。

门窗安装的常规框墙密封分为内、外两层，从室外到室内依次如下：

室外密封，由密封胶完成；

中间接缝的填充，零售门窗的干法施工由发泡剂（家装零售门窗常见）填充，零售门窗的湿法施工由防水砂浆（工程门窗常见）填充；

室内密封，由密封胶完成。

这是我们目前最常规的门窗安装方式，按照德式门窗的安装工艺是不够的，德式安装工艺后面会做简要的介绍，特别要说明的是，由于德国的气候环境与我国南方的气候有很大差别，所以完全照搬德国通行的安装工艺及材料也许是南辕北辙。现在要介绍的是在常规窗框上附加窗台板的结构，通过上图我们可以看出附加窗台板的结构设计使室外密封从单道密封变成了两道密封，而且一道密封是金属之间的密封，二道密封是倒檐式密封，这两种密封效果都要好于前面简单的金属与墙体间的密封方式。

相关内容延伸：德国安装工艺中在框墙之间要设置防水膜，防水膜又分为透气膜和隔气膜，但是由于我国南方地区的空气湿度与德国的气候环境差异较大，所以国内对到底怎样选择防水膜存在的一定争议，所以国内有知名配套件企业后来又引进了防水自适应膜，这种膜兼具透气和隔气的双向功能，可以根据空气湿度情况自行双向调节，这似乎从技术上解决了争议，但是成本上的刚性增加是不容回避的，所以现在德国安装工艺及材料在国内推进的最大障碍在于成本，而不是技术。

174　干法安装方式对门窗水密性有啥影响？

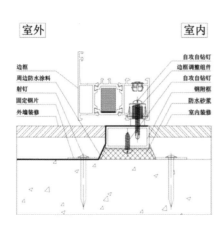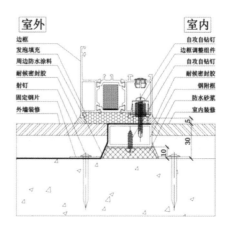

　　门窗安装设计与门窗实际使用过程中可能出现的结露或渗漏有密切关系。目前的门窗安装方式分为干法施工方式和湿法安装方式，工程门窗为了保证安装洞口的规范性和标准化，会在土建施工阶段对门窗安装洞口预设安装附框，但是家装零售门窗由于安装洞口事先已成型，而且多是现场量尺后具体定制化制造，而且安装面积小、安装施工周期要求短，所以安装施工与传统工程门窗有所差别。工程门窗干法施工方式主要分为以下四个步骤：

　　在毛坯洞口预埋钢附框，钢附框上墙调好水平后，附框与洞口间的缝隙填充防水砂浆，附框与洞口间的缝隙要预留 10mm 以上，固定好附框后，在室外侧附框与洞口间涂刷防水涂料。

　　钢附框上墙后，就可以进行室内外装修，装修完成面以钢附框表面为准。

　　室内外装修完成后，门窗框架上墙，窗框上墙前必须做好防护处理，防止门窗被污染或者刮花，门窗框架与钢附框的间隙在 5mm 以上。门窗框架与钢附框固定连接前，必须用水平仪打好水平，窗框的水平可以通过边框调整件进行调整，打好水平后就可以直接跟钢附框连接固定。

　　门窗框架固定后，窗框与钢附框缝隙间需填缝处理，通常采用聚氨酯发泡剂填缝，然后在窗框室内室外侧都打上耐候密封胶，做好密封处理，这样门窗的上墙安装操作基本完成。

　　零售门窗是在室内外装修进行前或进行时安装上墙，所以如果洞口原先有附框，就对门窗起到一个定尺、定位的作用，可以节约工期，注意在施工安装时一定要处理好节点的防水处理，特别是密封胶的选择。

　　相关内容延伸： 工程门窗上的干法施工核心是有附框的框墙连接，湿法安装是无附框的直接框墙连接。所以在说干法施工、湿法施工的时候，首先要界定是工程门窗领域还是零售家装门窗领域，因为家装门窗安装工艺中也有所谓的干法安装和湿法安装，这在下一个话题再做介绍。

175 湿法安装方式对门窗水密性有啥影响？

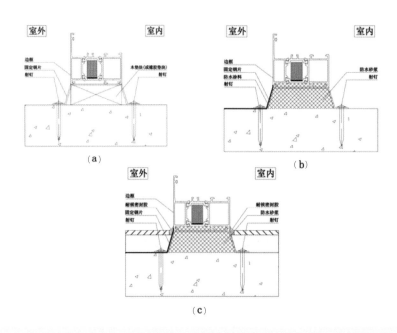

门窗安装设计与门窗实际使用过程中可能出现的结露或渗漏有密切关系。目前的门窗安装方式分为干法施工方式和湿法安装方式，工程门窗由于批次施工面积大，而且是窗框与窗扇及玻璃分批进场安装，所以考虑成本一般选择安装更便捷的湿法安装方式。湿法施工方式主要分为以下三个步骤：

在毛坯洞口套入窗框，窗框套入洞口的前后均不能把门窗上的保护膜撕掉，这样可避免后期施工对门窗造成损害；利用垫块调整好窗与墙体间的间隙，打好水平后固定窗框。

固定好窗框后，需做防水处理：在窗框与墙体间填充防水砂浆，填充满砂浆让窗框稳定后，把垫块卸出。然后在外墙窗框与墙体间涂上防水涂料。

做好防水处理后，就可以做室内外装修，在做室内外装修前要对门窗做好保护，防止污染、刮伤。在湿法安装过程中，这一步尤其重要。

工程门窗的干法施工和湿法安装两者之间的最大区别就是湿法是在墙体湿作业前上墙，而干法可以在室内外毛坯装修完成后再上墙，湿法安装存在着后期土建在施工过程中对门窗的污损，对成品保护不利。对于家装零售门窗而言，成品保护是至关重要的，而且毛坯装修与室内精装修也存在天壤之别，所以零售门窗的安装方式需要结合实际安装现场的条件，将干法和湿法的工艺及材料进行综合运用，才能保证框墙结合的密封效果，从而保证门窗的水密性能得到充分发挥。

相关内容延伸： 家装门窗安装工艺中的干法安装是指框墙之间的发泡剂填充，湿法安装是指框墙之间的防水砂浆填充，但是在实际家装零售门窗的安装施工中，80% 采用发泡剂填充，因为防水砂浆需要现场调和，家装门窗项目体量小，调和一次防水砂浆有可能用不完，这就产生浪费，而发泡剂是成品包装，即开即用，施工方便，现场可控，对于家装零售门窗安装现场来说，方便施工，施工周期短是一线安装人员的首要考虑因素。

176   德式门窗安装材料对保证门窗水密性能有何特别之处?

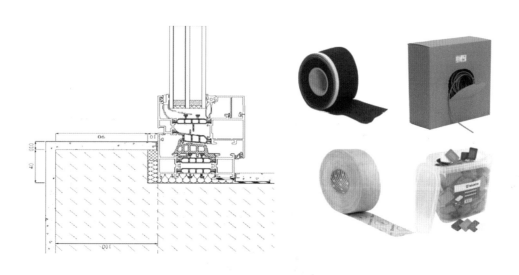

　　德式安装工艺及材料在近几年逐渐被国内门窗行业认知,这主要得益于家装零售门窗市场对安装工艺的日渐重视,工程门窗由于成本控制及门窗与土建交叉施工的原因导致安装密封材料停留在填缝砂浆和密封胶层面。就完整的德式门窗安装材料来说主要分为三个类别:一是紧固材料;二是密封材料;三是安装辅助材料。其中密封材料事关门窗水密性能的发挥和充分体现,下面分别说明:

　　门窗安装紧固材料:门窗安装紧固件主要是螺钉或锚栓,门窗材质不同、墙体材质不同,紧固件选择有所差异,目的都是将门窗框架与墙体进行有效的持续连接,所以单点连接强度和连接数量及位置是关注的两个核心点。框墙连接强度是门窗整体抗风压强度的重要组成部分,大量台风登陆地区出现的整体门窗单元损毁有很大部分是框墙结合强度不足造成的,特别是在东南沿海高层住宅建筑的封阳台单元多见此类问题发生。

　　门窗安装密封材料:我国是季风性气候,与德国的大陆性气候有所不同,所以德式的安装密封材料在实际运用中需要结合当地的气候条件加以选择性使用,不能一味地照搬照抄,特别是在防水膜的类型选择上需要慎重考虑,除了国内常规使用的发泡剂、密封胶,德式安装工艺中的防水膜、压缩棉、背衬条等标准化的产品都需要因地制宜地采用。

　　门窗安装辅助材料:辅助材料主要是标准化的各种垫块,承重垫块和定位垫块作用不同,材质也不同,不能混用。

　　相关内容延伸:前面我们已经说到,德国安装工艺在国内家装零售门窗市场的推广瓶颈不在于技术认同或分歧,而是成本,德国安装工艺是通过材料的标准工业化来提升安装效率和安装规范化,保障安装品质的一致性,毕竟德国的人力成本是最贵的,但是国内对安装材料成本的关注更聚焦,因为国内安装的人力成本基本是刚性的、透明的,安装利润的核心就是安装材料成本的弹性控制和把握,这种深层次的差异才是隐性的阻力和障碍。

177 内开窗的滴水檐、披水板是什么？在哪里？有什么用？

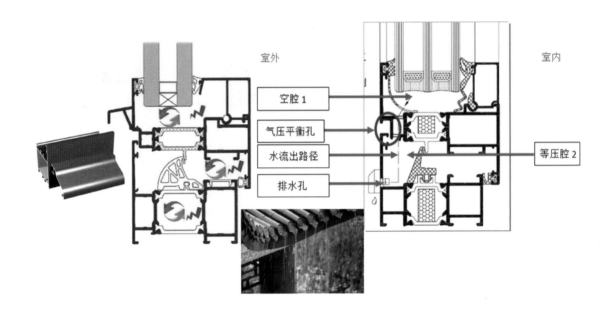

　　欧洲内开窗系统设计理念中，在高风压、强降水环境，建筑内开窗上常规会有两个基本标配，一是披水板，二是窗台板，而国内对披水板的认知是觉得可有可无，对窗台板基本就是抵触，因为雨水滴落在窗台板上的噪声不能接受，这其实是与窗台板材质及安装工艺有关，不做延伸。而在内开窗扇上靠近室外侧还有一个往往被忽略的结构设计就是滴水檐，滴水檐与披水板是紧密关联的，不能分开描述，因为滴水檐有两种设计，一是单道滴水檐，二是双道滴水檐。下面就上述两种滴水檐及披水板对门窗水密性能的影响做分别说明：

　　内开窗单道滴水檐：滴水檐的下垂结构就是为了让顺着窗户外侧流淌下来的雨水在风压作用下沿着扇型材往框扇结合部"匍匐前进"的时候在滴水檐位置形成向下的行进路径，这时由于重力的作用会加速水的聚集，从而在滴水檐的位置形成水滴坠落。如果是单道外密封，除了大大减少雨水沿着开启扇窗框"匍匐"进入框扇结合部的可能性，同时滴水檐也是披水板勾拉定位的结构，为披水板安装提供了便利和结构支撑。

　　内开窗双道滴水檐：外道滴水檐作为披水板的安装定位结构，对于一些大风压作用下来不及滴落的少量水会在二道滴水檐形成下滴，双重减少雨水对框扇结合部的渗透。

　　内开窗披水板：对于高风压、强降水条件，披水板在开启扇的下部安装，减少框扇结合部的直接淋水量并对高风压形成缓冲，防止大风压条件下内开窗外道密封搭接开口后的大量雨水填充水密腔，因为如果水密腔内积水来不及外排，就会形成倒灌室内，所以披水板对于高风压、强降水条件下的门窗水密性能具有直接作用。

　　相关内容延伸：披水板的使用在国内工程门窗市场几乎很少看到，在家装零售门窗市场也只是在展厅样窗或展会展品上有所展示，主要是单独的螺接方式破坏了外立面的完整性和颜值，加上在市场推广过程中的销售方式和计价方式都制约了披水结构的广泛采用，这多少是有些遗憾的。

178　门窗洞口的滴水檐是什么？在哪里？有什么用？

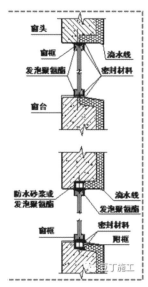

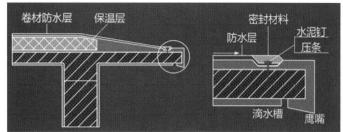

前面我们探讨了内开窗扇上靠近室外侧的滴水檐，滴水檐的下垂结构就是为了让顺着窗户外侧流淌下来的雨水在风压作用下沿着扇型材往框扇结合部"匍匐前进"的时候在滴水檐位置形成向下的行进路径，这时由于重力的作用会加速水的聚集，从而在滴水檐的位置形成水滴，水滴坠落进入框扇结合部的水密腔，再从水密腔统一按照排水通道的设计排向室外。所以内开窗的滴水檐是解决水沿着开启扇窗框"匍匐"进入框扇结合部的有效设计，我国的内开窗设计中在开启扇与窗框结合的室外侧增设了一道外道密封，这时密封胶条和外道滴水檐形成搭接，阻绝了大部分的水进入框扇结合部，对于一些大风压作用下来不及滴落的少量水会在二道滴水檐形成下滴。

在建筑结构中也可以在窗洞口的上部墙体上找到类似的设计，只是处理手段有所不同，道理和作用是一样的。建筑滴水檐是一道凹槽，当顺着腔体外侧流淌下来的雨水在风压作用下沿着窗洞口上檐准备"匍匐前进"的时候，先是遇到鹰嘴檐，在鹰嘴檐的位置形成水滴，水滴坠落在下部外窗台外侧，对于一些大风压条件下来不及滴落的少量水会在凹槽滴水檐形成下滴，水滴坠落在下部外窗台外部，这样就减少了雨水对整窗上部的到达量，特别是对于整窗开启的上部框扇结合部来说，雨水渗透得到有效控制。

相关内容延伸：门窗洞口的滴水檐和门窗结构的滴水檐机理是一样的，只是运用场合有所区别，这样不起眼的细微结构设计都能对门窗水密性能起到直接和间接的提升、保障作用，所以勿以善小而不为、勿以恶小而为之，对待细节的态度体现技术人的专业深度和学习精神，门窗不是高科技产品，但是任何一个局部细节的疏忽或失误都有可能对整窗性能带来本质性影响。不简单就是将简单的事情都做到位，不容易就是将容易的内容重复千遍而不走样，产品工业化的标志就是品质的稳定性和一致性，就此标准而言，家装零售门窗成为成熟的工业品还路遥遥其修远矣。

179 为什么冬季的时候窗边墙湿了?

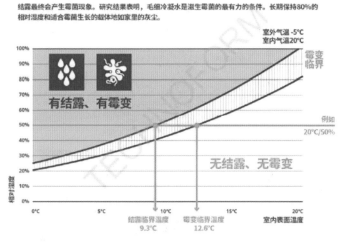

　　冬季是室内外温差最大的季节,特别是对于我国广大的严寒、寒冷、夏热冬冷地区而言,由于室外温度降至零下,室内取暖达到 20℃ 以上,门窗室内外的温差少则 20℃、多则 50℃。这种温差条件下,如果门窗与墙体结合部的墙体有水渍或出现黑色霉点就说明在门窗与墙体的结合处有少量的、持续的水存在,这种水既有可能是结露水,也有可能是冷凝水,但是结露水产生的位置不同说明原因也有所不同。

　　结露特指湿空气遇到温度低于其露点温度的表面时,湿空气中的水蒸气在低温表面析出的现象。湿空气含有的水分我们称为含湿量,温度高的空气能容纳的水分多,温度低的空气能容纳的水分少,当湿空气遇到温度较低的表面时,湿空气的温度也会相应下降,那么它能容纳水分的能力也就降低,如果温度低于这个限值(称为露点温度)时,水分就会在表面析出。

　　冷凝是水蒸气低于蒸发温度时由水的汽相变为液相的过程。两者的区别在于结露指湿空气结露,冷凝指水蒸气冷凝。国家标准《绿色建筑评价标准》(GB/T 50378—2019)中,5.1.7 的第一条和第二条分别写了围护结构表面不得结露、外墙内部不应产生冷凝,区别就在于围护结构表面接触的是湿空气,墙体内部跑进去的是水蒸气(气态水)。

　　结露水看得见,所以是先墙体变湿、后产生霉点,而冷凝水是看不见结露现象而发生的直接墙体发霉。门窗构件的保温性能差导致构件温度受室外温度影响大,室内侧构件部分的温度低,就容易产生结露。结露需要具体分析门窗结构、构件配置、材料属性、组装工艺等,比较复杂,难以一概而论,需要具体节点具体分析。

相关内容延伸: 综上所述,冷凝水和结露水的产生先后不一样,结露水与门窗保温性能直接关联,而冷凝水与门窗保温性能是否有间接关联要看冷凝水所产生的部位,外门窗周围墙体在冬季出现的水渍发湿现象需要区分是结露水还是冷凝水,由结露水导致的周边墙体发湿前提是门窗内侧先有明显结露现象,如果门窗内侧未出现结露现象,墙体出现发湿就不是门窗结露导致。

180　为什么下雨的时候都没渗漏，雨停了窗角的墙却湿了？

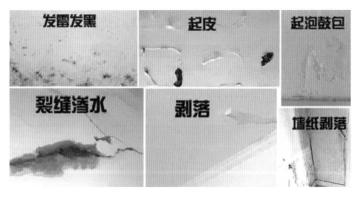

前面我们讨论了冬季窗体周边墙体有水渍、变湿、产生霉点的原因是结露水或者是冷凝水，结露水是可见的，冷凝水是不可见的，结露水不及时清理就会渗入墙体使墙体变潮、产生霉点，冷凝水是墙体内产生的，进入墙体的水分既有可能是室内渗透进入的，也有可能是原先存在于墙体内的，只是遇到低温才形成水气凝结，所以在外是看不见冷凝水的，能看见的时候已经产生霉点。结露水和冷凝水都是少量的、持续的、季节性的产物，所以不至于导致墙体内的大面积水渍或发霉。

对于非冬季时间产生的大面积墙体水渍，特别是在降雨后发生的类似现象，比如墙体起皮、鼓包、剥落、渗水等问题，就说明是较大量的雨水进入窗体周边墙体导致。如果是在降雨当期发生，应该是从门窗本体就可以看见雨水渗漏；如果在降雨当期没有发现雨水渗漏，而是在降雨结束后发生类似现象，那一般存在两种可能：一是框墙密封没有处理到位，二是降水时进入门窗腔体内的积水未能及时排出。下面简要分析：

框墙密封不到位导致降雨时从框墙结合部有较多的雨水渗透进入墙体，从而导致室内墙体的上述问题发生。

降水时进入门窗腔体内的积水未能及时排出，但是降水当时由于窗体处于关闭状态时的封闭气压导致这些积水处于相对静止状态，但是当雨停后开窗时，畅通气压作用下这些积水开始缓慢地流淌，从密封不到位的中框连接缝、框扇组角缝等位置进入门窗下部再渗透进墙体，所以常见的上述问题往往出现在窗台下部的墙体。

相关内容延伸：门窗周边墙体出现的水渍首先要区分产生的季节，冬季出现的水渍与门窗保温性能存在关联的可能，非冬季产生的墙体水渍则应该与门窗安装工艺或门窗水密设计及加工有关。解决墙体水渍一定要要解决水的来源并做相应处理，在确认水渍现象没有继续扩大之后再做室内墙体及装饰面的弥补处理，找到水源是最重要的起步环节。

181 门窗转接设计是什么意思？对水密性有什么影响？

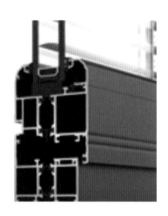  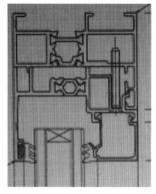 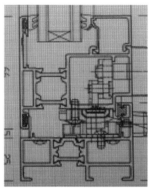

门窗转接一般出现在外开窗的结构上，而且日式和欧式外开窗的转接不同，但都是遵从无论开启单元还是固定单元都将玻璃压线置于室内侧的原则。玻璃压线置于室内侧，一是玻璃安装从室内侧进行，更加安全；二是玻璃一旦需要更换或重新安装也可以在室内进行操作，更加便捷。另外，玻璃压线居于室内侧也更有利于防盗。基于玻璃压线置于内侧的基础，欧式外开窗与日式外开窗的转接结构，下面分别进行说明：

欧式外开窗的转接： 欧洲大陆国家以内开窗为主，从系统设计及标准化的角度出发，作为在公共建筑中偶尔会需要的外开结构（外悬窗）就在内开结构的基础上进行转接，内开窗框是外低内高，所以固定部分玻璃压线本身居于内侧，开启部分为了实现内开结构固定与开启的框料通用，就在开启部分的框料上设计转接框实现外低内高的外开框料结构，再设计配套的外来窗扇结构就完成了基于内开设计主体的外开结构，这样仅在开启部分加了转接框，固定部分没有材料增加，而我国的洞口设计基本都是大固定小开启风格，所以这样操作的成本也更有优势。

日式外开窗的转接： 日本传统开启方式是外开窗，外开窗框是外低内高，所以固定部分为了实现框料通用，就在固定部分的框料上设计转接框来实现窗框的外低内高从而实现玻璃压线的内置，这样操作在固定部分增加了材料成本，但是由于日本的洞口尺寸普遍较小，开启与固定的比例相近，所以在固定部分转接更适合日本的使用环境。

转接料的存在就涉及转接料与框料的连接密封及排水通道的连续设计及有效，这是转接结构对门窗水密性能产生直接影响的要点。

相关内容延伸： 外开窗的转接设计目的是将玻璃压线内置，内开窗结构由于框架结构内低外高的自然属性，所以玻璃压线自然内置，所以不需要考虑转接框的结构。将欧式内开框架在开启部分转接实现的外开结构及日式外开框架在固定部分转接实现的外开结构进行对比的话，日式外开结构的水密设计更易处理，开启与固定部分的型材可视面更为协调，但是由于我国大固定小开启的常规洞口分格方式导致采用日式外开结构的转接料成本增加更多，所以在我国家装零售市场外开窗普遍采用欧式的转接结构设计。

182　如何直观识别欧式窗和日式窗的差别？

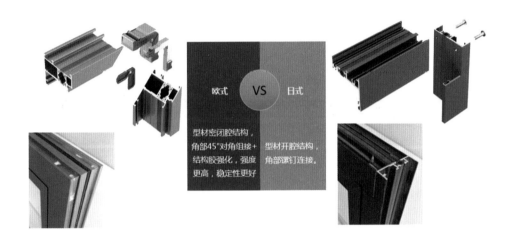

　　以内开窗为基础的欧式窗与以外开窗为基础的日式窗是开启方式上的差别，其实现在内开窗开启方式在日本本土市场得到越来越多的运用，所以从开启方式上很难界定日式窗与欧式窗的差别。从型材结构及组框工艺上日式窗与欧式窗存在两大差异，一是型材的结构设计，二是组框工艺，这两大差异是直观可见的明显不同，非专业人士也可以在引导下迅速建立识别认知和简单理解，下面做简要介绍：

　　欧、日铝型材的结构设计差别： 欧式铝型材基本采取封闭的腔体结构设计，这样可以适用于门窗与幕墙的结构连接，而且整体强度也有充分的保障，还可以满足大单元板块的整体强度要求。传统的日式门窗主流是推拉窗及外开窗，日本的住宅空间单元紧凑，所以单窗洞口尺寸偏小，所以门窗的框架结构强度要求比较低；加上日本属于地震高发国家，所以住宅建筑高度有严格的体系性限制，这就进一步减轻了对门窗框架结构的强度要求；再加上日本本土的矿产资源匮乏，所以在结构设计上非常注重用料的节省。在上述三重因素的共同作用下，日式铝型材结构常见非闭合腔体的单板式设计。

　　欧、日成窗组框工艺的差别： 欧式的腔体结构设计决定了在腔体内的增强角码45°组框的工艺是效率最高、连接强度最佳、外观效果最一致的选择。日式的单板式传统结构设计强调强度压力的转移而尽量保持，所以90°螺接组框就成为主流。近十年随着全球铝门窗的整体发展，日式门窗的腔体结构设计也得到广泛运用和推广，在窗扇成框方式上逐渐采用欧式的45°组框工艺，但是在平开窗框料及推拉结构成框方式上仍有相当比例窗型保留传统的90°螺接工艺。

　　相关内容延伸： 传统日式结构及工艺是基于传统日式建筑门窗楼层不高，门窗洞口不大的实际场景，现在日式内开窗也广泛借鉴欧式内开窗的成熟设计及工艺，比如采用穿条式隔热型材，三腔式隔热型材结构，45°注胶组角工艺等等，这是因为现代的日式建筑和门窗制式场景也发生了变化，任何一种设计或工艺都不是一成不变的，只要门窗使用的建筑及周边自然条件发生了变化，门窗就理所当然的应该在结构、材料、工艺做出相应调整。

183 门和窗的水密性设计有什么不同？

5.6.2 水密性能

　　外门窗的水密性能分级应符合 GB/T 31433 的规定。在性能分级指标值△P作用下，不得发生渗漏现象。外门的水密性能值△P不应小于 150Pa，外窗的水密性能值△P不应小于 250Pa。

　　门和窗的使用环境及主体功能存在明显差异，所以对各自的水密性要求也就有所不同。在新版国标《铝合金门窗》（GB/T 8478—2020）中对外门和外窗的水密性能进行了明确的量化要求，我们可以看到外门的水密性能要求比外窗低了一个等级，这是由于门的使用环境、主体功能、综合性能平衡与窗存在本质差异，下面就具体进行分析：

　　门与窗的使用环境差异： 通俗来说，门的主要功能是用于人的活动进出，窗的功能是采光通风、遮风避雨。为了便于人的进出和停留，外门设置位置一般都会有廊檐等辅助的建筑结构进行室内外环境的过渡与缓冲，所以门直接面对室外风雨环境的考验强度比较小。窗就不同了，作为建筑外墙的组成部分，窗是直接承受室外风雨、阳光紫外线的考验，所以对窗的抗风压性、气密性、水密性、保温性、隔热性、隔声性的综合性能的要求就会大于门的要求。

　　门与窗的主体功能差异： 门的主要功能是用于人的活动进出，动态使用功能比较多，所以对待门的启闭次数要求是远大于窗的，而且就整体建筑而言，连接室内外的外门数量及面积也远远小于窗的数量及面积。窗的功能是采光通风、遮风避雨，虽然启闭属于动态功能，但是大部分时间无论开启还是关闭，窗基本处于静止使用状态。

　　门与窗的综合性能平衡差异： 综上分析，门的主要功能是保证人员进出的通畅性，所以对气密、水密、保温、隔声等性能的要求就相对降低了，而窗的情况与门正好相反，面积大，直接分格室内外环境，所以对相关性能的要求就高。

　　相关内容延伸： 就国内家装零售门窗市场的现状而言，外门就是平开门和提升推拉门，其他基本属于室内门的范畴，所以国内的主要技术关注点都聚焦于窗的范畴，北方聚焦于内开窗，南方聚焦于外开窗，外开窗又以我国特色的窗纱一体结构为核心。在淮河以南地区，无论是路边社区店，还是家居卖场的门窗专卖店，窗纱一体外开窗是绝对的主流产品，占据店内的 C 位，窗纱一体外开窗的产品设计核心又大多聚焦于框扇平齐、窄边设计、隐排水结构等外观设计上的差异化，结构本身的性能设计空间其实更应该重视。

184　铝窗结构设计造成的渗漏原因有哪些?

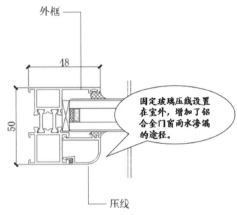

随着城市建筑项目日趋高层化,门窗的单扇面积日趋大型化和墙体化,导致铝合金门窗的雨水渗漏现象已成为越来越突出的问题之一,而且铝合金门窗的渗漏问题是较难以根治的顽症,也是目前沿海城市已交付项目中投诉比较突出的问题,因而解决铝合金门窗的雨水渗漏问题显得尤为重要。现就铝门窗设计原因造成的门窗渗漏现象进行探讨:

在建筑设计的过程中,铝合金门窗选型不当是造成门窗雨水渗漏的主要原因之一。最为常见的大规格的落地窗或异型窗用于高层建筑或沿海地区的建筑外立面,但并未在铝合金门窗的结构上或在建筑的结构上采取必要的防水措施。

铝合金门窗型材的结构强度未能达到使用所在地的抗风压要求,造成铝合金门窗的受力杆件、密封件和粘接材料在正常风荷载作用下产生严重的塑性变形或损坏,致使门窗的密封系统失效而产生雨水渗漏。对铝合金门窗的抗风压物理性能抽样复检时,受检测条件的限制,检测窗为标准送检窗,而非工程中实际最不利窗。

铝合金门窗防水结构设计不合理,防水密封层次不够,没有合理形成铝合金门窗结构腔内的排水通道。雨水在室外风压的作用下很容易进入铝合金门窗的腔体内,而进入铝合金门窗腔内的雨水,因不能通过铝合金门窗的排水通道顺畅地排出室外而留在门窗内导致渗水。

铝合金门窗型材的固定玻璃压线位置设置不合理,由于室外压线的雨水渗透线长度要远大于压线在室内的主体型材,无意中增加了铝合金门窗雨水渗漏的途径,给铝合金门窗渗漏留下了隐患。并且室外压线造成排水通道较难设置,致使雨水进入门窗腔内后,在外风压状态下根本无法排出,造成雨水从室内溢出或从角部渗入内窗台。

相关内容延伸: 隔热铝窗结构设计造成的水密缺陷是可以通过门窗企业自身的技术力量及渠道解决,但是门窗选型及安装就需要门窗代理商通过专业的技术讲解及施工工艺来实现产品的正确匹配及交付,消费者遇到问题的时候很简单,就是解决问题,消费者并不关心这问题是门窗企业造成的还是代理商造成的,这时候往往是检验品牌责任度的时候,真正的品牌产品会以解决客户为首要,解决完问题企业与代理商再来协商内部的问题。

185 铝窗配套件造成的渗漏原因有哪些?

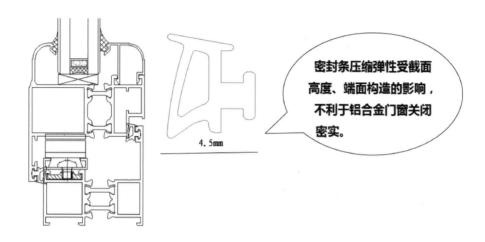

密封条压缩弹性受截面高度、端面构造的影响,不利于铝合金门窗关闭密实。

4.5mm

随着城市建筑项目日趋高层化,门窗的单扇面积日趋大型化和墙体化,导致铝合金门窗的雨水渗漏现象已成为越来越突出的问题之一,而且铝合金门窗的渗漏问题是较难以根治的顽症,也是目前沿海城市已交付项目中投诉比较突出的问题,因而解决铝合金门窗的雨水渗漏问题显得尤为重要。现就铝门窗配套件原因造成的门窗渗漏现象进行探讨:

铝合金门窗使用的密封材料质量差,如胶条过硬、抗老化时间短、密封胶过期使用或是冒牌假胶、抗变位能力差、易拉裂等。

铝合金门窗密封条的选型不合理,铝合金门窗不同部位的密封条未能根据其所处部位的功能要求进行端面结构设计,从而未能达到铝合金门窗应有的密封性能。

由于平开窗的锁具选型及锁点数量设置等原因,造成平开窗关闭时靠近摩擦铰链部位的密封条压力不够,导致该部位的窗扇与铝框之间密封不密实,从而在窗扇上侧留下渗漏的隐患。

相关内容延伸: 门窗配套件的范畴很大,严格意义上而言,除了门窗玻璃与型材,其他门窗材料都属于门窗配套件,比如五金、胶条、隔热条、中空玻璃间隔条、胶、角码、玻璃垫块,等等,甚至安装过程中所用到的相关材料,比如紧固螺栓、螺钉、防水膜、发泡剂、压缩棉、背衬条、承重垫块等。所以从配套件的角度对门窗渗漏进行分析绝大部分能找到关联性,除了上述密封胶及胶条的品质问题、胶条的结构设计问题、五金的锁闭结构设计或配置设计问题之外,前文也具体分析了隔热条选型、胶条不同部位的安装工艺、拼缝接角的专用防渗胶、安装材料的选用这些与门窗渗漏关联度比较直接的内容,这些都与门窗渗漏直接相关。所以本话题主要是对前面所有涉及的配套件具体分析内容做一个统一的收口,也便于读者对门窗配套件所涉及的范畴有所了解和认知。

186 铝窗加工安装造成的渗漏原因有哪些？

　　铝门窗的雨水渗漏是沿海建筑门窗项目中的突出问题，现就铝门窗加工安装原因造成的门窗渗漏进行探讨：

　　铝合金门窗加工精度达不到质量要求，装配间隙过大，并未对其进行密封防水处理而直接组装，造成雨水容易通过各种装配间隙渗入门窗及主体结构之内。

　　部分大规格窗框在运输途中或上楼过程中无法正常运输至安装部位，而只能通过现场拆解后再运输，致使铝合金门窗在后续拼装时，产生装配尺寸控制不准、搭接密封部位相互错位、搭接尺寸不足、拼装间隙过大以及部分拼接部位未用密封胶进行防水封堵等现象。

　　铝合金门窗安装时，由于铝框与金属附框的进出尺寸控制不一致，在温度作用下造成部分外露附框与混凝土窗台的交接部位出现细微收缩裂缝。

　　平开窗的摩擦铰链安装时，存在部分摩擦铰链凸出铝框或上下装配的中心不重合等现象，造成窗扇对密封条的压力不均匀，局部密封条与窗框间存在渗漏的缝隙。

　　平开门窗的门窗扇密封条未能连续设置或接缝设置位置不合理，造成雨水通过密封条的收缩缝隙渗漏至室内。

　　用于固定铝合金门窗框的紧固螺钉未用封闭胶封堵或注胶不密实，在密封胶密封时未清洁密封部位的表面造成脱胶。

　　铝合金门窗分格形式为上平开窗下固定玻璃时，其中间横料与边框（中梃）连接部位未用封闭胶封堵或注胶不密实，易造成雨水通过拼缝渗入底框，并从各个装配间隙、紧固螺钉孔、角部等薄弱部位渗入室内。

　　相关内容延伸：综上所述，总体概括而言，加工造成的渗漏主要是拼框接缝的密封处理不到位，安装造成的渗漏主要是以下两大类问题：一是破坏了门窗框架的密封性，二是框墙密封处理不到位。在家装零售门窗市场，结构设计的工艺输出不到位，加工制造凭经验自力更生的现象是比比皆是的，这就导致完全一样的结构、配置，做出的产品外观相似，性能迥异的结果。

187 铝窗安装交叉施工造成的渗漏原因有哪些?

随着城市建筑项目日趋高层化,门窗的单扇面积日趋大型化和墙体化,导致铝合金门窗的雨水渗漏现象已成为越来越突出的问题之一,而且铝合金门窗的渗漏问题是较难以根治的顽症,也是目前沿海城市已交付项目中投诉比较突出的问题,因而解决铝合金门窗的雨水渗漏问题显得尤为重要。现就因铝门窗施工单位与土建单位在铝合金门窗与洞口墙体连接部位处理不当造成的门窗渗漏进行探讨:

门窗安装完毕之后,门窗外侧与墙体的连接部位未用密封胶进行密封或密封不密实。

用于固定门窗框位置的调整垫块残留于门窗框内,或拆除后未能及时地进行二次补胶处理。

由于土建施工单位在阳台地砖质量控制方面存在缺陷,造成门槛地砖铺贴不密实、空鼓、干铺、砖缝挤浆不密实、与面砖的阴角处理不当等现象,存在渗漏隐患。

另一种渗水现象是由于临近门窗洞口的建筑墙体自身存在缺陷,致使雨水在风荷载作用下透过墙体与附框之间收缩裂缝直接渗入室内,特别是在外墙为粘贴面砖的时候现象较常见,因为面砖间的灰缝常有微细裂缝及孔洞存在。

相关内容延伸: 家装项目的实际操作流程很重要:如果是自建房,土建完成就需要进行门窗安装,门窗安装结束后进行内部装修。如果是毛坯房新房换窗并装修,在确定门窗品牌后也要确定内装公司或实施队伍的设计师或工头,门窗方、业主、内装方三方开会明确流程和分工后,由门窗与内装方共同明确时间进程和对接方案,需要事先达成共识的是具体分工和正负零高度基准线坐标,具体分工主要涉及门窗的拆除、洞口修正、内外装饰面预留空间、内外装饰面收口等等具体问题,正负零高度基准坐标线是双方未来接口的基础,没有共识的基础,装修后地面高度就无法确定,未来开启位的尺寸分格设计及执手高度都会出现不必要的偏差。如果是精装房换窗,基本都是门窗方独立完成,这是就需要门窗替业主考虑门窗安装后的装饰面收口问题,或者采用国外常见的居家换窗模式及产品。总之,家装项目中门窗方的确定是项目的开始,门窗确定的时点越早,后期遗留问题越少,选择余地越大,支付费用越少。

188 如何从铝窗结构设计入手预防门窗渗漏？

 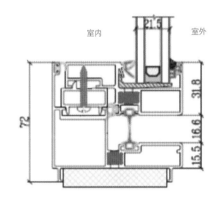

　　解决铝合金门窗渗漏问题必须从"阻"与"疏"两方面同时考虑，无论是在铝合金门窗的铝材选型还是在铝合金门窗的加工与安装时，都应采取行之有效的控制措施避免铝合金门窗渗漏。经对以上渗漏原因实际情况的分析，就门窗结构设计而言主要可以通过采取以下措施来进行预防：

　　铝合金门窗出现渗漏问题是由于未能达到所处位置的抗风压性能，导致因铝合金门窗受风压影响产生铝材变形，造成了铝合金门窗未能达到应有的防水性能，所产生的后果是无法修复和弥补的。首先就是要按照项目地区实际的气候条件，委托专业单位对铝合金门窗的物理性能及型材进行计算和设计，不仅要满足铝合金门窗本身结构防雨水渗漏的性能，还要满足铝合金门窗的抗风压性能，而不能简单地套用类似项目的同一系列结构。其次，当完成铝合金门窗的选型或型材端面构造设计时，应选取合理窗型进行门窗的物理性能检测，以验证门窗的设计强度是否正确及门窗所能达到的性能指标。

　　利用等压原理增加铝合金门窗的密封层次及改变密封部位，并通过修改铝合金门窗的型材端面构造，规划明确且可靠的排水路线，确保进入腔室的雨水能及时排出室外，避免门窗内造成积水并产生渗漏现象。

　　通过修改铝合金门窗的型材端面构造设计，来改变铝合金门窗型材的固定玻璃压线设置位置及推拉门窗框的挡水断面高度，防止室外压线的雨水渗透线及雨水渗透的途径，避免给铝合金门窗渗漏留下隐患。

　　相关内容延伸：工程门窗是结合项目要求进行订单式门窗产品设计，项目要求主要是两个方面，一是满足项目验收的相关标准、规范内容及指标，二是在满足验收基础上的成本最优化。家装零售门窗是结合业主需求及项目条件进行的门窗方案设计和既有门窗产品的选型设计，这属于定制化的门窗产品设计，这是完全不同的设计内容和思路。

189 如何从铝窗配套件入手预防门窗渗漏?

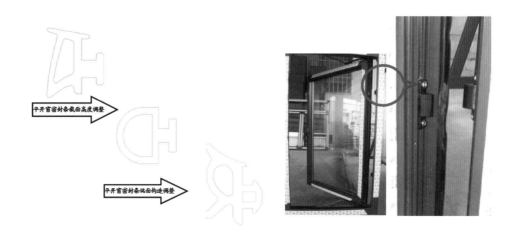

解决铝合金门窗渗漏问题必须从"阻"与"疏"两方面同时考虑,无论是在铝合金门窗的铝材选型还是在铝合金门窗的加工与安装时,都应采取行之有效的控制措施避免铝合金门窗渗漏。经对以上渗漏原因实际情况的分析,就门窗配套件而言主要可以通过采取以下措施来进行预防:

合理选用优质的密封条与密封胶(如选用含胶量达到欧标要求的三元乙丙密封胶条及耐候胶等),提高密封条与密封胶的密封性能与使用年限。并加强对铝合金门窗密封材料的进场检验工作,严禁选用不合格的门窗密封件与粘接材料。

为提高密封条压实后的密封性能,现通过改变密封条端面的弹性与伸缩比,来修改不同部位的密封条端面结构设计。并筛选密封条的几种端面设计方案且制作成实样,分别检测铝合金门窗的抗渗漏性能,选取抗渗漏性能最佳的密封条作铝合金门窗的密封条。

通过改变铝合金门窗配件的设计与材质,合理优化锁具的锁点设置数量、设置位置及锁定方式,并根据铝合金门窗型材断面改变摩擦铰链的构造与固定方式等,杜绝由于锁具与摩擦铰链的原因所引起的渗漏现象。

相关内容延伸:即使分享了那么多配套件设计及工艺的具体内容,也很难覆盖配套件与门窗渗漏关联的方方面面,一是自身的经验和知识所限,术业有专攻,门窗设计涉及结构、材料、配置、工艺、安装全流程,每个环节都能精深是不现实的;二是门窗渗漏很多时候是多方面原因共同导致,而且存在从量变到质变的过程,单纯从某一角度说明只是为了将问题分析透,不在现场的分析都是说明各种可能性,提供一定程度的参考。对于解决门窗的实际渗漏问题,需要结合渗漏的具体时点、具体部位,具体状况室内外综合分析才能实事求是、因地制宜的给予解决方案。

190　如何从铝窗加工、安装入手预防门窗渗漏？

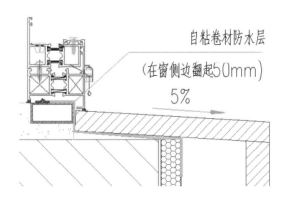

自粘卷材防水层

（在窗侧边翻起50mm）

5%

解决铝合金门窗渗漏问题，从门窗加工、安装而言主要可以通过采取以下措施来进行预防：

选择加工与组装设备，采用可控的加工工艺及必要的专用模具，减少人工下料与拼装误差所造成的间隙，提高铝合金门窗的加工制作精度。并加大对厂区内加工制作质量的抽检次数与力度，控制铝合金门窗拼装与密封材料封堵的质量。

严格物料加工前的检验程序，确认型材截面尺寸符合设计标准，对铝材批次进行样品存档，重点对样品的截面尺寸精度与铝材厚度进行关键要素控制，杜绝因原材料而影响铝合金门窗型材的结构强度和刚度。

对于现场进行拼装的大规格门窗拼装质量，加强对拼装人员的技术交底及现场拼装门窗的抽检力度，以提高操作人员的技术水平与质量意识，减少因操作人员的技术水平与意识原因造成铝合金门窗拼装缺陷。

金属附框与精洞口两种安装方式能减少门窗的成品损坏，并能确保门窗与洞口墙体之间的配合尺寸，有利两者之间的密封，附框结构有效地保障了门窗外框与墙体连接的标准化，最大程度地实现了外框尺寸的准确化。通过对铝材断面构造的深化设计，加强型材与金属附框的构造配合，从而避免因窗框与金属附框的进出尺寸控制不匹配而出现铝合金门窗的渗漏现象。

关注平开门窗的门窗扇密封条接缝位置，宜采用一根密封条连续设置且把接头位置设置在门窗扇上侧。避免因密封条出现收缩造成密封条接缝处存在渗漏隐患。

相关内容延伸：工程门窗的现场安装条件相对可控和易操作，因为工程门窗批量安装，现场脚手架或升降设施周全，墙体及洞口条件基本一致，事先可以充分预判，安装程序清晰。家装零售门窗的现场安装条件则存在诸多挑战，一是在定制门窗量尺时对洞口及墙体条件并不完全清晰，所以需要对拆窗后可能出现的洞口状况及墙体条件制订相应预案和准备相应物料；二是大洞口门窗的框架及大固定玻璃如果需要吊装，那么对吊装的设备、场地、天气、人手数量、安装程序都需要充分计划和准备，也需要和物业及周边业主做预先沟通和告知，设置相应安全警示提醒并自身做好安全防护措施。

191 如何从铝窗安装交叉施工入手预防门窗渗漏?

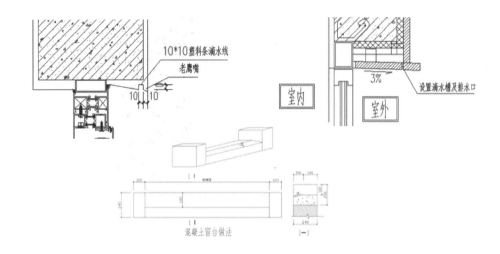

解决铝合金门窗渗漏问题,从门窗安装交叉使用而言主要可以通过采取以下措施来进行预防:

严格按铝合金门窗设计与规划的排水路线开设排水孔,排水孔应设在窗框拐角 2~14cm 处,间距宜为 60cm。安装后应检查排水孔有否堵塞,确保进入腔室内的雨水能及时排出室外。

提高窗框与附框的固定牢固度来相应增加其刚度与强度。铝合金门窗框与附框的连接应采用不锈钢固定件,设置时,除四周离边角 18cm 设一点外,其余间距应不大于 50cm,而铝合金门窗框(附框)与墙体固定时,其间距可参照铝框与附框的固定间距,连接件的厚度不小于 1.5mm、宽度不小于 2.5cm。连接埋设必须牢固。

窗框与附框(墙体)四周交接处应嵌硅胶进行密封处理。嵌注密封材料时,应注意清除浮灰、砂浆及基层是否干燥等,使密封材料与窗框、墙体粘结牢固,同时检查密封材料是否连续、有无缺漏等情况。

窗台用细石混凝土(100mm 厚)浇筑成"畚箕"形,两侧锚入墙体长度均不小于 24cm,窗台坡度根据其外侧宽度控制在 3%~5%,并加强落实窗台花岗岩部位的节点防水处理,防止从窗台下口处渗水。

窗天盘外侧应向下做 10mm 泛水,并在花岗岩端部设置排水孔及"U"形滴水槽,避免雨水流入铝合金门窗。

加强对铝合金门窗洞口四周易渗漏部位的施工质量控制,如阳台的门槛必须先用细石混凝土进行浇捣密实,再用水泥砂浆铺贴门槛部位的地砖,禁止用干水泥砂浆直接铺贴门槛部位的地砖。并应做好门槛地砖与墙面花岗岩交接部位的防水处理,待施工完成后进行满水试验。

相关内容延伸: 交叉施工的顺利进行是基于门窗方、业主、土建方(装修方)三方共同明确的对接程序和各自分工,只有事先明确了各自的责任和进场节点,交叉施工才不会出现扯皮和推诿的现象,才能共同保证门窗项目的完美交付。

章节结语：所思所想

门窗水密性能是南方多雨地区及东部沿海地区住宅门窗的关注重点

门窗水密性能是建筑标准、门窗标准强调的重点之一

门窗水密性能高不代表门窗不发生渗漏

门窗水密性能的重点是结构及排水设计

门窗水密性能的基础保障是缝隙的密封

等压原理是门窗水密性能设计的基础理论

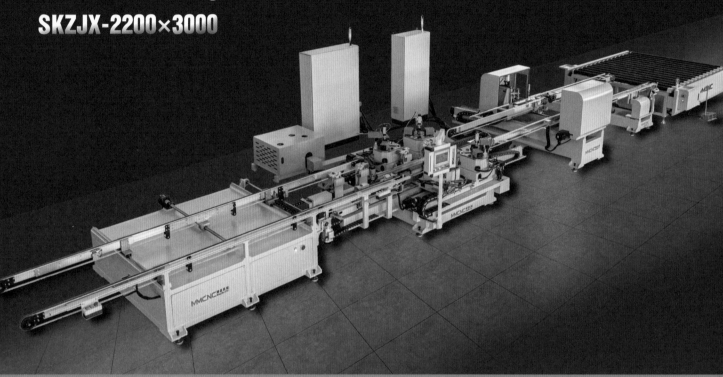

12 门窗保温

北方建筑门窗如何节能?

192 什么季节最考验北方建筑的门窗性能?

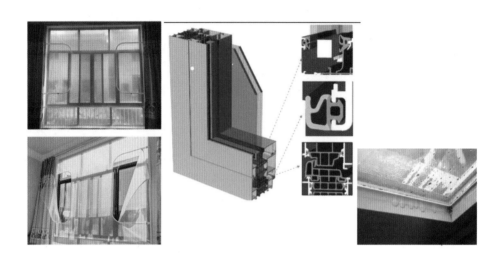

　　冬季是北方建筑室内外温差最大的季节,特别是对于我国广大的北方(严寒、寒冷)地区而言,室外温度普遍在 0℃ 以下,室内取暖温度达到 20℃ 以上,门窗室内外的温差少则 20℃、多则 50℃。这种温差条件下,对建筑及门窗的保温性能都是严峻的考验,前面我也曾提及门窗的气密性能是冬季室内保持适宜温度的重要前提,所以冬季是检验门窗保温性能、气密性能高低的最佳时间。

　　门窗保温性能是指门窗阻隔温差传热的能力,以传热系数 K 值衡量。K 值以往称总传热系数,国家现行标准规范统一定名为传热系数。传热系数 K 值,是指在稳定的传热条件下,围护结构两侧空气温差为 1 度(K,℃),1h 内通过 $1m^2$ 面积传递的热量,单位是瓦每平方米开 $[W/(m^2 \cdot K)]$。行业标准《建筑门窗玻璃幕墙热工计算规程》(JGJ 151—2008)对传热系数的定义为,两侧环境温度差为 1K(℃)时,在单位时间内通过单位面积门窗或玻璃幕墙的热量。传热系数 K 值越小,保温性能越好。

　　门窗保温性能不佳的体验感表现为走近门窗 1m 范围就能感觉寒意,整窗玻璃边缘及型材会有结露水产生,室外风大时能在室内感受到冷气流及听见风哨声,所以在北方的冬天来临时,对于一些保温性能或气密性能不佳的门窗,都会在门窗内或外"穿衣","外衣"就是用整体的 PVC 膜整体把门窗封闭,"内衣"是带拉链开启的复合材料成品。由于门窗洞口、开启位置、开启大小不同,所以"内衣"也需要定制。

　　相关内容延伸:"北方的冬天室外有多冷也许超出你的想象,但是北方的室内有多'热'也许更超出你的想象"——这是一个南方人第一次冬季到北方后发出的感叹。室内外超过 30° 的温差在北方的冬季是很正常的,到了东北,室内外温差可达到 40° 以上,在这样的温差条件下,如果再伴以凛冽的寒风考验,门窗的保温性能及气密性能都会经受严峻的考验。所以在门窗性能品质不佳的上世纪,北方大量的项目都是采用双层窗的做法来应对严寒气候下的室内外的冷热对流和传导。

193　如何理解门窗的保温性能分级?

门窗保温性能是建筑门窗的主要物理性能之一，在工程门窗项目中甚至是最重要的性能指标，这是因为节能指标是建筑验收程序中重要的强制环节，对门窗保温性能都有明确的规范要求，各地也有相应的地方验收标准。所以，作为门窗验收最重要的强制指标之一，保温性能是工程门窗项目的核心设计内容。

《建筑外门窗保温性能检测方法》(GB/T 8484—2020)中对门窗的保温性能进行了分级，如上表所示，1级保温性能最低，10级保温性能最高。2020年7月6日，北京市市场监督管理局联合北京市规划和自然资源委员会正式发布了北京市地方标准《居住建筑节能设计标准》(以下简称本《标准》)，编号：DB11/891—2020，2020年7月2日发布，2021年1月1日实施，其中明确外窗K值提高到1.1W/(m²·K)，这就达到了最高的10级保温性能，这也意味着北京新报建项目如果采用隔热铝合金内开门窗，90系列是起步，普遍将达到110系列!

整窗K值的粗略计算方法(不考虑气密性)。一般的门窗中，型材面积占比约为25%，玻璃面积占比约为75%，普通铝合金门窗的整窗传热系数K值与普通隔热铝合金门窗的传热系数K值的简化对比估算如下：普通铝合金型材门窗，K=6.6×25%+2.8×75%=3.75W/(m²·K)；普通隔热铝合金型材门窗，K=4.0×25%+2.8×75%=3.10W/(m²·K)。[各种门窗材质的大致传热系数K值如下，便于定性认知：普通铝合金型材，6.6W/(m²·K)；普通隔热铝合金型材(采用14.8mm隔热条)，4.0W/(m²·K)；木窗框，1.8W/(m²·K)；5mm单片玻璃，5.5W/(m²·K)；(5+12A+5)mm双玻单中空玻璃，2.8W/(m²·K)]

相关内容延伸： 从以上的简化计算可以看出，整窗传热系数K值是与型材与玻璃K值及各自所占洞口面积比相关，还是以上面的对比计算假设为前提来对北京整窗K值1.1W/(m²·K)做简单的分析，玻璃的K值一般要小于0.9W/(m²·K)，型材的K值一般要小于1.5W/(m²·K)，这样条件下的整窗K值可以大致估算为：1.5×25%+0.8×75%=1.05W/(m²·K)。至于什么玻璃的K值可以达到0.9W/(m²·K)，什么型材的K值可以达到1.5W/(m²·K)，在后续的问题解答中可以找到答案。

194　国家标准对保温门窗的定义和标准是什么?

2)**气密性能:**具有气密性能要求的外门,其单位开启缝长空气渗透量q₁不应大于2.5m³/(m·h),单位面积空气渗透量q₂不应大于7.5m²/(m²·h);具有气密性能要求的外窗,其单位开启缝长空气渗透量q₁不应大于1.5m³/(m·h),单位面积空气渗透量q₂不应大于4.5m²/(m²·h)。

3)**空气声隔声性能:**隔声型门窗的隔声性能值不应小于35dB。

4)**保温性能:**保温型门窗的传热系数 K 应小于2.5W/(m²·K)。

5)**隔热性能:**隔热型门窗的太阳得热系数SHGC不应大于0.44。

6)**耐火性能:**耐火型门窗要求室外侧耐火时,**耐火完整性不应低于E30(o)**;耐火型门窗要求室内侧耐火时,**耐火完整性不应低于E30(i)**。

　　门窗保温性能是建筑门窗的主要物理性能之一,在工程门窗项目中甚至是最重要的性能指标,这是因为节能指标是建筑验收程序中重要的强制环节,对门窗保温性能都有明确的规范要求,各地也有相应的地方验收标准。所以,作为门窗验收最重要的强制指标,保温性能是工程门窗项目的核心设计内容,在国标《铝合金门窗》(GB/T 8478—2020)中对保温门窗进行了明确的量化值界定:整窗 K 值小于 2.5W/(m²·K)的门窗为保温门窗。保温门窗主要从三个方面进行设计:玻璃配置、型材设计、结构设计及工艺,下面进行具体介绍:

　　玻璃配置:普通双玻中空 K 值大于 2.5W/(m²·K),所以整窗 K 值目标 2.5W/(m²·K)的话,就需要采用三玻两腔玻璃或 Low-E 单腔中空玻璃以上的玻璃配置,暖边间隔条、氩气等可以根据具体气候及环境进行选择性配置。

　　型材设计:按照欧洲的系统门窗设计理念,玻璃与型材的 K 值匹配性组合是整窗性能的基础保障,所以整窗 K 值目标为 2.5W/(m²·K)的话,型材 K 值设计目标一般界定在 3.0~2.5W/(m²·K)区间范围。隔热铝合金型材的 K 值设计主要取决于隔热条宽度,而隔热条宽度也需要从框扇型材的匹配性设计上进行统筹,框扇型材采用的隔热条宽度差异控制在 7mm 范围内是合理值。

　　结构设计及工艺:随着隔热条宽度的增大,隔热条腔体的空气对流热损失需要关注和解决,填充及隔热条悬臂分腔设计是有效的手段和途径,具体选择取决于加工工艺的设计合理性及落实程度。通俗来说,填充的容错度大,悬臂分腔要求高,对设计及加工误差的控制严谨程度要求更高。玻璃增厚后对玻璃与型材之间的结合腔体也需要做相应保温处理。

　　相关内容延伸:整窗 K 值是一个衡量目标值,就使用体验来说,玻璃与型材的整体匹配性设计非常重要,这种匹配性设计主要体现为玻璃 K 值与型材 K 值的差异不能太大,基本控制在 1W/(m²·K)之间,如果玻璃 K 值与型材 K 值的差异过大,就会造成冬季门窗内表面的温差较大,这种差异除了有可能产生的结露现象外,门窗周边的体验感受会形成局部温度差异下的冷热不适。

195 门窗保温性能如何检测?

$$K = \frac{Q - M_1 \cdot \Delta\theta_1 - M_2 \cdot \Delta\theta_2 - S \cdot \Lambda \cdot \Delta\theta_3 - \Phi_{edge}}{A \cdot (T_1 - T_2)}$$

计算式中:

Q——加热装置加热功率(W);

M_1——由标定试验确定的热箱壁热流流系数(W/K);

$\Delta\theta_1$——热箱壁内、外表面积加权平均温度之差(K);

M_2——由标定试验确定的试件框热流流系数(W/K);

$\Delta\theta_2$——试件框热侧冷侧表面面积加权平均温度之差(K);

S——填充板的面积(m²);

Λ——填充板的热导[W/(m²·K)];

θ_3——填充板热侧冷侧表面的平均温差(K);

Φ_{edge}——试件与填充板间的边缘线传热量(W);

A——按试件外缘尺寸计算的试件面积(m²);

T_1——热侧空气温度(℃);

T_2——冷侧空气温度(℃)。

试件与填充板间的边缘线传热量应按下列公式计算:

$$\Phi_{edge} = L_{edge} \cdot \psi_{edge} \cdot (T_1 - T_2)$$

式中:L_{edge}——试件与填充板间的边缘周长(m);

ψ_{edge}——按《建筑外门窗保温性能检测方法》(GB/T 8484)附录C确定的试件与填充板间的边缘线传热系数[W/(m·K)]。

被检整窗试件为一件,面积不应小于0.8m²,构造应符合产品设计和组装要求,不应附加任何多余配件或采取特殊组装工艺。试件热侧表面应与填充板热侧表面齐平。试件与试件之间的填充板宽度不应小于200mm,厚度不应小于100mm且不应小于试件边框厚度,试件开启缝应双面密封。

陈述上述枯燥的专业内容是为了说明门窗保温性能的检测主要经历两个步骤,一是实测,二是实测数值的综合计算。由于实测的窗型(尺寸、分格、开启)与实际项目存在差别,所以整窗保温性能的检测报告可以为同类型的门窗保温性能对比提供参考,不能作为项目实际用窗的保温性能参考。

另外,门窗保温性能实测是测试门窗的独立保温性能,对门窗气密性差异带来的对流热损失是屏蔽处理的,这与实际门窗使用状态也是存在本质差异的,所以看门窗保温性能数值需要结合其气密性能数值进行统筹考虑及判断。

相关内容延伸: 通俗来说,整窗保温性能检测就是将检测样窗放在特定的检测墙洞口上,检测墙两边为封闭的冷室和暖室,再冷、暖室设置模拟环境的低温与高温,然后通过检测窗体上的温度传感器来检测各部位的温度变化及其他参数情况,最后通过将检测数据代入上面的两个公式进行综合计算得到相应结果。

196　理论的门窗保温性能和实际生活中的体验有何差别？

附表 2　建筑外门窗气密性能分级表

分　级		4	5	6	7	8
单位缝长 分级指标值 q_1	$m^3/m \cdot h$	$2.5 \geq q_1 > 2.0$	$2.0 \geq q_1 > 1.5$	$1.5 \geq q_1 > 1.0$	$1.0 \geq q_1 > 0.5$	$q_1 \leq 0.5$
单位面积 分级指标值 q_2	$m^3/m^2 \cdot h$	$7.5 \geq q_2 > 6.0$	$6.0 \geq q_2 > 4.5$	$4.5 \geq q_2 > 3.0$	$3.0 \geq q_2 > 1.5$	$q_2 \leq 1.5$

附表 4　建筑门窗保温性能分级表　　　　　　　　　$W/(m^2 \cdot K)$

分级	1	2	3	4	5
分级指标值	$K \geq 5.0$	$5.0 > K \geq 4.0$	$4.0 > K \geq 3.5$	$3.5 > K \geq 3.0$	$3.0 > K \geq 2.5$
分级	6	7	8	9	10
分级指标值	$2.5 > K \geq 2.0$	$2.0 > K \geq 1.6$	$1.6 > K \geq 1.3$	$1.3 > K \geq 1.1$	$K < 1.1$

　　《建筑外门窗保温性能检测方法》（GB/T 8484—2020）规定了门窗传热系数的检测原理，即基于稳定传热原理，采用标准热箱法检测建筑门窗的传热系数。检测时，门窗试件一侧为热箱，模拟采暖建筑冬季室内气候条件（19~21℃），另一侧为冷箱，模拟冬季室外气温（-19~-21℃）和气流速度（3.0m/s）。在对试件缝隙进行密封处理，试件两侧各自保持稳定的空气温度、气流速度和热辐射条件下，测量热箱中加热器的发热量，减去通过热箱外壁和试件框的热损失，除以试件面积与两侧空气温差的乘积，即为检测门窗试件的传热系数 K 值。

　　由上述介绍我们知道，实际检测的门窗 K 值是测试的纯粹的门窗传热状态，但是在实际生活中我们感受的门窗保温性能不仅仅是门窗的传热状态，还有门窗气密性能带来的空气对流，但是在实际检测中对被检测窗的缝隙进行密封处理却完全屏蔽了这一重要因素，这就是检测条件与实际生活对门窗保温性能最本质的差别。国家相关建筑节能及门窗节能规范中在界定门窗保温性能指标的时候，通常会提前界定门窗的气密性能指标，所以可以说门窗保温性能是门窗气密性能的"孪生兄弟"，两者密不可分，而门窗气密性能是前提，是"孪生兄弟"的兄长。

　　相关内容延伸： 门窗气密性能对保温性能的影响主要体现在两个方面：一是单窗开启位缝隙气密性直接造成的室内外空气对流，二是门窗结构内空气对流造成的门窗保温性能下降。从门窗性能的实际体验而言，门窗气密性与门窗保温性能差异的可感知程度都很高。门窗气密性可以通过外面有风状态下的时候，用手指背侧对整窗进行感受"扫描"，特别是开启扇的四周是最容易感到差别的部位。门窗保温性能的体验感受就更加直观了，在冬季用手触摸门窗室内侧的型材、玻璃边部、玻璃中心就可以感到温差，如果温差较大就说明整窗的匹配设计还有提升的空间。这些简单直接的定性体验方式对于非专业的消费者来说就是一层窗户纸，一旦尝试了就能马上熟练掌握。

197 门窗保温性能指标 K 值和 U 值有什么关联？有何不同？

执行标准	传热系数符号	测试条件		
		室外温度（℃）	室内温度（℃）	太阳辐射（W/㎡ k）
中国 JGJ/T 151-2008 标准	K	-20	20	300
欧洲 EN 673 标准	k	-10	15	300
美国 NFRC 100-2010	U 冬	-18	21	0
	U 夏	32	24	0

门窗保温性能的传热系数我们国内用 K 值，国外资料会用到 U 值，那么 K/U 值之间是什么关系呢？共同点是它们之间的概念一样、单位一样，差别是测试的条件不一样，所以数值有所差别。下面进行具体介绍：

中日两国用的 K 值是一样的，美国取 U 值，欧洲有取 U 值，也有取 K 值的。中国标准为 GB 10294，欧洲为 EN 673，美国为 ASHRAE 标准。K 值和 U 值本质上是国内建筑节能标准体系与国际建筑节能标准体系的矛盾，K 值在国内建筑节能领域具有"上位法"的地位，所以国内相关标准在修订时非必要的情况下向 K 值靠拢。

欧洲测 K 值的测试环境为外部温度 2.5℃、内部温度 17.5℃、风速 4m/s，无阳光直接照射（相当于夜晚环境）。

美国与众不同，它分冬季 U 值与夏季 U 值，冬季 U 值的测试环境为外部温度 -20℃、内部温度 21℃、风速 3.3m/s，相当于夜晚环境；夏季 U 值测试环境为外部温度 32℃、内部温度 23.8℃、风速 6.7m/s，相当于阳光照射下的环境。美国 U 值一般使用冬季值。

根据以上不同的测试环境，中、美、欧有关传热系数的对应关系如下：欧洲 K 值＜中国 K 值＜美国 U 值，用同样的 6+12A+6 玻璃举例，欧洲 K 值为 1.61W/（m^2·K），中国 K 值为 1.68W/（m^2·K），美国冬季 U 值为 1.77W/（m^2·K），夏季 U 值为 1.95W/（m^2·K）。

相关内容延伸：国外建筑节能标准体系中欧盟的 EN/ISO 标准和美国的 ASHRAE 标准传热系数均采用 U 值。知道了各地的 U/K 值关系后，对于国外资料中涉及的 U/K 值可以有一个相对定性的大小、高低判断，准确的结果还是需要通过专业软件计算的门窗热工计算报告书来进行量化。

198　如何看懂门窗保温性能计算报告?

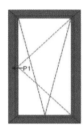

窗隔热系数U_w及型材节点隔热系数U_f汇总表

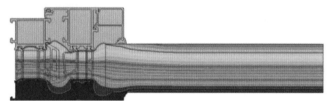

Uf (W/M²k)	P1	2.053
使用隔热条规格		HK35.3
玻框比（玻璃/整窗）		63%
玻璃间隔条		TGI暖边间隔条
Y:(W/Mk)		0.05
玻璃U值		6+12Ar+12Ar+6Low-E
Ug (W/M²k)		1.1
Uw (W/M²k)		1.6
保温等级		7级

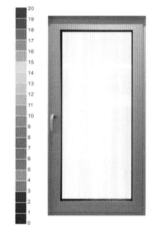

　　整窗的保温性能数据来源于两个渠道，一是通过特殊专业软件进行模拟计算，二是通过实际检测。实际检测的周期长、投入大、过程复杂，所以把通过特殊专业软件进行模拟计算所得到的门窗保温性能计算报告作为门窗保温性能重要的判断依据。

　　门窗保温性能计算报告的显性结构是两个方面的参数——玻璃传热系数和型材传热系数。显性参数的背后对于各种结构设计、边缘条件、配辅材料、工艺处理等条件都有相关的后台数据做支撑，所以对于具体的一份门窗保温性能计算报告书而言，需要具备很多的基础资料条件下才可以进行计算，比如各种材料的配置、全部的节点结构图、型材结构等，下面从四个方面进行具体介绍：

　　计算流程：首先是对需要计算的门窗节点进行建模处理，这其中涉及的具体细节相对烦琐，标准数据库中已经收纳的材料技术参数可以直接引用，对于新材料、新参数，需要借鉴或引用既有数据库中的数据进行折算，所以热工计算软件的定期迭代和数据库更新就显得非常重要，而持续的版本迭代需要持续的投入和维护，所以目前市场上热工计算书首先要看热工软件的名称及版本号。

　　玻璃传热系数K_g：玻璃传热系数一般是优于整窗传热系数的（$K_g < K_w$）。

　　型材传热系数K_f：型材传热系数一般是差于整窗传热系数的（$K_f > K_w$）。

　　整窗传热系数K_w：基于上述基本逻辑，整窗传热系数的优化首先是选择K_g更小的玻璃，然后降低K_f。

　　相关内容延伸：降低K_g就是选择不同的玻璃配置，就中空玻璃而言，不同K_g值的玻璃配置主要体现在中空玻璃的腔体数，是否 Low-E 及几层 Low-E，是否选用暖边中空玻璃间隔条及哪种暖边，中空腔是否填充惰性气体等。降低K_f值就要复杂得多，型材结构设计的手段更多样化，最核心的要素是不同隔热条宽度的选择或设计。

199 门窗能耗的三大传热途径是什么?

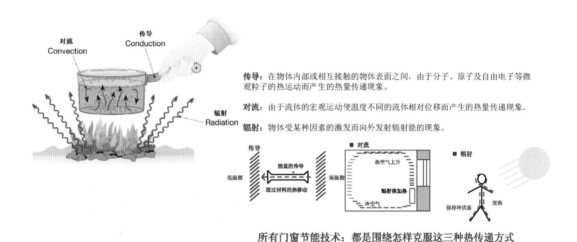

所有门窗节能技术:都是围绕怎样克服这三种热传递方式

我国每年建成房屋面积近 20 亿 m²,预计到 2022 年,全国高耗能建筑面积将达 700 亿 m²。在高能耗建筑中,门窗能耗则占近一半,所以建筑节能的关键是门窗节能技术提高。在建筑节能政策的推动下,隔热铝合金节能门窗、玻璃钢节能门窗、铝塑复合门窗等一大批新型环保门窗节能产品不断涌现、新品迭出。目前各地建筑节能门窗在工程市场占有率提高较快,已占到整个工程门窗市场的 60%,但是在家装零售门窗市场,节能门窗的理念虽然时常提及,但是对门窗节能的认知还需要进行必要的理论梳理。门窗产品由温度差引起的热损失是三种传热模式的组合:

热传导: 通过玻璃、间隔物和框架型材的传导(热量通过固体材料传播,即煎锅加热鸡蛋的方式),占整窗大约 50% 的热能流失,所以解决热传导带来的热损失是门窗节能的重点,也是门窗保温性能的重要支撑。

热对流: 通过门窗外部和内部之间的空气交换,门窗结构内部腔体内的空气层以及中空玻璃两层之间的空气层对流(通过气体或液体运动的热量传递,如火焰中升起的热空气),占整窗大约 35% 的热能流失。

热辐射: 玻璃层之间,或玻璃单元与内部或外部空间之间的辐射热传递(热能通过空间的运动,而不依赖空气的传导或通过空气的运动,如感受火焰热量的方式),占整窗大约 15% 的热能流失。

相关内容延伸: 隔热条的作用就是解决型材上的热传导,隔热条宽度越大,隔热效果越明显,型材热传导占得热损失比例最大,所以隔热条解决的是门窗热损失的主要问题。隔热条腔体、玻框间腔体通过填充硬质海绵体或硬质聚氨酯条或采用带腔体的隔热条及采用带悬臂的隔热条都是解决门窗热对流造成的热损失。热辐射的解决途径主要是依赖玻璃的镀膜处理,Low-E 玻璃就是典型的代表。

200　热传导对门窗保温性能的影响及解决方案有哪些？

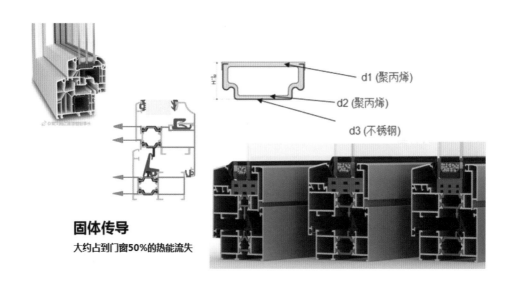

d1 (聚丙烯)
d2 (聚丙烯)
d3 (不锈钢)

固体传导
大约占到门窗50%的热能流失

　　物体或系统内的温度差是热传导的必要条件。或者说，只要介质内或者介质之间存在温度差，就一定会发生传热。热传导速率决定于物体内温度场的分布情况。热量从系统的一部分传到另一部分或由一个系统传到另一个系统的现象叫传热。热传导是三种传热模式（热传导、对流、辐射）之一，它是固体中传热的主要方式。总之，热量从物体温度较高的一部分沿着物体传到温度较低的部分的方式叫作热传导。

　　热传导导致的热损失占到门窗能耗的 50%，也是门窗保温性能本体的主要研究对象，既然是固体中的主要传热方式，那就是固体材料作为介质，能量传递使热量从窗户热的一面传向冷的一面。通过玻璃、型材发生传导，就需要从门窗的型材、玻璃这两大构件主体进行讨论，下面分别进行具体介绍：

　　门窗型材的热传导：这是门窗热传导的最主要途径。铝窗节能的本质是从普铝型材变为隔热铝合金型材，隔热铝合金型材是通过隔热条或聚氨酯胶将原来室内外一体的铝材分为室内外独立的两个部分，隔热条及聚氨酯起到阻隔热传导的作用，普通铝合金型材的 K 值是 6.6W/（m²·K）；隔热铝合金型材的起步 K 值是 4.0W/（m²·K），所以隔热铝型材解决热传导能耗的优势是明确和明显的。

　　门窗玻璃的热传导：普通玻璃的热传导能耗是通过整个玻璃板面产生的，中空玻璃的热传导能耗主要体现在中空玻璃的边部，因为中空玻璃的边部有间隔条将两片玻璃隔开，虽然有密封胶将玻璃间隔条与玻璃进行隔离，但是中空玻璃的边部整体而言还是处于直接的固体热传导状态，玻璃间隔的材质及结构对中空玻璃的边部热传导起决定性作用。

　　相关内容延伸：热传导的改善效果可以通过一侧加热后从另一侧感受温度变化快慢的方式来直观感受。

201 热对流对门窗保温性能的影响及解决方案有哪些?

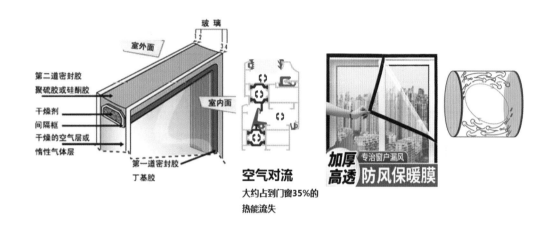

热对流是热传递的重要形式,按流动介质分为气体对流和液体对流,气体的对流现象比液体明显。按发生原因分为:自然对流(自由对流),纯粹因流体冷、热各部分的密度不同所引起,流动速度一般较低,门窗结构内部的空气对流就是自然对流;强制对流(受迫对流),由于各种泵、风机或其他外力的推动而造成,故流动速度往往很高,主动式新风系统就是强制对流。影响热对流的主要因素是:温差、导热系数和导热物体的厚度和截面积。导热系数越大、厚度越小,传导的热量越多。

热对流导致的热损失占到门窗能耗的 35%,门窗保温性能研究的是门窗构件本体内部的空气对流,而门窗能耗研究的是门窗气密性能所关注的门窗内外通过缝隙所产生的空气对流问题,这在前面已经进行了充分的探讨,在此讨论的是门窗本体内部的空气对流,从门窗结构、玻璃这两大部分进行讨论,下面分别进行具体介绍:

门窗结构的热对流:门窗分为固定和开启两个部分,开启部分的热对流体现在框扇间腔体内及隔热条腔体内。主密封胶条的作用是解决框扇腔体的热对流,填充法及隔热条悬臂腔体分格法是解决隔热条腔体热对流的途径和选择。固定部分的热对流产生于玻璃与型材结合部,这部分热对流欧式工艺是通过填充法或采用长尾式边部胶条来解决。

门窗玻璃的热对流:中空玻璃的空气间隔层内存在热对流,而且中空间隔层越大,热对流越明显,所以并不是中空层越大就越保温,而是恰恰相反。综合考虑门窗保温性能、隔声性能、使用寿命三者的整体平衡,合理的中空玻璃间隔层宽度是 12~16mm。

相关内容延伸:在家装零售门窗市场,常见的中空玻璃间隔层是 19mm 以上的,这样宽度的中空玻璃间隔层在国外是非常少见的,当中空间隔层的宽度大于 12mm 时,中空腔体内的热对流更易发生,所以整体玻璃的保温能力是下降的。国内零售门窗市场的中空玻璃间隔层这么宽,一是消费者想当然的觉得中空层越宽玻璃的保温性能和隔声性能越好,这其实是认知上的误区;二是为了与百叶中空玻璃互换方便,因为手动的中空玻璃百叶需要的中空腔体厚度至少是 19mm。

202 热辐射对门窗保温性能的影响及解决方案有哪些?

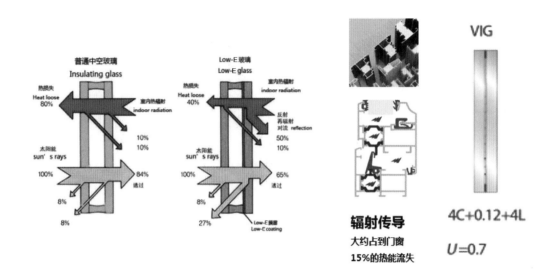

　　热辐射(thermal radiation),指物体由于具有温度而辐射电磁波的现象,是热量传递的三种方式之一。一切温度高于绝对零度的物体都能产生热辐射,物体以电磁波的方式向外传递的能量统称辐射能,它是由物体内部微观粒子在运动状态改变时所激发出来的。激发出来的能量分为红外线、可见光和紫外线等。热辐射的光谱是连续谱,波长覆盖范围理论上可从 0 直至 ∞,一般的热辐射主要靠波长较长的可见光和红外线传播,其中红外线对人体的热效应显著。另外,热辐射具有强烈的方向性;辐射能与温度和波长均有关,温度越高,辐射出的总能量就越大,短波成分也越多,发射辐射取决于温度的 4 次方,所以温度对热辐射具有决定性影响。

　　由于电磁波的传播无需任何介质,所以热辐射是在真空中唯一的传热方式,是真空玻璃能耗的唯一途径。真空玻璃内部腔体没有空气就没有热对流的热损,真空玻璃的边部密封采用特殊的焊接技术,边部热传导也控制到很低的水平,所以真空玻璃的保温性能很出色,当然价格也很高。

　　热辐射导致的热损失占到门窗能耗的 15%,辐射热损失是热量以射线形式通过门窗玻璃和窗框辐射产生。在室外,主要是由太阳照射在门窗上而向室内传递;在室内,主要是由取暖设备产生并通过门窗向室外传递。门窗保温性能关注的是门窗构件本体内部的热辐射,前面讨论的门窗结构腔体、玻璃这两个部分产生的热对流与热辐射存在密切的关联性,差别在于热对流靠空气流动交换热能,而热辐射电磁波不需要介质传递。所以解决热对流的措施对解决热辐射有一定的衰减作用,但很难有本质改观。

　　相关内容延伸:玻璃镀膜工艺是解决热辐射的主要手段,Low-E 膜就是其中的代表,所以前面已经提到,真空玻璃唯一存在的热损失渠道就是热辐射,所以将真空玻璃与 Low-E 进行有机结合而成的真空复合 Low-E 中空玻璃就成为保温性能出色的玻璃配置类型。

203　为何工程门窗对门窗保温性能重点关注？

门窗保温性能是工程门窗项目中重要的甚至是最重要的性能指标，这是因为节能指标是建筑验收程序中重要的强制环节，国家公共建筑及居住建筑节能设计标准中对门窗保温性能都有明确的规范要求，各地也有相应的地方验收标准，所以，作为门窗验收最重要的强制指标，保温性能是工程门窗项目的核心设计内容。

建筑项目验收有一套完整的、规范的管理流程，行政管制的特征非常明显，建筑项目不通过验收就不能投入使用，再加上工程项目的款项支付往往滞后于实际项目施工，所以门窗工程项目验收环节中必检的门窗保温性能K值指标，就成为项目甲方及门窗工程承包商关注的焦点！

我国现行建筑节能设计标准《严寒和寒冷地区居住建筑节能设计标准》（JGJ 26—2018）、《夏热冬冷地区居住建筑节能设计标准》（JGJ 134—2010）、《夏热冬暖地区居住建筑节能设计标准》（JGJ 75—2018）及《公共建筑节能设计标准》（GB 50189—2015）都对建筑外门窗的保温性能做了具体的规定，通过对比学习，可以发现下述规律：

同地域、同等窗墙比前提下，居住建筑的门窗保温性能比公共建筑的门窗保温性能要求更严格。

无论公共建筑还是居住建筑，窗墙比越大（窗洞口面积占墙体的面积），门窗保温性能要求越严格。

相关内容延伸： 工程门窗项目验收时有三份资料是必备的：一是门窗保温性能检验报告；二是门窗抗风压性能验算报告书；三是如果有避难间设置要求的就需要提供避难间门窗的耐火性能检验报告。家装零售门窗的验收是个人业主与门窗提供者之间的双方确认共识行为，工程门窗项目验收是门窗提供方、项目投资方、独立第三方（工程质监机构）三方确认共识的行为，这种差别就好比正常线下交易的一手交钱一手交货的行为与线上交易买卖双方加上第三方支付平台的过程一样，三方共识建立在专业、规范、标准的流程之上，这就对工程门窗的相关性能（相关规范中提出明确要求）形成了基本的保障和制约。

204　如何综合认知门窗保温性能和门窗气密性能的关系？

气密性能 8　　保温性能 9

序号	标准	气密性能要求	
		q_1,[m³/(m·h)]	q_2,m³/(m²·h)
1	JGJ26—2018	严寒地区 ≤1.5 寒冷地区 ≤2.5（1~6层） ≤1.5（≥7层）	严寒地区 ≤4.5 寒冷地区 ≤7.5（1~6层） ≤4.5（≥7层）
2	JGJ134—2010	≤2.5（1~6层） ≤1.5（≥7层）	≤7.5（1~6层） ≤4.5（≥7层）
3	JGJ75—2018	≤2.5（1~9层） ≤1.5（≥10层）	≤7.5（1~9层） ≤4.5（≥10层）
4	GB50189—2015	≤1.5	≤4.5

表 4.0.5-1 不同朝向外窗的窗墙面积比限值

朝　向	窗墙面积比
北	0.40
东、西	0.35
南	0.45
每套房间允许一个房间（不分朝向）	0.60

表 4.0.5-2 不同朝向、不同窗墙面积比的外窗传热系数和综合遮阳系数限值

建筑	窗墙面积比	传热系数 K [W/(m²·K)]	外窗综合遮阳系数 SCw （东、西向／南向）
体形系数≤0.40	窗墙面积比≤0.20	4.7	—／—
	0.20<窗墙面积比≤0.30	4.0	—／—
	0.30<窗墙面积比≤0.40	3.2	夏季≤0.40／夏季≤0.45
	0.40<窗墙面积比≤0.45	2.8	夏季≤0.35／夏季≤0.40
	0.45<窗墙面积比≤0.60	2.5	东、西、南向设置外遮阳 夏季≤0.25 冬季≥0.60
体形系数>0.40	窗墙面积比≤0.20	4.0	—／—
	0.20<窗墙面积比≤0.30	3.2	—／—
	0.30<窗墙面积比≤0.40	2.8	夏季≤0.40／夏季≤0.45
	0.40<窗墙面积比≤0.45	2.5	夏季≤0.35／夏季≤0.40
	0.45<窗墙面积比≤0.60	2.3	东、西、南向设置外遮阳 夏季≤0.25 冬季≥0.60

注：1. 表中的"东、西"代表从东或西偏北30°（含30°）至偏南60°（含60°）的范围；"南"代表从南偏东30°至偏西30°的范围。
　　2. 楼梯间、外走廊的窗不按本表规定执行。

　　通过建筑门窗产生的热损失有辐射热损失、对流热损失和传导热损失。其中辐射热损失是热量以射线形式通过门窗玻璃和窗框辐射产生。在室外，主要是由太阳照射在门窗上而向室内传递；在室内，主要是由取暖设备产生并通过门窗向室外传递。传导热损失是通过物体分子运动而进行能量的传递，从而将热量从温度较高一侧传递到较低一侧。由建筑门窗传热系数检测原理可知，上述两种热损失以门窗的整窗传热系数来衡量，传热系数越大，其热损失越大。对流热损失即通过门窗缝隙的空气渗透热损失，通过门窗的空气渗透越大，其对流热损失越大。而由建筑门窗传热系数检测原理可知，检测时将门窗缝隙进行密封处理，并未考虑对流热损失对门窗整体传热系数的影响。

　　我国现行建筑节能设计标准《严寒和寒冷地区居住建筑节能设计标准》（JGJ 26—2018）、《夏热冬冷地区居住建筑节能设计标准》（JGJ 134—2010）、《夏热冬暖地区居住建筑节能设计标准》（JGJ 75—2018）及《公共建筑节能设计标准》（GB 50189—2015）对建筑外门窗的气密性能及保温性同时都有具体的规定，但是在实际门窗性能指标中聚焦关注门窗"K"值，着重讨论隔热条宽度及玻璃配置，忽略了门窗气密性对实际保温性能的直接影响。

　　综上所述，门窗的实际节能效果应同时关注门窗的气密性能（门窗缝隙引起的空气渗透热损失）和保温性能（传导热损失），两者结合才是门窗整体传热系数的综合反映。

　　相关内容延伸：门窗 K 值的检验数据是纯粹的门窗传热状态，因为在实际检测中对被检测窗的缝隙进行密封处理，就是为了单纯检测门窗的保温性能，屏蔽空气对流对门窗保温性能的影响，但是在实际生活中我们感受的门窗保温性能不仅仅是门窗的传热状态，还有门窗气密性能带来的空气对流，这就是检测条件与实际生活对门窗保温性能最本质的差别。在国家相关建筑节能及门窗节能规范中往往都会在界定门窗保温性能指标的时候，通常会提前界定门窗的气密性能指标，所以门窗气密性能与门窗保温性能的高度关联性是显而易见的。

205 欧洲门窗保温性能要求的发展轨迹有何启示?

德国各时期建筑节能标准围护结构传热系数

建筑节能标准	K值（W/m²·k）			
	屋顶	外墙	地下室	外窗
老建筑	0.60-2.00	1.40-2.00	0.30-1.30	5.2/2.8
1995年法规	0.30	0.40	0.50	1.70
2002-2007年法规	≤0.30	≤0.35	≤0.40	≤1.50
2009年法规	0.20	0.25	0.30	1.30
被动房	≤0.12	≤0.18	≤0.20	≤0.80

门窗种类	主要安装年代	平均U值（W/m²K）	平均太阳的热因子SHGC(%)
单层玻璃窗	截至1978	4.7	87
双层玻璃窗	截至1978	2.4	76
非镀膜中空玻璃窗	1978—1995	2.7	76
单层low-E中空玻璃窗	1995—2008	1.5	60
三层中空玻璃（双Low-E）窗	自2005开始	1.1	50

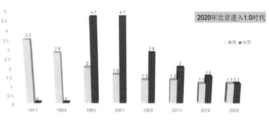

品种	玻璃配置	樘（百万）
种类1	单层玻璃窗	17
种类2	双层玻璃窗	44
种类3	非镀膜中空玻璃窗	205
种类4	单层low-E中空玻璃窗	289
种类5	三层中空玻璃单Low-E窗	55
合计		610

　　北京的门窗节能指标要求已提高到1.1W/（m²·K），这个指标要求与住房城乡建设部设想的2020年北京门窗节能指标达到德国2016年同期水平的要求相比是达到并超越了。德国从1971年开始执行建筑节能标准，到1979年，门窗所用玻璃仍然是单层玻璃与双层玻璃并存，在铝合金型材方面，采用的断桥铝合金型材仅占10%的比例，大部分仍然是普通铝合金型材；到1989年，玻璃已经全部用中空玻璃，普通铝合金型材也全面退出市场。德国从1971年建筑节能要求开始的3.7W/（m²·K）到1989年的2.8W/（m²·K）整整用了20年的时间。随着节能技术的提升与经济的发展，从1989年到1995年短短6年的时间，德国市场对门窗K值的要求就提高到了2.0W/（m²·K），提高的幅度接近30%。从1996年开始到2000年，德国的门窗标准再次由2.0W/（m²·K）提高到1.3W/（m²·K），再次提高了35%。

　　目前德国门窗市场的整窗U值要求在1.2~1.3W/（m²·K）之间。在产品配置方面，"E暖氩"中空玻璃的市场份额已经超过63%，多腔PVC型材、隔热铝合金型材及木型材的U_f值低于1.4W/（m²·K）也已经成为必然配置。目前我国的门窗市场从材料的技术水平、设计水平及市场分布态势来看，与1989年的德国十分类似，但是从目前国内节能标准要求以及质量提升行动要求来看，却与2000年后的德国发展类似。以德国门窗市场轨迹为参照，我们可以预判未来国内Low-E中空玻璃、宽隔热层的隔热铝型材将成为家装铝门窗市场的主流配置，高性价比的塑钢门窗会成为北方工程门窗市场的主流。

　　相关内容延伸： 近些年德国的隔热铝窗使用量比例逐年上升，这是因为德国规定高度在35m以上不得使用塑窗及木窗，而近年新建的德国公寓式住宅项目基本都在7层以上，加上德国的门窗保温性能指标限制，所以大系列的高端隔热铝窗（被动式铝窗）的使用越来越普及，这是德国住宅工程门窗的新趋势。

206　铝、塑、木三种门窗的保温性能如何定性认知？

表5 （窗尺寸:1500×1500,面积 2.25 m²）

窗类型 项目	63TT内开内倒侧隔热铝窗	R65内开下悬三密封塑窗
窗框传热系数　K_f	3.71 W/(m²·K)	1.6 W/(m²·K)
(4+12a+4)中空玻璃　K_o	3.0 W/(m²·K)	3.0 W/(m²·K)
窗框面积	0.60 m²	0.56 m²
窗框占窗面积　η	0.27	0.29
玻璃面积	1.65 m²	1.60 m²
玻璃占窗面积　1-η	0.73	0.71
计算得整窗的传热系数 K 值	3.19 W/(m²·K)	2.59 W/(m²·K)
2004 年 7 月 1 日以后 北京地区使用情况	不能使用	能够使用

计算过程：

对 63TT 内开内倒侧隔热铝窗：
$K= K_f \times \eta + K_o \times (1-\eta)=3.71 \times 0.27+3.0 \times 0.73=3.19\ [W/m²·K]$

对 R65 内开下悬三密封塑窗：
$K= K_f \times \eta + K_o \times (1-\eta)=1.6 \times 0.29+3.0 \times 0.71=2.59\ [W/m²·K]$

条宽度	U_f 框-扇	扇-扇	固定框	平均	隔热腔添泡沫，使用空腔胶条等改进措施后 U_f
14.8	3.6	3.7	3.3	3.6	--
16	3.4	3.5	3.1	3.4	--
18.6	3.2	3.3	2.9	3.2	3.0-3.15
20	3.0	3.1	2.7	3.0	2.8-2.95
22	2.8	2.9	2.6	2.8	2.65-2.75
24	2.7	2.8	2.5	2.7	2.5-2.6
27.5	2.6	2.7	2.4	2.6	2.4-2.5

　　隔热铝合金窗、木（铝包木）窗、塑钢窗是目前国内门窗市场常见的三大品类，隔热铝合金窗在工程和家装零售市场都占据主流地位，木窗在北方的工程和家装零售市场都处于高端定位，塑钢窗在北方的工程市场份额正在恢复，在北方的家装零售市场继续保持在低端市场的份额。这是目前市场上的客观现实，是市场对这三大类产品的长期性价比、外观颜值、使用寿命、功能多样化等综合品质及性能选择的结果。

　　如果用简单的语言来定义这三大类产品的特征，木窗是价格贵，铝窗是产品全，塑窗是传统塑窗品质历史造成消费者的信任度低。就产品的保温性能而言，在界定同一洞口面积及分格方式、开启方式、玻璃配置的前提下，不考虑气密性的影响，单纯比较型材的传热系数 K 值的话，木型材的材料优势是比较明显的，也比较恒定，这是单一材料的自身属性决定的。隔热铝型材与塑钢型材的比较就有些复杂，下面分别进行简要介绍：

　　隔热铝型材的传热系数 K 值： 隔热铝型材的 K 值主要取决于隔热条宽度和结构设计中的辅助工艺配合，发挥余地大，配置多样化，可以根据不同的要求进行相应的模块化组合，所以隔热铝窗的市场覆盖范围和市场份额占据主流。

　　塑钢型材的传热系数 K 值： 塑钢型材的传热系数 K 值主要取决于结构腔体的数量。总体来说，塑钢型材的保温性能好于隔热铝型材，但是略逊于木窗型材。由于塑型材的开模成本高，所以配置余地相对固化，设计余地相对局限，因此塑钢窗的研发投入和试错成本都比隔热铝窗要高，这也限制了塑钢窗的产品多样性及迭代进程。

　　相关内容延伸： 就保温性能而言，木窗、塑窗比铝窗有材质优势，在门窗保温性能要求高的地区和项目上，木窗及塑窗的性能优势比较明显，如果再考虑成本因素，塑窗的价格优势体现的更加突出，欧美日发达地区的塑窗价格优势不是因为材料成本，而是因为塑窗的生产效率高，规模化生产所带来的制造成本优势。对门窗保温性能不苛刻的地区或项目，铝窗的属性优势就体现的更充分，消费者也更愿意选择。

207　隔热铝窗的结构安全要素是什么？

构造 —— 复合形成隔热铝合金型材

功能 —— 隔热条导热率是铝合金的 1/533

结构 —— 隔热条与内外铝材构成一个整体共同承受门窗中的荷载

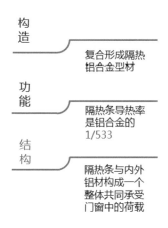

铝合金热导率：160W/（m²·K）　隔热条(PA66GF25)热导率：0.3W/（m²·K）

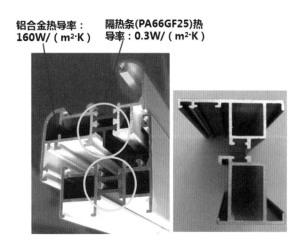

　　隔热铝合金门窗的隔热型材分为欧式穿条和美式注胶，经过 20 年的市场选择，欧式穿条成为主流。欧式穿条隔热型材的加工工艺决定了连接内外两部分铝材的两支隔热条在隔热铝门窗加工成型后，仅窗扇上的一支隔热条是露于隔热铝材外部可以直接识别，而且要在窗扇开启时，从侧面观察才能"一睹其庐山真面目"。这种明显区别于五金件的隐蔽性，再加上隔热条仅占到整窗投资约 5% 的比例，就更不容易引起隔热铝门窗业主、监理、设计等相关单位工程技术人员的关注了。但这不起眼的 5% 投资却恰恰主宰了隔热铝门窗的整体稳定性及使用寿命。原因有三：

　　隔热条是隔热铝门窗的结构件，不是一个简单的连接件。作为结构件就意味着它是承载受力的，分析隔热铝窗的断面可以发现在整窗开启扇上有近 60% 的窗扇重量是完全依靠这两支不起眼的隔热条来支撑的。如果隔热条的强度不足，那么窗扇的命运就非常令人担忧了，轻则变形，重则坠落！

　　隔热条也是隔热铝门窗的功能件。在承载受力的同时，隔热条还承担密封、传接的功能。如果通过机械复合滚压在一起的隔热条与铝材基质的热膨胀系数不一致，那么在热冷不均的条件下，必然会出现变形不一的现象，若不能保证铝材、隔热条这两个完全独立的组合部分"伸缩同步"，就必然导致要么隔热条在铝材槽内的松动，要么在隔热铝材上产生变形应力，无论何种情况，隔热条的密封、传接的功能又如何保证呢？

　　隔热条作为隔热铝材的一个重要组成部分，它的尺寸精度直接决定了复合成型的隔热铝材尺寸精度。门窗的装配精度是 0.2~0.3mm，若隔热条本身的外形尺寸不能严格控制在 0.1mm 以下的精度，就很难保证整体门窗的装配精度。

　　相关内容延伸： 隔热条的品质主要是指隔热条的精度、强度、耐久度，保障品质的要素涉及原料、模具、挤出设备、完整工艺。在我国，隔热条的生产企业数不胜数，但是在全球，除了我国之外，仅欧洲有生产企业，数量也仅 4 家，这反差对比强烈的现象与事实背后说明什么问题就留给广大读者细细品味了。

208　美式隔热铝型材与欧式隔热铝型材的差别有哪些？

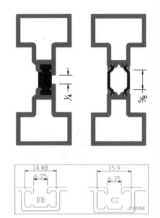

穿条式	浇注式
可从玻璃、隔热条、密封胶条沿中线（红线）形成连续的隔热。	因结构设计的缺陷，无法做到连续隔热。

穿条式	浇注式
能满足不同的节能要求，可达到Uw=1.6W/(m².k)、1.1W/(m².k)等高性能的节能指标：	配上Low-E中空玻璃，最低也只能完成Uw=2.2W/(m².k)的要求。

	穿条式	浇注式
热变形温度	PA66GF25：≥235℃	PU：＜80℃
阳光直射	能耐夏日阳光直射	易变形
80℃高温10N/mm负荷试验	不变形	被拉裂

　　隔热铝合金门窗的隔热型材分为欧式穿条和美式注胶，经过 20 年的市场选择，欧式穿条成为主流。在 2002—2004 年隔热铝窗在我国的推广初期，欧式穿条隔热铝窗对比美式注胶式隔热铝窗的突出优势是很容易实现里外双色，这个显性的比较优势奠定了欧式穿条隔热铝窗的胜出基础。浇注工艺和穿条工艺各自都有用武之地，浇注式铝材在北美、澳大利亚因结构紧凑，提拉及小系列外开结构使用普遍，穿条式隔热铝窗成为国内市场主流还有其他的一些原因，下面逐项分析：

　　同等隔热宽度下，穿条式隔热型材的保温性能优于注胶式。

　　穿条式隔热型材的生产效率更高，可以连续生产加工。

　　穿条式隔热型材的生产灵活性更强：注胶式隔热型材所用的聚氨酯胶一旦开封就需要一次性用完，而隔热条的生产灵活性就充分得多，这也是家装零售门窗市场大多采用穿条式隔热铝窗的重要原因之一。

　　穿条式隔热铝窗在欧洲已经成熟发展 30 年，五金商、系统商、铝材结构配套齐全，窗型设计、配套渠道的余地更丰富，所以对于技术积累周期相对较短的家装零售门窗行业而言，穿条式隔热铝窗的发挥和选择余地更大，更能满足不同市场消费习惯、不同气候环境使用性能的需求。

　　隔热条的线膨胀系数与铝材更接近（铝合金：$2.35 \times 10^{-5}K^{-1}$，PA66GF25 隔热条：$2.25 \times 10^{-5}K^{-1}$，聚氨酯注胶：（$15 \times 10^{-5}K^{-1}$），而接近的线膨胀系数是复合强度持续性、稳定性的基础。

　　穿条式隔热型材自然高温（80℃）条件下的强度性能更稳定，而隔热铝窗在阳光直射 3h 后的表面温度接近此温度。

　　相关内容延伸：在我国，穿条式隔热铝窗成为主流的重要原因不是以上技术因素，而是特定的国情。在工程门窗 20 年前率先引进隔热铝窗的时候，开发商对穿条式隔热铝窗的里外双色这种外在特征很敏感，因为这可以简单直观区别于传统铝窗和塑窗，成为门窗档次感的外在标签，为项目宣传和包装提供了素材。家装零售门窗对里外双色的广泛接受是因为物业要求外立面门窗颜色的一致性，但外立面颜色基本都是咖啡、铁灰、绿色等，这与内装浅色调的装修风格冲突较大，而穿条式隔热铝窗的里外双色特征就很好的解决了这一冲突。

209　为何说隔热铝型材的称呼不准确？名称由来是什么？

断桥铝门窗、隔热铝合金门窗、断热冷桥铝门窗这三个名称中，隔热铝合金门窗的说法是最不贴切的但也是运用最广泛的。为什么这么说呢？欧式穿条式隔热铝合金型材是把传统的一体性铝型材一分为二，然后用两支低热导性能的隔热条通过机械复合的手段将分开的两部分连接在一起，通过这种方式来解决因热传导而造成的铝门窗型材上的能耗问题。这种隔热铝门窗在欧洲已有30多年的使用历史，欧洲门窗对隔热铝门窗专用隔热条——这种起到受力、连接及密封作用的结构功能配件在材质选择及质量控制上已积累了成熟的经验，隔热铝合金门窗是隔热型材这一名词的延伸。

国标《铝合金建筑型材　第6部分：隔热型材》（GB/T 5237.6—2004）首次将隔热型材、隔热条进行规范称谓。但是通过深入探究可以发现，隔热条（或美式注胶）是解决室内外温差在传统一体化铝材上的热传导，所以断桥说的是隔热条，断热说的是隔热条的作用，隔热是阻隔热传导的简称。《铝合金门窗》（GB/T 8478—2020）把门窗的保温性能和隔热性能分开描述，明确隔热性能是指门窗阻隔太阳热辐射的能力，保温性能主要是指阻热传导的能力，用K值表征。所以按照此定义，沿用了20年的隔热铝合金型材应改称为保温铝合金型材，相应隔热铝门窗应改称为保温铝门窗。

称谓不重要，重要的是概念的定义。最后总结：门窗隔热性能是指阻隔太阳热辐射的能力，用$SHGC$值表征；门窗保温性能是指阻热传导及门窗结构本体内热对流、热辐射的能力，用K值表征。

相关内容延伸：在我国的家装零售门窗市场，断桥铝门窗是最广泛的称呼，一些企业提出了系统门窗的概念后，甚至把系统门窗和断桥铝窗分别加以定义，这给消费者造成一定的困扰和误导，断桥铝门窗是产品类别，系统门窗是产品属性，这是完全不同的两个概念，断桥铝窗中有系统窗也有非系统窗，塑窗中有系统窗也有非系统窗，这才是客观的认知。就好比轿车、SUV、卡车是不同的产品类别，四驱及两驱、1.6排量及2.4排量、柴油或汽油，纯电动或油电混动，四缸及八缸等等这些配置参数或定性概念是产品属性，产品类别与产品属性进行比较或定义好坏高低就是"关公战秦琼"。

210　整窗保温性能的计算理论如何理解?

3.3.1　整樘窗的传热系数应按下式计算:

$$U_{\mathrm{t}} = \frac{\sum A_{\mathrm{g}}U_{\mathrm{g}} + \sum A_{\mathrm{f}}U_{\mathrm{f}} + \sum l_{\psi}\psi}{A_{\mathrm{t}}} \qquad (3.3.1)$$

式中　U_{t}——整樘窗的传热系数[W/(m²·K)];

　　　A_{g}——窗玻璃(或者其他镶嵌板)面积(m²);

　　　A_{f}——窗框面积(m²);

　　　A_{t}——窗面积(m²);

　　　l_{ψ}——玻璃区域(或者其他镶嵌板区域)的边缘长度(m);

　　　U_{g}——窗玻璃(或者其他镶嵌板)的传热系数[W/(m²·K)],按本规程第 6 章的规定计算;

　　　U_{f}——窗框的传热系数[W/(m²·K)],按本规程第 7 章的规定计算;

　　　ψ——窗框和窗玻璃(或者其他镶嵌板)之间的线传热系数[W/(m·K)],按本规程第 7 章的规定计算。

隔热条宽度	14.8	18.6	24	30	34	35.3	41	54	64
型材 U_{f}	3.28	3.04	2.64	2.32	2.03	1.95	1.62	1.04	0.79

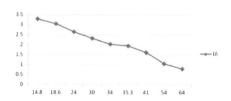

整窗的传热系数 U_{w}(门窗保温性能是指阻隔热传导的能力,用 K 值表征)测算公式就是理论计算整窗的保温性能。整窗保温性能由三个部分构成:一是窗框型材;二是玻璃;三是玻璃边部。三个部分涉及六个变量,这六个变量最终决定了整窗的保温性能,下面分别描述:

窗框的传热系数 U_{f}:隔热铝型材的 U_{f} 的决定性变量是隔热条宽度。

窗框面积 A_{w}:型材可视面高度与型材长度的乘积。

玻璃的传热系数 U_{g}:玻璃的传热系数 U_{g} 变量较多,涉及玻璃层数、厚度、中空层数、中空层宽度、充气状况等。

玻璃面积 A_{g}:玻璃可视面面积。

玻璃间隔条的周长 l_{f}:间隔条实际周长,比玻璃边部周长略小。

玻璃边部传热系数 ψ:取决于玻璃间隔条的材质。

在热工计算软件中,此公式的相关设定已经后台建模,当导入节点图后,人工按照建模要求处理有关的数据选择及导入后由软件直接生成结果。此公式明确了门窗保温性能的变量影响要素,为门窗保温性能的优化设计提供了技术的模型支撑,是所有门窗保温性能优化设计的基础和出发点。

相关内容延伸: 这个公式其实是个"鸡肋"公式。对于工程门窗技术人来说,基本都是依据专业软件计算出的门窗热工报告来作为整窗热工性能的依据,家装零售门窗则以门窗的保温性能检验报告来作为依据,因为检验报告简单直观,和非专业的消费者沟通起来更直观、更简单,这也体现出技术积累的专业化认知在工程门窗与家装零售门窗的差别。但是不管是专业软件还是检测结果,其依据都是来自上述公式,公式是来龙去脉的逻辑展现,知晓来龙去脉才是技术追求的本质和基础。

211 隔热铝型材的实际运用中主要受什么力？

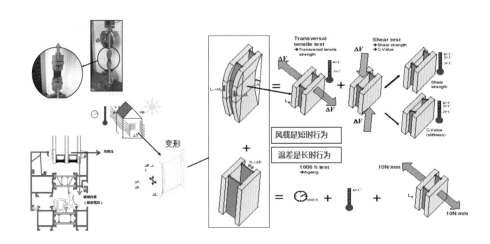

　　门窗在实际使用环境中受到阳光、风雨等自然气候的考验，在特定状况下门窗整体框架及板件会产生拱曲变形，隔热铝合金门窗也不例外，只是隔热铝合金型材作为特殊的复合结构材料，拱曲变形施加给型材的受力状态有其特殊性，主要体现在以下两个方面：

　　正、负风压的作用下隔热型材处于内外交替的拱曲变形的状态，正风压时向室内拱曲，负风压时向室外拱曲，拱曲状态时隔热型材处于横向拉伸受力。

　　内外温差作用下隔热型材产生的拱曲变形：当型材在夏季接受阳光直射时，外腔型材受热膨胀伸展，隔热型材向外拱曲，当冬季时外腔型材遇冷收缩，隔热型材向内拱曲，拱曲状态时隔热型材也处于横向拉伸受力。

　　玻璃自重的不均匀施载对开启扇的隔热型材会产生下框型材的横向拉伸受力及竖框料型材的纵向剪切受力，这具体与玻璃所处的位置及隔热型材具体的结构设计有关。

　　综上所述，无论是拱曲变形还是玻璃自重的不均匀施载，对于隔热型材受力来说都转化为横向抗拉强度与纵向抗剪强度的考验，下面简单分析：

　　隔热型材横向抗拉强度：国家标准《铝合金建筑型材　第 6 部分：隔热型材》（GB/T 5237.6）要求：T_c（特征值）≥ 24N/mm（取样长度为 100mm）。

　　隔热型材纵向抗剪强度：《铝合金建筑型材　第 6 部分：隔热型材》（GB/T 5237.6）。特征值是一个比较复杂的概念，在此不做详解，但需要指出的是特征值≠平均值。

　　相关内容延伸：就隔热铝窗实际使用过程中的常态受力分析而言，常规的三腔隔热型材（室外侧铝冷腔 + 中间隔热条腔 + 室内侧铝暖腔）结构铝窗是承受纵向剪切力为主，非稳态的两腔隔热型材（中间隔热条腔 + 室内侧铝暖腔或室外侧铝冷腔）结构铝窗是承受的横向拉伸考验更严峻。不同的结构形式，受力状态不一样，这才是结构设计的必要性和复杂性所在。

212　隔热条的材质及原料有什么具体要求？如何简单鉴别？

GB/T 23615.1—2017《铝合金建筑型材用隔热材料 第1部分：隔热条》

4.3　组分

聚酰胺型材的主要组分为聚酰胺66和玻璃纤维，余量为颜料、热稳定剂、增韧剂、挤压助剂等添加剂。聚酰胺型材组分质量分数应符合表1的规定。聚酰胺66应采用新料，不准许使用回收料。

表 1　组分质量分数

组分	质量分数 %
聚酰胺 66	≥65
玻璃纤维	25±2.5
添加剂 ·	余量

· 添加剂为颜料、热稳定剂、增韧剂、挤压助剂等。

GB/T 23615.1—2017《铝合金建筑型材用隔热材料　第 1 部分：隔热条》中对穿条式隔热铝型材所用隔热条进行了定性和定量的明确要求，核心要点可以概括为如下三点：

聚酰胺 66（尼龙 66、PA66）作为隔热条的基础材料，含量要求 ≥ 65%。这就意味着隔热条的主材是 PA66，不能是 PVC、ABS、PA6 等。

玻璃纤维作为隔热条的强度增强材料，含量要求控制在（25±2.5）%。这其实是留了一定余地和弹性，也就是为添加剂的成分比例留了一定的空间。PA66 作为主材是隔热条化学性能的基础保障，玻璃纤维是隔热条强度的保障，添加剂是隔热条挤出成型精度和耐久性的保障。

聚酰胺 66（尼龙 66、PA66）作为隔热条的基础材料不得使用回收料，这是核心内容。尼龙的本质是塑料，塑料的使用回收是常态，但是回收一次就是内部分子结构的重塑，各项化学性能就会有一次变化（多半是衰减），所以使用回收料就无法保证初始原料的各项性能。

是否采用回收料最简单的鉴别方式就看价格和销售计价方式，以重量作为隔热条计价单位的，或者隔热条成品价格折合成重量低于新原料价格的，基本都是很难做到上述三点。

相关内容延伸：隔热条的原材料问题一直是一个讳莫如深的内容，化学原材料的价格是开放透明的，但是不同的原材料企业（同时国际知名企业，比如德国巴斯夫、美国杜邦、日本东丽等）的 PA66 价格也会存在一定的价格波动，同一厂家不同编号的 PA66 原材料也会价格不同，甚至相同品牌、相同产品编号的产品，但是不同产地的价格也会不同，问题在于上述三种情况的价格差异有时候可达 40% 以上，化工原料的价格差异主要是由原油价格、当地电价、整体生产效率这三大因素决定的，特别要指出的是，原料企业不提供回收料产品，提供回收料的企业都是流通渠道的非规模化制造型企业，所以隔热条的原材料选择是隔热条生产企业的关键决策之一。

213 为何大跨度隔热铝门窗会启闭不畅？如何解决？

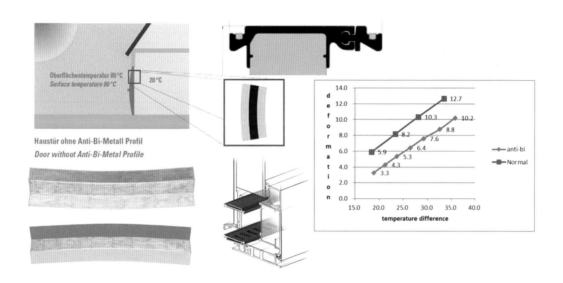

热拱是一种临时的现象，这种现象发生是因为阳光直射门的表面导致隔热型材的内、外两侧温差过大，致使内、外侧型材伸长量不一致，而又因为聚酰胺型材（隔热条）对室内外两侧铝材的约束作用，使得型材起拱变形。当阳光不能直射到门上的隔热型材一段时间后，这种热拱现象又会消失。

隔热断桥型材是由隔热条和铝合金型材复合而成的。隔热条和铝合金型材的线性膨胀系数虽然比较接近，但是还是有差异的。铝合金的线膨胀系数是 $\alpha = 2.35 \times 10^{-5}\text{K}^{-1}$，隔热条的线性膨胀系数为（$2.3 \sim 3.5$）$\times 10^{-5}\text{K}^{-1}$。如果隔热条的线性膨胀系数为 $\alpha = 2.8 \times 10^{-5}\text{K}^{-1}$，取 $L_0 = 1.5\text{m}$ 的杆件长度，温差变化取 $\Delta T = 30℃$，可以分别计算在没有约束的情况下两种材质的温度热变形量：隔热条：$\Delta L = \alpha L_0 \Delta T = 2.8 \times 10^{-5} \times 1.5 \times 103 \times 30 = 1.26\text{mm}$，铝合金：$\Delta L = \alpha L_0 \Delta T = 2.35 \times 10^{-5} \times 1.5 \times 103 \times 30 = 1.06\text{mm}$。对于门窗而言，1.5m 的杆件在温差 30℃ 的情况下，隔热条和铝合金型材的温度变形量相差 0.2mm，大概占到杆件长度的 0.01%，加上滚压的机械结合力的约束，这个变形是可以吸收、消化的，所以隔热断桥型材的温度变形基本是同步的，不会产生型材内部使用上的问题。

对于复杂气候条件的地区，即温差变化比较大的地区，或者湿度比较大的地区，要尤其慎重考虑隔热断桥型材的热变形。发生这种情况，先确定是力学因素还是温度因素。如果是力学因素，我们可以选择增加型材结构的刚性设计刚度；如果是温度因素，需要考虑如何消除热拱变形。对于大跨度、复杂区域的隔热条运用及设计，需要慎重对待热变形应力的消除解决方式及途径，确保隔热铝合金门窗产品的使用性能完美呈现并持久。

相关内容延伸： 在国外成熟系统门窗的结构设计上可以看到 O 型隔热结构的设计，常见于隔热铝外门的结构，这种 O 型隔热结构通过"关节式"的复合设计消化冷热温差造成的热变形应力，但是这种设计的挑战来自于隔热铝型材的纵向抗剪强度的损失，所以如何在热变形应力与抗剪强度之间做取舍或兼顾是结构设计者的技术考验。

214 隔热条形状对门窗保温性能的影响有哪些?

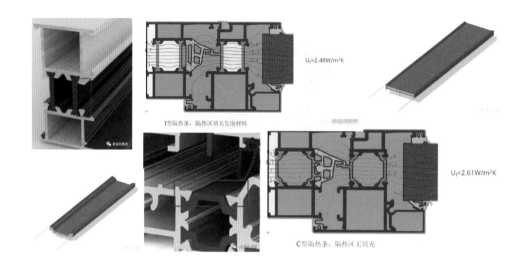

使用 C 型隔热条的门窗与使用 I 型隔热条的门窗相比有许多优势:首先,在用户可见的外露位置,使用 C 型隔热条的型材外观更平整,视觉效果更好;其次,C 型隔热条有利于门窗的阶梯排水设计。但是,C 型条的结构强度考验需要重视。

当然,作为功能件的隔热条,体现出的隔热性能是评判其性能的最主要衡量标准。通过热工模拟计算,把使用 C 型隔热条的隔热铝门窗其隔热性能与使用 I 型隔热条的隔热铝门窗进行对比(隔热条宽度均为 24mm,可视面宽度为 113mm 的框扇组合节点),结果如下:

隔热区不填充发泡材料的情况下,使用 C 型隔热条的节点的 U_f 值为 2.61W/($m^2 \cdot K$),使用 I 型隔热条的节点 U_f 值为 2.68W/($m^2 \cdot K$),两者相差 0.07。

隔热区填充发泡时,使用 C 型隔热条的节点的 U_f 值为 2.33W/($m^2 \cdot K$),而使用 I 型隔热条的节点 U_f 值为 2.48W/($m^2 \cdot K$),两者相差 0.15。

无论隔热区是否填充发泡,使用 C 型条的门窗的隔热性能都优于使用 I 型条的门窗,这是由 C 型条的热传导路径略长的造型优势决定的。在隔热区填充发泡的情况下,使用 C 型隔热条相比使用 I 型隔热条的性能优势展现得更为明显。

相关内容延伸:本节内容是在隔热条腔体的填充与否两种条件下,计算同等宽度 C 型条与 I 型条的热工差别,结果充分验证同等宽度 C 型条的保温性能优于 I 型条,这是目的和结果,隔热条腔体填充与否是两种实验条件设定,不能误读或断章取义,书面化的表述方式可以最大程度地避免断章取义,这也是本书的初衷。在家装零售门窗市场,断章取义、随意标签化的结构讲解、工艺解读现象层出不穷,在给消费者造成困扰的同时,也在行业内造成了很多"三人成虎"的故事或事故。

215 为何有的隔热条会起泡、分层？

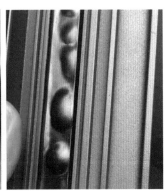

　　隔热条的起泡、起鼓、分层现象大多出现在隔热条经受了 160℃ 以上的高温环境后，这种高温环境在隔热条的正常穿条复合及制成隔热铝门窗的使用过程中是难以接触到的，所以一般来说隔热条的起泡、起鼓、分层现象是比较少见的。但是，如果复合好的隔热型材由于改色的需要进行二次喷涂的时候，粉末固化的烘烤工艺就会接受 160℃ 以上的高温环境考验，这时候隔热条的内部缺陷就会暴露出来，主要是两种原因：

　　气泡、起鼓是隔热条内部的水分在高温环境下的蒸发导致。吸水性是尼龙 66 的材质属性，而隔热条内部的水分有可能来自两种情况：一是隔热条在储存过程中的"后天环境缺陷"，空气中的水分子会通过隔热条表面逐渐向内部扩散，一部分在尼龙 66 分子链上形成结晶水，一部分游离于分子链之间，降低了尼龙 66 分子链间的相互作用力，从而降低抗拉强度；二是在产品原料制成隔热条的过程中"先天基因缺陷"，如果采用含水率较高的原材料就会导致隔热条内部的水分含量超标，衡量 PA66 原材料水分高低的标准参数是 PA66 原料的黏度，黏度不同的 PA66 原料价格差异还是比较悬殊的，这也是同品牌 PA66 原始新料的价格差异达到 30%~62% 的原因之一。

　　PA66GF25 是指隔热条的成分构成：聚酰胺 66 ≥ 65%+ 玻璃纤维 25% ±2.5%，如果在原料里混入 PA6、ABS、PVC、碳酸钙等廉价的原料或增强剂就会导致高温环境下的分子链破坏并断裂，这是隔热条高温后分层的根本原因。PA66 的熔点高达 250℃，同时，也无明显软化温度，而 PA6、PVC、ABS 的熔点分别只有 215℃、190℃、175℃，且 PVC、ABS 在 80~120℃ 就出现了软化，所以隔热条分层就是一部分原料熔化挥发造成的分子链断裂的结果。

　　相关内容延伸：国内常规的隔热铝型材生产工艺都是将表面喷涂好的铝材进行穿条复合，所以隔热条不会经受高温烘烤的考验，欧洲是先穿条后喷涂的工艺，隔热条需要经受高温烘烤的考验，这也是为什么欧洲隔热条产品竞争 50 年仅 4 家隔热条生产供应商，我国 20 多年隔热条生产制造史但隔热条生产商数不胜数的底层原因。问题是隔热条在长期的实用过程中，虽然不至于经受喷涂烘烤条件那么严峻的环境考验，但是紫外线、拉伸及剪切受力、极限零下 40℃，零上 80℃ 等综合因素考验下，作为隔热铝窗结构的薄弱环节（对比铝材而言）的隔热条品质应给与足够重视。

216 隔热条有断口可以接受吗？

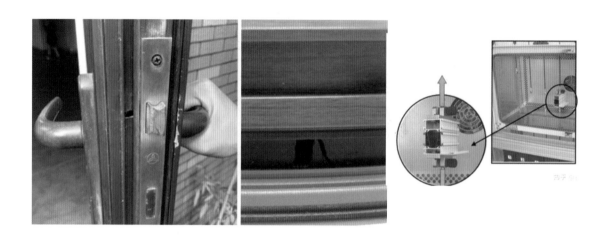

隔热条出现断口分为起始断口和使用断裂两种情况，无论哪种情况都反映隔热型材的强度隐患，所以不能忽视：

起始断口是指在穿条复合的时候由两支隔热条拼接而造成的接头处断口。这种情况一般出现在零售门窗领域使用进口品牌隔热条的时候，一是因为零售门窗型材长短不均，隔热条拼接时有发生，二是因为进口品牌隔热条价格贵，如果是廉价的、低端的隔热条就不用这么麻烦和折腾了。

我们要关注的是隔热型材在做成门窗后的使用过程中所出现的断裂现象，因为断裂代表应力的集中释放，这种非正常应力的产生一是来自隔热型材内部，二是来自外部。

型材内部的应力主要是来自加工精度不足造成的型材扭拧或弯曲。在门窗组装过程中，由于组框的强制机械力而暂时被矫正，但是在外力作用下被矫正的应力会集中在型材的薄弱环节得以释放，隔热型材的薄弱环节没有悬念就是隔热条，因为隔热型材的构成只有铝材和隔热条两个部分。

外部应力存在于三种情况：

正负风压下造成的隔热型材拱曲变形应力

内外温差造成的隔热型材拱曲变形应力

运输、安装、使用过程中受到的意外冲击力

相关内容延伸： 其实这个话题是多余的，无论工程门窗还是家装零售门窗，看到这样明显的品质异常，不管是专业的开发商还是非专业的普通消费者都不会忽略，这个话题主要是将隔热条断口的原因做具体的分析和介绍，便于读者对隔热条作为隔热型材的薄弱环节有一个直观的认知。

217　隔热条断裂可以接受吗？

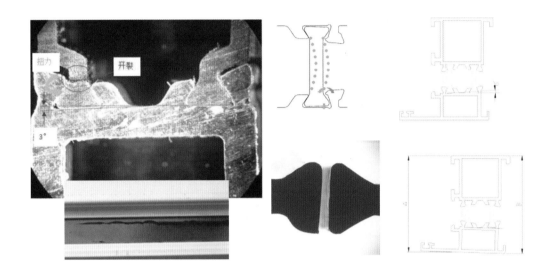

　　前面讨论的隔热条断口是指垂直于隔热条延长米方向上的断开。在实际隔热型材加工过程中出现的隔热条开裂大多是沿着隔热条延长米方向，在铝材与隔热条咬合的部位出现，这种情况既有可能是型材的原因，也有可能是隔热条的原因，主要都是尺寸精度偏差造成的复合尺寸偏差造成的，下面分别做分析：

型材尺寸原因导致的隔热条撕裂：

冷腔或暖腔型材同侧两个隔热条槽口不在一条直线造成复合后隔热条拱曲撕裂；

冷腔与暖腔型材对应隔热条槽口不平行造成复合后隔热条拱曲撕裂；

以上两种情况同时存在造成复合后隔热条拱曲撕裂。

隔热条原因导致的隔热条撕裂：

单支隔热条两端头部底边不平行造成复合后隔热条拱曲撕裂；

两支隔热条宽度尺寸不相等，复合后造成长支隔热条拱曲撕裂；

隔热条自身存在的其他尺寸精度偏差造成复合后隔热条撕裂；

隔热条自身强度原因或韧性原因造成复合后受到外力冲击后的撕裂。

　　相关内容延伸：隔热铝型材精度是由两边的铝材和中间的隔热条共同构成和保证的，隔热条的精度、铝材的精度、加工复合工艺的精度共同决定复合后的隔热铝材精度，由于精度缺陷造成的加工复合产生内应力是未来隔热铝门窗品质缺陷的重要原因，隔热铝门窗比普铝窗的品质控制要复杂得多，其中型材精度的保障挑战是最主要的挑战之一，当然，这也是隔热铝门窗的成本高于普通铝窗的重要原因之一，所以对于那些价格诱人的隔热铝门窗产品，消费者是否应该考虑一下其品质如何呢，毕竟门窗上墙后再发现问题就已经是木已成舟了。

218 腔体填充对门窗保温性能有什么影响？

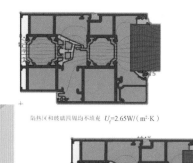

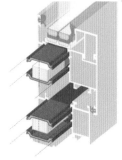

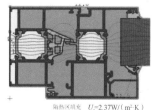

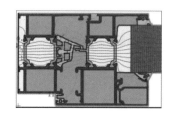

近几年来隔热铝合金门窗的腔体填充越来越常见，甚至在零售家装门窗已成为了一种趋势，隔热条之间的空腔区和玻璃四周进行了材料填充，目的就是减少上述两个区域通过对流和辐射方式流失的热量。

腔体填充有两种材料，一种是发泡的聚氨酯，采用专用的纸带传输方式的灌注设备进行填充，还有一种是直接的固体泡沫棒进行填充，无论哪种材质都各有利弊，在国外选择的标准是效率至上，因为人工昂贵，在我们国内选择的标准是成本，因为看得见的成本更容易受到关注。在对比测算中，统一发泡材料导热率均取 0.05W/（m·K）。节点模拟截图中腔体中的绿色部分表示该腔体未进行发泡填充，肉色部分的腔体则表示该腔体进行了发泡材料填充，下面是测算结果。

玻璃四周的发泡材料去掉，该框扇组合的 U_f 值从 2.18W/（m²·K）上升到 2.37W/（m²·K）。

隔热区的发泡材料也去掉，U_f 值从上边的 2.37W/（m²·K）上升到 2.65W/（m²·K）。

隔热区和玻璃四周发泡填充对于 U_f 值的累计改善接近 0.5W/（m²·K）。在整窗 U_w 值上一般可体现出 0.15W/（m²·K）以上的改善。

由上述测算可明确知道隔热条之间腔体及玻璃入框下方腔体的填充对整窗保温性能的改善作用是有效的，对北方寒冷、严寒地区门窗保温性能的提升是值得关注的。

相关内容延伸： 腔体填充提升门窗的保温性能是没有异议的，但是把腔体填充作为系统门窗的标签是不对的，只看腔体填充不看隔热条宽度及结构就定性两款隔热铝门窗的保温性能好坏也是不对的，同等隔热条宽度情况下，把腔体填充作为唯一的保温性能优化手段更是不对的。

219　铝型材腔体填充的门窗保温性能就一定好吗?

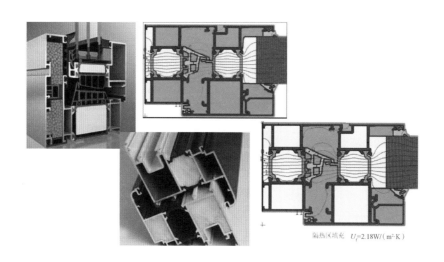

隔热区填充　U_f=2.18W/(m²·K)

在市场上,我们时常看到有些产品在铝型材的腔体中也进行发泡填充,这些填充完全是画蛇添足。因为铝材腔体中几乎不存在辐射和对流形式的能量流失,因此,填充发泡材料没有任何意义。模拟计算在铝型材腔体中进行发泡填充的 U_f 值,再在同样节点的型材腔体中不进行发泡填充,结果表明两个节点的模拟结果 U_f 值基本完全一致,这表明在铝型材腔体中填充发泡材料对门窗隔热性能没有任何改善。

腔体填充对隔热铝窗保温性能的提升需要具体分析,不能一概而论。在隔热条之间的空腔区和玻璃四周进行了材料填充,可以减少上述两个区域通过对流和辐射方式流失的热量,所以对隔热铝窗保温性能的提升是有实际意义的。铝型材的腔体中进行发泡填充完全是营销的手段和噱头,没有任何实用价值,完全是资源的无谓消耗。家装零售市场上一些非主流的隔热铝窗产品把在铝型材的腔体中进行发泡填充说成是对门窗隔声性能有帮助,这更是没有实践依据和理论支撑的营销手段,对此会在后面的门窗隔声篇章中做深入的探讨分析。

目前国内家装零售门窗市场充斥着大量人云亦云、想当然的宣传内容,特别是通过小视频形式自由发布的宣传品随心所欲,没有理论的出处与解释,没有数据的支撑和来源、没有条件的界定与设置,只有简单的结果发布,消费者又缺乏专业的识别能力,导致家装零售门窗市场良莠不齐,鱼龙混杂,这也是此书编辑出版的背景与初衷:希望通过此书传播客观公正的门窗技术概念,给门窗行业注入一股清流,也以开放的心态接受行业技术人士的监督与检验,内容就是证据,作者就是出处。门窗是理论结合实践的产品,高手在人海里,书中不完善之处也诚心希望得到大家的指正。

相关内容延伸: 腔体填充是一种工艺手段,填充的位置很重要,在不必要的位置填充就是徒劳无功的无效填充,填充材料是成本,填充过程的时间、人工、场地也是成本,这些不产生门窗性能提升但可以带来视觉差异化的无效填充之所以出现并持续存在,这才是值得行业深思的问题,其背后的原因是隔热铝门窗行业持续健康发展的隐性挑战和考验。

220　隔热腔体处理对门窗保温性能有何影响?

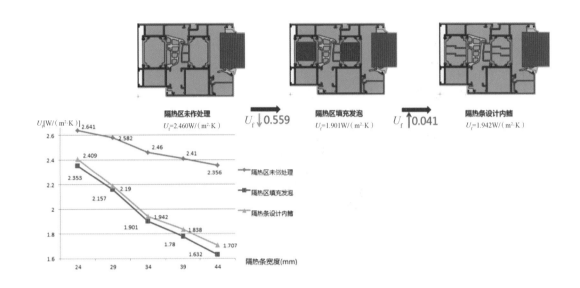

在隔热区填充发泡材料可有效降低该区域通过对流和辐射方式流失的能量,从而实现门窗型材部分保温性能的提升。那么,除了在隔热区填充发泡外,还有其他方式可以控制隔热区的对流和辐射效应吗?今天我们就来探讨另一种解决型材隔热区对流和辐射的方案——使用设计有"隔热区悬臂"的隔热条。

隔热条越宽,对隔热区进行发泡填充或使用悬臂设计隔热条所带来的型材隔热性能提升越大(U_f值下降幅度越大),且两种方式带来的U_f下降幅度随隔热条宽度增大基本呈线性增大趋势。

而发泡填充所带来的型材保温性能提升普遍比使用悬臂隔热条要明显,但两种方案带来的型材保温性能提升(U_f值下降)幅度差异并不大,始终保持在 0.05W/($m^2\cdot K$)左右 [24mm 隔热条,0.056W/($m^2\cdot K$) 29mm 隔热条,0.033W/($m^2\cdot K$);34mm 隔热条,0.041W/($m^2\cdot K$);39mm 隔热条,0.058W/($m^2\cdot K$)44mm 隔热条,0.075W/($m^2\cdot K$)]。简单来说,无论对于哪种隔热条宽度的模型,使用悬臂隔热条解决方案的型材保温性能总是略逊于发泡填充解决方案,U_f差异为 0.05W/($m^2\cdot K$)左右。

虽然悬臂隔热条解决方案对型材保温性能的提升效果不及发泡填充法,但相比于发泡填充工艺,悬臂隔热条也有其应用优势:使用悬臂隔热条解决方案是在型材复合时不增加任何额外流程的情况下提升了型材的保温性能,而发泡填充则需引入发泡材料粘贴、插入或灌注等额外流程。

使用发泡填充还是悬臂隔热条,需要综合权衡目标需求、直接成本、加工效率等各方面因素后选择解决方案。

相关内容延伸:值得一提的是,悬臂隔热条解决方案的型材保温性能与发泡填充方案的U_f差异为 0.05W/($m^2\cdot K$),而型材只占到整窗面积的 25%,所以再推算到整窗的保温性能差异就完全可以忽略了,而且对于那些冬季室内外温差不悬殊的非取暖地区而言,整窗保温性能的实际体验感远不及门窗气密性来的直接和重要。

221 内开窗主密封对门窗保温性能有何影响？

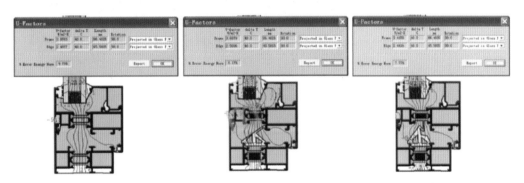

图1 应用120条型材U值模拟　图2 主密封胶条搭接铝材　图3 主密封胶条搭接隔热条

内开窗的主密封方式对整窗保温性能的影响，我们通过以下三种方式进行对比分析：

1. 没有主密封；

2. 主密封胶条搭接在开启扇的暖腔铝型材部分；

3. 主密封胶条搭接在开启扇的 T 型隔热条悬臂上。

第一组对比： 图 1 和图 2 对比可以看出，同样的断面设计，应用主密封胶条和不用主密封胶条的型材 U_f 值变化为 3.87-3.69=0.18W/（m²·K），U_f 值优化效果比较明显。

第二组对比： 图 2 和图 3 对比可以看出，同样是应用主密封胶条，但是胶条搭接在铝材上和搭接在隔热条上对型材的 U_f 值影响为 3.69-3.42=0.27W/（m²·K），U_f 值优化效果更加明显。

从以上两组对比我们可以看出，只要型材断面设计结构允许使用主密封胶条，那么一定要选用，并且要从系统的角度考虑，选择合适的隔热条来与主密封胶条配合搭接。主密封胶条和隔热条的有效配合从根本上改变了型材内部最大的一个通透腔体的结构形态，本质性地降低了隔热铝门窗框架结构内因为对流产生而带来的热量损失。

相关内容延伸： 从目前家装零售内开窗的结构设计而言，主密封胶条与隔热条配合搭接形成完整的主密封是标准配置，也是比较容易实现的主流设计，问题在于结构设计中的胶条材质、结构设计、公差设计、胶条硬度选择等具体的工艺参数及材料设计的合理性需要通过实际的检验来进行验证，这是密封有效性的保障。主密封搭接位置及方式直接决定整窗的保温性能，而密封有效性则决定整窗的气密性能，而气密性能对实际使用过程的保温性能也至关重要。

222 大宽度隔热条结构设计需要解决哪些问题？

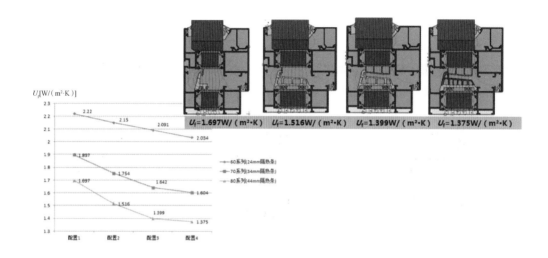

对框扇搭接区域的不同处理方式进行隔热性能对比分析。该区域的隔热性能主要靠中间胶条和与之搭接的隔热条来保障。这次我们在每个系列的产品分别选取四种不同的配置方案进行对比：

1. 小的实心中间胶条搭配实心 T 型隔热条：U_f=1.697W/（m²·K）

2. 空腔中间胶条搭配实心 T 型隔热条：U_f=1.516W/（m²·K）

3. 空腔中间胶条搭配空腔型隔热条：U_f=1.399W/（m²·K）

4. 发泡实体复合空腔中间胶条搭配空腔型隔热条：U_f=1.375W/（m²·K）

从小的实心中间主密封胶条（配置 1）改为空腔中间主密封胶条（配置 2），U_f 值从 1.697W/（m²·K）降低到 1.516W/（m²·K），降低了 0.181W/（m²·K），再将 T 型隔热条（配置 2）升级为空腔隔热条（配置 3）后，U_f 值降至 1.399W/（m²·K），又降低了 0.117W/（m²·K），从配置 1 到配置 3 的 U_f 值共降低了 0.298W/（m²·K）。如果以此为基础（配置 3）将中间主密封胶条升级为发泡实体复合空腔中间主密封胶条（配置 4），U_f 值会再降低 0.024W/（m²·K），从而降至 1.375W/（m²·K）。

结论很清楚：在 24~44mm 隔热条宽度区间内，隔热条宽度越大，将小的实心中间主密封胶条升级为空腔中间主密封胶条以及将 T 型隔热条升级为空腔隔热条的隔热性能改善越明显，而将实体空腔中间主密封胶条升级为发泡实体复合空腔中间主密封胶条的隔热性能改善越不明显。当然，除了隔热性能之外，发泡实体复合中间主密封胶条还有其他方面的贡献，在这里就不展开讨论了。

相关内容延伸： 实体空腔中间主密封胶条的成本对比发泡实体复合中间主密封胶条具有一定的成本优势，而实体空腔中间主密封胶条对比发泡实体复合空腔中间主密封胶条的隔热性能则相差不大，那么发泡实体复合空腔中间主密封胶条的其他优势在哪里呢？一是其更好的回弹性可以有效消化制造公差带来的密封位置偏差，二是其更好的触摸效果对普通消费者来说有更好的触摸体验，而消费者能感受的门窗材料优势往往是家装零售门窗市场新兴品牌吸引消费者关注的重要途径。

223　中空玻璃对门窗保温性能有何影响?

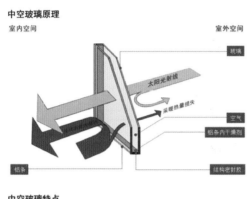

中空玻璃原理
室内空间　　　　　　　　　　室外空间
太阳光射线
采暖热量损失
玻璃
空气
铝条内干燥剂
铝条
结构密封胶

中空玻璃特点
中空玻璃又叫双层玻璃,是由两片普通玻璃或钢化玻璃组成,两层玻璃之间用装有干燥剂的铝条,然后四周采用结构密封胶进行密封处理,具有隔热、隔声、防霜、防结露等特点。

名称	结构	透光率(%)	Sc	K值(W/㎡·K)
单白玻	6mm	89	0.99	6.2
单片镀膜	6mm	50	0.70	6.0
白玻中空	6+12A+6	81	0.87	2.8
镀膜中空	6+12A+6	60	0.72	2.7
单银 Low-E 中空	6+12A+6	62	0.51	1.8
双银 Low-E 中空	6+12A+6	62	0.40	1.7
三银 Low-E 中空	6+12A+6	63	0.32	1.6

双银结构:介表层、隔热层、银层、隔热层、介表层、隔热层、银层、隔热层、介表层、玻璃

中空玻璃由两层或多层平板玻璃构成。四周用高强高气密性复合黏结剂,将两片或多片玻璃与密封条、玻璃条粘接、密封。可以根据要求选用各种不同性能的玻璃原片,如无色透明浮法玻璃压、花玻璃、吸热玻璃、热反射玻璃、夹丝玻璃、钢化玻璃等,与边框(铝框架或玻璃条等),经胶结、焊接或熔接而制成,常规中空玻璃采用双道胶接方式密封。

双层中空玻璃剖面图如上。中空玻璃可采用4、5、6、8、10、12(mm)厚度原片玻璃,空气层厚度可采用6、9、12、16、20(mm)等间隔。中空玻璃的玻璃与玻璃之间的间隔条框内充以干燥剂,以保证玻璃片间空气的干燥度。中空玻璃的保温性能优势及综合性能优势是非常明确的。优势主要体现在以下方面:

由于中空玻璃的保温性能好,玻璃两侧的温度差较大,可以降低冷辐射的作用;当室外温度为−10℃时,室内单层玻璃窗前的温度为−2℃,而中空玻璃窗前的温度是13℃;在相同的房屋结构中,当室外温度为−8℃、室内温度为20℃时,3mm普通单层玻璃冷辐射区域占室内空间的67.4%,而采用双层中空玻璃(3+6+3)则为13.4%。

中空玻璃可以提高玻璃的安全性能,在使用相同厚度原片玻璃的情况下,中空玻璃的抗风压强度是普通单片的1.5倍。

中空玻璃内部存在着可以吸附水分子的干燥剂,气体是干燥的,在温度降低时,中空玻璃的内部也不会产生凝露的现象,同时,在中空玻璃的室内外表面结露点也会升高。当室内温度20℃、相对湿度为60%时,5mm玻璃在室外温度为8℃时开始结露,而16mm(5+6+5)中空玻璃在室外温度为−2℃时才结露,27mm(5+6+5+6+5)三层中空玻璃在室外温度为−11℃时才开始结露。中空层厚度提升至14mm时,结露温度将进一步降低,后面会详细说明。

相关内容延伸: 中空玻璃是我国门窗的基本配置,Low-E\暖边\填充氩气这些专业的玻璃概念名词都是基于中空玻璃的基础,也就是说中空玻璃的基本性能保证的前提下,上述这些玻璃性能高配置工艺或材料才有现实意义,在此再次强调合理的中空玻璃腔体间隔宽度是中空玻璃保温性能和寿命的重要基础,中空腔体不是越宽越好,而是保持在12~16mm区间范围的综合性能最佳。

224 Low-E 玻璃对门窗保温性能有何影响？

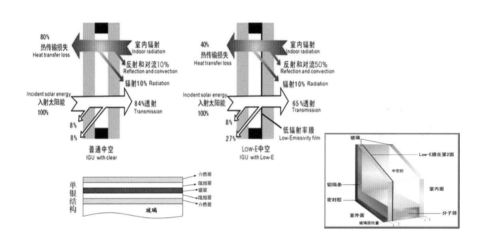

Low-E 玻璃的 E，就是"辐射率"英文"Emissivity"的首字母。Low-E 玻璃又称低辐射玻璃，是在玻璃表面镀上多层金属或其他化合物组成的膜系产品。其镀膜层具有对可见光高透过及对中远红外线高反射的特性，使其与普通玻璃及传统的建筑用镀膜玻璃相比，具有优异的隔热、保温效果和良好的透光性。

玻璃内表面的传热以辐射为主，占 58%，这意味着要从改变玻璃的性能来减少热能的损失，最有效的方法是抑制其内表面的辐射。低辐射镀膜玻璃的辐射率是指温度 293K、波长 4.5~25μm 波段范围内膜面的半球辐射率。离线低辐射镀膜玻璃辐射率应小于 0.15；在线低辐射镀膜玻璃辐射率应小于 0.25，而普通玻璃辐射率为 0.84《镀膜玻璃　第 2 部分：低辐射镀膜玻璃》（GB/T 18915.2—2013）。如果将其中一片更换为 Low-E 玻璃（膜层朝向空腔），则辐射换热所占比例从 58% 下降至 6%，大大降低了辐射换热强度。

目前有两种 Low-E 玻璃生产方法：在线高温热解沉积法与离线真空溅射法。

在线高温热解沉积法：Low-E 玻璃是在浮法玻璃冷却工艺过程中完成的，液体金属或金属粉末直接喷射到热玻璃表面上，随着玻璃的冷却，金属膜层成为玻璃的一部分。因此，该膜层坚硬耐用，可以热弯、钢化，不必在中空状态下使用，可以长期储存。它的缺点是热学性能比较差，其 U 值只是离线溅射法 Low-E 镀膜玻璃的 60%。

离线法生产 Low-E 玻璃：是在玻璃原片成品上另外采用真空磁控溅射镀膜技术进行加工。因为离线加工，所以新产品开发方面灵活，缺点是氧化银膜层非常脆弱，容易氧化，所以要做成氧化银膜层在玻璃腔体内的中空玻璃组合使用。

相关内容延伸：家装零售门窗基本采用的是离线法 Low-E 玻璃，这是家装零售门窗的定制化特征决定的，家装门窗订单尺寸各异，玻璃尺寸完全是根据订单进行定制化裁切、磨边、钢化、合片，这也是家装零售门窗订单的加工周期至少需要 12 天的原因，因为这是玻璃定制化所需要的最短加工周期，当然，这是对于玻璃与门窗框架整体供货的品牌门窗而言的，至于当地采购玻璃的非主流品牌门窗，也许定制玻璃的周期更长。

225 Low-E 在哪一层对玻璃保温性能更有利？

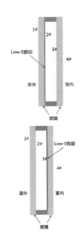

玻璃结构	Low-E类型	Low-E膜位置	遮阳系数 SC	K 值
双玻单面 Low-E 中空玻璃（氩气含量 85%）	某单银	2#	0.626	1.61
		3#	0.727	1.61
	某双银	2#	0.400	1.45
		3#	0.566	1.45
	某三银	2#	0.318	1.37
		3#	0.442	1.37

玻璃结构	Low-E类型	Low-E膜位置	1#温度	2#温度	3#温度	4#温度
双玻单 Low-E 中空玻璃（氩气含量 85%）	某单银	2#	35.8	36.2	30.2	30
		3#	33.3	33.5	35.8	35.6
	某双银	2#	38	38.4	28.9	28.8
		3#	33.9	34.2	38.1	37.8
	某三银	2#	37.2	37.6	28	27.8
		3#	34	34.2	34.9	34.7

Low-E 膜放在不同的面，对遮阳系数、K 值等参数分别有什么影响是重点关注的内容。下面通过上述表格数据进行具体分析：

Low-E 膜放在不同的面对遮阳系数的影响：玻璃的遮阳系数 SC 随 Low-E 位置的变化会产生较大的改变，因此，我们可以根据不同气候区的特点及其对玻璃遮阳系数的要求，来调整 Low-E 膜的位置。

Low-E 膜放在不同的面对传热系数的影响：传热系数 K 值，无论是单银、双银或者三银，Low-E 膜面位于 2# 或者 3# 时，都不会发生变化。

Low-E 膜放在不同的面对中空玻璃内表面温度的影响：无论是单银、双银还是三银，当膜面在 2# 面和 3# 面时，室内侧玻璃表面即第 4# 面，玻璃温度差异非常大，最大可达 10℃以上。因此，为了室内舒适性的需求（例如超低能耗被动房要求玻璃表面与室内空气温差不超过 3℃），减少热辐射，应该优先选择将膜面放在 2# 面。

综上所述，Low-E 膜放在不同面的遮阳系数不同，但传热系数 K 值相同；Low-E 位于 3# 时遮阳系数大于 2# 面；Low-E 膜放在不同面的室内侧玻璃表面温度不同；Low-E 位于 3# 时室内侧玻璃表面温度大于 2# 面。室内外观察，Low-E 膜放在不同面的颜色和视觉效果不同。

相关内容延伸： 在实际家装门窗使用中，大多将 Low-E 层置于靠近室外侧的中空腔内 2# 面，除了能降低阳光照射下的玻璃内表面问题，提升室内玻璃周围的体验感受外，更重要的原因是当 Low-E 层置于靠近室外侧的中空腔内 2# 面时，从室外看到的玻璃效果明显有光泽感和镜面感，毕竟，视觉上的差异感是消费者关注的重点。

226　不同中空间隔层对门窗保温性能有何影响？

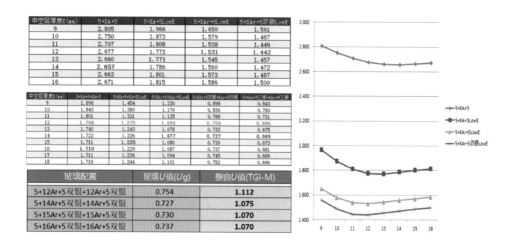

中空层厚度(mm)	5+XA+5	5+XA+5LowE	5+XAr+5LowE	5+XA+5双银LowE
9	2.805	1.966	1.650	1.561
10	2.750	1.873	1.579	1.487
11	2.707	1.808	1.538	1.446
12	2.677	1.773	1.531	1.442
13	2.660	1.771	1.545	1.457
14	2.657	1.786	1.560	1.472
15	2.663	1.801	1.573	1.487
16	2.671	1.815	1.586	1.500

中空层厚度(mm)	5+XA+5+XA+5	5+XA+5+XA+5LowE	5+XAr+5+XAr+5LowE	5+XA+5双银+XAr+5双银LowE	5+XA+5三银+XAr+5三银
9	1.896	1.454	1.230	0.898	0.843
10	1.843	1.380	1.170	0.836	0.780
11	1.801	1.321	1.125	0.788	0.731
12	1.766	1.275	1.094	0.754	0.696
13	1.740	1.243	1.078	0.733	0.675
14	1.722	1.226	1.077	0.727	0.669
15	1.711	1.225	1.080	0.730	0.673
16	1.710	1.229	1.087	0.737	0.681
17	1.711	1.236	1.094	0.745	0.689
18	1.716	1.244	1.101	0.753	0.696

玻璃配置	玻璃U值(U_g)	整窗U值(TGI-M)
5+12Ar+5双银+12Ar+5双银	0.754	1.112
5+14Ar+5双银+14Ar+5双银	0.727	1.075
5+15Ar+5双银+15Ar+5双银	0.730	1.070
5+16Ar+5双银+16Ar+5双银	0.737	1.070

先以双玻为例来看玻璃中空层厚度对中空玻璃的保温性能 U_g 值产生的影响：

双白玻不填充氩气的情况下 U_g 值最低的中空玻璃中空层厚度为 14mm。

单片 Low-E 不填充氩气的情况下 U_g 值最低的中空玻璃中空层厚度为 13mm。

单片 Low-E（单银或双银）且充氩气的情况下 U_g 值最低的中空玻璃中空层厚度为 12mm。

结论是无论是否采用镀膜玻璃，也无论是否填充惰性气体，双层中空玻璃的 U_g 值在到达最低点之前，都随着中空层的厚度增大而减小，但这种由于中空层厚度增大导致 U_g 值下降的趋势逐渐减小，当中空层厚度超过 U_g 值达到最低点的厚度后，U_g 值就会随着中空层厚度的增大而增大。

与双层中空玻璃相比，三层中空玻璃增加了一层玻璃和中空层，但由于其隔热原理相同，因此其 U_g 值随中空层厚度的变化趋势与双玻类似。但出现 U_g 值最低点的中空层厚度会有所偏移：三白玻不填充氩气的情况下 U_g 值最低的中空玻璃中空层厚度为 16mm；单片 Low-E 不填充氩气的情况下 U_g 值最低的中空玻璃中空层厚度为 15mm；使用 Low-E 玻璃（可能是单片或多片，也可能是单银或双银）且填充氩气的情况下 U_g 值最低的中空玻璃中空层厚度为 14mm。

对于双片双银 Low-E 且充氩气的中空玻璃，中空层厚度为 14mm 时，其玻璃 U_g 值最低，但整窗的 U_w 值最低时却是采用 15mm 和 16mm 的玻璃配置，这是由于中空层厚度的变化对于整窗 U_w 值的影响并不仅仅体现在 U_g 值的变化上，而且对玻璃边缘部位（即玻璃边缘插入型材的部位）的能量传输造成影响。

相关内容延伸：通过上述完整的、详细的、准确的数据对比，合理的中空玻璃腔体间隔宽度是中空玻璃保温性能和寿命的重要基础，再次强调中空腔体不是越宽越好，不同的玻璃配置存在稍有不同的最佳保温性能中空腔体宽度，基本处在 12~14mm 区间，保持在 12~16mm 中空腔宽度区间范围的中空玻璃综合性能最合理。

227 中空玻璃充惰性气体对门窗保温性能有何影响？

表3 不同空气间隔、氩气浓度的 Low-E 中空玻璃 U 值

空气间隔	100%氩气	95%氩气	90%氩气	85%氩气	80%氩气	75%氩气	70%氩气	65%氩气	60%氩气	55%氩气	50%氩气	0%氩气
6	1.918	1.942	1.965	1.989	2.013	2.036	2.06	2.083	2.106	2.129	2.152	2.372
9	1.536	1.546	1.566	1.585	1.605	1.625	1.644	1.664	1.683	1.703	1.722	1.912
12	1.421	1.436	1.451	1.466	1.481	1.496	1.511	1.526	1.541	1.556	1.57	1.716
16	1.478	1.493	1.509	1.524	1.539	1.554	1.569	1.584	1.599	1.613	1.627	1.762
18	1.502	1.518	1.533	1.549	1.564	1.579	1.595	1.609	1.624	1.639	1.653	1.789

注：模拟使用的是"5单银 Low-E+N+5"的 Low-E 中空玻璃进行模拟。

玻璃间隔层中充入氩气之所以能改善玻璃保温效果，是因为惰性气体相对于空气而言，密度大且导热系数小，故可减慢中间层的热对流，减少气体的导热性。90% 氩气浓度和 0% 氩气浓度的中空玻璃传热系数相差 0.226W/（m²·K），氩气浓度每下降 10%，中空玻璃中央 U 值（U_g）会增大约 0.03 W/（m²·K），整窗传热系数（U_w）增大约 0.02W/（m²·K），由此可见：氩气浓度越高，保温性能越好。氩气浓度高的基础就是充气时要保证充气的浓度达到标准。

惰性气体的体积百分含量是充气中空玻璃的评价指标之一，体积百分含量的高低，直接影响充气中空玻璃的传热系数即节能效果。上表数据充分说明氩气浓度越高，玻璃保温性能效果越好。根据《中空玻璃》（GB/T 11944—2012）的规定，充气中空玻璃的初始（惰性）气体含量应不小于 85%。新版的《中空玻璃》正在修编中，初始气体含量的要求会进一步提升，拟提升到 90%。这就更要求我们选用良好的充气方法。

中空玻璃充氩气的方法与镀膜玻璃工艺类似，也分为在线、离线两种。

在线充气就是指充气过程不离开中空玻璃生产线，充气过程在中空玻璃上框后、合片前完成。往中空玻璃的中空腔体内注入氩气，再完成压合。在线充气无须在间隔条上打孔。在线充气自动化程度高，充气时间短，浓度也很稳定，不过在线自动化充气的设备种类繁多，优质的设备才能保证氩气充满中空玻璃间隔层。

离线充气则是在中空玻璃合片之后进行，需要在间隔条上打孔才能完成充气。因为氩气的密度比空气大，所以在中空玻璃离线充气时，氩气充气孔在下端、空气的出气孔在上端，通过置换出中空玻璃内的空气，达到预设的氩气浓度。

相关内容延伸： 填充氩气是经济性最佳的填充惰性气体的方式，也是目前全球共识的主流方式，非氩气的填充方式值得探究，因为氩气是目前惰性气体品类中最易实现的方式，其他气体填充就不属于惰性气体填充方式，之所以选择惰性气体填充就是为了利用其"惰性"特征保证中空玻璃腔体内的气体留存度并利用其"惰性"特征减少腔体内的气体对流而造成的热损失，非惰性气体填充就无法实现相应的作用和初衷。另外，氩气浓度直接决定上述保温性能的差异，但是，氩气浓度的检测设备比较昂贵，普通消费者很难进行检测验证。

228　中空玻璃充惰性气体后如何检测?

　　惰性气体充气过程中并不能百分之百保证氩气能完全充满,后期还有可能发生泄漏。氩气含量不够,中空玻璃的保温性能会大打折扣。所以,中空玻璃惰性气体浓度有多少,气体保持率为多少,是评价充气中空玻璃质量好坏的关键。目前,对惰性气体中空层的含气量分析检测有 4 种方法:等离子发射光谱法、氧气顺磁性法、气相色谱法和激光分析法。

　　等离子发射光谱法: 等离子发射光谱法虽有无损检测的优势,但有较大局限性,在玻璃厚度过厚、双夹层中空、双镀膜中空、中间气体层厚度过大等情况下,高压火花无法穿透玻璃到达、穿透空气层,也就无法稳定地测得惰性气体的浓度。同时,其可测量氩气的浓度范围是 50%~100%。

　　氧气顺磁性法: 该方法测试样本为中间层气体,取样时用注射器穿过铝间隔条进入中间层抽取气体样本后再将其推入检测设备中,即可得到样本气体氩气浓度。目前被国家标准 GB/T 11944《中空玻璃》采用,标准应用此方法对中空玻璃进行初始气体含量和气体密封老化试验后的惰性气体含量检测。

　　气相色谱法: 该方法测试灵敏度和精度均高于其他两种方法,可分析纳克级的样品。该方法目前被欧盟标准 EN 1279-3:2002 采用。但是该方法设备投入较大,操作较为复杂,需要有专业背景的测试人员进行测试。

　　激光分析法: 激光分析法现使用的仪器与其他检测方法不同,该方法无须破坏中空玻璃单元或在气体内搁置附件就可以透过低辐射镀膜和夹胶片精准地测量间隔层内气体含量;且优势在于可以测量三玻两腔中空和双面镀膜充气中空玻璃的间隔层内气体含量,以及平均气体含量。

　　相关内容延伸: 通过上述检测法的专业名词属性就基本可以得知普通消费者对填充惰性气体的腔内浓度检测的代价是比较大的,这也是为何很多非品牌门窗会大肆宣传其玻璃是填充惰性气体的原因,因为知道说了也检测不了。很多品牌门窗对此宣传就比较慎重,因为品牌企业的同行关注度高,不便检测是因为消费者没有专业的检测设备,但是不代表同行企业没有检测设备,一旦被同行证明有虚假宣传的行为,其品牌损失不可估量。

229 中空玻璃充惰性气体后如何保持浓度？

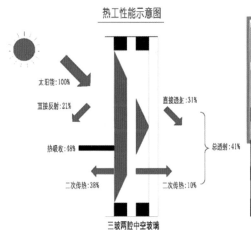

热工性能示意图

三玻两腔中空玻璃

太阳能：100%

直接反射：21%

直接透射：31%

热吸收：48%

二次传热：38%

二次传热：10%

总透射：41%

气体种类	在空气中含量/%	密度/kg·m⁻³	导热系数/W(m·K)⁻¹	传热系数/W(m·K)⁻¹ (6mm白玻+12mm+6mm白玻)中空玻璃
空气	100	1.29	0.0241	2.667
氩气	0.93	1.78	0.0163	2.508
氪气	1.14×10⁻⁴	2.86	0.0087	2.454
氙气	0.09×10⁻⁵	4.56	0.0052	2.420

表 1 不同气体性能比较

说明：

(1)在空气中的含量是指体积百分比。

(2)密度和导热系数是指在温度0℃，大气压101.325kPa状态下的情况。

(3)传热系数值是假设12mm中间层充100%含量气体情况下，由window5.2软件计算所得。

目前国内中空玻璃市场填充氩气的现状是委托检验合格率为90%、认证检验合格率有80%，看上去似乎还不错，但实际质监抽检合格率只有10%，工程上合格率也只有60%。

中空玻璃惰性气体浓度要求，我国标准与欧盟标准存在差异：我国标准氩气初始浓度需要≥85%（拟提升至90%），经过气候循环测试后要≥80%。而欧盟标准中则要求氩气初始浓度≥90%，并且规定测试后推算年渗漏率≤1%。所以就导致按照中国标准测试的试件通过比率极高。但如果通过欧标 EN 1279-3 测试，能达标的试件将大打折扣。中空玻璃充填惰性气体最大的挑战就是泄漏问题。防止氩气渗漏主要是关注密封胶和间隔条，重在以下几个方面：

1. 丁基胶的气密性及涂布的连续性。

2. 二道密封胶的氩气保持能力，聚硫胶的氩气保持能力就好于聚氨酯胶和硅酮胶。

3. 间隔条的接口数量。到目前为止，使用角插间隔条的中空玻璃很难通过惰性气体保持度检测。

4. 间隔条接口背面的密封处理效果。间隔条打孔充气后，充气孔的密封是否做好。

综上所述，中空玻璃氩气填充的浓度对整窗传热系数有着较大的影响，而且极其容易被玻璃厂、门窗厂和幕墙公司所忽略。在进行热工模拟计算时，多选用的是 90% 的氩气浓度，一旦玻璃厂填充氩气浓度未能达到模拟计算时使用的浓度，在门窗实测时就会出现理论与实际的较大偏差，造成送检和抽检不合格等问题。

相关内容延伸：委托检验指的是送检厂家提供样品进行第三方检验，抽检指的是市场管理机构联合第三方检测机构随机抽取市场上不同品牌、不同批次的产品进行随机检验，这两者的差别性相信大家都能心领神会。

230 暖边间隔条对门窗保温性能有何影响？

玻璃 Glazing	铝间隔条 Aluminum Spacer 三层中空玻璃 3 IG	TGI-Spacer M 三层中空玻璃 3 IG
中空玻璃边缘的ψ值 ψ value	0.100 W/mK	0.044 W/mK
整窗传热系数 U_w 值 U_w window	1.26 W/m²K	1.12 W/m²K
温度系数 f_{Rsi} Temperature factor f_{Rsi}	0.60	0.73
中空玻璃内表面温度 Surface temp. T_{si} at -10℃, +20℃	10.1	13.3

由上述表格可见： 三层中空玻璃中，暖边间隔条和铝间隔条的线性传热系数之差为 0.056W/（m·K）。单看这个差值，并不是很大，那么对整窗传热系数 U_w 值来说，通过比较复杂的理论计算可知使用铝间隔条和暖边间隔条整窗传热系数 U_w 之差为 0.144W/（m²·K）。从上述两个结果来看，暖边间隔条比铝间隔条的线性传热系数及对整窗传热系数的贡献都不是很有优势，但是使用暖边改善的是玻璃边部的保温性能，并不是直接改变玻璃 U 值，而是改善玻璃边部的保温性能及玻璃内表面温度，而玻璃边部的保温性能与一些特定地域的门窗玻璃边部结露是直接相关的。

结合前面一个话题，填充氩气和使用暖边哪个降低整窗 U_w 效果更好？门窗节能优化，氩气和暖边选哪一个？经过对比我们可以发现，针对 5+12+5+12+5 的 Low-E 中空玻璃，氩气填充对于整窗 U_w 的改善比暖边提升 0.027W/（m²·K）。[暖边降低整窗 U_w 为 0.144W/（m²·K），氩气降低整窗 U_w 为 0.171W/（m²·K）]。这是建立在氩气填充满足标准要求的前提下，但目前中空玻璃氩气填充现状及边部密封效果造成的氩气流失都存在挑战，关键是氩气的填充量及保持量都很难直观进行检测。通过深入计算可以发现，当中空玻璃氩气浓度不足60% 时，氩气的改善效果低于暖边的改善效果。

综上所述，提升整窗的保温性能存在很多路径，针对不同地域气候及需要解决的主要问题才是门窗整体设计及配置的出发点，熟悉各种路径才能找到最匹配的解决方案。另外，所有的比较都是有前提条件的，无论是暖边间隔条、Low-E 玻璃、充氩气，甚至用更宽隔热条，都是追求花最合理的代价解决现实问题，除了材料配置但也别忘了整体结构的设计、材料之间的性能匹配配置、加工工艺标准化的重要性，这也是门窗系统性设计的系统化认知核心和技术深浅的标志。

相关内容延伸： 综合而言，暖边间隔条最突出的性能体验效果在于边界条件时能解决玻璃边部是否结露的问题。所谓边界条件举个例子就是 99° 的热水或 59 分的成绩，99° 的热水没有沸腾，就不符合充分杀菌的条件，虽然只差 1°；，59 分的成绩就是不及格的定性，虽然只差 1 分。结露温度是一个具体的温度值，低 1° 就结露，高 1° 就不结露，当玻璃边部正好处于结露与不结露之间的温度状态下，采用暖边间隔条就可以避免玻璃边部的结露问题。

231　真空玻璃对门窗保温性能有何影响？

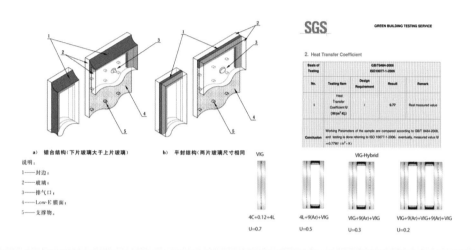

说明：
1——封边；
2——玻璃；
3——排气口；
4——Low-E膜面；
5——支撑物。

　　减弱空气流动是降低对流换热的方式，由于空腔内是"自然"状态，因此只能采用改变气体种类和降低空气含量方式。改变气体种类最典型的就是填充氩气、氪气等惰性气体，由于这些惰性气体分子运动相对较慢，热量传递强度略低，因此可以降低空腔的换热系数，但幅度相对有限。降低空气含量的典型案例，就是大家不一定知道的"真空玻璃"，目前真空度一般可以达到0.01Pa。

　　普通玻璃空腔中辐射换热占60%、对流换热占40%，真空则是降低了这40%的对流换热，最理想的是玻璃保温性能改善方式是既降低对流又降低辐射，这也是真空玻璃必须结合Low-E玻璃的原因。由于真空玻璃中两片玻璃需要支承物，成为了换热通道，因此真空与Low-E组合可降低80%~90%的换热量。目前Low-E真空玻璃的传热系数约为0.3~0.8W/（m²·K）。所以对于对门窗保温性能不断提出严苛条件的我国北方地区，真空玻璃将成为决定性的选择。

　　真空玻璃的技术起源于澳大利亚，日本的工业制造成熟度和推广运用处于全球领先的地位，在日本的节能建筑和高端酒柜及冰柜上都可以看到真空玻璃得到运用。在我国，真空玻璃的技术研发起步较早，在实践运用方面相对滞后，但随着"双碳"目标的提出，建筑节能将进一步加速和深化。真空玻璃是未来近零能耗建筑中前景可期的新型高节能玻璃。

　　通过优化支撑物的材料、直径及排布距离等，可进一步提升真空玻璃的保温性能。当然，真空玻璃的内腔密封性的挑战比中空玻璃更加严峻，所以真空玻璃目前采用的焊接密封工艺（玻粉或金属粉）是更需要进行持续技术深化的技术课题，真空玻璃的技术壁垒决定了从业门槛，真空玻璃的前瞻性决定了从业者的使命感，真空玻璃的匠心深度需要时间和实力作支撑。

　　相关内容延伸：国内目前具备成熟真空玻璃生产制造能力的企业屈指可数，产品形成规模化生产并得到实际使用验证的企业更是凤毛麟角，这不是因为真空玻璃难做，是因为真空玻璃的质量缺陷立竿见影，这种品质显性化的产品特征决定了企业技术深度显性化，所以技术深度不够、经济实力不强、行业信念不坚定的企业很难在真空玻璃领域生存并发展。

232　北方门窗保温性能配置选型要素有哪些?

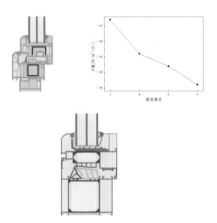

门窗保温性能设计主要涉及以下内容和途径,在此做统一的简单梳理及介绍:

型材结构多腔处理可以降低窗框的传热系数,最典型的如塑料窗。以某 66 系列内平开窗框为例,在保持总尺寸不变时,将空腔数量调整为 3、4、5、6,结果如下:腔室数量增加可降低塑料窗框传热系数;如果同时增加系列和腔室数量,则改善明显,如某 88 系列 7 腔内平开塑料窗框,传热系数可达 0.8W/(m²·K),成为主流的被动窗产品之一。

隔热铝合金窗框,主要是通过增加隔热条宽度、隔热条多腔结构运用、腔体填充泡沫材料或采用悬臂式隔热条组合结构、合理设计等温线等方式来提高保温性能。

玻璃安装部位保温性能改善的常见措施有:采用长尾胶条,空腔填塞泡沫材料,采用暖边间隔条。长尾胶条对节点保温性能改善有限;填塞泡沫材料有一定效果。暖边间隔条,一方面降低了节点的传热系数,提高了整窗的保温性能,但幅度有限;另一方面提高了玻璃边缘温度,降低了结露霉变概率,降低装修破坏或损害人体健康的风险。

窗框与窗扇部位保温性能改善主要涉及材料和结构设计两个方面。材料上采用多道密封或多腔胶条方式,如将双道密封改为三道密封形式,中间的主密封胶条改为多腔构造等方式;结构设计上探究主密封搭接方式及位置。

简单总结一下,门窗保温性能可以从室内侧、窗户本身和室外侧三个环节的热传递方式来考虑,分析了目前几类主流产品及主要的保温性能改进措施。理论上就是要搞透相关概念,重点是热量传递三种方式(传导、对流、辐射)和一维稳态传热模型。在传热理论的指导下,针对门窗与室内外热交换、门窗主要构成材料——玻璃和窗框、框玻框扇结合部位等对门窗整体运用系统化的理念,针对具体运用场景和需求进行匹配性提升。

相关内容延伸: 门窗保温性能的提升涉及整窗各个部位、各组成部分的多种途径、手段、方式,单一分析并实现某一项或多项材料、工艺并不困难,但是统筹性设计和匹配性设计才是系统性技术的核心关键。

233　玻璃与型材如何匹配才能得到最优的整窗保温性能?

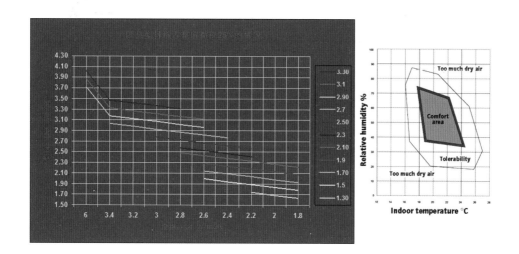

在家装零售市场有不少隔热铝窗产品的产品系列,但是保温性能不佳,比如 120 系列的隔热铝合金门窗在山东、河南的消费者家中安装使用后,到冬天就出现结露,这种现象屡见不鲜,更不用说在京津冀这样冬天更寒冷的地域了。这主要是门窗的型材保温性能与玻璃的保温性能配置不合理造成的,也反映出这些产品的系统设计理念存在误区或盲区。比如 14.8mm 隔热条用到整窗保温系数 1.8W/(m² · K) 的配置里,甚至普铝配 Low-E 玻璃的现象也时有所见。而这些不合理的型材与玻璃配置导致了各种问题,比如 Low-E 玻璃炸裂、门窗结露、冷辐射等都大大降低了居住者的舒适度体验。窗框型材和玻璃的保温性能配置不合理就会导致两者的表面温度差异大,容易引起以下问题:

玻璃板块的温度差增加: 比如普铝型材配 Low-E 玻璃时,其窗框流失了整窗 55% 以上的热量。普铝窗框的表面温度低,使得和 Low-E 玻璃边缘的辐射热交换增加,拉大了玻璃中心和边缘的温差,进而增加了玻璃的热应力,结果就是导致玻璃容易炸裂。如果玻璃切割加工时不正规,所导致的边部裂口大的话,热炸裂的概率更高。

舒适度不良: 窗户和居住者之间会进行辐射的热交换,而玻璃和窗框给人的感觉明显不同。所以被动房特别规定了窗框、玻璃的温度与室内温差不能大于 3℃。

结露: 普铝窗框温度低,更容易发生结露或发霉。

总之,框和玻璃的 U 值差异越大,流过窗框的热量比例越高,框和玻璃的表面温度差异也越大,对门窗整体性能的体现及用户的舒适度都不利,所以窗框型材和玻璃的整体匹配性设计显得格外重要。

相关内容延伸: 型材与玻璃的匹配性设计再次体现了门窗整体统筹、整体设计、强调全局、均衡协调的系统门窗设计理念,失去整体做支撑的局部配置领先一是可能抑制优势的充分发挥,二是可能凸显整体短板的制约性,这就好比汽车的速度必须与刹车匹配一样,失去刹车制动性能的支撑,速度越快意味着危险性越大。

234 门窗结露是怎么回事？

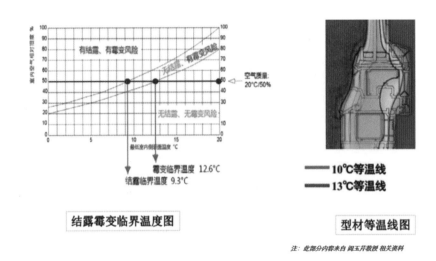

霉变临界温度 12.6℃
结露临界温度 9.3℃

结露霉变临界温度图

——— 10℃等温线
——— 13℃等温线

型材等温线图

注：此部分内容未自 阎玉芹教授 相关资料

　　当空气中的水汽含量不变，随着环境温度的下降（饱和含湿度），空气的相对湿度逐渐升高。当温度下降到一定程度时，空气中的水汽能达到饱和状态，即空气相对湿度为 100% 时，若环境温度继续下降，开始出现空气中过饱和的水汽凝结水析出的现象称为结露。结露现象发生在很多地方，比如建筑门窗、墙体、空调设备等。出现"结露"的温度简称为"露点"。

　　结露与空气中的温度和含湿量密切相关。当空气中的含湿量过高，或温度低于露点温度时，就会产生结露现象。对于门窗而言，结露的主要原因有两点：一是室内湿度过大；二是门窗保温性能不佳。资料显示，房屋在建造过程中每平方米需 40kg 水，如此大量的水分挥发需要一个漫长的过程。如果入住前房屋没有得到充分的干燥，入住后盥洗淋浴、蒸煮食物、室内种植花草等都会加剧室内的湿度；在一定温度下，室内湿度超出了空气中的饱和含湿量，空气中的水分就会在温度较低的物体上凝结析出，产生结露现象。因此，即使门窗足够保温，在室内湿度过大的情况下，同样会产生结露现象。

　　防止冬季结露可以采取以下措施：第一，尽量不要选择在冬季装修；第二，家里常备温湿度计，随时掌握温湿情况；第三，通风是最好的除湿方式，当然对于寒冷、严寒地区来讲，冬季开窗通风是耗能行为，不建议操作。最根本的解决方案还是提升门窗的保温性能，还需要保证整窗没有薄弱点，这就需要从门窗型材、玻璃、型材与玻璃的结合三个方面整体设计与合理地配置。

　　相关内容延伸：结露往往成为门窗保温性能不佳的表象性特征，这是不客观的，因为结露是涉及多种变量条件的综合产物，而且兼具相对性比较的特征，所以结露需要结合室内外环境，特别是室内环境的特定因素具体问题具体分析，例如全屋门窗中出现特定部位、特定空间、特定部位的结露现象，而不是全屋门窗的整体现象就更需要深入分析具体原因，找到问题症结是解决问题的正确起点，不加分析的盲目定性和采取措施既有可能无功而返，也有可能错上加错。

235 门窗结露如何测算？

	INDOOR TEMPERATURE 20°C			OUTDOOR TEMPERATURE -5°C			THERMIC CONDUCTION VALUE U 2.49 W/mqK			DEW POINT TEMPERATURE 11,9°C		
θ°C	30%	35%	40%	45%	50%	55%	60%	65%	70%	75%	80%	85%	90%
30°C	10,5°C	12,9°C	14,9°C	16,8°C	18,4°C	20,0°C	21,4°C	22,7°C	23,9°C	25,1°C	26,2°C	27,2°C	28,2°C
29°C	9,7°C	12,0°C	14,0°C	15,9°C	17,5°C	19,0°C	20,4°C	21,7°C	23,0°C	24,1°C	25,2°C	26,2°C	27,2°C
28°C	8,8°C	11,1°C	13,1°C	15,0°C	16,6°C	18,1°C	19,5°C	20,8°C	22,0°C	23,2°C	24,2°C	25,2°C	26,2°C
27°C	8,0°C	10,2°C	12,2°C	14,1°C	15,7°C	17,2°C	18,6°C	19,9°C	21,1°C	22,2°C	23,3°C	24,3°C	25,2°C
26°C	7,1°C	9,4°C	11,4°C	13,2°C	14,8°C	16,3°C	17,6°C	18,9°C	20,1°C	21,2°C	22,3°C	23,3°C	24,2°C
25°C	6,2°C	8,5°C	10,5°C	12,2°C	13,9°C	15,3°C	16,7°C	18,0°C	19,1°C	20,3°C	21,1°C	22,3°C	23,2°C
24°C	5,4°C	7,6°C	9,8°C	11,3°C	12,9°C	14,4°C	15,8°C	17,0°C	18,2°C	19,3°C	20,3°C	21,3°C	22,3°C
23°C	4,5°C	6,7°C	8,7°C	10,4°C	12,0°C	13,5°C	14,8°C	16,1°C	17,2°C	18,3°C	19,4°C	20,3°C	21,3°C
22°C	3,6°C	5,9°C	7,8°C	9,5°C	11,1°C	12,5°C	13,9°C	15,1°C	16,3°C	17,4°C	18,4°C	19,4°C	20,3°C
21°C	2,8°C	5,0°C	6,9°C	8,6°C	10,2°C	11,6°C	12,9°C	14,2°C	15,3°C	16,4°C	17,4°C	18,4°C	19,3°C
20°C	1,9°C	4,1°C	6,0°C	7,7°C	9,3°C	10,7°C	12°C	13,2°C	14,4°C	15,4°C	16,4°C	17,4°C	18,3°C
19°C	1,0°C	3,2°C	5,1°C	6,8°C	8,3°C	9,8°C	11,1°C	12,3°C	13,4°C	14,5°C	15,5°C	16,4°C	17,3°C
18°C	0,2°C	2,3°C	4,2°C	5,9°C	7,4°C	8,8°C	10,1°C	11,3°C	12,5°C	13,5°C	14,5°C	15,4°C	16,3°C
17°C	-0,6°C	1,4°C	3,3°C	5,0°C	6,5°C	7,9°C	9,2°C	10,4°C	11,5°C	12,5°C	13,3°C	14,5°C	15,3°C
16°C	-1,4°C	0,5°C	2,4°C	4,1°C	5,6°C	7,0°C	8,2°C	9,4°C	10,5°C	11,6°C	12,6°C	13,5°C	14,4°C
15°C	-2,2°C	-0,3°C	1,5°C	3,2°C	4,7°C	6,1°C	7,3°C	8,5°C	9,6°C	10,6°C	11,6°C	12,5°C	13,4°C
14°C	-2,9°C	-1,0°C	0,6°C	2,3°C	3,7°C	5,1°C	6,4°C	7,5°C	8,6°C	9,6°C	10,6°C	11,5°C	12,4°C
13°C	-3,7°C	-1,9°C	-0,1°C	1,3°C	2,8°C	4,2°C	5,5°C	6,6°C	7,7°C	8,7°C	9,6°C	10,5°C	11,4°C
12°C	-4,5°C	-2,6°C	-1,0°C	0,4°C	1,9°C	3,2°C	4,5°C	5,7°C	6,7°C	7,7°C	8,7°C	9,6°C	10,4°C
11°C	-5,2°C	-3,4°C	-1,8°C	-0,4°C	1,0°C	2,3°C	3,5°C	4,7°C	5,8°C	6,7°C	7,7°C	8,6°C	9,4°C
10°C	-6,0°C	-4,2°C	-2,6°C	-1,2°C	0,1°C	1,4°C	2,6°C	3,7°C	4,8°C	5,8°C	6,7°C	7,6°C	8,4°C

门窗结露涉及室外、室内、门窗三个体系的变量，这三个体系之间的逻辑互动及定量结果决定了结露与否：

室外体系的变量主要是冬季的常规最低温度，这是可知条件。

室内体系的变量是室内常规温度和湿度，这也都是可知条件。室内湿度越小，越不容易结露。

门窗体系的变量是门窗各部位的室内表面温度，这需要理论验算或实际检验。门窗内表面温度越高，越不容易结露。

为了便于直观地预判冬天是否会结露，就需要事先对门窗保温性能及各部位的温度进行配置设计及核算，具体分为四个步骤，专业的热工计算报告就成为不可或缺的重要环节和有效工具：

1. 通过上表可以得到室内各种温度及湿度条件下的结露点温度，比如室内温度 20℃、湿度 60%，结露点温度为 12℃。

2. 门窗使用地点不同，室外最低温度不同，如果此门窗用于北京，则冬季室外常规最低温度设定为零下 15℃。

3. 通过上述两个步骤就指明了门窗在北京冬季不结露的条件：当室外零下 15℃时，门窗室内各部位的最低温度不得低于 12℃，通俗的理解就是此门窗的保温设计目标是能在门窗室内外表面形成近 30℃的温差。

4. 将具体门窗的主要节点进行热工计算，通过等温线排布来校核门窗室内表面各部位温度是否都在结露点温度之上。

相关内容延伸： 结露预判是北方取暖地区家装零售门窗保温性能重要的设计基础，而在型材保温性能结构设计和玻璃配置定型后，整窗热工性能计算书就成为其设计合理性及达标性的唯一校验手段及工具。但是，在目前的家装零售门窗市场，商家或厂家能提供在售窗型热工计算报告书者寥寥无几，在工程门窗项目上，项目门窗的热工计算报告书是作为必备资料存档备验的刚性资料，和门窗供应企业的营业执照复印件及工程合同一样不可或缺，这就是工程门窗和家装零售门窗流程差别化的一个缩影。

236　门窗结露如何解决？

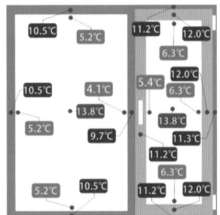

　　门窗结露主要取决于门窗室内表面的温度和室内的湿度。门窗室内表面温度越高，越不容易结露；室内湿度越小，越不容易结露。通过实际测试可以发现，门窗室内表面温度最低点均出现在玻璃边缘部位，玻璃中心部位的温度最高，所以结露的高危部位是玻璃边缘，这与实际生活中的真实体验也是一致的。Low-E 玻璃的保温性能升级就是中空层填充氩气和使用暖边间隔条。下面是普通三玻两中空玻璃深度计算的一些结果：

　　对中空玻璃填充氩气后，玻璃边缘温度几乎没有升高。而如果在原配置的基础上增加暖边间隔条，玻璃边缘温度得到提升，在一定程度的边界条件下降低了门窗结露的风险。

　　暖边的使用对于整窗保温性能的一致性贡献优于填充氩气。原始配置时，窗内表面温度最高点与最低点的温差为 9.7℃，使用暖边间隔条，窗内表面温度最高点与温度最低点的温差降至 5.5℃。使用暖边后，整窗各部位的保温性能更加均衡。而使用氩气填充可以提升整窗保温性能，但保温性能薄弱的玻璃边缘部位没有得到优化。

　　使用暖边间隔条除了可提升玻璃边缘部位的温度外，对于隔热次弱的型材部位的温度也有影响。使用暖边间隔条后型材部位的温度从原始的 9.7~12℃提升至 11.4~12.9℃，平均升幅超过 1℃。

　　相关内容延伸：在家装零售门窗市场上经常有一些商家单独夸大自身产品某一项工艺或材料的作用及性能，并努力包装成行业领先的标签或标志，但是却没有权威的数据资料或验证报告给予支撑，而且从专业的技术角度通观其产品整体，就好像夏利用了个宾利的轮胎就变身于宾利一样。门窗是多项性能、多种材料、多重工艺结合在一起的整体，整体的匹配和协调均衡是基础，结合实际需求突出某项配置、工艺、材料、设计来实现某项性能的优势是提升，但是没有整体匹配和均衡做基础的突出是没有价值的，这就是系统门窗的设计精髓和目标，强调局部而回避全局恰恰是非系统窗的标签。

237 玻璃原片厚度对门窗玻璃保温性能有何影响?

配置1(双白玻)	玻璃U值 w/m²·k	配置2（双玻单Low-E)	玻璃U值 (w/m²·k)	配置3（双玻单Low-E+氩气(90%)	玻璃U值 (w/m²·k)
5+12A+5	2.677	5+12A+5LowE-(ε=0.09)	1.773	5+12Ar+5Low-E(ε=0.09)	1.516
6+12A+6	2.663	6+12A+6 LowE-(ε=0.09)	1.766	6+12Ar+6 Low-E(ε=0.09)	1.511
8+12A+8	2.634	8+12A+8 LowE-(ε=0.082)	1.737	8+12Ar+8 Low-E(ε=0.082)	1.484
10+12A+10	2.607	10+12A+10 LowE-(ε=0.082)	1.724	10+12Ar+10 Low-E(ε=0.082)	1.473
12+12A+12	2.580	/	/	/	/

配置1(三白玻)	玻璃U值 w/m²·k	配置2（三玻单LowE)	玻璃U值 (w/m²·k)	配置3（三玻单LowE+氩气(90%)	玻璃U值 (w/m²·k)
5+12A+5+12A+5	1.766	5+12A+5+12A+5LowE-(ε=0.09)	1.275	5+12Ar+5LowE-(ε=0.09)	1.083
6+12A+6+12A+6	1.757	6+12A+6 LowE-(ε=0.09)	1.270	6+12Ar+6 Low-E(ε=0.09)	1.080
8+12A+8+12A+8	1.739	8+12A+8 LowE-(ε=0.082)	1.251	8+12Ar+8 Low-E(ε=0.082)	1.062
10+12A+10+12A+10	1.721	10+12A+10 Low-E-(ε=0.082)	1.241	10+12Ar+10 Low-E(ε=0.082)	1.054
12+12A+12+12A+12	1.703	/		/	

基于 JGJ/T 151 中规定的中国冬季标准计算条件下，对于双白玻，玻璃面板厚度由5mm加厚到12mm，中空玻璃 U 值从 2.677W/（m²·K）降至 2.580W/（m²·K），降低 0.097W/（m²·K）；玻璃面板厚度由5mm加厚到10mm，中空玻璃 U 值从 2.677W/（m²·K）降至 2.607W/（m²·K），降低 0.060W/（m²·K）。对于双玻单片 Low-E，玻璃面板厚度由5mm加厚到10mm，中空玻璃 U 值从 1.773W/（m²·K）降至 1.724W/（m²·K），降低 0.049W/（m²·K）。对于双玻单片 Low-E+ 氩气，玻璃面板厚度由5mm加厚到10mm，中空玻璃 U 值从 1.516W/（m²·K）降至 1.473W/（m²·K），降低 0.043W/（m²·K）。

对于三白玻，玻璃面板厚度由5mm加厚到12mm，中空玻璃 U 值从 1.766W/（m²·K）降至 1.703W/（m²·K），降低 0.063W/（m²·K）；玻璃面板厚度由5mm加厚到10mm，中空玻璃 U 值从 1.766W/（m²·K）降至 1.721W/（m²·K），降低 0.045W/（m²·K）。对于三玻单片 Low-E，玻璃面板厚度由5mm加厚到10mm，中空玻璃 U 值从 1.275W/（m²·K）降至 1.241W/（m²·K），降低 0.034W/（m²·K）。对于三玻单片 Low-E+ 氩气，玻璃面板厚度由5mm加厚到10mm，中空玻璃 U 值从 1.083W/（m²·K）降至 1.054W/（m²·K），降低 0.029W/（m²·K）。

上述结果表明，玻璃面板厚度对于中空玻璃隔热性能（U 值）的影响并不是很大。换言之，对于同等中空玻璃隔热性能提升的幅度，通过增大玻璃面板厚度的方式来实现，显得性价比很低。

所以，选取面板厚度较大的中空玻璃是出于强度和安全的考虑，另外，面板厚度会影响隔声。任何材料的声衰减取决于其质量、刚度和阻尼特性。对单片玻璃来说，提升隔声性能的唯一方法就是增加其厚度，因为其刚度和阻尼不能改变。

相关内容延伸： 玻璃配置是家装零售门窗市场商家重点关注的内容之一，因为很多商家的门窗玻璃是就地采购配装的，商家在当地采购玻璃的数量与门窗厂家采购玻璃的规模量是不可比的，而且如果供应合作讲究匹配性，特别是规模的匹配性，玻璃原片是大厂的标准化产品，但是家装零售门窗采购的中空玻璃等玻璃原片深加工定制产品，是由玻璃深加工企业生产供应的，而玻璃品质的差异化恰恰是玻璃深加工环节的装备条件、工艺规范化、人员专业化等要素决定的，玻璃是门窗企业原配还是商家当地采购比玻璃原片的厂家更值得关注。

238 玻璃安装位置对型材保温性能有什么影响?

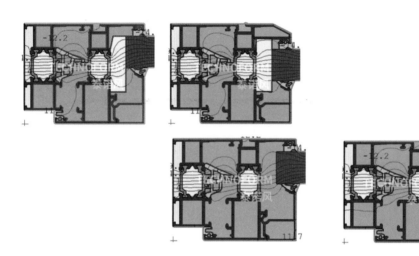

玻璃四周做填充处理的节点对比模拟结果表明,悬臂胶条槽口向室内侧移动后,插入双玻厚度绝缘板计算出的 U_f 值从 2.325W/(m²·K) 降至 2.300W/(m²·K),下降 0.025W/(m²·K)。结论是:将扇型材室外侧悬臂的玻外胶条卡槽向室内侧移动一定距离(玻璃中心线与隔热条中心线更加趋近),对框扇组合节点的型材保温性能呈现弱改善作用。

玻璃四周不做填充处理的节点对比模拟结果表明,悬臂胶条槽口向室内侧移动后,插入双玻厚度绝缘板计算出的 U_f 值从 2.603W/(m²·K) 降至 2.497W/(m²·K),下降 0.106W/(m²·K)。结论是:将扇型材室外侧悬臂的玻外胶条卡槽向室内侧移动一定距离(玻璃中心线与隔热条中心线更加趋近),对框扇组合节点的型材保温性能有一定改善作用,改善程度要比玻璃四周填充发泡时明显。

为何玻璃四周不做填充时的玻璃居中结构比玻璃四周做填充时的玻璃居中结构保温性能影响更大呢?这是因为当玻璃居中结构设计导致玻璃与型材之间腔体内外侧的温度阶梯差更平缓,腔体内的空气对流更缓和,热交换得到了自然的平抑,与之相反的是玻璃不居中设计导致玻璃与型材之间腔体内外侧的温度阶梯差出现陡然变化,腔体内的空气对流随之激化,热交换更加明显,热损失自然随之加大。当腔体内做填充处理时就有效阻隔了大腔体的空气对流,所以对型材节点的保温性能影响就非常有限了。

相关内容延伸: 在家装零售隔热铝门窗的产品结构设计中出现对等温线理解的一些误区,在此简述如下:一是只关注框扇型材的隔热条中心线吻合,忽略玻璃中心线与隔热条中心线的逻辑关联性;二是等温线是门窗热工计算报告书中的重要输出内容,没有门窗节点的热工计算报告书就没有等温线图,仅凭肉眼看着节点结构就说等温线如何无异于没有拍片就说骨折与否一样缺乏依据;三是通过上述热工计算书中的图片,可以清晰的看到等温线都是曲线,所以把等温线理解为直线是主观上的惯性理解,不是客观的实事求是。

239 隔热条厚度对型材保温性能有什么影响？

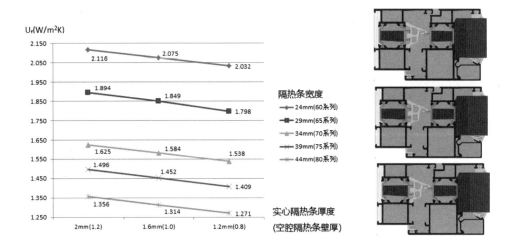

模拟结果表明，将隔热条厚度从 2.0mm 减小为 1.6mm 后，U_f 值从 2.116W/（m²·K）降至 2.075W/（m²·K），下降 0.041。将隔热条厚度从 1.6mm 减小为 1.2mm 后，U_f 值从 2.075W/（m²·K）降至 2.032W/（m²·K），下降 0.043（m²·K）。

对于所有系列模型，U_f 值均随隔热条的壁厚减小而减小。结论是隔热条设计得越薄，隔热型材的隔热性能越好。但是，隔热条既是功能性部件，又是结构性部件。隔热条在隔热型材中除了需要体现其隔热性之外，还必须保证隔热型材整体的力学性能适于作为门窗框材的应用条件，所以当隔热条厚度减薄时，隔热条的结构强度及刚性自然有所下降，这是需要值得关注和充分试验校核的，所以隔热条厚度需要根据受力状态、结构设计造型、隔热条宽度做统筹设计和权衡，为了在制造过程中的隔热条基础工艺及模具设计的一致性，在原材料标准、混料、挤压、冷却工艺标准的基础上，充分统筹经济性、保温性、强度安全性的综合平衡，常规 I 型、C 型隔热条厚度常规选择是 1.8mm 左右。

国家标准《铝合金建筑型材用隔热材料　第 1 部分：聚酰胺型材》（GB/T 23615—2017）中规定，聚酰胺型材（隔热条）的壁厚尺寸按照工程设计计算选择。聚酰胺型材（隔热条）结构受力尺寸的最小局部壁厚实测值应不小于 1.75mm，聚酰胺型材（隔热条）功能搭接尺寸的最小局部壁厚实测值应不小于 0.72mm。

相关内容延伸：隔热条品质体由原材料、挤出装备、挤出模具、完整工艺这几个方面共同决定，而体现生产工艺最直接和简便的鉴别方式是看不同厂家能生产的隔热条最大宽度是多少、隔热条最小壁厚能做多少、隔热条最长的功能性悬臂长度是多少，这是衡量隔热条工艺能力的最直观方式，宽度越大、壁厚越薄、悬臂越长，说明企业的生产工艺水平越高，所以在家装门窗市场上看隔热型材的截面时，可以关注以上三点内容。

240 铝型材壁厚增加对整窗保温性能有影响吗？

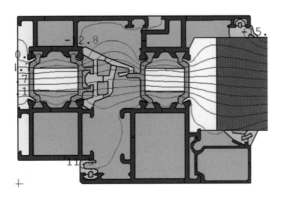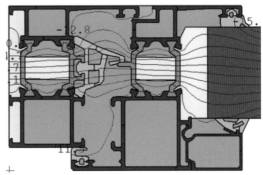

国标 GB/T 8478—2020《铝合金门窗》已于 2021 年 2 月日正式实施，替代一直以来使用的 2008 版本。新版本中，对外门窗用主型材壁厚的要求与 2008 版本相比有所提高：简单而言就是铝合金外窗的铝材壁厚从 1.4mm 提升到了 1.8mm，铝合金外门铝材壁厚从 2.0mm 提升到 2.2mm。

铝材壁厚为 1.4mm 的产品设计与铝材壁厚为 1.8mm 的产品设计在型材外轮廓尺寸上没有任何差异的对比前提下，通过实际模拟得到如下结论：铝材壁厚由 1.4mm 升至 1.8mm 后，框扇组合 U_f 值由 2.148W/（m² · K）升至 2.151W/（m² · K），仅有 0.003W/（m² · K）的变化，体现在整窗上的 U 值变化应不足 0.001W/（m² · K），所以铝材壁厚对整窗保温性能的影响基本可以忽略。

对此结果，我们可以将热流理解为公路上的车流，传递热量的铝材和隔热条则是供车辆通行的公路。由于铝材导热能力较强，因此将其类比为较宽的公路，而隔热条导热能力差，从而将其类比为较窄的公路。而隔热型材就好比先宽后窄再宽的公路，最终的车流量由最窄的部位决定，所以无论将本来已经很宽的路面加得多宽，对于最终车流量都不会造成任何影响。而隔热型材的保温性能取决于隔热条，因此调整铝材壁厚对隔热型材的隔热性能不会产生明显影响。

相关内容延伸：结合前一个话题，隔热条的受力结构壁厚越薄，相当于窄路越窄，那通过的车流就越少，保温性能就越好，问题是受力结构越薄，隔热条宽度越宽，那受力结构的强度考验就越严峻，所以在结构强度和保温性能之间的平衡就显得非常重要。另外，隔热条越宽，壁厚越薄就意味着挤出难度越大、原料的杂质允许度越低，所以只有在有难度的产品面前，才能分出制造水平和原料品质的三六九等。《铝合金门窗》（GB/T 8478—2020）国标将铝合金外窗的铝材壁厚从 1.4mm 提升到了 1.8mm，铝合金外门铝材壁厚从 2.0mm 提升到 2.2mm 对于所有铝材厂来说是是好消息，销售体系开心的是门窗面积不变情况下，铝材可以多卖一点了，生产体系开心的是铝材壁厚越厚越好挤，而且挤出速度不变的情况下，单位时间的产量也增加了，壁厚增加带来的铝材成型度也更好控制了。

241 系列越大整窗保温性能就越好吗?

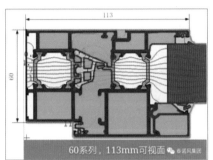 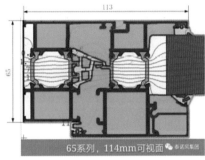 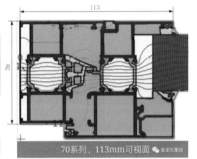

系列是指窗框材料的占墙宽度,60 系列就是指断桥铝窗框材料占墙宽 60mm,以此类推。使用同样宽度隔热条的隔热铝门窗存在不同的结构设计,而隔热型材的占墙宽度是最直观的差别,占墙宽度越大对门窗抗风压强度的提升是有帮助的,但是对门窗的保温性能是否有贡献不能依赖直觉,需要具体的对比分析和数据支撑。

为了能具体量化体现使用相同宽度隔热条、不同占墙宽度系列门窗产品的保温性能差异,选取可视面宽度同为 113mm、隔热条宽度同选取 24mm 的 60、65 和 70 三个系列隔热铝窗结构进行模拟计算对比分析,得到以下结果:

60 系列的隔热型材保温性能 U_f 值为 2.15W/(m²·K);

65 系列的隔热型材保温性能 U_f 值为 2.18W/(m²·K);

70 系列的隔热型材保温性能 U_f 值为 2.21W/(m²·K)。

再通过其他可视面高度、同样宽度隔热条、不同系列的隔热型材保温性能的模拟计算复核,发现隔热条宽度相同的隔热门窗型材都是 60 系列保温性能最优、65 系列稍差、70 系列最不理想。由此得出结论:如果通过加大铝材结构改变隔热铝型材系列宽度,系列宽度越大,反而保温性能越不理想(前提是其他配置都不变的情况下)。

门窗设计是材料、结构、工艺、配置综合统筹的科学,单纯从系列大小定义门窗好坏都是不客观、不负责任的。门窗结构设计是从顾客需求出发,统筹门窗使用性能、成本、体验、寿命的平衡,而这一切都需要理论和实验数据做验证和支撑。没有数据就没有定性认知的基础,没有数据更无法定量体现差别的程度和优劣。

相关内容延伸: 在家装零售门窗市场,由于消费者习惯性的认为系列越大就越好,通过上述理性的数据对比可以有效的说明习惯性的认知不一定是完全正确的,系列越大,抗风压强度是越好,但是如果是内陆地区的别墅项目,抗风压强度是不是像东南沿海的高层项目那样重要?系列越大,保温性能却越差(如果隔热条宽度及其他保温配置一样),所以在零售市场很多习惯性的想当然判断是经不起理性的、客观的、科学的、专业的计算和验证的。

242 隔热条宽度不变，整窗保温性如何变化？

编号	C型隔热条	I型隔热条	隔热区填充	玻璃四周填充	玻璃四周长尾胶条	整窗 U 值
1	○	○	○	○	○	2.33
2	●	○	○	○	○	2.31
3	○	●	○	○	○	2.28
4	○	●	○	○	●	2.25
5	○	●	●	○	●	2.22
6	●	○	●	○	●	2.20
7	○	●	●	●	●	2.19
8	●	○	●	●	○	2.17

$U_w=2.17W/(m^2\cdot K)$ $U_w=2.11W/(m^2\cdot K)$ $U_w=2.23W/(m^2\cdot K)$

同样使用宽度为 24mm 的隔热条，隔热铝门窗的框架结构相同，在隔热条造型、胶条造型、工艺处理上采用不同的设计和处理状态下，整窗的保温性能也会体现不同的结果。

通过不同的排列组合，可以得到不同的隔热铝窗配置，上图列举的八种组合配置方案，用户从外观上几乎看不出任何差异，但八种组合配置方案的保温性能却不相同。就像汽车一样，任何一款车型的全系车型外观几乎一致，但厂家指导价会因为配置不同而存在价格不等的结果。

整窗 U 值计算结果显示，上图列举的八种组合配置方案虽然都使用宽度 24mm 的隔热条，但整窗 U 值从 2.17W/（m²·K）到 2.33W/（m²·K）不等，隔热条宽度越大，上述结构组合配置方案差异所致的整窗保温性能差异就会越大。

此外，窗的分格尺寸也会影响整窗 U 值。以上表中的配置 8 为例，如果将同样窗型左侧固定分格的宽度从 900mm 改为 1200mm 和 600mm 时，整窗 U 值也会发生变化，整窗 U 值从 2.17W/（m²·K）到 2.23W/（m²·K）不等。

对于整窗保温性能，不是只要隔热条宽度确定、玻璃配置确定，整窗 U 值就是确定的。看似完全相同的产品外观下，不同的保温性能结果体现的是门窗节能设计的性价取舍，性价取舍的依据是当地的气候环境与设计目标。

相关内容延伸：通过上表的具体分项配置组合，我们基本可以对门窗保温性能所涉及的材料配置及工艺措施有了系统化的认知，也可以直观地认识到隔热条宽度是隔热铝合金门窗的决定性要素，其他设计或手段都是锦上添花般的辅助手段，所以再次重申：家装零售门窗市场上经常有一些商家单独夸大自身产品某一项工艺或材料的作用及性能，并努力包装成行业领先的标签或标志，但是却没有权威的数据资料或验证报告给与支撑，而且从专业的技术角度通观其产品整体，就好像夏利用了个宾利的轮胎就变身于宾利一样。门窗是多项性能、多种材料、多重工艺结合在一起的整体，整体的匹配和协调均衡是基础，结合实际需求突出某项配置、工艺、材料、设计来实现某项性能的优势是提升，但是没有整体匹配和均衡做基础的突出是没有价值的，这就是系统门窗的设计精髓和目标，强调局部而回避全局恰恰是非系统窗的标签。

243 提升玻璃保温性能，氩气和暖边哪个好？

$$U_{w} = \frac{A_{f} \cdot U_{f} + A_{g} \cdot U_{g} + l_{g} \cdot \Psi_{g}}{A_{f} + A_{g}}$$

　　Low-E 玻璃的使用可显著提升中空玻璃的保温、隔热性能。在此基础上进一步提升玻璃的保温性能，我们还有两种选择：一、对中空玻璃中空层进行惰性气体填充；二、将铝合金玻璃间隔条替换为暖边间隔条。由于将玻璃中空层中的空气替换成氩气和将铝合金玻璃间隔条替换为暖边间隔条所能带来的整窗隔热提升比较接近，因此现实中我们往往要面对"氩气"和"暖边"之间的抉择。

　　对于大多数常规窗型，选择对中空玻璃填充氩气和将铝合金玻璃间隔条替换为暖边间隔条，都可以使整窗 U 值降低。但是途径是有差别的，填充氩气，可降低整窗 U 值计算公式中的 U_{g} 值，而将铝合金间隔条替换为暖边间隔条，降低的则是 ψ_{g} 值。通过理论的推导及模拟计算，我们得到以下三点结论：

　　1. 选择对中空玻璃填充氩气或将铝合金玻璃间隔条替换为暖边间隔条，都可以使整窗 U 值降低大概 0.1~0.2W/（m^2·K）。

　　2. 玻璃中空层中的空气填充升级为氩气填充后，玻璃 U_{g} 值降低大概 0.1~0.15W/（m^2·K），使用暖边的改变不大。

　　3. 通过深度的计算对比分析，对于单中空层双玻的配置，中空玻璃填充氩气对于整窗 U 值的优化略好于使用暖边。而对于三玻两中空的配置，使用暖边间隔条对于整窗 U 值的性能提升优于氩气填充。

　　相关内容延伸：中空玻璃填充氩气最大的挑战是如何保障氩气的原始填充浓度及如何解决氩气的漏气率，前文已经提到对氩气的浓度宣传为何品牌企业慎重、新兴品牌高调的背景原因。暖边间隔条的挑战在于暖边的种类比较多，各有利弊，如何取舍，而且工艺和材质都有所不同，相应设备的资金投入门槛也不同，如何综合判断及统筹考虑体现决策者的眼界和智慧，跟风可以降低风险但丧失先机，率先可能独领风骚也可能赔了夫人又折兵。另外，暖边间隔条更适合结露边界条件的改善，这需要结合整窗结构及玻璃配置的具体情况结合门窗使用区域的冬季气候条件进行热工计算的对比验证，问题是如果热工计算不能自理，暖边选择的依据就不复存在，那又凭什么选择什么样的暖边间隔条呢？

244　隔热铝窗保温性能的基础保障是什么？

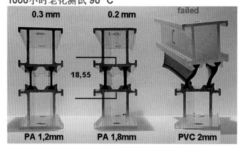

　　隔热铝窗是由隔热铝型材组成框架结构，隔热铝型材是由内外铝材由隔热条滚压在一起组成，所以隔热条是隔热铝窗的结构件，是隔热铝窗保温性能的基础保障，如果隔热条的品质不能得到保障，隔热铝窗的保温性能则无从谈起。

　　北京市已禁止使用聚氯乙烯类密封条、隔热条、暖边间隔条。聚氯乙烯，就是我们常提到的 PVC。PVC 条为什么被禁？目前市面上隔热铝门窗采用的隔热条主要分两种：尼龙和聚氯乙烯。尼龙里也分原生纯尼龙新料和掺杂了杂质的尼龙回收料。PVC 隔热条比起优质的 PA66 隔热条差在哪儿？

　　PA66 与 PVC 的强度不同，PA66 隔热条的抗拉强度轻松达到 80MPa 以上，而 PVC 只能达到 35~48MPa，更糟糕的是，低温下 PVC 会变脆，这意味着容易断。

　　由于 PVC 材料对光热敏感，这也导致其难以保持较高的精度，温度增加就会热变形。

　　铝型材的线膨胀系数是 2.35×10^{-5}、PA66GF 材料是 3.0×10^{-5}、PVC 材料则是 8×10^{-5}，可以看到 PA66GF 材料与铝型材的线膨胀系数更加接近，可以同步伸缩，保持隔热条与铝型材结构的完整性。

　　聚氯乙烯的热稳定性差，高温或燃烧时会产生有毒气体，世界卫生组织国际癌症研究机构将其列在 3 类致癌物清单中。

　　作为非专业人士的消费者如何辨别？外观而言，PVC 表面黑亮，光可鉴人。点燃隔热条再熄灭，有刺鼻气味的是 PVC，有蛋白质烧焦气味的则为尼龙。

　　相关内容延伸： PVC 隔热条在隔热铝门窗的工程项目早期存在过一段时间，后来随着开发商对隔热条的品质关注度增加及专业度的提升，加上国产非标准尼龙隔热条的价格不断下探，PVC 隔热条逐渐销声匿迹。现在在家装零售市场的隔热铝窗上 PVC 作为隔热条的辅料又开始卷土重来，由于是混杂在尼龙回收料中提前完成造粒的工序，所以一般难以被非专业人员发现，但是在专业的材质成分检验中却无法隐身，这也说明隔热铝合金门窗的品质之路任重道远，隔热铝门窗在工程时代走过的路在家装零售时代也会阶段性的重蹈覆辙，但是随着行业品质意识和消费者专业度的提升，类似的浑水摸鱼现象终将成为插曲，隔热铝门窗品质整体提升的大趋势不会转变，真理只会迟到，不会缺席。

245 门窗保温性能检测和计算报告有何差别？（1）

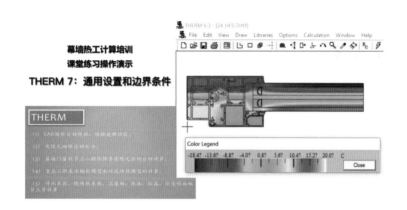

门窗传热系数的确定除了可以通过计算软件得出，还可以通过实验检测，检测和计算在检验门窗保温性能时都很常见，虽然二者的目的相同，但过程却存在很大的差异，并造成了结果的不一致性。下面从应用背景、原理、环境条件、影响因素四个方面分四次对门窗保温性的计算与实际检测之间的差别做简单介绍：

一是应用背景不同。20 世纪 80 年代，我国提出了对新设计的采暖居住建筑能耗水平在当地通用设计能耗水平的基础上推行强制性三步节能的要求，《建筑外窗保温性能分级及其检测方法》（GB/T 8484—1987）于 1987 年发布，此标准的发布为量化地判定门窗的节能性能提供了依据。最新标准《建筑外门窗保温性能检测方法》（GB/T 8484—2020）于 2020 年 4 月 28 日发布，于 2021 年 3 月 1 日实施，在新版中取消了保温性能的分级。

在 2008 年前，由于我国一直没有关于门窗热工计算的标准，所以在实际工程中，门窗的传热系数都是由实验室测试得到的。由于实际工程中窗的大小、分格往往与测试样品不一致，所以传热系数与测试值也不一样，无法对测试数据进行修正。随着南方建筑节能标准的出台，遮阳系数成为非常重要的指标，而遮阳系数很难在实验室进行测试，这样，实验室的测试更加无法满足广大建筑工程节能设计的需要。

就这样，《建筑门窗玻璃幕墙热工计算规程》（JGJ 151）于 2008 年第一次发布，规定了门窗和玻璃幕墙的传热系数。因为不需要实际生产产品，也不需要进行大量的物理测试，仅由计算机模拟计算就可预知产品的性能，这大大加快了产品设计的速度。对于建筑节能工程设计，选择门窗或者幕墙都很方便。

相关内容延伸：目前国内主流的热工计算软件是粤建科的 MQMC，国际上的主流热工软件 10 年前用 BISCO 比较广泛，近 10 年用 THERM 的越来越多，软件的基础编码逻辑是一致的，只是在边界条件和参数设定上存在一定的差异，所以同一款设计用不同软件计算出的热工结果也会有所不同，但是整体出入不会太大，基本都在 5%~10% 之间，局部位置或参数也许会有比较大的差异，这时往往通过录入修正的方式进行复核与平衡。

246 门窗保温性能检测和计算报告有何差别？（2）

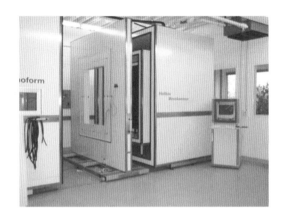

二是原理不同。《建筑外门窗保温性能检测方法》（GB/T 8484）基于稳态传热原理，采用标定热箱法检测建筑外门窗传热系数。试件一侧为热箱，模拟供暖建筑冬季室内气温条件，另一侧为冷箱，模拟冬季室外气温和气流速度。在对试件缝隙进行密封处理，试件两侧各自保持稳定的空气温度、气流速度和热辐射条件下，测量热箱中加热装置单位时间内的发热量，减去通过热箱壁、试件框、填充板、试件和填充板边缘的热损失，除以试件面积与两侧空气温差的乘积，从而得到试件的传热系数 K 值。

《建筑门窗玻璃幕墙热工计算规程》（JGJ 151—2008）采用二维稳态热传导计算软件进行计算。整樘窗根据框截面的不同对窗框进行分类，每个不同类型窗框截面均应计算框传热系数、线传热系数。不同类型窗框相交部分的传热系数一般采用邻近框中较高的传热系数代替。

三是环境条件不同。《建筑外门窗保温性能检测方法》（GB/T 8484）检测条件：热箱空气平均温度设定范围为 19~21℃，温度波动幅度不大于 0.2K，热箱内空气为自然对流；冷箱空气平均温度设定范围为 −19~−21℃，温度波动幅度不大于 0.3K；与试件冷侧表面距离符合 GB/T 13475 规定平面内的平均风速为 3.0m/s ± 0.2m/s。检测装置应放在装有空调设备的实验室内，环境空间空气温度波动不应大于 0.5K，热箱壁内外表面平均温差应小于 1.0K。实验室围护结构应有良好的保温性能和热稳定性，墙体及顶棚内表面应进行绝热处理，且太阳光不应直接透过窗户进入室内。热箱壁外表面与周边壁面之间距离不小于 500mm。

相关内容延伸：国内门窗幕墙领域技术工程人员选择热工计算软件的方式比较简单和直接，一是把计算结果与实际检测结果进行比对，偏离度越小，结果越接近就越优先考虑，这就意味着热工软件的模拟条件及后台参数设定与国内实际检测标准与流程接近的软件更有这方面的优势；二是界面友好度和逻辑匹配性，界面友好度就是汉化程度，中文肯定比英文更容易上手使用，逻辑匹配是指软件的程序设置与国内既有行文程序是否吻合。这种情况下就会形成两种流派，普通门窗幕墙技术人员习惯用国内软件，因为工作效率高；外企背景的技术人员及技术管理者习惯于用国外软件，外企的技术人员用国外软件是为了与公司其他机构沟通方便，技术管理者则更多是为了体现段位。

247 门窗保温性能检测和计算报告有何差别？（3）

表4　MQMC典型框节点计算结果

节点名称	框的传热系数 U_f 值 [W/ (m^2 ·K)]	框的线传热系数 ψ [W/ (m·K)]	宽度 (mm)	热流 q_w (W/m^2)
典型节点1	2.80	0.07	103.97	0.469
典型节点2	3.06	0.081	129.89	0.775
典型节点3	2.60	0.069	59.40	0.331

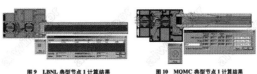

图9　LBNL典型节点1计算结果　　图10　MQMC典型节点1计算结果

（2）BISCO与粤建科MQMC软件计算结果对比
BISCO主要依据ISO 10077-2开发，计算原理与MQMC一致，MQMC与BISCO典型框节点计算结果如表5所示，无论是框传热系数、线传热系数还是热流，两者均非常接近。BISCO软件、MQMC软件典型节点1计算结果分别如图11、图12所示。

《建筑门窗玻璃幕墙热工计算规程》（JGJ 151—2008）规定了计算门窗和玻璃幕墙节能指标的标准计算条件，但这些条件并不能在实际工程中使用，仅用于建筑门窗、玻璃幕墙产品的设计、评价。标准中分夏季标准计算环境条件和冬季标准计算环境条件，设计或评价建筑门窗、玻璃幕墙定型产品的热工性能时，应统一采用本规程规定的标准计算条件进行计算。在进行实际工程设计时，门窗、玻璃幕墙热工性能计算所采用的边界条件应符合相应的建筑设计或节能设计标准的规定。标准中所规定的标准计算条件如下：

冬季标准计算条件应为：室内空气温度 T_{in}=20℃，室外空气温度 T_{out}=-20℃，室内对流换热系数 $h_{c,in}$=3.6W/（m^2·K），室外对流换热系数 $h_{c,out}$=16W/（m^2·K），室内平均辐射温度 $T_{rm,in}$=T_{in}，室外平均辐射温度 $T_{rm,out}$=T_{out}，太阳辐射照度 I_s=300W/m^2。夏季标准计算条件应为：室内空气温度 T_{in}=25℃，室外空气温度 T_{out}=30℃，室内对流换热系数 $h_{c,in}$=2.5W/（m^2·K），室外对流换热系数 $h_{c,out}$=16W/（m^2·K），室内平均辐射温度 $T_{rm,in}$=T_{in}，室外平均辐射温度 $T_{rm,out}$=T_{out}，太阳辐射照度 I_s=500W/m^2。

传热系数计算应采用冬季标准计算条件，并取 I_s=W/m^2。计算门窗的传热系数时，门窗周边框的室外对流换热系数 $h_{c,out}$ 应取8W/（m^2·K），周边框附近玻璃边缘（65mm内）的室外对流换热系数 $h_{c,out}$ 应取12W/（m^2·K）。计算传热系数之所以采用冬季计算标准条件，并取 I_s=W/m^2，主要是因为传热系数对于冬季节能计算很重要，并且不考虑太阳辐射对传热系数的影响。夏季传热系数虽然与冬季不同，但传热系数随计算条件的变化不是很大，对夏季的节能和负荷计算所带来的影响也不大。

相关内容延伸：上述枯燥的技术内容对于非专业的门窗幕墙设计者来说没有必要深究，总体而言就是为了说明热工计算软件与国内实际热工性能检测之间存在的差异，国内的热工计算软件的底层建模逻辑也是借鉴先行的国外成熟软件，毕竟我国的门窗热工计算比国外晚了将近20年，所以国内软件即使把可录入的变量条件与国内检测条件设置的完全一致，计算结果与实测后的综合验算数据还是会存在出入，这是因为有些底层建模的原始代码及程序不能调整，之所以不调整不是因为调整不了，是因为调整后的数据偏离度不能接受，所以就"萧规曹随"了。

248　门窗保温性能检测和计算报告有何差别?（4）

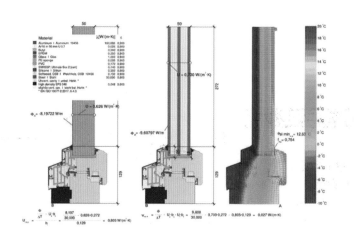

　　四是影响因素不同。《建筑外门窗保温性能检测方法》（GB/T 8484）检测结果取决于检测操作时安装方式、检测条件、温度测点布置及检测程序的准确性和规范性，亦会受到检测设备稳定性的影响;《建筑门窗玻璃幕墙热工计算规程》（JGJ 151—2008）计算结果取决于操作时对各部分构件参数计算的准确性及规范性。这两种方法各有优势，但又各自存在不足。

　　保温性能的检测需要实际产品生产出来，并进行大量的物理测试，才可得出产品的保温性能，所以门窗保温性能的检测还与门窗的加工、组装、安装工艺有关。没有两樘窗户的生产加工会完全相同，所以门窗保温性能检测会因不同工人的操作而产生一定允许范围内的误差。

　　门窗保温性能计算较检测最大的优势在于：保温性能计算不需要实际生产出门窗产品，仅仅需要提供相应的门窗图纸即可用计算机模拟计算其传热系数，在设计阶段就可预知产品的性能。但由于没有实际成品，计算过程必须假设为理想密封状态下，不考虑实际施工密封不严造成的热量损失，同时也不考虑五金、垫块、角码及螺钉对热量损失的影响，只考虑门窗本身并不考虑加工、组装及安装方式误差对门窗保温性能的影响，计算过程也存在允许范围内的误差。

　　总之，《建筑外门窗保温性能检测方法》（GB/T 8484）和《建筑门窗玻璃幕墙热工计算规程》（JGJ 151—2008）都充分考虑了传导、对流和辐射对门窗保温性能的影响，都可以作为评定及对比门窗保温性能的方法，但两者之间由于环境条件的设定、原理、影响因素及判定门窗性能时间节点的不同，导致两者所得结果不可能完全一致。总体来说就是两者的适用场合和结果途径不同，不存在两者数量值转化的必要性，简单地对两数值进行比较的意义不大。

249 胶丝隔热条的实用价值是什么?

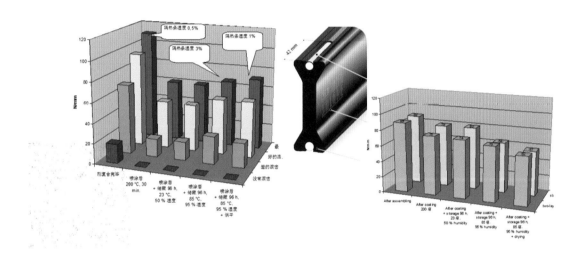

对于先复合后表面处理工艺生产的隔热型材,应该选用带热熔胶线的隔热条。卡在隔热条头部面上的热熔胶线在常温下是固体,在表面处理过程中,当温度达到 160℃ 左右时,热熔胶线开始熔化,熔融的热熔胶线填充满隔热条底部与铝型材间的间隙;当表面处理完后,温度开始下降,熔融的热熔胶线便开始固化,使得隔热条同铝型材黏结在一起,从而弥补因外夹头松动带来的剪切力损失。

对于具有良好开齿的隔热型材,复合完毕纵向剪切力有 89N/mm,带胶线的隔热条在隔热铝材表面处理后纵向剪切力有 80N/mm,剪切力损失仅 10%。与使用常规隔热条的隔热型材在表面处理完毕后,剪切力损失达 50% 以上对比,足以说明带热熔胶线的隔热条在先复合后表面处理工艺中对隔热型材的作用。

由于我国基本是先对里外铝材进行表面处理后再与隔热条滚压复合后直接进入门窗的下料、加工环节,没有高温烘烤的环节,所以即使采用带胶线的隔热条也无法使胶线融化,因此很少采用。

带胶丝的隔热条生产工艺比传统的隔热条生产要复杂,需要在隔热条挤出的同时进行胶丝复合,这种同步完成的过程带来生产效率和成品效率的挑战,所以胶丝隔热条的成本并不是隔热条成本加胶丝的成本那么简单,如果有一天国内对隔热铝门窗内外型材的颜色不那么关注,而转向欧洲隔热铝型材先穿条后喷涂的工艺时,夹胶丝隔热条的使用将是大概率事件,问题是国内的隔热条企业现在是否开始进行相应的技术攻关及储备,那时是否能提供合格的批量化产品并保持成本优势?

相关内容延伸: 在我国使用带胶丝的隔热条但如果没有经过喷涂后的高温烘烤工艺,那胶丝的作用就没有得到启用,属于功能闲置,如果把这种带胶丝的隔热条里的胶丝复合工艺去除,直接使用是否可以呢? 理论上不存在问题,毕竟带胶丝的隔热条只是在标准隔热条加了胶丝而已,尺寸精度、强度、耐久度等技术参数都是同等要求的。但是,在实践中发现,这样的头部带孔的隔热条在复合加工以后的条材结合紧密度方面,与常规整体平头的隔热条相比还是存在一定的差异。

章节结语：所思所想

隔热铝窗保温性能是隔热铝窗的重点结构设计内容

框玻配置的匹配性是门窗保温性能的设计基础

隔热条宽度越大、壁厚越薄、悬臂越长，隔热铝窗保温性能越好，但制造难度越大

隔热结构的复杂性考验理解深度和专业程度

结构设计是性价比的整体平衡，不能以偏概全、断章取义

隔热条是结构件，是隔热铝窗的关键部件

按照 GB/T 8478—2020 的定义，隔热铝窗应称为保温铝窗更准确

环保科技　绿色未来
Green technology, green future

定制方向： 一体可连续折弯胶条
材质方向： TPE/TPV弹性体环保高分子橡胶材料
产品方向： 单挤出，二复合，多复合，多颜色，定制化

密封用筑友　筑友密封条

金总：18001283877（微信同号）
网址：www.jinzhuyou.com

13 门窗隔热

南方门窗如何节能?

250　南方门窗性能的考验主要在什么季节？

　　我国的南方一般指的是长江以南地区，但是就专业属性的角度来说，我国的南方地区应该是指淮河、秦岭以南，因为淮河、秦岭是夏热冬冷地区与寒冷地区的分界线，寒冷地区是冬季统一采暖地区，就此意义来说，淮河、秦岭是冬季是否统一采暖的分界线是没有什么争议的。冬季是北方建筑室内外温差最大的季节，对建筑及门窗的保温性能都是严峻的考验，前文曾提及门窗的气密性能、保温性能也是冬季室内保持适宜温度的重要前提，所以冬季是北方检验门窗保温性能、气密性能高低的最佳时间。夏季是南方建筑制冷能耗最集中的季节，对于夏热冬冷地区而言，建筑内制冷降温的时间一般在 3 个月左右，而夏热冬暖地区的制冷降温时间则可能长达半年以上，所以为了减轻制冷的能耗压力，门窗的隔热性能就成为南方建筑门窗最为重要的节能性能指标。

　　门窗隔热性能是指门窗阻隔阳光热辐射的能力，太阳得热系数（太阳能总透射比）g 值是表征隔热性能的指标，这个指标越大，表示室外的热量通过玻璃进入室内的热量越多，反之表示阻挡室外热量透过的能力越强。因此在南方制冷周期较长的地区，制冷期间建筑门窗需要更低的得热系数，尽量把更多的阳光热量阻挡在室外；北方制暖地区在冬季则恰恰相反，建筑门窗需要较高的得热系数，尽量把更多的阳光热量"放入"室内。

　　门窗隔热性能不佳的体验感表现为在夏季走近门窗就能感觉热浪，用手接触整窗玻璃及型材会有热感，所以阻挡太阳热量最直接的方法就是采用遮阳措施，防止阳光直接照射在门窗外表面，在国外建筑中以外遮阳为主，但是在我国的南方地区的制冷季节通常仍采用传统的室内窗帘方式来解决，这种内遮阳方式的效率是三种遮阳方式中最低的。

　　相关内容延伸： 室外遮阳在国内推广不顺利与我国的气候环境和管理制度有一定的关联，我国属于季风性气候，冬季的北方，夏季的东南沿海都是多风的季节，风速比较高，这种情况下，外部遮阳设施就会受到一定的安全挑战，伸缩式遮阳篷、遮阳活动百叶、软织物遮阳卷帘这些常规的外遮阳设施的使用受到一定的气候局限。另外，我国对建筑外立面设施有统一的管理制度，临街的公共建筑有专业的城市管理执法机构管理，住宅项目由物业机构管理，建筑外遮阳设施在这些管理机构那里如果不被理解与认同，自主安装存在一定的难度和阻碍。

251 如何理解门窗隔热的一些基本概念?

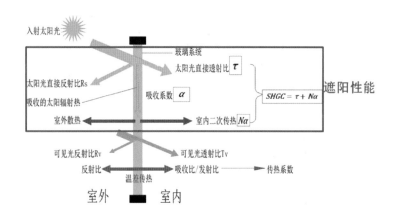

门窗隔热性能是建筑门窗的主要物理性能之一,是工程门窗项目中重要的性能指标之一,这是因为节能指标是建筑验收程序中重要的强制环节,对门窗隔热性能都有明确的规范要求,各地也有相应的地方验收标准,其中尤以江苏省对门窗的隔热性能给予明确的要求。下面对门窗隔热性能的一些具体概念进行说明和分析:

太阳得热系数(太阳能总透射比)g 值: 表征隔热性能的核心指标,这个指标越大,表示室外的太阳热量通过玻璃进入室内的热量越多,反之表示阻挡室外太阳热量透过的能力越强。因此在炎夏较多的地带,我们需要更低的得热系数,尽量把更多的太阳热量阻挡在室外,寒冬较长的地区则反之。

可见光透射比: 我们用玻璃就是因为玻璃有良好的视觉通透性。可见光透射比越高,就代表自然采光越好,显得更通透,居住舒适感更强。不过它与得热系数是一对矛盾的组合,二者不可兼得,需要根据所在气候区采用不同的玻璃配置来相对和谐统一。

太阳能透射比: 指的是在太阳光谱范围内,直接透过玻璃的太阳能对入射太阳能强度的比值。包括了紫外、可见和近红外能量的透过率,但不包括玻璃吸收直接入射的太阳光能量后向外界二次传递的能量部分。

紫外线透过比: 这是女士们比较关心的内容,因为紫外线是物质老化的元凶之一。不过紫外线也有杀菌之效。所有玻璃对紫外线都有一定阻挡作用,如果你想降低紫外线透过率,那就选择夹层玻璃,它既阻隔了紫外线的透过,又有很好的安全以及隔声效果;也可选择 Low-E 玻璃,既可保证少部分的紫外线透过,又更加节能。

相关内容延伸: 门窗主要的构成材料是玻璃与型材,其中玻璃所占的面积接近整窗面积的 75% 以上,门窗隔热性能就是指夏季炎热气候条件下将太阳热量阻隔在室外的能力,所以玻璃部位(透光部位)的太阳热量阻隔能力就成为门窗隔热性能关注的重点,解决途径无非三个方面,一是从玻璃本身提升对太阳热量的阻隔,二是通过遮阳设施阻隔室外的阳光直接照射到门窗上,三是通过遮阳设施阻隔通过玻璃的阳光照射到室内。了解上述基本概念对后文所详细阐述的隔热解决方案具有基础的导向作用。

252 隔热性能（*SHGC*）与遮阳性能（*SC*）是一回事吗？

2.0.4 通过透光围护结构（门窗或透光幕墙）成为室内得热量的太阳辐射部分是影响建筑能耗的重要因素。目前 ASHARE 90.1 等标准均以太阳得热系数（*SHGC*）作为衡量透光围护结构性能的参数。主流建筑能耗模拟软件中也以太阳得热系数（*SHGC*）作为衡量外窗的热工性能的参数。为便于工程设计人员使用并与国际接轨，本次标准修订将太阳得热系数作为衡量透光围护结构（门窗或透光幕墙）性能的参数。人们最关心的也是太阳辐射进入室内的部分，而不是被构件遮挡的部分。

太阳得热系数（*SHGC*）不同于本标准 2005 版中的遮阳系数（*SC*）值。2005 版标准中遮阳系数（*SC*）的定义为通过透光围护结构（门窗或透光幕墙）的太阳辐射室内得热量，与相同条件下通过相同面积的标准玻璃（3mm 厚的透明玻璃）的太阳辐射室内得热量的比值。标准玻璃太阳得热系数理论值为 0.87。因此可按 *SHGC* 等于 *SC* 乘以 0.87 进行换算。

国际上主流的建筑节能标准体系主要为 EN/ISO 标准体系和美国的 ASHRAE 标准体系，*g* 值和 *SHGC* 值恰恰是这两个标准体系对同一事物的不同表达方式。

g 值为太阳能总透射比，为 EN/ISO 标准体系采用的说法；*SHGC* 值为太阳得热系数，是美国 ASHRAE 标准体系采用的表达语言。目前我国建筑节能标准体系编写过程中更多地参考了美国 ASHRAE 标准体系，采用了 *SHGC* 值的说法；而建筑门窗幕墙 / 玻璃等部品领域，更多地参考了 EN/ISO 标准体系，采用了 *g* 值的说法。

由于国内建筑节能标准体系中近年来以 *SHGC* 值取代 *SC* 值，所以新版《铝合金门窗》（GB/T 8478—2020）也开始用 *SHGC* 值取代原有的 *SC* 值。在原来的标准体系中，建筑节能设计 / 验收标准和建筑门窗幕墙 / 玻璃检测计算标准中均采用 *SC* 值，在设计、检测、验收环节大家以 *SC* 值作为共同语言。

国内的主要建筑节能设计标准在 2015 年以前均采用遮阳系数 *SC* 值的说法。遮阳系数 *SC* 值在国际上早已不再使用，因此《公共建筑节能设计标准》（GB 50189—2015）将遮阳系数 *SC* 值用太阳得热系数 *SHGC* 值替代，而该标准采用 *SHGC* 值是因为主要参考了美国 ASHRAE 标准体系。

在建筑节能领域建筑节能设计标准具备"上位法"的地位，从而太阳得热系数 *SHGC* 迅速就成为建筑领域各相关方的通用语言。因此，从建筑工程领域来看，太阳得热系数 *SHGC* 值的地位显然高于太阳能总透射比 *g* 值。

相关内容延伸： 遮阳系数 *SC* 值是我国长期沿用的隔热性能参数，望文生义就很容易对名词的概念产生理解和记忆，国内甚至一度用遮阳性能来通俗的理解隔热性能。而太阳能总透射比（*g* 值）及太阳得热系数（*SHGC* 值）这两个标准体系对同一事物的不同表达就需要进行一定的强化记忆和理解，所以随着《铝合金门窗》（GB/T 8478—2020）也开始用 *SHGC* 值取代原有的 *SC* 值，*SC* 遮阳系数的时代基本被太阳能总透射比（*g* 值）及太阳得热系数（*SHGC* 值）时代覆盖，*SHGC* 值或 *g* 值成为门窗隔热性能的主流表征。

253　国家标准对隔热门窗的定义和标准是什么？

2）**气密性能：**具有气密性能要求的外门，其单位开启缝长空气渗透量q_1不应大于2.5m³/(m·h)，单位面积空气渗透量q_2不应大于7.5m³/(m²·h)；具有气密性能要求的外窗，其单位开启缝长空气渗透量q_1不应大于1.5m³/(m·h)，单位面积空气渗透量q_2不应大于4.5m³/(m²·h)。

3）**空气声隔声性能：**隔声型门窗的隔声性能值不应小于35dB。

4）**保温性能：**保温型门窗的传热系数**K**应小于2.5W/(m²·K)。

5）**隔热性能：**隔热型门窗的太阳得热系数**SHGC**不应大于0.44。

6）**耐火性能：**耐火型门窗要求室外侧耐火时，**耐火完整性不应低于**E30(o)；耐火型门窗要求室内侧耐火时，**耐火完整性不应低于**E30(i)。

　　门窗隔热性能是建筑门窗的主要物理性能之一，夏热冬暖地区及夏热冬冷地区建筑验收程序中对门窗隔热性能有明确的规范要求，各地也有相应的地方验收标准，所以，作为门窗验收重要的性能指标，隔热性能是工程门窗项目的核心设计内容。国家标准《铝合金门窗》（GB/T 8478—2020）中对隔热门窗进行了明确的量化值界定：整窗**SHGC**值不大于0.44的门窗为隔热门窗。隔热门窗主要从两个方面进行设计：遮阳手段与玻璃配置。下面进行具体介绍：

　　门窗遮阳手段分为三种：外遮阳、中遮阳、内遮阳。

　　门窗外遮阳：外遮阳是欧洲建筑节能的标准配置，广泛运用于住宅及公共建筑，相信到过欧洲旅游、出差的人都能有所体会，主要的门窗外遮阳产品有铝制硬卷帘、铝制百叶、织物卷帘三种。

　　门窗中遮阳：中遮阳的主要产品类别是中空玻璃百叶，这类产品在美国的运用比较广泛，在我国由于经济性的优势而得到运用，特别是在江苏地区的工程项目中运用较多，这主要是因为当地的建筑节能规范对门窗遮阳提出了强制性要求。

　　门窗内遮阳：内遮阳就是大家广为熟知的窗帘，在此不多赘述。

　　玻璃配置：遮阳性能具有优势的玻璃主要是镀膜玻璃，结合对门窗保温的兼顾，Low-E玻璃成为当前主流的节能玻璃种类，就遮阳性能而言，双银及三银Low-E玻璃的优势更为明显。

　　相关内容延伸：就门窗型材选择而言，对门窗隔热性能的影响较少，但是如果深入探究可以发现，同等玻璃配置条件下木窗及塑窗的g值小于铝窗，隔热铝合金门窗的g值小于普通铝窗。所以门窗的隔热性能主要还是集中于遮阳手段和玻璃本身的隔热配置两个方面，遮阳手段的内遮阳模式由于大家广为采用，非常熟悉，加上室外太阳热量已经进入室内，只是没有直接影响室内所以不做后续的具体分析和介绍。

254　门窗隔热对建筑节能的意义是什么?

构件	空间分配	热能耗损失	年度能耗成本	能耗损失/空间分配
前门	0.5%	2.1%	€25-€50	4.20
地面	27%	13.3%	€150-€300	0.49
屋顶	30%	14.7%	€175-€350	0.49
墙	32.5%	25.5%	€320-€640	0.78
窗洞	10%	44.4%	€500-€1000	4.44

来源：德国门窗公司研究报告

　　一份来自德国门窗公司的研究报告指出：占建筑空间 10% 的窗洞，却有 44.4% 的热损耗，是建筑热损失最大的构件。当然这个报告的模板是欧洲典型低层建筑，与我国当前的建筑不能直接对标，但确实是反映出门窗洞口是整个建筑最大的能耗集中地，是建筑节能需要重点关注和改善的部位。外窗的得热与失热，主要是太阳得热（热辐射）、热交换和空气渗透三种途径。建筑门窗发展至今，除"阳光"引起的太阳得热还未被普遍重视外，门窗的热交换和空气渗透的保温性能得到充分关注，但"太阳得热"的问题却被忽视，而门窗隔热对于以制冷为主要能耗的南方地区尤其重要！

　　太阳光通过窗洞对室内造成光热影响主要受窗洞围护构件的太阳得热系数调节。那么得热系数 g 值越小就越节省有供冷需求时的供冷能耗；得热系数 g 值越大就越节省供暖的能耗。但现实中，门窗本身的太阳得热系数是个定值，很难同时满足夏季遮阳隔热和冬季采光得热两方面的需求。

　　在没有遮阳措施的情况下，门窗的 g 值是恒定的，正如前面所提，门窗本体不能同时满足遮阳隔热和采光得热两方面的需求。如果配置活动式外遮阳，则可以通过遮阳设施的升降和翻转得到不同的遮阳 SC 值，代入原始 g 值后，则得出遮阳后的整窗 g 值，遮阳设施大多是活动式的，这意味着这个 g 值还可以再通过调节 SC 值大小来获得更高或更低，以满足对光热的不同控制需求。门窗行业的匠人在提升门窗整体性能过程中，将门窗本体的 g 值下降到 0.1 就需要付出很大努力，如果配上活动式外遮阳设施，窗洞的 g 值就可以随时、按需调节来改善室内的光热情况，做到节能和防眩光。这也是活动式外遮阳的真正价值！

　　相关内容延伸：从改善门窗隔热性能的性价比而言，当门窗玻璃的配置将可实现的、可知的技术工艺手段实施之后，只有通过外遮阳的手段才能本质改善门窗的隔热性能，所以门窗的隔热性能对比于门窗的其他基本性能最大差别在于两点：一是需要与门窗本体之外的附属设施（遮阳设施）统筹考虑，其他性能仅考虑门窗本体；二是门窗的隔热性能是唯一的双向指标，即北方在取暖季需要参数 g 值越大越好，而不管什么地域在制冷季则需要参数 g 值越小越好，门窗的其他性能参数值只是单向指标，不存在双向选择。

255 欧洲的遮阳对比试验说明了什么？

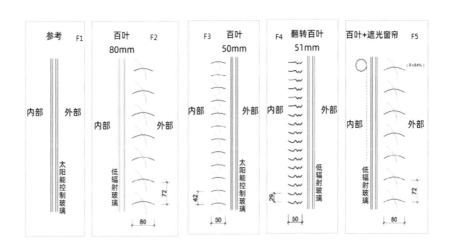

　　2011 年，世界上最大的太阳能研究机构——德国弗劳恩霍夫太阳能研究院的姜·维诺德高级研究员联合瑞士南方应用技术大学的弗朗西斯科教授，两人共同就法兰克福及罗马气候条件进行了模拟试验。

　　试验时间地点： 1. 法兰克福：2011 年冬季；2. 罗马：2011 年冬季。

　　试验对象： 办公空间 [能耗为 72W·h/（m² · d）；照度不足 300lx 时的人工照明；室内加热设定点为 21℃]。

　　试验背景： 模拟 5 种情况的外墙方案和遮阳系统。

　　试验结果：

　　系统内装： 对节能几乎无助（F3、F4）；

　　系统外装： 室内采光可控，视觉受百叶开合影响，防眩光对照明能耗及采光基本无影响（F2、F5）；

　　能耗： F5 最优。R=84% 遮光窗帘 + 低辐射玻璃 + 叶片 90°+100% 防眩光控制组合，法兰克福、罗马分别比 F1 节能 29%、23%（含照明能耗）；

　　采光： 在 150~200W/m² 的低照度水平下，F2~5 都可有效导光、采光；叶片角度微闭合比完全遮光更有效采光；

　　眩光： 叶片 85°+100% 防眩光控制，F2~5 都可实现最低程度的眩光控制。

　　结论： 遮光窗帘 +Low-E 玻璃 + 外遮阳完全闭光组合方案，在法兰克福、罗马分别可提升 29%、23% 的节能效率。

　　相关内容延伸： 在上述结论中所涉及的三项解决方案中，外遮阳提供了最主要的节能效率提升贡献，Low-E 玻璃次之，遮光窗帘其三，通过这样的排序可以为如何按次序规划解决途径提供有效的参考。另外，就实验的两个城市而言，法兰克福的冬季比罗马的冬季更寒冷，所以法兰克福的能耗压力大于罗马，但是实验背景中对两地冬季的阳光照射天数是否存在差别没有具体描述，所以两地之间的节能效率差异无法给与周全的推理。

256 我国的遮阳对比试验说明了什么?

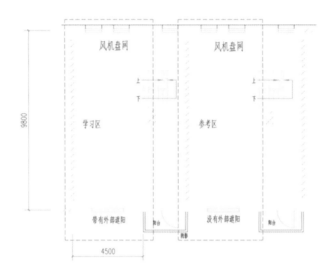

2019 年夏季,中国建研院张时聪博士在寒冷地区的郑州五方科技馆进行实地监测,获得了外遮阳在超低能耗建筑节能价值的第一手宝贵数据,为国内超低能耗建筑科学建设和发展提供了有力的数据支撑。

试验时间: 2019 年 7 月 14—25 日;**试验地点:** 河南郑州(寒冷地区);**试验监测单位:** 中国建研院。

试验对象: 2018 年建成的两栋两层相同的超低能耗建筑,门窗采用三玻两腔高性能被动窗 + 外遮阳百叶;南偏西 10°,一栋为学习,另一栋为参考。

试验结果:

热性能: 非空调关窗条件下,遮阳建筑室内温度小于非遮阳参考建筑最高达 2℃。

能耗: 空调条件下,室内温度 26℃。

(1)叶片 90° +100% 防眩光控制,遮阳建筑 VS 非遮阳建筑:节能率为 21.77%;

(2)叶片 45° +100% 防眩光控制,遮阳建筑 VS 非遮阳建筑:节能率为 17.08%;

(3)叶片 90° +67% 防眩光控制,遮阳建筑 VS 非遮阳建筑:节能率为 17.77%。

采光: 叶片 0° +100% 防眩光控制 /(45° +100% 防眩光控制)的情况下能满足居住的采光要求;在某个时间点会出现短暂眩光。

试验结论: 室内 26 度空调条件下,外遮阳百叶完全闭光比单一使用 Low-E 玻璃提升 21.77% 的节能率。

相关内容延伸: 夏季是遮阳设施发挥节能效果最佳的季节,在上述对比中发现最佳的百叶外遮阳使用状态是叶片 90° +100% 防眩光控制,这说明外遮阳百叶的全遮挡状态下的节能效果最明显,这也提醒我们建筑外遮阳设施的正确使用方法对节能效果存在一定影响,正确的使用方法一是将正确的控制方式对使用者进行普及,这种方式相对被动,效果也相对不可控,二是通过感应装置进行自动控制或统一采用电动控制,这种方式完全主动,效果可控但成本投入大。

257 如何解读我国的建筑节能规范中涉及遮阳的相关内容？

《被动式超低能耗绿色建筑技术导则》（试行）（居住建筑）29.（1）推荐：外窗保温和遮阳性能应符合下列要求：
外窗传热系数K和太阳得热系数SHGC参考值

外窗	单位	严寒地区	寒冷地区	夏热冬冷地区	夏热冬暖地区	温和地区
K	W/（m²·K）	0.7~1.2	0.8~1.5	1.0~2.0	1.0~2.0	≤2.0
SHGC	—	≥0.5（冬季）	≥0.45（冬季）	≥0.4（冬季）	≥0.35（冬季）	≥0.4（冬季）
		≤0.3（夏季）	≤0.3（夏季）	≤0.15（夏季）	≤0.15（夏季）	≤0.3（夏季）

法兰克福 29%、罗马 23%、郑州 21.77% 的节能率，足以说明外遮阳百叶对超低能耗建筑的节能价值，当然其他产品在满足相同遮阳系数的前提下，也可以取得同样的节能效果；所以外遮阳值得行业关注和重视，也必将为建筑节能助力。

我国试行版居住建筑的超低能耗建筑推荐性标准《被动式超低能耗绿色建筑技术导则》中，鉴于我国各地域自然条件差异大和国标通用性的特点，在 29.（1）推荐：

外窗太阳得热系数按不同气候区和冬夏季分别给出参考值，便于各地因地制宜选择优化。

标准中虽然未直接给出遮阳系数，但明确指出外遮阳的效果优于内遮阳和中置遮阳，且推荐超低能耗建筑优先采用外遮阳，根据国标《供暖通风与空气调节术语标准》（GB/T 50155—2015）中对 SC 的定义为：在给定条件下，太阳辐射透过玻璃、门窗或玻璃幕墙构件所形成的室内得热量，与相同条件下透过标准玻璃（3mm 厚透明玻璃）所形成的太阳辐射得热量之比，即：$SC=(Q_1+Q_2a)$ 测试玻璃 $/(Q_1+Q_2a)$ 标准玻璃。标准参考玻璃的 SC 为 1.0，因此，SHGC=SC×0.87 进行换算。遮阳系数也是一个无量纲数，是测试玻璃太阳得热系数与标准玻璃太阳得热系数之比。但在国标《民用建筑建设热工设计规范》（GB 50176—2016）中更强调遮阳设施及透光结构的阻挡作用，GB 50176—2016 第 2.1.33 条对透光围护结构遮阳系数的定义为：在照射时间内，通过透光围护结构部件（如窗户）直接进入室内的太阳辐射量与透光围护结构外表面（如窗户）接收到的太阳辐射量的比值，即 $SC=Q_1/Q$。

以寒冷地区为例，换算结果是：夏季 SC 值≤ 0.34，冬季 SC 值≥ 0.51，而门窗本身难以做到兼顾冬夏的不同要求。由此可见，除了漫长炎热季的夏热冬暖地区，寒冷地区也需要遮阳。

小结：遮阳目的主要有两个方面：1. 夏季遮阳隔热、防眩光；2. 不影响冬季室内的采光得热。

建议的遮阳设置条件为：

室外气温≥ 29℃；

阳光进入室内时间≥ 1h、光照距离≥ 0.5m；

光照强度≥ 240kcal/（m²·℃·h）。

258　门窗外遮阳的必要性及途径是什么？

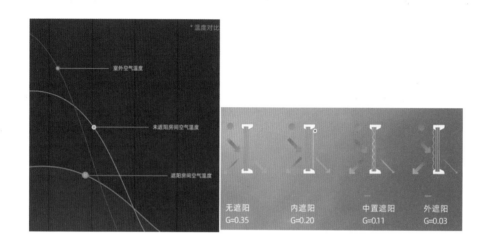

太阳辐射的得热量包括两个部分：一部分是直接透过玻璃进入室内的太阳辐射；另外一部分是玻璃及构件吸收太阳辐射后，再向室内辐射的热量。相比室内窗帘、玻璃中置百叶等内遮阳产品，户外遮阳是现代建筑更有效的遮光节能解决方案。以三玻两腔系统窗为例：

与无遮阳状态相比，内遮阳产品将太阳得热系数从 0.35 降低到 0.20，可以将一部分太阳热辐射阻挡在室外，进入室内的热量降低了 40%，仍有一半以上的热辐射进入室内。

与无遮阳状态相比，中置遮阳产品将太阳得热系数从 0.35 降低到 0.11，进入室内的热量降低了 60% 左右。

与无遮阳状态相比，外遮阳产品将太阳得热系数从 0.35 降低到 0.03，可以将大部分太阳辐射阻挡在室外，进入室内的热量降低了 90% 以上，节能性显著提高。

常见的三种外遮阳产品分别是：

铝制硬卷帘：铝合金材质拥有完全的耐候性，无惧恶劣环境。卷帘与窗户之间的空隙形成封闭的隔热腔，加上具有保温作用的聚氨酯发泡填充的帘片，防止热量向外耗散，节能效果出色。

铝制百叶：百叶在室内防眩光、自然导光方面有着独特的优势。百叶帘片开合角度精确，可在 0°~180° 之间选择任意开启角度，既控制进入室内的光线又能保证通风毫无阻隔。

织物卷帘：织物面料在实现可高达 85% 以上遮阳率的同时而不阻隔视线，拥有出色的透景效果。

相关内容延伸：铝制硬卷帘是目前欧洲普通住宅门窗最常见的外遮阳方式，经济性、使用稳定性、门窗性能综合增值性都有优势，收放控制有手动和电控两种方式。铝制百叶是公共建筑幕墙项目最常见的外遮阳方式，基本采用统一的中央控制方式，结合光照状态调整百叶的收放和角度翻转。织物卷帘是当前出现的景观空间外遮阳方式，电动控制收放。不同的实用场景选择不同的外遮阳方式，选择的原则是在适用性和经济性之间寻求性价比的优化和合理。

259　铝制硬卷帘外遮阳的适用场景是什么？

　　铝制硬卷帘广泛应用于欧洲的普通居住建筑，在完全关闭卷帘时，拥有 100% 的遮光率。当然，它也可以在任何位置悬停，来满足遮阳和采光的需求。这种铝材质硬卷帘的适应性体现在以下方面：

　　带有聚氨酯发泡的帘片，可阻碍声波传递，当处于全关闭状态时能降噪 17~19dB，带来安静舒适的环境。

　　在夏季白天通过卷帘的遮阳作用，可以有效减少空调制冷的能耗压力。

　　在冬季夜晚通过卷帘关闭可以起到门窗外围的保温作用，可以有效减少取暖的能耗压力。

　　长期离家时，通过卷帘的完全关闭可以起到防盗的安全保护作用。

　　在外遮阳产品类别中，成本优势明显。

　　由于卷帘的帘片处于垂直使用状态，所以在遮阳的同时也遮挡了大部分的可见光，对室内采光造成了一定影响。

铝制硬卷帘的性能参数：

遮阳系数 0.00~1.00；

传热系数 K=3.4；

能降噪 17~19dB。

　　相关内容延伸： 有过较长欧洲旅居史的读者可以感受到中欧住宅窗之间最直观的差异就是欧洲住宅窗硬卷帘的配置率比较高，特别是在德国，独立的全开启窗（大多是内开内倒）配置硬卷帘遮阳几乎是标配，硬卷帘对比其他外遮阳方式的特别优势是对于门窗的保温性能、隔声性能、水密性能、抗风压性能、防盗等级都有提升，而且就经济性而言也有优势。硬卷帘叶片有铝和 PVC 两种材质，控制方式有手动和电动两种方式，手动就是通过牵引绳进行卷帘的收放，窗的内侧墙上有固定牵引绳的挂钩，电动是通过卷扬轴状电机的转动来控制卷帘的收放。

260 铝制硬卷帘外遮阳的产品特征是什么？

　　铝制硬卷帘作为最具代表性的立面遮阳产品，在关闭卷帘时，其拥有 100% 的遮光率。铝合金材质的帘片拥有完全的耐候性和抗风性及一定的安全性，确保其在任何恶劣的环境中都能保证用户的使用。带有聚氨酯发泡填充的帘片，更是能带来优秀的防寒保暖的功能，营造舒适环境。铝制硬卷帘的产品特征整理如下：

　　遮阳节能：铝制硬卷帘是建筑外遮阳产品中稳定有效的产品，能有效隔离 100% 阳光热辐射，解决室内温室效应；帘片内填充聚氨酯发泡材料，降低了室内外热交换的效率，从而减少空调地暖的能耗，实现舒适空间的美好体验。

　　防撬防坠：卷帘与墙面结合无着力点，使攀爬和停留成为不可能；当产品闭合时，室内外完全隔断，此时，通体采用高强度铝合金材料的卷帘能有效防止暴力破坏，从而保护您的安全。

　　控制便捷：将电动控制与移动端 App 结合，远近距离都可控制，智能操作更有场景设定模式，每天定时自动调节，无须动手即享节能与舒适。

　　应用领域：超低能耗建筑、健康建筑。

　　外观工艺：打磨、抛光、清洗、中涂、面涂等 10 余道加工工艺，铝合金卷帘叶片采用一次滚压成型的工艺，PVC 叶片采用挤压成型工艺，两种叶片都能实现经久耐用。

　　阻隔噪声：帘片内部填充聚合物隔声材料，卷帘关闭时，有效隔离室外噪声，对于高频噪声效果更明显。

　　相关内容延伸：硬卷帘成为国内一些高端住宅项目外窗主流外遮阳配置的原因就是基于上述产品优势，值得一提的是硬卷帘产品的价格差异也是比较大的，符合欧洲产品标准的价格也是比较高的，甚至与门窗的价格不相上下，所以就成本构成而言，外遮阳产品不是门窗的配套附属设施，而是与门窗同等地位的权重，这也是我国消费意识需要提升的方面。

261 铝制百叶外遮阳的适用场景是什么?

铝制百叶广泛使用于公共和居住建筑,尤其是以非高层的公共建筑为主。铝合金拥有质量轻、耐腐蚀、价格适中等天然的优势,当这些与百叶相结合后便产生了具有独特优势的铝百叶外遮阳产品。铝合金百叶叶片外表光滑,手感佳,色彩丰富,具有出色的回弹力及耐久性。铝合金百叶有空芯薄壁组合断面及实体薄壁两种材质形态,使用便利,而且不易弯曲。因此用铝合金做的铝合金百叶窗质量轻、强度高、耐用、不易变形。

通过窗户进入室内的太阳热辐射会显著影响室温,形成建筑能源消耗的主要负荷。铝制百叶外遮阳是阻挡太阳热辐射进入室内的必要措施,通过电动、智动或光、热传感器控制遮阳百叶的升降或翻转,可将炽热的阳光热辐射遮挡在室外,夏季可减少 50% 的室内冷却能耗,同时也不影响室内的采光。铝制百叶的适应性整理如下:

铝制百叶在满足了刚性遮阳的同时,通过其百叶的翻转角度,可以形成独特的导光功能,既能确保室内有充足、柔和的可见光,又减少眩光、减少照明的能耗;

铝制百叶在隔热及降噪性能上不如铝制硬卷帘,但有铝制硬卷帘无可比拟的导光功能优势及室外景致的可视性;

在外遮阳产品类别中,铝制百叶的成本适中,建筑外立面可视效果出色,而且通风透气效果也是外遮阳产品中最优的;

对于有季风气候的沿海高层建筑而言,铝制百叶的抗风性是产品品质核心竞争力的挑战;

铝制百叶的遮阳系数是 0.15~1.0。

相关内容延伸:铝制百叶主要适用于公共建筑的大通透采光面(幕墙外围护),就住宅项目而言的适用性不及硬卷帘,在我国的使用局限性主要体现在抗风性能的挑战,对于高层建筑及东南沿海季风气候显著区域的建筑项目的适用性都存在考验。另外,叶片长期室外使用所造成的积尘清洁也是不能回避的实际问题。

262 铝制百叶外遮阳的产品特征是什么？

　　户外遮阳百叶在室内防眩光、自然导光方面有着独特的优势。尤其当下办公室和电脑工作区对遮阳系统的要求已变得越来越复杂和苛刻，铝制百叶在满足了刚性遮阳需求的同时，也满足了理想遮阳系统的更多需求。电视及电脑防止眩光，不影响生活工作且仍有充足阳光进入室内；导光功能对自然光利用的同时，也减少了人工照明的能耗；给予用户个性化设计方案，同时保证视感与光线的完美契合。铝制百叶的产品特征如下：

　　遮阳调光：遮光率达到 80% 以上，有效阻挡阳光直射，防止阳光曝晒和室内眩光，让室内光线更加柔和、视感更舒适。百叶帘片开合角度精确，可在 0°~180° 之间选择自己想要的角度进行旋转，既可控制进入室内的光线又能保证通风。

　　智能控制：配备风、光、热智能传感系统，只需自行设定场景需求，产品即会自动开启或闭合。遇到恶劣天气如刮大风时，百叶帘会自动收起，保护系统不被损害；而到夏季强光照射时，百叶帘则会自动开启。曲面的帘片比平面结构更有韧性，具有一定的防风性能；完全关闭时百叶自动锁紧，不透光，阻挡雨水，一定程度提高门窗的水密性能。

　　应用领域：超低能耗民用、公共建筑、健康建筑。

　　视野可控：相比铝制卷帘和面料布帘，百叶帘可通过对叶片的翻转角度进行控制，保证遮阳效果的同时，保障隐私性，同时也提供了极佳的视野。

　　隔热节能：夏天关闭帘片或微调光线状态，有效隔离阳光，达到隔热效果；冬季收起帘片，阳光进入室内，利用阳光的热进行采暖，具有隔热性能，节能又舒适。

　　相关内容延伸：需要说明的是，遮阳百叶的叶片是腔体结构为主，不是我们实际生活中接触到的室内用片状结构，所以室外百叶的幅宽可以做得比较宽，整体结构稳定性也比下意识中的认知要好。国外的遮阳产品发展历史长，设计和制造工艺都很成熟，国外成熟的外遮阳产品品牌有到国内发展的企业，但是因为国内对专业室外遮阳产品的消费理念和认知建立需要时间，时间差的重要性不能忽视。

263 织物卷帘外遮阳的适用场景是什么?

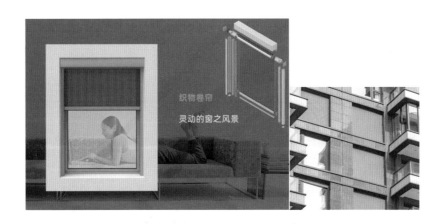

织物卷帘在公共和居住建筑上都有使用,对于外部景色宜人的高层建筑而言是最佳的外遮阳解决方案。

外遮阳织物卷帘用于建筑外遮阳时,可以有效提升外立面效果,并且既起到遮阳效果,也有良好的通透性,同时具有良好的耐候性,布料颜色可根据色样选择。其具有良好的遮阳遮光性能;是织物与遮阳设施的完美结合。轻薄、柔美的织物可以管理日照,在营造舒适人居环境的同时,优良的品质也可以保证不失其坚韧性与耐久性。其产品适应性整理如下:

价格适中的外遮阳织物卷帘使用的是遮阳面料,整体价格低于铝合金外遮阳产品,性价比高。

安全隐蔽: 外遮阳织物卷帘产品颜色具有多样性,可做到与铝合金、塑钢窗颜色一致,连接紧固可靠,最大限度地保护建筑物外立面的美观度。

维修、拆洗简单方便: 外遮阳织物卷帘罩壳的两端设有可拆卸式的尼龙扣件,如需拆下罩壳,只需推动扣件皆可;面料的更换、清洗也十分方便。

通风观景: 织物面料具有一定的透孔率,在达到国家规定的遮阳率的同时,不影响通风观景。

安装方便: 外遮阳织物卷帘安装时,人只需要在室内实施安装操作,从而更安全、方便、快捷。

相关内容延伸: 织物卷帘最大的认知误区是把室外织物卷帘与室内织物卷帘混为一谈。室外织物卷帘经受的气候考验和室内环境存在很大差异,所以对卷帘的传动机构、控制机构的防尘防卡阻要求都比较高,需要经过特别的设计和材料选择。室外织物卷帘也要考虑在未能及时收纳情况下的抗风能力,这是织物卷帘的设计挑战,最重要的是织物材质选择,风雨考验是暂时的,阳光直射是长期的,阳光紫外线的老化考验是织物寿命的决定因素,所以织物材料是织物卷帘的核心要素。

264 织物卷帘外遮阳的产品特征是什么？

　　织物可以与遮阳设施完美结合。轻薄、柔美的织物可以管理日照，在营造舒适人居环境的同时，优良的品质也可以保证不失其坚韧性与耐久性。织物卷帘产品特征整理如下：

　　遮阳遮光： 有效地遮挡直射阳光，以减少热辐射透过玻璃进入室内，从而延缓温室效应、节约建筑能耗。同时也降低了因紫外线透过玻璃进入室内对家具及人体造成的伤害。

　　透景防眩： 通过织物面料不规则的漫反射微孔，在享受室外朦胧美景的同时，减缓了因阳光直射带来的眩光。

　　配色丰富： 除常规配色外，可以实现定制配色，总能与建筑空间内外环境完美匹配。

　　应用领域： 超低能耗建筑、健康建筑、绿色建筑。

　　防风防尘： 在面料上安装防风条，使面料沿着导轨运动，不被风吹出导轨，抗风性能优越，织物卷帘面料具有一定比例的透孔率，从而释放了部分风压，提高面料的风载力。特殊的涂层使得面料不易积灰，抗污易洁。

　　耐用性： 面料采用具有阻燃能力的纤维面料，不褪色，防霉、防水、防油，抗腐蚀性能强，抗 UV 性能高，面料自身材料决定其不具有延展性，不会变形，并持久保持其平整度。不需加固，自然抗撕扯，有显著的抗风和经受频繁使用的性能，确保户外长期使用。

　　防蚊通风： 细密的小孔既不阻隔空气的流通，又能有效防止蚊虫的侵扰。

　　相关内容延伸： 织物卷帘是外景观优势突出的光线通透面（门窗及幕墙）外遮阳解决方案，特别是大开敞空间的织物卷帘框架遮阳设计是欧洲多见的方式，比如阳光房、凉亭、开敞式阳台等等，而且对于顶立面需要设置遮阳的使用场景，织物卷帘的产品优势就可以得到充分发挥。遮阳配置是国外建筑设计师关注的核心，因为建筑设计师对自然光与建筑的互动性存在职业性敏感，所以设计师是遮阳产品企业最合适的潜在客户及产品推广大使。

265 门窗外遮阳设施实际安装设计中需要注意什么问题?

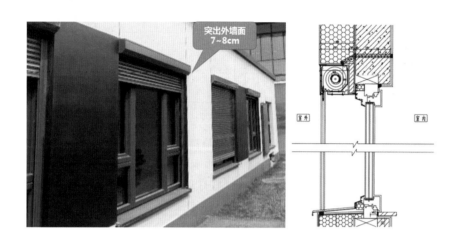

门窗外遮阳必须兼顾建筑外立面来选择产品及节点。产品可据实际需求选择,在此重点关注安装设计及节点。建筑外遮阳有段时间曾走入误区,项目业主的接受度低。典型表现为:

1. 为做遮阳而做,窗洞系统设计不足,外遮阳成了外构件,影响建筑外立面效果,甚至在寒冷地区的冬季出现挂冰坠落伤人的安全隐患,如上部左图。

2. 遮阳产品的可靠性和耐久性差、一旦发生故障,检修困难、成本高,造成使用者的负担。

就寒冷地区建筑而言,合理的解决方案是外保温系统 + 真石漆墙面 + 铝制硬卷帘组合,如上部右图。这个设计方案有以下优点:

区别于其他方案的典型特征就是将铝制硬卷帘箱体朝向室内,也高出窗户,可以在需要遮阳时,完全遮阳遮光;需要采光时,完全不影响采光;

无热桥、对流散热,室内全检修,安全、方便、快捷、外立面整洁;

帘片在运行中能自我清洁,抗正风压性能增强。

这种设计安装方案需要与建筑外墙保温同步规划,而且单栋建筑的整体配合要求度较高,对于家装零售门窗市场这样的后续洞口安装环境来说较难实现。

相关内容延伸: 硬卷帘遮阳设施需要和门窗在建筑设计阶段进行同期统筹设计和整体安装,消费者业主是家装零售门窗的直接使用者和购买者,所以接受国外成熟的门窗理念、产品、配置是最容易也是最直接的,但是家装零售门窗是对现成门窗洞口进行后续的门窗升级换装,这种特征就造成硬卷帘设施的后续安装挑战比较大,对门窗洞口的自然条件存在一定的要求和条件,而且一定程度上遮阳类设施也会受到物业管理者的限制,这是硬卷帘产品在家装零售门窗领域实现产品配套的软、硬两方面制约因素。

266 阳光房外遮阳的适用场景和产品特征是什么?

　　阳光房由玻璃与金属框架搭建而成,通透明亮、视野开阔,可以让用户自如地享受阳光,亲近自然。夏季大量太阳辐射热从玻璃处进入室内,室温上升快,增加空调系统负载;由于大面积玻璃的存在,冬季热量损失过快,增加采暖成本,使用户无法更好地使用阳光房。而阳光房遮阳系统,正是解决此问题的最优方案。

　　想象中的阳光房拥有春天的绿色、夏夜的繁星、秋日的绚烂、冬季的暖阳;现实中的阳光房却是"夏天蒸桑拿",玻璃聚热导致室内温度飙升,让人无法忍受。阳光房顶面遮阳系统,可在阳光到达玻璃表面时,阻挡 90% 以上的阳光辐射热量,在炎炎夏日为您守护一片阴凉惬意;冬季将遮阳收起,阳光直射室内,玻璃聚热让室内温暖怡人,成为"冬日花园"。阳光房遮阳产品功能如下:

　　隔热节能:夏季产品闭合时起到极佳的遮阳效果,避免阳光直射形成温室效应,确保室内凉爽,减少空调制冷的能耗。

　　防寒保暖:冬季阻挡室内暖气的外泄,确保热量不会通过玻璃流失,降低因采暖而产生的开支。

　　防风防尘:铝合金材质具有极好的强度和韧性、耐候性,以及优异的抗风性,可有效阻挡大风的吹打,避免玻璃门窗的损伤,防止粉尘的污染。

　　智能控制:配备风、光、热智能传感系统,只需自行设定场景需求,产品即会自动开启或闭合。遇到恶劣天气如刮大风时卷帘会自动收起,系统保护不被损害;每到夏季强光照射时,卷帘则会自动开启。

　　相关内容延伸:阳光房在国内是并类于门窗企业的产品范畴,在国外,阳光房是属于独立建筑的体系,在国外成熟的全品类独立门窗系统公司的产品体系中,阳光房也是独立于门窗体系之外的,这种中外差异体现了对阳光房产品属性的不同定义和认知。阳光房的不同定义认知导致国内阳光房一般不考虑遮阳设施的专业性配套设计,业主存在实际要求的情况下也是在阳光房施工搭建完成后另外进行辅助配套,这时的整体性及统筹性就会受到制约和影响。

267　如何理解欧洲的全功能窗理念?

在欧洲，结合建筑围护结构、节能附框、外遮阳帘、系统窗、防蚊纱窗，设计师将其整合为一体化全功能窗。高度集成化的全功能窗，是建筑节能发展新趋势下的革命性产品，不仅实现了窗户多项功能的无缝衔接，避免了加工和安装过程中的重复劳动，减少了成本，更让产品和建筑完美结合，使外观有了质的飞跃。外遮阳组件可灵活地与不同品牌、型号的系统窗匹配，满足不同建筑节能标准和用户使用的综合需求。全功能窗的产品特征如下:

隔热节能: 全功能窗自带遮阳卷帘，能阻挡 95% 的阳光热辐射，大幅度提升建筑窗口的综合性能;闭合后的卷帘与窗玻璃间形成了一个新的空间，进一步减缓了热传导，减少夏冬两季的制冷采暖耗能，对建筑节能贡献巨大。

安全可靠: 高强度的铝合金窗体犹如一道坚固的防护墙，遮阳卷帘、纱窗以及玻璃窗起到三重防护的作用。

简约美观: 一体化工业设计，造型简约紧凑，与多种现代建筑风格完美融合，为建筑立面增加风采。

控制便捷: 电控与移动端 App 结合，远近距离都可控制，智能操作更有场景设定模式，无须动手即享节能与舒适。

配色丰富: 全功能窗的外观除常规配色外，可接受定制配色。

节约成本: 将高性能窗与遮阳卷帘、防蚊纱窗、节能附框结合实施，从而使采购、现场施工、工程管理、产品生产、安装、维护等全部环节在一家单位即可完成，节省诸多过程管理和落地的成本。

个性组合: 全功能窗提供全面、灵活、个性的产品配置方案，客户可通过与不同功能的系统组合来契合不同建筑节能需求，也可根据室内装修风格匹配不同遮阳系统及系统窗外观，并且可以根据个性化需求进行设计、组合、匹配。

相关内容延伸: 如果说系统窗是普通窗的进级定义，那么全功能窗将是普通窗的升级产品，系统窗的本质是经过预先充分设计和验证的门窗体系，这一体系的核心及外在表现是系统的门窗材料及完整的门窗加工、安装工艺，用系统的门窗材料按照系统工艺制造并安装的门窗产品就称之为系统门窗，但是系统门窗本身缺乏直观的、易懂的外在特征，这也是国内家装零售门窗几乎个个自称是系统门窗却又说不清或却说越糊涂的底层原因，系统门窗的系统材料有什么特征? 系统工艺如何认定? 这两个极简问题的答案绝不是几个部位、几项工艺、几种材料、几项配置就可以归纳定性或标签评判的。

268 智能外遮阳系统有什么优势?

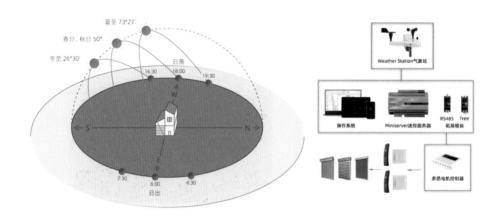

外遮阳的控制方式常见有:机械控制和遥控控制,这两种方式都需要适时地人工操作,难以发挥遮阳节能的全部潜力。因为自然环境是动态的,如果人为操作来实时应对,相当烦琐。智能控制系统更为方便、有效,真正让节能更智能,对超低能耗建筑来说,遮阳节能潜力才被完全挖掘。

上图是智能控制的一个示意,这个方案是利用光追踪系统将遮阳百叶的伸展、闭合、室内采光集成一个系统,进行综合的智能控制,实现办公环境的遮阳、采光、能耗的最佳组合,为建筑中的人群提供一个舒适节能的环境。

目前主流的智能遮阳控制系统是基于 LONWORKS 控制网络的技术,可实现下列功能:系统依据当地气象资料和日照分析结果,对不同季节、日期、不同时段及不同朝向的太阳仰角和方位角进行计算。再由智能控制器按照设定的时段,控制不同朝向的百叶翻转角度。通过屋顶设置的多方位阳光感应器检测晴天还是阴天。阴天,系统控制百叶水平打开;晴天,则按阳光自动跟踪模式执行,同时还根据大楼自身形体及周边建筑的情况建立遮挡模型,将参考点每天的阴影变化计算出来,存储在电机控制器里,再按照结果自动运行。

智能遮阳控制系统软件包括计算机监控软件和智能节点控制软件两个部分,作为建筑智能化系统不可或缺的智能遮阳系统,随着技术的不断进步和建筑智能化的普及,建筑遮阳将会有更加完备的智能控制系统,相信越来越多的建筑将采用智能遮阳系统,并在设计阶段就应被集成汲取,智能化角度使遮阳达到最优的效果。

相关内容延伸:智能遮阳是门窗综合智能化的一个重要组成部分,门窗综合智能化是门窗行业近两年的热点话题,简单理解门窗智能控制就是将门窗的控制从人为操控变成预先设定的程序操控,实现方法就是在原有的门窗及辅助设施(窗帘、遮阳等内外配套物)这些硬件基础上,加上感应系统和控制系统,当然这两个系统的增加所带来的成本投入可能要远远超出门窗及辅助设施硬件本身,所以门窗综合智能化是趋势、是方向,但是实现的时间过程和适用人群的体量不容忽略,设计师群体也许才是最合适的潜在客户。

269　Low-E 玻璃对门窗隔热性能有何影响？

Low-E中空玻璃

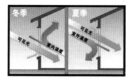

名称	结构	透光率 (%)	SC	K值 W/(㎡·k)
单白玻	6mm	89	0.99	6.2
单片镀膜	6mm	50	0.70	6.0
白玻中空	6+12A+6	81	0.87	2.8
镀膜中空	6+12A+6	60	0.72	2.7
单银 Low-E 中空	6+12A+6	62	0.51	1.8
双银 Low-E 中空	6+12A+6	62	0.40	1.7
三银 Low-E 中空	6+12A+6	63	0.32	1.6

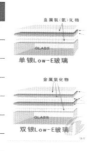

Low-E 玻璃的 E，就是"辐射率"英文"Emissivity"的首字母。辐射镀膜玻璃的辐射率是指温度 293K、波长 4.5~25μm 波段范围内膜面的半球辐射率。离线低辐射镀膜玻璃辐射率应小于 0.15；在线低辐射镀膜玻璃辐射率应小于 0.25，而普通玻璃辐射率为 0.84。《镀膜玻璃　第 2 部分：低辐射镀膜玻璃》(GB/T 18915.2—2013)。

Low-E 玻璃又称低辐射玻璃，是在玻璃表面镀上多层金属或其他化合物组成的膜系产品。其镀膜层具有对可见光高透过及对中远红外线高反射的特性，使其与普通玻璃及传统的建筑用镀膜玻璃相比，具有优异的隔热效果和良好的透光性。Low-E 玻璃是在玻璃表面上镀膜，使玻璃的辐射率 E 由 0.84 降低到 0.15 以下形成的。Low-E 膜层中镀有银层，银可将 98% 以上的远红外热辐射反射出去，从而像镜子反射光线一样直接反射热量。Low-E 玻璃的特点：

红外反射率高，可直接反射远红外热辐射。

表面辐射率 E 低，吸收外来能量的能力小，从而再辐射出的热能少。

遮阳系数 SC 范围广，Low-E 的遮阳系数 SC 可从 0.2 至 0.7，从而可根据需要调控进入室内的太阳直接辐射能，可根据需要控制太阳能的透过量，以适应不同地区的需要。

相关内容延伸：通过上图表中的数据可知，双银 Low-E 的遮阳系数 SC 为 0.4，三银 Low-E 的遮阳系数 SC 为 0.32，结合前文所解析的 SC 与 g 值的换算关系可知对于炎热季较长的夏热冬暖地区而言，要实现隔热型门窗的配置，除了用外遮阳设施之外，配置双银及三银 Low-E 玻璃也是可以选择的有效路径。在未来，对于夏热冬暖地区（广东、广西、福建南部、海南、台湾南部）的家装零售门窗而言，Low-E 玻璃配置需要细化配置描述了，是单银、双银还是三银，银层数量不同所带来的玻璃隔热效果差异还是比较明显的，就这些地区的门窗节能效果及居家体验而言，多银层的 Low-E 玻璃配置比暖边及填充氩气更具投资价值（单纯就节能效果的体验感而言）。值得一提的是单银、双银、三银 Low-E 玻璃都是在玻璃的同一面进行不同层数的银层膜覆盖工艺（类似单层饼、双层饼、三层饼），而不是在不同的玻璃面上进行 Low-E 膜处理。

270　中空百叶玻璃运用中的注意点有哪些?

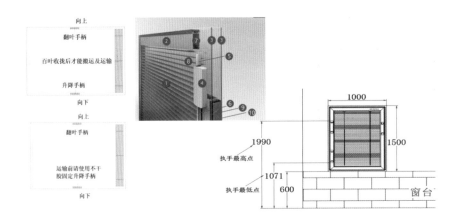

　　中空百叶玻璃是将百叶窗帘整体安装在中空玻璃内,采用磁力来控制中空玻璃内的百叶窗帘,可轻易升降或翻转叶片角度,从而达到遮阳目的,由于采用双层钢化玻璃结构,抗风力及抗外击力较高,高层和沿海建筑采用较为合适。中空百叶玻璃在设计、使用过程中需要注意以下问题:

　　执手高度: 手动中空玻璃内置百叶的操作执手距玻璃平面高度是 10.0mm。故室内扇料和门框型材与室内扇玻璃间的间隙一定要 > 10mm,否则在推拉门时就会有碰到操作执手的可能。

　　执手最高点计算:

　　当玻璃宽 ≤ 965mm 时:(玻璃高 ×1/2)+(180~580)mm+ 窗台高度;

　　当玻璃宽 > 965mm 时:(玻璃高 ×2/3)+(180~580)mm+ 窗台高度。

　　运输及操作: 中空玻璃内置百叶产品在搬运与运输的时候切记要侧倒放置,并且必须要在百叶收拢的情况下进行此操作,同时要将操作手柄加以固定处理,如用玻璃贴或者不干胶固定升降手柄,方可进行运输,否则会将百叶帘片褶皱变形。严禁在中空玻璃内置百叶产品平放的状态下操作百叶与搬运产品。

　　玻璃面积与厚度选择: 产品面积< 2.5m^2,用 5mm 玻璃;2.5m^2 <产品面积< 3m^2,用 6mm、8mm 钢化玻璃;3m^2 <产品面积< 4m^2,用 8mm、10mm 钢化玻璃;4m^2 <产品面积,用 10mm、12mm 钢化玻璃(手动调节产品室内面通常采用 5mm 玻璃,部分情况可选 6mm 玻璃)。

　　相关内容延伸: 中空百叶玻璃在美国有一定的使用,在欧洲及日本较少使用。我国的实用普及主要是因为政策性的推动,一些地区的建筑节能规范中对门窗隔热性能提出了明确的指标,为了满足当地项目的验收,中空百叶玻璃是最简便和最具经济优势的解决方案,不需要增加其他遮阳设施投入,也不需要更改门窗结构,只需在有明确要求的建筑部位的门窗玻璃更换为中空百叶玻璃即可,而且建筑门窗的外立面一致性也可以得到最大程度的保障。但是,将百叶置于中空玻璃内腔就会造成中空玻璃内腔宽度的增加,这对中空玻璃保温性能和防止中空玻璃漏气造成一定的挑战。

271 中空百叶玻璃脱磁怎么办?

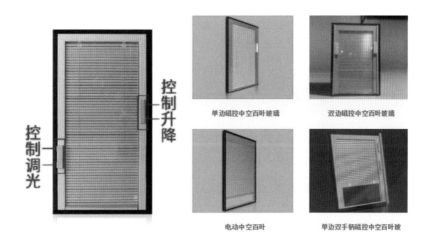

控制升降

控制调光

单边磁控中空百叶玻璃　　双边磁控中空百叶玻璃

电动中空百叶　　单边双手柄磁控中空百叶玻

中空百叶玻璃"脱磁现象"是指百叶执手控制不了百叶升降。这是磁控百叶的普遍现象，并非百叶故障。运输时的振动及操作百叶升降时用力过猛、升降速度过快均会产生此现象。

如果选择的是强磁控百叶，常规来说是不会脱磁的，之所以脱磁是因为误操作导致强磁脱离百叶边的磁轨，此时需要先把磁控手柄卡扣，扣在滑槽内，用两只手扶住略靠近磁轨位置2cm，上下移动，找到磁性最强位置，放上去，再上下移动试试，反复尝试就可以恢复。

如在操作中空内置百叶的时候有脱磁的情况（大幅度拉动升降手柄的时候百叶无升降反应即为脱磁）时，可用以下方法使其复位：

1. 首先要把中空玻璃内置百叶竖立起来；

2. 再把操作手柄推至最高点（即推不动为止），会听到砰砰的两声对磁声音，此时就可以恢复正常使用。

特别提示：

必须在竖立时操作中空玻璃内置遮阳系统，否则就会有脱磁的情况发生，在操作的时候升降速度应控制在80mm/s；

中空玻璃内置百叶产品在搬运与运输的时候切记要侧倒放置；

严禁在中空玻璃内置百叶产品平放的状态下操作百叶与搬运产品。

相关内容延伸： 中空玻璃百叶脱磁不是不可逆的故障现象，只要按照上述要点进行有效落实就可以防止脱磁现象的产生及修复脱磁，中空百叶玻璃不可逆（无法修复）问题是中空玻璃漏气，中空玻璃漏气就会造成玻璃内腔起雾，影响玻璃的通透性，也对百叶控制造成隐患。中空玻璃都存在漏气的风险，中空百叶玻璃的挑战更严峻，所以这就对中空百叶玻璃的生产工艺，特别是密封工艺和密封材料提出了更高的标准。

272　不同地区门窗玻璃保温及隔热性能如何综合运用？

城市	冬季日均最低温度/℃	采暖时长/d	夏季日均最高温/℃	保温需求	隔热需求	采光需求	推荐玻璃配置
哈尔滨	-25	180	29	☆☆☆	☆	☆☆☆	5mmC+12Ar暖边+5mm Low-E(3#)+12Ar暖边+5mm Low-E(5#)
北京	-6	120	33	☆☆☆	☆☆☆	☆☆	5mm Low　(2#)+12Ar暖边+5mmC+12Ar暖边+5mm Low-E(5#)
上海	2	/	34	☆☆	☆☆☆	☆☆	5mm Low-E(2#)+12Ar暖边+5mmC
深圳	13	/	33	☆	☆☆☆	☆☆	5mm Low-E(2#)+12A+5mmC
昆明	3	/	26	☆☆	☆	☆☆	5mmC+12A+5mm Low-E(3#)

　　我国南、北方气候差异大，北方取暖地区的建筑能耗主要集中在冬季的室内取暖，而南方地区的建筑能耗主要集中在炎热季的室内制冷，所以各地域的建筑节能措施侧重点有所不同。对于门窗而言，北方门窗重点关注保温性能，南方门窗重点关注隔热性能。基于以上的门窗节能理念，下面分别就代表寒冷地区、夏热冬冷地区、夏热冬暖地区、温和地区的门窗玻璃性能选型进行具体分析：

　　严寒、寒冷地区（北京）的门窗玻璃，我们应该按照"U 值低 + 得热系数 g 值高 + 可见光透过率高"公式选择，在此原则下，三玻两腔单银 Low-E 玻璃、中空腔填充氩气、配置暖边间隔条是合理的选择。

　　夏热冬冷地区（上海）是保温与隔热需要兼顾的状态，但是隔热似乎更需要迫切关注。因此我们需要门窗的玻璃要有高的隔热性能（g 值要小），保温性能也不能忽视。满足前两者的条件下提高可见光透过率，所以三玻两腔或双玻单腔双银 Low-E 玻璃、中空腔填充氩气、配置暖边间隔条是合理的选择。

　　夏热冬暖地区（深圳）阳光辐射强度高，高温天气多，因此首要面对的是如何阻隔太阳辐射热量进入室内，以减少室内空调制冷的费用（g 值要小）。至于玻璃保温性能，由于冬天温差不大，采用双玻单腔双银或三银 Low-E 玻璃基本能够满足隔热的需求，如果能配置外遮阳设施则更加完美。

　　温和地区（昆明）夏天日均最高温度为 26℃，大概有 5 个月时间，冬季的日均最低温度为 3℃（1 月和 2 月），保温需求更突出些（玻璃 U 值要低），而隔热就没有那么迫切，所以普通双玻单腔 Low-E 玻璃即可满足设计需求。

　　相关内容延伸： 未来家装零售门窗市场的发展格局会结合各地域的气候特征进行门窗产品的配置与结构设计，这对于一些头部品牌已经开始进行矩阵化的产品开发布局；对于一些新兴品牌来讲，立足于本地的气候条件与消费习惯，开发出适销对路的区域化产品则更实际，也更容易生存及发展。无论是志在全国的猛龙定位，还是扎根当地的地头蛇战略，产品性能的匹配性、产品品质的稳定性、产品口碑的可靠性都是需要时间和事实逐步沉淀和积累起来的，而不是靠营销工具及促销手段来实现的。当下，家装零售门窗作为定制工业品的综合竞争时代刚刚开始，谁是王者，尚待分解。

章节结语：所思所想

遮阳产品属于蓝海里的红海

遮阳产品中、欧差别大：本质是意识，其次是手段

欧洲以外遮阳为主，是门窗的独立组成部分

中、美有中遮阳，实际生活中以内遮阳为主

有些遮阳产品兼具隔声、防盗、保温的功能

中遮阳是玻璃产品的延伸

ECO-COMPATIBLE

要生产？亦或要生态？

Brescia（布雷西亚）位于意大利北部，阿尔卑斯山的冰川孕育了这里神秘而绚烂的色彩。这里是文艺复兴的发祥地，出产小提琴，也是众多奢侈品的故乡。Brescia是意大利手工业的标志，也是"意大利制造"的象征。Ghidini家族世代生活在这片土地上……

我们持续地投入研发，改进我们的技术和产品。同时我们也付出了很多努力，来消除生产过程对生态的影响，生产过程是在一个完全封闭的空间中进行的，通过净化装置的处理，烟雾或有害物质不会排放到环境中，也不会对操作人员产生危害。这些努力得到了权威机构的认可，包括TÜV、PfB、SGM Srl等。

除了执行严格的产品和生产管理监督，政府也带给我们一系列奖励政策——对新技术和新产品实行大幅的税收减免，给了我们一个很大的空间。

和其他家族企业一样，我们也面临着传承与创新，以及全球化发展的问题。中国正在快速发展，我相信Ghidini在中国会有很好的前景。

1929年，Ghidini先生开始创办Ghidini Pietro Bosco（吉迪尼 比亚乔 波斯科），那个时期各地兴建了很多古典风格的建筑，他要做一种适合在这些建筑上使用的铜质把手，造型设计和制造工艺是他面对的主要课题。

于是，Ghidini先生便着手建立实验室，来满足用户提出的各种要求。从那时起，Ghidini和设计师保持着长期的合作，不断地将设计师的奇思妙想变成现实，这使Ghidini一直保持着优势地位。"持续创新"成为Ghidini得以发展的基础。

100年来，Ghidini家族的继承者们一直保持着这个传统，企业规模也从最初的一间工厂发展成今天的集团化经营，业务遍布全球。尽管早已实现了自动化生产，但高端定制产品依然保持着手工制作，"这样能让我们的思想更自由"。

2003年，Ghidini启动门窗系统业务，目标是让五金配件在不同的框架材料中（如铝、木和钢），都能得到更方便的应用。

2018年，Ghidini系统进入中国，并将欧洲的门窗设计、技术和产品同步传递到中国，推动节能建筑的发展。

集团首席执行官 marco ghidini

Ghidini Pietro Bosco s.p.a.

GHiDiNi
FINESTRE
吉迪尼建筑系统
made in Italy

EN www.ghidini.com
CN www.ghidinigf.com

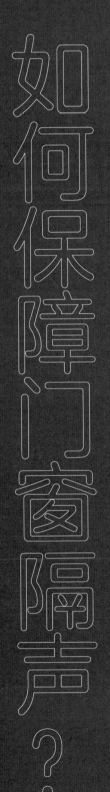

14 门窗隔声

如何保障门窗隔声？

273　如何理解门窗的隔声性能分级？

门窗隔声性能是建筑门窗的重要物理性能之一，对于家装零售门窗市场而言，隔声性能显得尤其重要，因为很多住宅项目更换门窗的主要原因就是原有门窗的隔声效果差影响睡眠质量。但是门窗隔声性能又是个比较复杂的概念，国标 GB/T 8485—2008《建筑门窗空气声隔声性能分级及检测方法》中对门窗的隔声性能进行了分级，如上表所示，1 级隔声性能最低，6 级隔声性能最高，国家标准《铝合金门窗》（GB/T 8478—2020）定义隔声型门窗的隔声性能值不应小于 35dB，对照《建筑门窗空气隔声性能分级及检测方法》（GB/T 8485—2008）中对外门窗的隔声性能的分级标准，《铝合金门窗》（GB/T 8478—2020）定义的隔声型门窗的隔声等级需要达到四级。

国家标准《建筑门窗空气隔声性能分级及检测方法》（GB/T 8485—2008）中对外门窗的隔声性能指标是以计权隔声量 R_w 和交通噪声频谱修正量 C_{tr} 之和作为分级指标；对内门窗的隔声性能指标是以计权隔声量 R_w 和粉红噪声频谱修正量 C 之和作为分级指标。

计权隔声量： 侧向传声不能忽略的情况下，建筑构件空气声隔声性能的单值评价量。符号为 R_w，单位为 dB（分贝）。

交通噪声频谱修正量： 当声源空间的噪声呈交通噪声频率特性时，计算得到的频谱修正量。符号为 C_{tr}，单位为 dB（分贝）。——《建筑学名词》第二版

粉红噪声频谱修正量： 当声源空间的噪声呈粉红噪声频率特性时，计算得到的频谱修正量。符号为 C，单位为 dB（分贝）。——《建筑学名词》第二版

相关内容延伸： 声音的大小可以用声功率、声强和声压来表示，但是由于人耳从能听到的最低声压（听阈），到感觉耳痛时的最高声压（痛阈）之间相差 10^6 倍，声强与声压的平方成比例，因此人耳听阈和痛阈之间声强和声功率的相差更大，高达 10^{12} 倍。在如此大的范围内，用声压、声功率及声强来衡量声音的大小是很不方便的，由于声压比声功率和声强更易测量，测试声压的仪器简单，所以在声学工程的应用中，大多采用声压级来表示声音的大小。实测的声压级并不能反映人耳所感受的响度，为了使测量的值能与人耳所感受到的响度一致，采取对声压级进行计权的方法。

274 隔声性能相关的参数如何理解?

分贝与环境	噪声的危害
	0~20 听觉下限
0~40 静夜消音	40~60 正常环境
40~60 室内谈话	60~70 干扰生活
60~80 车辆行驶	70~100 有损神经
80~100 重型汽车	100~120 暂时致聋
100~120 机械设备	120~160 全 聋
120~140 飞 机	160以上 致 死 量
140~160 火 箭	

表 4.2.1　分户构件空气声隔声标准

构件名称	空气声隔声单值评价量＋频谱修正量(dB)	
分户墙、分户楼板	计权隔声量＋粉红噪声频谱修正量 R_w+C	>45
分隔住宅和非居住用途空间的楼板	计权隔声量＋交通噪声频谱修正量 R_w+C_{tr}	>51

参量(dB)	实验室 R_w	现场 $R_{45,w}$
单值评价量	34	33
C	-1	-2
C_{tr}	-3	-5
隔声效果	31	28

分贝（dB）是一个无量纲的单位，表示一个值（测量的声压）与一个参考值（听力的下限）的比值的对数函数。分贝（dB）不是十进制增量级单位，简而言之，特定情况下声音增加 6 分贝，人的感知是声音增加了一倍。

R_w 指数: R_w 指数或隔声指数（单位为分贝）是用一个数字来衡量特定玻璃单元的声学性能。R_w 指数越高，表示隔声效果越好。R_w 是建筑元素（不仅仅是玻璃）空气隔声的数值。它考虑人耳的加权，并测量实际的声音透过率。R_w 是在实验室而不是现场测量的。R_w 值仅仅是各种建筑构件的平均简化相互比较。这有时会让人感到困惑，例如两个玻璃单元可以具有相同的 R_w 指数，其中一个在低频率时表现良好，在高频率时表现较差，而另一个则恰恰相反。普通双层中空玻璃的 R_w 指数约为 29dB，而夹胶中空玻璃的 R_w 指数可达约 40dB。

C 和 C_{tr} 因子: 为了稍微避免这个问题，添加了两个频谱修正项: C 和 C_{tr}，以调节 R_w 平均值。对于具有高频特征的声波，在 R_w 值上加上因子 C；对于较低的频率，则需要添加 C_{tr} 因子。因此，建筑构件的声学特性由三个数字来定义: $R_w(C, C_{tr})$。$R_w(C, C_{tr})=40(-1, -4)$ 的建筑构件提供的平均隔声性能为 40dB。对于高音调的声音，隔声降低 1dB(39dB)；对于低音调的声源，隔声降低 4dB(36dB)。

粉红噪声: 表示建筑材料在指定的标准频率上的隔声性能，代表在每个频率上施加同等功率时的一般活动噪声。所以，在粉红噪声中，每个频带的噪声功率相等。这个名字来自于可见光的粉色光谱。R_a: 对隔声指数（R_w）采用粉红噪声频谱修正项 C 时的降噪指数的缩写。$R_{a,tr}$: 对隔声指数（R_w）采用粉红噪声频谱修正项 C_{tr} 时的降噪指数的缩写。

相关内容延伸: 这段理论性、技术性都比较强的隔声性能相关专业概念讲解是有必要深入理解和记忆的，因为这是对门窗隔声性能建立客观认知的基础。客观来说，家装零售门窗领域的销售人员的专业技术功底还是有待加强的，之所以家装门窗销售人员的技术学习的紧迫感不足，是因为面对的消费者或家装设计师对门窗的专业理解深度更不足，在工程门窗领域，由于开发商的专业化程度比较高及项目流程的标准化，工程门窗领域的从业者面临的现实技术压力远大于家装门窗领域从业者，所以你是谁取决于你和谁同行，更取决于你的客户是谁。

275　声音的响度与隔声性能有何关联?

声压级的变化	音量	声压	声强
Level Change	Volume Loudness	Voltage Sound pressure	Acoustic Power Sound Intensity
+40 dB	16	100	10000
+30 dB	8	31.6	1000
+20 dB	4	10	100
+10 dB	2.0 = double	3.16 = √10	**10**
+6 dB	1.52 times	2.0 = double	4.0
+3 dB	1.23 times	1.414 times = √2	2.0 = double
----- ±0 dB -----	----- 1.0 -----	----- 1.0 -----	----- 1.0 -----
−3 dB	0.816 times	0.707 times	0.5 = half
−6 dB	0.660 times	0.5 = half	0.25
−10 dB	0.5 = half	0.316	0.1
−20 dB	0.25	0.100	0.01
−30 dB	0.125	0.0316	0.001
−40 dB	0.0625	0.0100	0.0001
Log. quantity	Psycho quantity	Field quantity	Energy quantity
dB change	Loudness multipl.	Amplitude multiplier	Power multiplier

响度是一个比较直观的声音概念，响亮的噪声通常有较大的压力变化，而微弱的噪声有较小的压力变化。根据探究的侧重点不同，可以使用不同的变量和单位：

声强指的是噪声产生的原因，它测量的是源头的能量流，所以它的单位是 W/m^2。

声压指的是噪声作为一种波，冲击任何给定表面的效果，也就是说，噪声作为通过空气传播的能量，其单位为帕斯卡或 N/m^2，$1Pa=1N/m^2$。

声压级（SPL-Sound Pressure Level）指的是人类对噪声的感知，对于建筑领域研究隔声效果来说，SPL 才是最重要的。声压级用分贝（dB）来计量。0dB（人类听觉下限）等于 0.00002Pa；而 140dB（人体疼痛的最高阈值）相当于 200Pa。

声强、声压和声压级明显相关，但它们测量的东西不同，通过上图的表格可以对三者的关联做一些解读：

声压级（SPL）提高 3dB，等于声压（声场量）增加 1.414 倍（其他条件相同），这是声强（声源量）增加一倍的结果（红框）。这就是说如果门窗的隔声指标提升，我们感受到提高了 3dB，那么相当于外部的噪声源的声强减少一半。

声压级降低 10dB，等于声压降低为原来的 1/3 左右，这是将声强（声源量）减弱到 1/10 的结果（绿框）。也就是说如果门窗的隔声指标进一步提升，我们感受到提高了 10dB，那么相当于外部的噪声源的声强减少了 90%。

总结：外部音源的声强与人能感受到的声压级（dB）是非线性的关联。

相关内容延伸：所有的声音都是物体的振动产生的。因此，有时就把产生声音的振动物体称为声源，声源可以是固体，也可以是气体或液体。声音来自于振动，但振动并不一定都能产生声音。振动必须通过弹性媒质才能把声音传播出去。例如扬声器的发声，当外加激发的音频信号使扬声器纸盆前后振动时，邻近纸盆前面的空气层被带动一起振动，该空气层振动后又带动其前面相邻的空气层一起振动。这样一层层空气就由近及远地依次振动，从而使物体的振动以一定的速度传播出去。值得指出，当声音在媒质中向四面八方传播时，媒质本身并不随声音一起传播出去，它只是在平衡位置附近来回振动。

276　声音的频率与隔声性能有何关联？

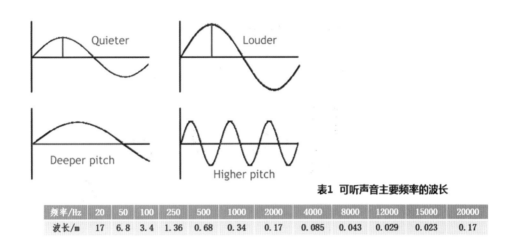

表1　可听声音主要频率的波长

频率/Hz	20	50	100	250	500	1000	2000	4000	8000	12000	15000	20000
波长/m	17	6.8	3.4	1.36	0.68	0.34	0.17	0.085	0.043	0.029	0.023	0.17

　　声音是在介质中传播的快速变化的压力波。当声音在空气中传播时，大气压力会周期性地变化（有点像振动）。每秒压力变化的次数被称为声音的频率，以赫兹（Hz）为单位，赫兹被定义为每秒的循环次数，要让人听见声音振动，物体必须每秒振动 20 到 20000 次。频率越高，声音的音调就越高。比如鼓发出的声音比哨子发出的声音频率低得多，汽车行驶中轮胎摩擦地面的声音比汽车鸣笛发出的声音频率低得多，空调主机的声音比广场舞发出的声音频率低得多。

　　上图的上半部分表明响度（振幅）的测量。声音越高，振幅越大。上图的下半部分表明频率（波长）的测量。低音是长波，高音是短波。频率和响度在人耳中是相互关联的，20~20000Hz 的范围被称为可闻频率范围，但我们听到的声音是各种频率的混合物，所以如果想得到理想的隔声效果，就需要对具体建筑周围的噪声进行具体的分析和采取有针对性的措施。

　　门窗的最佳隔声配置并不能一概而论，须综合考虑玻璃厚度、中空层厚度、型材材质和夹层膜等各项的贡献，只单一提升其中的一项可能收效甚微。对于高频噪声和中低频噪声还得对症下药。如果邻近机场或附近有工地施工，整日受近距离飞机等比较尖锐的噪声影响，那主要得考虑降低高频噪声影响的玻璃配置，如果临近马路，受交通噪声的困扰，就主要考虑降低中低频噪声的玻璃配置。

　　还需强调的是，门窗的气密性是门窗隔声效果的重要环节，密封不严会使得高效隔声材质的效果大打折扣。

　　相关内容延伸：频率低于 20Hz 的声波称为次声波，而高于 20000Hz 的声波称为超声波。人耳不能听见次声波和超声波。有些动物听觉要比人灵敏，如老鼠能听到只有几赫兹的次声波，蝙蝠能听到 20000Hz 以上的超声波。声波在传播过程中当遇到障碍物时，其尺寸的大小对声波的影响很大，障碍物的尺寸大小是相对于声波的波长而言的。例如，直径 50cm 的一根柱子，对 100Hz 声波的传播没有影响，因为其波长为 3.4m，比柱子的直径大得多，但对 1000Hz 声波的传播则影响很大，因为其波长为 3.4cm，柱子直径比波长大得多。

277 噪声的传播途径与处理方法有哪些?

声音以波的形式传播,气体、液体和固体都可以是传播声音的介质。物理学中把声音传播需要的物质叫作声的介质。声的传播速度:$v_气 < v_液 < v_固$,常温(15℃)下,钢铁(固体)中的声速约为 5200m/s,液体中的声速约为 1500m/s,空气中的声速,15℃时约 340m/s,在真空环境中由于没有传递介质,所以声音不能传播。在实际生活中我们常见的噪声传播途径主要是空气传播及固体传播两大类,实际上,空气与固体的混合传播更为多见,例如楼上重物落地所带来的声音就是先通过固体传播传递到楼下的顶板,然后通过楼下的室内空气传播进入楼下室内人的耳朵。

室外的噪声大多先通过空气传播到达我们的建筑物外立面,例如广场舞音乐声、高架桥的车流声及喇叭声等,墙体的致密度及厚度决定了其隔声性能是远好于门窗的,而门窗的隔声性能本质上是门窗各组成部分的材质的隔声性能所决定的,正如前文所说,针对不同频率的噪声需要配置不同的玻璃与型材才能达到预期的理想结果,由于门窗洞口中玻璃所占的面积比例远高于型材,所以不同的玻璃配置是门窗隔声性能差异的主要因素,这将在后文中通过试验数据进行深入的对比分析及说明。消除通过空气传播的噪声,主要取决于门窗玻璃的选择与配置。

对于通过固体传播进入室内的噪声只有通过在室内采用大面积的吸声或消声材质进行特殊处理,因为传播介质是固体,很难采取有效的阻隔方式。常规的吸声材质多见于疏松的多孔类物质,对于目前家装零售门窗市场上存在的在门窗结构腔体内填充或塞入多孔类疏松物质能提升门窗隔声性能的相关宣传,需要有效的试验对比数据进行验证。

相关内容延伸:隔声是指屏障物阻碍声波透射的能力,隔声是声波传播途径中一种降低噪声的方法,它的效果要比吸声降噪明显,所以隔声是获得安静建筑声环境的有效措施。根据声波传播方式的不同,通常隔声分成两类:一类是空气声隔声;另一类是撞击声隔声,又称固体声隔声。一般把通过空气传播的噪声称为空气声,如飞机噪声、汽车喇叭声、火车和船舶的鸣笛声以及人们的唱歌声等。墙、板、门、窗和屏障等构件及其组成材料称为建筑隔声材料。

278　玻璃厚度对隔声性能有什么影响？

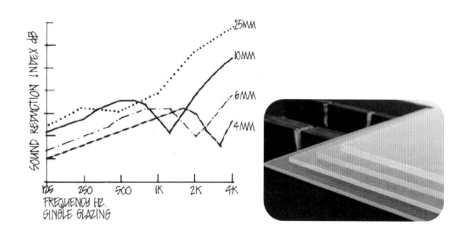

任何材料的声衰减都取决于其质量、刚度和阻尼特性。对于一块单片玻璃来说，提升隔声性能唯一有效的方法就是增加其厚度，因为刚度和阻尼不能改变。在一个频率范围内测量一块玻璃的声音传播损失，会随着玻璃厚度的不同而变化。

通过直观认知，我们很容易认同更厚的玻璃往往可以隔绝更多的声音，即使它实际上可能更多地传播某些特定频率的声音。每种厚度的玻璃都有其弱频率值，玻璃对于该频率声音的"吸声"能力弱于其他频率。这个值被称为临界频率。通过上图我们发现以下现象：

4mm 厚的玻璃对于 3500Hz 高频范围附近的声音的阻隔作用明显衰减；

6mm 厚的玻璃对于 2000Hz 左右的噪声隔声效果较差；

10mm 厚的玻璃对于 1300Hz 左右的噪声隔声效果表现不佳；

质量越大，阻隔效果不佳的临界频率就越小，25mm 厚的玻璃几乎没有明显的阻隔效果薄弱频段。

因此，中空玻璃的两侧玻璃原片非等厚时的隔声体验感有时更明显，例如：6+12A+4mm 的中空玻璃会比 6+12A+6mm 的中空玻璃吸收更多 2000Hz 高频范围（如高音汽笛或电喇叭）的声音，尽管 6+12A+4mm 的中空玻璃的质量更小。但对于 125~250Hz 范围的声音（如交通行驶噪声），6+12A+6mm 的中空玻璃的隔声体验更佳。

特别需要明确的是： 对于低频声音，隔声量与玻璃质量成正比。

相关内容延伸： 隔声性能在门窗诸多性能中最难吃透的。隔声性能检测是诸多检测中最难拿捏的，隔声性能指标是最难冲顶的，但是隔声性能又恰恰是家装零售门窗消费者最关注的、最容易体验、最容易误解的，所以导致门窗的隔声性能方面的质疑和争议是家装零售门窗售后服务中最复杂、最难评判、最不易协商的问题。所以本书是希望通过一系列具体的细化分解来让复杂的专业问题变得简单和通俗易懂，也便于大家理解和参考。

279　中空层厚度对隔声性能有什么影响？

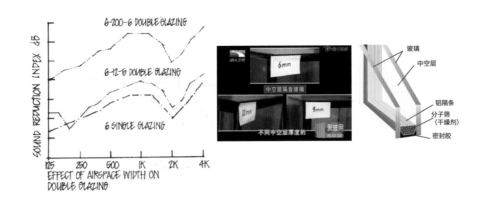

中空玻璃是由两层或多层平板玻璃构成的。四周用高强高气密性复合黏结剂，将两片或多片玻璃与密封条、玻璃条粘接、密封。中间充入干燥气体，框内充以干燥剂，以保证玻璃片间空气的干燥度。可以根据要求选用各种不同性能的玻璃原片。就直观认识而言，中空玻璃的隔声效果好于普通单片玻璃是没有悬念的。通过上图的具体试验数据我们发现以下现象并加以整理：

6+12A+6mm 的中空玻璃的隔声效果一般优于 6mm 的单片玻璃，但差别仅为 2dB 或 3dB，而且6+12A+6mm 中空玻璃在 200Hz 低频频段的隔声表现可能不及 6mm 的单片玻璃。

中空层的厚度的确会对隔声产生影响，提升中空层厚度对隔声的影响是可以验证的：当对中空层分别为6mm、9mm、12mm 的中空玻璃进行近距离高频噪声进行测试时，实测效果确实存在差异，但因为测试方法的单纯性，只能作为定性的认知参考，不能作为实际的定量评判。

在中空层增大到很大时（200mm），隔声的优势才能得到明显的体现，但是这样的中空层厚度对于普通门窗中空玻璃而言是很难实现的。200mm 的情况往往是需要在双层窗的使用环境中才能近似的体现。

当然，上表只是单纯就中空层厚度对隔声的效果进行试验对比，在实际门窗的隔声性能分级测试中可以发现，增加原片厚度及两原片不等厚的组合效应下，提升隔声效果的综合效应还是比较明显的。

相关内容延伸： 对高频、中频、低频噪声范围统一整理如下：高频噪声主要来自工业机器，如织布机、车床、空气压缩机、风镐、鼓风机等生产时产生的噪声；现代交通工具，如汽车、火车、摩托车、拖拉机、飞机等运行时产生的噪声；高音喇叭、建筑工地以及商场、体育和文娱场所的喧闹声等。中频噪声基本与人的发音频段相符合，在现实生活中较多。住宅小区的低频噪声源主要有 5 大类：电梯、变压器、高楼中的水泵、中央空调（包括冷却塔）及交通噪声等。低频噪声对生理的直接影响比高频噪声强得多，而且低频噪声更会对人体健康产生长远的影响，产生后遗症。

280 玻璃夹胶对隔声性能有什么影响?

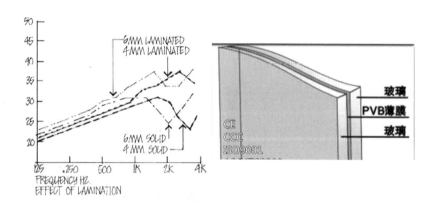

夹胶(夹层)玻璃是由两片或多片玻璃之间夹了一层或多层有机聚合物中间膜,经过特殊的高温预压(或抽真空)及高温高压工艺处理后,使玻璃和中间膜永久黏合为一体的复合玻璃产品。常用的夹层玻璃中间膜有PVB、SGP、EVA、PU等。

夹胶(夹层)玻璃是安全玻璃的重要种类,玻璃即使碎裂,碎片也会被粘在薄膜上,破碎的玻璃表面仍保持整洁光滑。这就有效防止了碎片扎伤和穿透坠落事件的发生,确保了人身安全。在欧美,大部分建筑玻璃都采用夹层玻璃,这不仅为了避免伤害事故,还因为夹层玻璃有极好的抗震入侵能力。中间膜能抵御锤子、撬棒等盗窃工具的连续攻击,还能抵御子弹穿透,其安全防范程度高,所以夹胶也多用在汽车等交通工具上。

夹胶(夹层)玻璃对高频噪声的阻隔效果比较突出,通过上图图表我们发现:2+2mm 的夹胶玻璃比 4mm 厚的单片玻璃更能隔绝高频声音(能额外削减 8~10dB)。这是因为聚乙烯醇缩丁醛(PVB)提供的声音阻尼使临界频率效应消失(用于永久连接玻璃的软夹层通过振动耗散能量)。这同样适用于 3+3mm 夹胶玻璃与 6mm 单片玻璃的对比。相比之下,丁醛胶片对于低频声音(交通噪声)的影响并不那么明显,但对隔声仍有正面的影响(增大 2dB 隔声量)。

夹胶玻璃的胶片厚度增厚对隔声效果是有提升的,但是在冬季寒冷气候条件下,PVB 胶片也会冷硬而失去弹性,随之带来的问题就是隔声效果的衰减,所以合适的 PVB 胶片厚度需要根据使用环境的外部条件进行选择。

可以明确定性的是:夹胶玻璃比同等质量的单片玻璃更能减弱声音的传播。

相关内容延伸:建筑外窗空气声隔声量与其工作状态有关,开启扇全开、部分开启、完全关闭等工作状态其隔声量是不一样的。因此,很多家装零售门窗项目在内装没有结束时对门窗进行简单的手持式噪声测试仪对门窗进行测试是不客观的,因为这时的室内门没有安装,内部处于整体空旷的开阔空间,回声影响度对手持式测声的影响尤其明显。在国外高端工作场所,能根据室内噪声量自动调整门和窗的联动工作状态,甚至启动能增加外窗隔声量的其他附属装置(外遮阳系统、中空百叶窗帘等),这种智能化调节室内噪声量的方式可以有效改善室内舒适度。

281 三玻两腔中空玻璃与三玻夹胶单中空玻璃哪种隔声效果好?

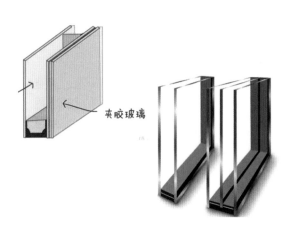

就常规的门窗隔声效果而言,三玻两腔中空玻璃的隔声效果普遍好于两玻单腔中空玻璃(原片相同的情况下),原因是直观且容易理解的,因为多了一个中空腔和一层玻璃。对于同样是三层玻璃配置下的三玻两腔中空玻璃与三玻夹胶单中空玻璃,哪种玻璃的隔声效果更好就存在着疑惑,毕竟玻璃都是三层,区别在于夹胶和中空层的隔声效果哪个更好,下面从理论计算和实践运用两个方面进行分析:

理论计算: 对于三玻双中空与夹胶中空的隔声效果,可用以下公式来计算:

$R=13.5\lg(m_1+m_2+m_3)+13+\Delta R_1+\Delta R_2$

公式说明: R 为三层玻璃结构的隔声量;m_1,m_2,m_3 为组成构件的面密度;ΔR_1 为构件空气层的附加隔声量;ΔR_2 为构件 PVB 膜的附加隔声量;举例如下:

6mm+12A+6mm+0.76PVB+6mm 夹胶中空玻璃隔声计算值为 42.16dB;

6mm+12A+6mm+12A+6mm 三玻双中空玻璃隔声计算值为 37.86dB。

结论: 同等玻璃及厚度情况下夹胶中空玻璃的隔声性能要优于三玻双中空玻璃。

实践运用: 基于前文对中空玻璃及夹胶玻璃的具体分析,对于高频噪声(例如广场舞、鸣笛、闹市混合噪声)环境,三玻夹胶单中空玻璃的隔声体验更好,对于低频噪声(例如交通行驶噪声、空调主机噪声)环境,三玻两腔中空玻璃的隔声体验也许更好,具体结果需要结合实际噪声的频率范围进行甄别。

相关内容延伸: 所有的理论公式都是建立在理论上的许多假定条件下导出的,计算值普遍比实测值大,并不符合现场实际情况,所以一般不能用于隔声设计中。为此,经过科技工作者研究和实测,给出了一系列经验公式。但也应该看到,所有经验公式隔声量计算值,普遍小于理论计算公式计算值,并不同程度地接近现场实际情况,接近实测结果,所以经验公式比理论公式更有实用价值。

282 中空玻璃填充氩气及暖边间隔条对隔声性能有什么影响？

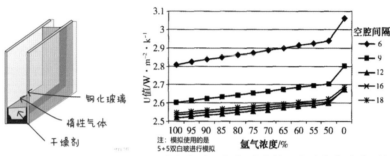

不同空气间隙、氩气浓度的双白玻中空玻璃U值

中空玻璃填充惰性气体和采用暖边间隔条是为了提升玻璃的保温性能，那么对玻璃的隔声性能是否有所帮助呢？就目前可以检索到的具体试验数据及专业文章关于这方面的描述较少提及，这说明填充惰性气体及采用暖边间隔条的中空玻璃对比同等原片厚度及中空层宽度的中空玻璃而言，没有体现出比较有价值的优势（在基础研究领域没有相关试验数据或文献的资料往往不是因为没有人关注，而是试验数据无法体现出差异）。

就理论推导而言，如果用氩气或氪气来代替空气，由于惰性气体的密度高、对流及分子运动更不易产生，所以玻璃间密度较高的气体对隔声性能的提升应该存在积极的影响，毕竟声波在中空腔内的传播是由中空腔内的气体介质来完成的。但是比较试验表明，常用于中空层填充的氩气几乎对隔声没有任何额外的帮助。虽然在某些频率上有一些改善，但共振效应实际上变得更加明显。

同理，暖边间隔条由于材质的原因，似乎对声波在玻璃边部的固体传播存在一定的阻隔优势，但是也许是间隔条所占的中空玻璃边部面积比例太低或双道密封的结构性质决定了间隔条与玻璃之间的弹性粘接工艺的机理一致性，暖边间隔条对中空玻璃的隔声性能提升也没有明确帮助。

值得注意的是，通过上图表我们可以发现，在中空玻璃间隔层加大可以提升中空玻璃隔声效应的同时，中空玻璃的保温性能却呈现衰减的趋势，这是因为随着中空层的加大，腔体内更容易产生内部的气体对流，从而导致热量的流失。

可以明确的是：填充的惰性气体的浓度对中空玻璃的保温性能影响明显，50%浓度值是关键拐点值。

相关内容延伸：随着人们生活水平的提高，人们对建筑品质的要求也越来越高。提升建筑含窗外墙隔声性能是提升建筑的环境适应性和室内舒适度，提高建筑品质的重要内容。提升建筑外窗隔声性能是提升建筑含窗外墙隔声性能的关键和最有效的方法和路径。建筑室内噪声量的高低与人们的工作和生活空间的舒适度和人们的身体健康有直接关系。因此，通过科学的、经过实验验证的提升门窗隔声性能的方法和策略具有重要的意义，而不能单纯相信门窗企业的宣传，正如上述实验发现，中空玻璃使用暖边及填充惰性气体对提升玻璃的隔声性能几乎就没有贡献。

283 如何从专业、科学的角度提升门窗隔声性能?

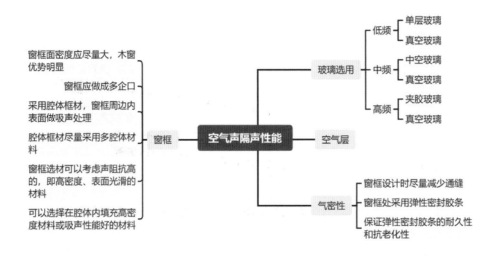

实事求是、因地制宜是专业、科学、客观的角度思考门窗隔声性能的基本依据。门窗隔绝的是外部环境通过空气传播的噪声,不同的外部环境存在着不同的噪声种类,为了获得室内理想的安静环境,就需要从外部环境的噪声种类分析入手,有针对性地选择相关玻璃配置(玻璃面积占到门窗洞口面积的 70% 以上)。下面结合不同环境进行具体分析和建议:

对于高频噪声(例如广场舞、鸣笛、闹市混合噪声)环境,三玻夹胶单中空玻璃的隔声体验更好,对于低频噪声(例如交通行驶噪声、空调主机噪声)环境,三玻两腔中空玻璃的隔声体验更好。

白天噪声主要是混合噪声,三玻夹胶单中空玻璃的隔声体验更好,夜晚低频的交通噪声由于持续存在而显得"刺耳",所以三玻两腔中空玻璃的隔声体验更明显,如果采用不同原片厚度进行配置则体验更好。

寒冷及严寒地区如采用夹胶玻璃,最好将夹胶侧放在室内侧,避免低温造成的夹胶胶片冷硬而失去弹性。

高层建筑由于距离地面噪声源的距离远,所以更应关注避免风压所带来的门窗自身噪声产生,选择气密性好的门窗是重点,另外也需要关注玻璃原片的厚度,因为原片越厚,玻璃的刚性越好,挠度变形小对门窗气密性的挑战就小,当然,玻璃厚度的增加也有利于隔声性能的提升。

对于机场等高频噪声突出的特殊地域建筑门窗,选择四玻双夹胶中空玻璃是一种有效的手段,但是需要考虑玻璃重量对门窗框架结构稳定性的考验,分格尺寸单元不宜过大。

相关内容延伸: 在具体隔声方案设计中,应多种方案相结合,在适用的基础上做到经济、合理。对于同一座建筑而言,按惯常的做法,会全部采用相同的外窗产品,而从隔声角度考虑,不同方向、不同高度的房间所受噪声的影响不同,房间的功能也不相同,在做隔声设计中也应根据具体情况具体分析,采取相应的隔声措施,不能一概而论。对隔声要求比较高的场所,可采用双层窗的方式,并尽量增加框材的面密度。为达到隔声效果,一般要求两层窗之间的距离应控制在 150mm 以上,两层窗在玻璃配置上也要有所区别以降低共振和吻合效应的影响。两层窗之间的洞口侧面周边还可以铺设吸声材料,进一步提高隔声量。

284　窗墙结合安装对整窗隔声性能有何影响？

　　建筑围护结构的隔声性能好，除了外墙的隔声设计、门窗的隔声性能，不能忽略外门窗与洞口之间的连接设计及处理。对门窗隔声性能进行检测时通常会对门窗与洞口之间的缝隙进行妥善处理，因此我们所得到的门窗隔声数据是相对理想的状态，结果不体现门窗与洞口之间连接部分的影响。但实际工程中，门窗与洞口之间连接部位的设计和施工质量不尽相同，窗墙连接设计、安装施工不当可能会导致窗户安装后隔声性能受到很大影响。

　　上图左为 ISO 10140-5 规定的测试洞口示意图。奥地利格拉茨科技大学建筑声学实验室使用了铝木窗进行测试，试验采用标准安装材料，即在窗墙间隙中填充矿棉，并在间隙室内外两端采用特殊的高隔声材料密封。测试按 ISO 10140-2 中规定的方法进行。下面分别介绍实际对比检测结果：

　　在窗墙间缝隙填充矿棉，缝隙室内外侧不做其他密封，R_w=27dB；仅在缝隙一侧采用密封胶带进行密封，R_w=32dB；缝隙室内外两侧均采用密封胶带进行密封，R_w=37dB。

　　窗墙间缝隙填充矿棉，缝隙室内外两侧均采用密封胶带进行密封，间隙密封后在密封材料上打一直径为 10mm 的通孔，R_w=32dB；间隙留有两个定位楔块，R_w=31dB，楔块移除后，R_w=29dB。

　　窗墙间缝隙填充 PU 发泡，但未切齐，R_w=37~39dB，切齐 PU 发泡并在室内外侧采用密封胶带进行密封，R_w=40dB。

　　现在越来越多的消费者开始追求门窗对居住体验带来的改善，单玻换双玻、工程窗换零售定制窗，花了大钱买好窗，也应该注重门窗安装的质量，否则损失的不仅仅是门窗隔声性能。

　　相关内容延伸： 建筑外窗的安装方式对外窗的隔声性能也有很大的影响，安装用材料、安装程序和安装节点的优劣对外窗隔声性能至关重要。一般在外窗安装时，洞口墙体与窗边框会留一条足够尺寸的缝隙，里面使用发泡剂填塞，室内外两侧打密封胶。不论是发泡剂还是密封胶，都属于轻质材料，本身的隔声性能都比较差，要保证外窗的隔声性能，还需要做一些特别的处理。因此可以从安装位置、安装节点等方面做优化处理，对传声途径进行有效封堵。如室外侧安装时洞口的上、左、右采用墙体压窗边的做法，下侧采用导水板；室内侧包套处理，可以有效解决安装间隙传声的问题。

285 推拉窗与平开窗哪个隔声性能好?

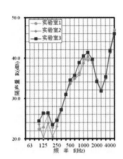

实验室	V_1声源室	V_2接受室	$R_1(C;C_{tr})$
1	62m³	99m³	35(-1;-4)
2	71m³	79m³	34(-1;-3)
3	64m³	76m³	35(-1;-3)

开启数量 / 隔声量	推拉窗		平开窗	
	R_w	R_w+C_{tr}	R_w	R_w+C_{tr}
<20	1	1	0	0
20≤X<25	7	12	0	2
25≤X<30	8	5	2	37
30≤X<35	3	1	45	26
≥35	0	0	18	0

市面上很多门窗在推广时会宣传隔声性能,但大家对隔声性能好坏的判断是非常主观的,那么常见门窗的隔声性能到底如何呢? 相对于墙体,外窗隔声性能一直是薄弱点,且受开启方式、型材种类、玻璃构造、密封形式、加工工艺影响,结果参差不齐。为此,选取了华东地区典型门窗产品进行隔声性能实验室和现场测试。由于产品为常见典型产品,测试结果对其他门窗也具有重要参考价值。

测试样品来自38家企业,共84樘,分为不同类型和系列。为便于比较,平开窗宽均为1.20m,高均为1.50m;推拉窗宽均为1.50m,高均为1.50m。按国家标准《建筑门窗空气声隔声性能分级及检测方法》(GB/T8485—2008)测试,以1/3OCT中心频率100~3150Hz 范围,测试空气隔声量R、计权隔声量R_w、粉红噪声频谱修正量C、交通噪声频谱修正量C_{tr},实验室间误差主要在100~200Hz频段,在250Hz以上基本一致;计权隔声量评价值上,3个实验室误差在 +1dB 内。通过实际测试结果可以看出以下结果:

推拉窗总体隔声量为20~30dB,约1/3为25~30dB;

平开窗总体隔声量为25~35dB,约2/5的隔声量为30~35dB;

总结: 平开窗的隔声性能总体优于推拉窗,如果考虑实际气密性差异的影响,平开窗的隔声性能优势将更加明显。

相关内容延伸: 相同的建筑在不同的应用场景和噪声环境中,其室内噪声量可能不相同,其室内环境的舒适度也会受到不同程度的影响。因此,首先就是要对建筑的应用场景进行虚拟设计,并对建筑外环境噪声有一个科学的预测。建筑含窗外墙空气声隔声性能优劣的关键在外窗。因此,对建筑外窗空气声隔声性能而言,设计或选择合适外窗产品,选择恰当的材料、构造和密封结构,优化窗墙比,确定合理的开启方式及玻璃系统配置尤其重要,这些都是建筑外窗设计的主要工作内容,也是提升建筑外窗空气声隔声性能的主要方向。

286　铝合金窗和塑钢窗哪个隔声性能好？

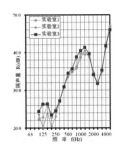

实验室	V_1声源室	V_2接受室	$R_w(C,C_{tr})$
1	62m³	99m³	35(−1;−4)
2	71m³	79m³	34(−1;−3)
3	64m³	76m³	35(−1;−3)

形式 比例 隔声量	6+12A+6		5+12A+5	
	铝合金	塑料	铝合金	塑料
20≤X<25	4.3%	0%	0%	10%
25≤X<30	47.8%	28.6%	83.3%	50%
30≤X<35	47.8%	71.4%	16.7%	40%
≥35	0%	0%	0%	0%
共计（樘）	23	7	12	10

　　市面上很多门窗在推广时会宣传隔声性能，但大家对隔声性能好坏的判断是非常主观的，那么常见门窗的隔声性能到底如何呢？相对于墙体，外窗隔声性能一直是薄弱点，且受开启方式、型材种类、玻璃构造、密封形式、加工工艺影响，结果参差不齐。为此，选取了上海地区典型门窗产品进行隔声性能实验室和现场测试。由于产品为常见典型产品，测试结果对其他门窗也具有重要参考价值。

　　测试样品按国家标准《建筑门窗空气声隔声性能分级及检测方法》（GB/T 8485—2008）测试，以1/3COT 中心频率 100~3150Hz 范围，测试空气隔声量 R、计权隔声量 R_w、粉红噪声频谱修正量 C、交通噪声频谱修正量 C_{tr}，实验室间误差主要在 100~200Hz 频段，在 250 Hz 以上基本一致；计权隔声量评价值上，3 个实验室误差在 +1dB 内。通过对实测数据的分析整理，做以下必要的说明：

　　在玻璃配置一致、开启方式一致的前提下，窗框材质就成为门窗隔声性能的重要影响因素；

　　由于测试洞口尺寸相对偏小，所以试件窗框在洞口内的面积占比为 33%~45%，这就进一步放大了门窗型材材质对整窗隔声性能的影响；

　　相同尺寸及玻璃配置的铝合金窗和塑料窗测试结果表明：隔声性能极好与极差的窗均占少数，这符合现实规律；

　　相同尺寸及玻璃配置的铝合金窗和塑料窗测试结果表明：塑料窗隔声性能比铝合金窗要略好一些，这说明塑窗型材的隔声性能优于铝型材，但是如果考虑气密性对隔声性能的影响，塑窗的隔声优势就会受到一定的挑战。

　　相关内容延伸：材料对建筑外窗隔声性能有重要影响。外窗材料包括外窗的框料、扇料、玻璃、五金、配套材料和密封材料等，其中框（扇）料和玻璃是主要的影响因素。当然，外墙的构造、性能以及安装方式等都会对外墙隔声性能造成影响。无论是木窗、隔热铝合金窗、塑料窗，还是复合材料窗，框扇材料的总质量与玻璃质量相比，都不是主要的。根据隔声质量定律，玻璃的隔声性能决定着外窗的隔声性能。如何有效阻断空气声的传播是研究提升门窗隔声性能的根本目标。在相同的玻璃配置条件下，木窗的隔声量也好于铝窗，但差别有限，与塑窗的实验结果类似。

287 实验室与现场检测隔声性能有何差别?

以上，六层以下建筑由于距离噪声源较近，受到低频噪声的危害更为严重。城市交通干线由于夜间通行大型载重汽车，沿线设有公交车站、路口设有红绿灯设施等，虽交通流量，车速远不如高速路，但是，频繁的起步加速其低频噪声叠加瞬时能达到90dB以上。

窗的隔声性能除与玻璃的厚度、层数、玻璃的间距有关外，还与其构造、窗扇的密封程度有关。见右表。

2.2 采用夹层玻璃的隔声窗

采用夹层玻璃的窗隔声性能优于同厚度单片玻璃窗，这是由于夹层玻璃的夹胶层起到很好的阻尼作用。见下表。

玻璃隔声性能

构 造	厚度	计权隔声量 Rw (dB)	频谱修正量 C (dB)	频谱修正量 Ctr (dB)	Rw+C	Rw+Ctr
单层玻璃	3	27	-1	-4	26	23
	5	29	-1	-2	28	27
	8	31	-2	-3	29	28
	12	33	0	-2	33	31
夹层玻璃	6+	32	-1	-3	31	29
	10+	34	-1	-3	33	31
中空玻璃	4+6A－12A+4	29	-1	-4	28	25
	6+6A－12A+6	31	-1	-4	30	27
	8+6A－12A+6	35	-2	-6	33	29
	6+6A－12A+10+	34	-2	-2	32	32

注：1. 本表数据根据建筑科学研究院物理所提供的资料编制。
6+、10+表示夹层玻璃。

采用夹层玻璃隔声窗隔声性能

频率 Hz	100	125	160	200	250	315	400	500	630	800	1000	1250	1600	2000	2500	3150	4000	Rw	C	C tr	Rw+C	Rw+Ctr
国产 8+0.76+8	19.7	23.2	27.2	28.7	30.8	33.1	35.1	35.0	35.2	35.1	35.8	37.3	40.3	41.3	40.8	41.5	45.0	38	-2	-5	36	33
国产 10+0.76+12	19.0	22.2	27.0	29.3	31.7	33.3	33.5	33.3	32.3	30.5	36.8	39.3	40.4	37.3	36.6	41.1	36	-2	-4	34	32
杜邦 10+0.76+12	20.2	24.0	27.0	28.3	31.7	33.4	33.2	32.8	32.2	36.1	37.4	39.8	41.0	38.5	37.8	42.1	37	-1	-4	36	33
住士窗 10+0.76+12	19.8	22.9	26.9	28.0	30.8	31.6	32.8	32.4	31.7	31.3	33.1	36.0	39.2	40.0	37.3	35.9	40.3	36	-1	-4	35	32

注：1. 检测窗型 塑料窗 1200×1600
2. 夹层玻璃隔声窗隔声量根据北京欣飞清大建筑声学技术有限公司提供的资料编制。
3. 检测单位：清华大学建筑环境检测中心。

国家标准《民用建筑隔声设计规范》（GB 50118—2010）认为，建筑构件在实验室检定和现场约有1dB差异。我国家标准并未明确外窗隔声性能工程验收要求，原因是外部噪声源差异较大且不可控。为确定工程现场与实验室测试的差距，在已检外窗中选定典型样窗，对同配置工程案例进行测试对比。为保证实验室与现场测试的一致性，选定某60系列平开铝合金窗作为对比样窗，玻璃配置为6+12A+6，隔声量为 $R_w+C_{tr}=31dB$，工程为上海某高校宿舍楼。

现场测试按国家标准《声学 建筑和建筑构件隔声测量 第5部分：外墙构件和外墙空气声的隔声现场测量》（GB/T 19889.5）进行，为避免宿舍之间声绕射，关闭测试立面所有外窗，并先后在3个相邻宿舍外窗部位测试。

国家建筑标准设计图集《建筑隔声与吸声构造》（08J931）给出了常见中空玻璃窗的隔声性能，该数据来源于中国建筑科学研究院物理所与清华大学建筑环境检测中心。实际检测数据证明： 实验室和现场测试所得频率特性趋势基本一致，实验室数据略优于现场，3dB的差值主要来源于交通噪声频谱修正量，超出了标准中1dB的预期。

实际检测数据证明： 在计入交通噪声频谱修正量 C_{tr} 后，常见中空玻璃窗隔声量达到35dB以上是比较困难的，相同类型铝合金窗，现场测试结果较实验室降低3dB，所以在试样检测条件下测试出的门窗隔声性能指标可以作为不同品牌、不同配置条件门窗隔声性能的横向对比参考，不能作为实际选购时的绝对依据，因为实际安装环境的噪声种类与检测条件不同、实际安装门窗的尺寸与检测试件不同，检测数据的仪器种类及周围干扰度也不同。

相关内容延伸： 舒适是人与空间的核心关系，追求更高的室内舒适度是设计的基本准则。噪声通常对人体的危害是多方面的，可影响人的中枢神经功能，造成神经系统衰弱和神经系统功能的失调，例如长期在噪声中会导致失眠、多梦、休息和睡眠条件欠佳，神经性头疼、偏头疼、失眠、多梦等临床症状和表现；产生心脏供血不全的症状，长期在噪声危害下会导致冠状动脉缺血和一过性血管痉挛，由此会出现胸闷、气短、心悸、心前区不适等情况发生；噪声还会对耳道和听觉系统造成不可逆的损伤。特别应注意低频噪声的危害。国内外的研究结果证明：低频噪声相对来讲对人体健康具有更大的危害和更长远的影响。低频噪声波长较长，衰减慢，可以轻易穿越障碍物，所以又被称为"隔不住的噪声"。所以在建筑设计时就应充分考虑低频噪声的隔离问题，提出综合解决方案。这些都表明，提升建筑含窗外墙的隔声量，控制室内空间的噪声量，是进一步提升室内舒适度和健康指数的重要方面。

288　中欧建筑隔声性能有何差别？

国家 （标准号）	条件	建筑 用途	隔声量（$R_{\mathrm{w}}+C_{\mathrm{tr}}$） （dB）
德国 （DIN 4109）	$L_{\mathrm{Aeq}}\leqslant55$	宾馆	30
	$56\leqslant L_{\mathrm{Aeq}}\leqslant60$		30
	$61\leqslant L_{\mathrm{Aeq}}\leqslant65$	医院	35
	$66\leqslant L_{\mathrm{Aeq}}\leqslant70$		40
	$71\leqslant L_{\mathrm{Aeq}}\leqslant75$	学校	45
	$76\leqslant L_{\mathrm{Aeq}}\leqslant80$		50
	$L_{\mathrm{Aeq}}\geqslant80$		需要特殊对待
奥地利 （ONORM B 8115）	$L_{\mathrm{Aeq}}\leqslant55$	住宅	33
	$56\leqslant L_{\mathrm{Aeq}}\leqslant60$		38
	$61\leqslant L_{\mathrm{Aeq}}\leqslant65$	宾馆	43
	$66\leqslant L_{\mathrm{Aeq}}\leqslant70$		48
	$L_{\mathrm{Aeq}}\geqslant70$	学校	52
中国 （GB/T 50362）	I		$\geqslant30$
	II		$\geqslant35$
	III		$\geqslant40$

随着城市的发展，城市中大量住宅处于比较嘈杂的环境中，尤其是道路两边的住宅，此时建筑含窗外墙隔声量的大小就显得十分重要，直接成为影响人们生活、工作空间舒适度和身体健康的一个重要因素。GB 50118—2010《民用建筑隔声设计规范》一方面对住宅建筑室内的噪声级提出了要求，也对住宅的隔声性能提出了明确要求。如规定了交通干线两侧卧室、起居室（厅）外窗的隔声量≥30dB，其他外窗的隔声量≥25dB，外墙隔声量≥45dB 的控制指标。

当前，人们对建筑质量提出了更高的要求，室内噪声超过现行标准常常会成为判定住宅建筑质量的重要因素。室内噪声的大小，除了与外墙的隔声性能有关以外，还与室外环境噪声的大小有着重要联系。因此，我们需要根据室外环境噪声的大小，对建筑含窗外墙的隔声量提出明确指标。

现行 GB/T 50362—2005《住宅性能评定技术标准》中提出了含窗外墙隔声量的概念，并设立了 3 个等级，但未与室外环境噪声建立某种对应关系，且仅为参考性指标。与此对比的是，欧盟各国进行了大量研究，以保障室内声环境为目标，并根据室外噪声情况，对建筑含窗外墙的隔声量进行限定。欧洲标准是基于大量研究和实测结果，借助了噪声地图技术，对室外噪声做出合理预测，从而确定建筑含窗外墙的隔声量，建立了以保障室内声环境为目标的标准。德国标准的目标是保证室内噪声量不高于 30dB，奥地利标准的目标是保证室内噪声量不高于 22dB。噪声地图技术在欧洲的应用已经趋于成熟，在我国也有初步应用，使得我们在进行建筑设计时可以对建筑室外噪声量进行初步预测，为确定建筑含窗外墙的隔声量提供了必要依据，进而为确定外窗的空气声隔声性能创造了条件。

相关内容延伸：对于建筑而言，外窗是建筑含窗外墙隔声的薄弱环节，为达到标准对建筑外墙隔声量的总体要求，不同窗墙比时，对外窗隔声量的要求就会有较大区别。因此，从建筑外窗设计开始，就要重点关注建筑外窗的隔声性能，这对保证和提高整个建筑的隔声性能有重要意义。

289　建筑含窗外墙整体隔声量如何估算?

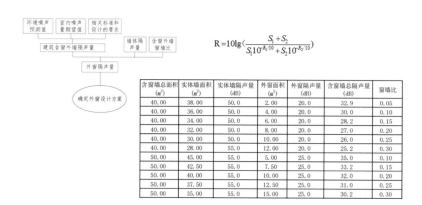

$$R = 10\lg\left(\frac{S_1 + S_2}{S_1 10^{-R_1/10} + S_2 10^{-R_2/10}}\right)$$

含窗墙总面积 (m²)	实体墙面积 (m²)	实体墙隔声量 (dB)	外窗面积 (m²)	外窗隔声量 (dB)	含窗墙总隔声量 (dB)	窗墙比
40.00	38.00	50.0	2.00	20.0	32.9	0.05
40.00	36.00	50.0	4.00	20.0	30.0	0.10
40.00	34.00	50.0	6.00	20.0	28.2	0.15
40.00	32.00	50.0	8.00	20.0	27.0	0.20
40.00	30.00	50.0	10.00	20.0	26.0	0.25
40.00	28.00	55.0	12.00	20.0	25.2	0.30
50.00	45.00	55.0	5.00	25.0	35.0	0.10
50.00	42.50	55.0	7.50	25.0	33.2	0.15
50.00	40.00	55.0	10.00	25.0	32.0	0.20
50.00	37.50	55.0	12.50	25.0	31.0	0.25
50.00	35.00	55.0	15.00	25.0	30.2	0.30

　　隔声是指屏障物阻碍声波透射的能力，隔声是声波传播途径中降低噪声的一种方法，它的效果要比吸声降噪明显，所以隔声是获得安静建筑声环境的有效措施。根据声波传播方式的不同，隔声通常分成两类：一类是空气声隔声；另一类是撞击声隔声，又称固体声隔声。一般把通过空气传播的噪声称为空气声，如飞机噪声、汽车喇叭声、火车和船舶的鸣笛声以及人们的唱歌声等。墙、板、门、窗和屏障等构件及其组成材料称为建筑隔声材料。

　　当声波入射到隔声构件表面时，一部分声能被反射，另一部分声能被吸收，还有一部分声能会透过墙体传到被隔声构件分格的另一个空间。隔声构件透声能力的大小，用透射系数来表示。透射系数有时也称为传声系数，其值总是小于 1，而且一般隔声构件的值都非常小，约在 $10^{-1} \sim 10^{-5}$，使用起来很不方便。因此需要采用一种比较简单实用的隔声量来表示隔声构件的隔声性能。

　　依据对外部环境噪声预测值、室内噪声量的设计要求（允许最大噪声量）和相关标准规范及建筑设计的要求，确定建筑含窗外墙隔声量，然后对建筑含窗外墙进行与实际相符的假定（假定其由隔声量不一样的两个部分组成，分为墙体和外窗），依据墙体隔声量和窗墙比，确定外窗隔声量，进而确定外窗的设计方案。

　　为便于分析，建筑含窗外墙可以看成是一个隔声构件，由两个部分组成，一部分是实体墙，另一部分是外窗。假设实体墙的隔声量为 R_1、面积为 S_1，外窗的隔声量为 R_2、面积为 S_2，则建筑含窗外墙的总隔声量 R 为上图公式，可以得到上图表中所示的计算结果。由公式也可以看出，建筑含窗外墙的总隔声量取决于隔声量小的部分（一般是外窗）的隔声量和两部分的面积比。在实际工程中，一般实体墙的隔声量较大，而外窗的隔声量小，因此建筑含窗外墙的总隔声量就主要受建筑外窗的隔声量和窗墙比的影响。若两部分面积相差不大，则无论高隔声量部分的隔声量有多大，总隔声量不超过 3dB。附着面积比的增大，总隔声量逐渐趋近于较高隔声量部分的隔声量。而且较高隔声量部分的隔声量越小，则趋近得越快。

　　相关内容延伸： 窗与墙比较而言无疑是隔声效果差很多，所以在现代简约、通透的建筑风格趋势下，门窗隔声就成为建筑舒适度的首要挑战及考验。

290 外窗与其他建筑构件的隔声处理原理有何不同？

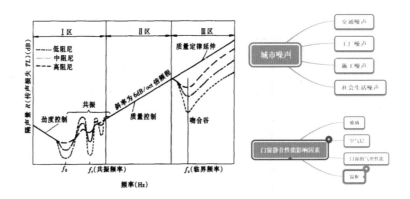

声波通过外窗从室外传递进入室内或从室内向外传递有三个主要的传播途径：

① 通过窗扇的传递。因为窗要透射光线，窗扇材料通常采用的是玻璃，玻璃厚度比较薄，材质比较坚硬、均匀，其隔声特性符合质量定律，但需重视"共振"和"吻合"效应。

② 声波从窗框以及窗框与墙体之间的缝隙传递。这些缝隙可以用密封材料堵塞。

③ 声波从窗扇四周边缘与窗框之间的缝隙传递。为了窗的开关方便，窗扇与窗框之间留有一定的缝隙，声波会直接通过这些缝隙传递，从而成为外窗隔声的薄弱环节。

为了使外窗具有较高的隔声效果，必须十分注重密封构造的设计，减少缝隙传声。从隔声的角度，减少缝隙（减少开启扇，采用固定窗），提高缝隙的密封性能，是提高外窗隔声性能的有效途径。

声波传播于围护结构构件，会产生两种对隔声不利的共振现象，即强迫共振与吻合效应，但是两者概念不同。强迫共振与边界条件有关，而吻合与边界条件无关；强迫共振频率随构件厚度的加大而加大，吻合效应的临界频率随构件厚度的加大而减小；强迫共振中的振动随时间不断加强，吻合效应中的振动随空间不断加强。构件隔声的三个频率控制区：单层匀质构件（如玻璃或者金属薄板）的隔声与频率有关，按照质量定律，一定面密度的构件其隔声量是随频率的提高而提高的，但这仅仅是概括的表示，因为构件的隔声不是在全部声频范围内都按质量定律控制，而是还受共振和吻合效应的影响，从而分成三个频率控制区，如上图所示。

相关内容延伸： 薄板的密度一般并不低，但是因为使用厚度薄，所以面密度低，隔声差。这些构件如薄钢板、压型板、铝板、石膏板、密度板、刨花板、纤维水泥板、胶合板等，其共振频率一般都在低频 100~300Hz，所以薄板对低频声的隔绝都很差，而薄板的吻合临界频率 f_c 一般都很高，其设计常用厚度的临界频率，一般约在3500Hz 左右或以上，所以薄板构件在声频 300~3500Hz 内的隔声基本符合质量定律。在设计中采用薄板作为围护结构时，要特别注意薄板的这一隔声频率特性。产生吻合效应时，构件特别是薄板，将产生强烈的振动，隔声量将显著下降，比质量定律低十多分贝，从而呈现出隔声中的低谷，而且有一定的频带宽度，此时构件隔声不再遵守质量定律。

291 如何直观理解玻璃对外窗隔声性能的影响?

玻璃的临界频率	
玻璃厚度	临界频率 f_c
3	4000
5	2400
6	2000
7	1714
8	1500
9	1333
12	1000
15	800
19	632

双层玻璃共振频率计算表			
玻璃1厚度 (mm)	玻璃2厚度 (mm)	玻璃间隔层厚度 (mm)	共振频率 f_r
5.0	5.0	6.0	310
5.0	5.0	9.0	253
5.0	5.0	12.0	219
5.0	5.0	20.0	170
5.0	5.0	30.0	139
5.0	5.0	50.0	107
5.0	5.0	80.0	85
5.0	5.0	100.0	76
5.0	5.0	150.0	62
5.0	5.0	200.0	54

　　根据隔声的质量定律,增加玻璃的厚度可以提高其隔声性能,但这不一定是经济合理的做法。目前市场上常用的玻璃解决方案是采用中空玻璃、夹胶玻璃或不等厚中空玻璃系统的方案。研究表明,玻璃系统主要有以下特点:

　　双层中空玻璃的隔声性能不如等厚度的单层玻璃。如 5+12A+5mm 的双层中空玻璃与 10mm 的单层玻璃相比,双层中空玻璃的保温性能优于单层玻璃,但对于隔声性能来说,由于共振频率和吻合频率不同,单层玻璃的隔声性能略优于双层中空玻璃。

　　夹胶玻璃的隔声性能优于同厚度的单层玻璃。如 5+0.76PVB+5mm 的夹胶玻璃与 10mm 的单层玻璃相比,两种玻璃的面密度相同,根据质量定律,其隔声量应该相同,但实际测试和研究都表明,夹胶玻璃的隔声量略优于同厚度的单层玻璃。

　　三层双中空玻璃明显好于双层中空玻璃。如 5+12A+5+12A+5mm 的三层双中空玻璃,由于增加一层玻璃,总质量增加,面密度明显增加,其隔声性能比 5+12A+5mm 的双层中空玻璃好。

　　两片玻璃间距增加对隔声性能有提升。两片玻璃之间的空气层相当于一个缓冲层,可以起到一定的缓冲作用,可以增加玻璃隔声量。

　　双层不等厚玻璃与普通双层等厚玻璃相比,隔声性能更优。在面密度相同的情况下,由于不等厚玻璃降低了共振和吻合效应的影响程度,使得其隔声性能优于等厚的双层中空玻璃。因此,在结构受力允许的条件下,采用不等厚中空玻璃是一个比较好的玻璃配置策略,对改善玻璃系统的受力情况和提高隔声性能均有好处。

　　相关内容延伸: 在外围护结构隔声设计中,外窗的隔声显得十分重要,因为它与室外相通,是隔声的薄弱环节。外窗的隔声主要取决于玻璃的隔声,扇框与窗框的隔声,窗框与墙体的密封以及窗扇与窗框的密封程度。单层玻璃窗的隔声主要依据质量定律,厚玻璃比薄玻璃隔声量大,但是一味地加大玻璃厚度也不是完美的设计。双层玻璃窗的隔声设计还应注意吻合效应和共振的影响,为了避免或减弱吻合效应而降低隔声量,双层窗的两层玻璃厚度不同则隔声效果更佳。

章节结语：所思所想

门窗隔声性能是消费者选择家装零售门窗时关注的重点

门窗隔声性能的定义、检测都比较专业和复杂

门窗隔声性能的指标可以作为横向对比的参考，不能作为选购验收的依据

提升门窗隔声性能需要结合实际环境进行具体分析，因地制宜

门窗玻璃的配置及选型对门窗隔声性能起到重要作用

门窗气密性与门窗隔声性能高度关联，对实际体验影响深远

山东华建铝业集团有限公司（以下简称公司）位于中国铝业之都——山东临朐，是国内铝合金建筑型材和工业型材重点生产科研企业，铝型材年产能达80万吨，员工1万余人。公司始建于2000年，现已发展成为以铝型材产业为主、其他相关产业协同发展的大型企业集团。公司拥有"五区六园两平台"，五个生产厂区：华建铝业一分厂、二分厂、三分厂、华建科技（四分厂）、五分厂；六个产业园区：中欧节能门窗产业园、中国铝模板产业园、华建工业园、华建科技园、华建科创园、华建农业生态园；两个服务平台：临朐国际会展中心会展服务平台、山东标正检验检测有限公司检验检测平台。

公司秉持"标准化·精细化·零缺陷"的质量理念和"专业·专注·专心"的服务理念，引进国外（美国、德国、瑞士、以色列、法国等）先进的生产和科研设备，拥有铝型材挤压、喷涂、氟碳、木纹、氧化、电泳、隔热及深加工等全流程智能化生产线，万吨挤压机生产线1条；建有通过CMA中国计量认证的CNAS国家认可实验室；自主研发的易欧思门窗系统、全铝家居、建筑铝模板、铝合金车体、铝合金桥梁均拥有完全自主知识产权。公司先后参与《铝合金建筑型材》《铝及铝合金术语》《铝合金门窗》《铝加工安全生产规范》等30多项国家标准和行业标准的起草与修订；通过了ISO9001质量管理体系、IATF16949汽车生产件及相关服务件组织质量管理体系、ISO14001环境管理体系、ISO45001职业健康安全管理体系、ISO50001能源管理体系"五体系"认证，行业内率先通过CNCA-CGP-13中国绿色建材"三星级"认证、标准化良好行为企业AAAA级认证。

公司产品销往全国及亚、非、美、欧、大洋洲等40多个国家和地区。服务的国内外知名建筑项目有：中国尊、国家体育场、2022冬奥会国家速滑馆、北京大兴国际机场、苏州中心、国贸三期、CCTV大厦、北京城市副中心、雄安市民服务中心、济南尊、青岛胶东国际机场、雄安高铁站、青岛红岛高铁站、北京APEC会议雁栖湖主场馆、厦门金砖峰会国际会议中心、青岛上合峰会国际会议中心、美国驻华大使馆以及科威特大学城、坦桑尼亚总统府、安哥拉社会福利住房项目；成为中国重汽、北汽福田、江淮汽车、宇通商用汽车、吉利商用汽车、长城汽车、中集车辆合格供应商。

公司是中国有色金属加工工业协会副理事长单位、中国建筑金属结构协会副会长单位、国家有色金属标准化技术委员会会员单位、中国模板脚手架协会副理事长单位、山东省铝业协会副会长单位、山东省建筑门窗幕墙行业协会轮值会长单位。

山东华建铝业集团

网　址：www.huajian-al.com

地址：山东 临朐 东环路5188号
电话：0536-3151777　3151888

全国服务热线：400-0133-888
（微信扫描二维码关注华建铝业、窗博城最新资讯）

15 门窗选择
如何选择门窗？

如何选择门窗？

292 家装门窗大固定玻璃如何选用？

表 7.1.1-1 安全玻璃最大许用面积

玻璃种类	公称厚度（mm）			最大许用面积（m²）
钢化玻璃	4			2.0
	5			2.0
	6			3.0
	8			4.0
	10			5.0
	12			6.0
夹层玻璃	6.38	6.76	7.52	3.0
	8.38	8.76	9.52	5.0
	10.38	10.76	11.52	7.0
	12.38	12.76	13.52	8.0

在家装门窗市场，封阳台不再是过去的推拉窗或无框折叠窗的天下了，大平层户型的阳台贯穿客厅与卧室，所以封阳台时就会选择大面积固定玻璃居中、两边平开扇通风的景观分格方案（上图左上），这种分格方式越来越多地被年轻一代消费者所青睐。但是大固定玻璃的边界尺寸却缺乏必要的限定或计算校核，这就造成其在运输、安装及损坏更换等过程中均存在安全隐患。以下对大玻璃的许用面积进行简单梳理，便于消费者了解及认知：

2002 年，国家标准《中空玻璃》（GB/T 11944—2002）针对（大）玻璃使用面积给出过推荐，以 12mm 为例：长方形玻璃最大许用 15.9m²(5m×3.18m)；正方形玻璃最大许用 10.6m²(3.25m×3.25m)。

2012 年，国家标准《中空玻璃》（GB/T 11944—2012）进行修编，对玻璃使用面积进行了调整，删除了玻璃的推荐面积表，这说明经历了 10 年的实践与时间验证，2002 年的推荐面积表存在着一定的不完善之处。

2014 年，行业标准《建筑门窗幕墙用钢化玻璃》（JG/T 455—2014）及 2015 年推出的行业标准《建筑玻璃应用技术规程》（JGJ 113—2015），对玻璃使用面积进行了限制（上图中表格），玻璃标准厚度 3、4、5、6、8、10、12（mm）的钢化玻璃各自界定了不同的最大许用面积，以 12mm 为例：最大许用 6m²。

通过对上述标准中对单元玻璃最大许用面积的梳理可以看出，玻璃单元面积越大，玻璃原片的厚度就需要越厚。在实际家装门窗项目中记住表格的内容是枯燥的，其实大家可以通过微信里的"窗知道"专用小程序进行项目验算，只需要按照项目输入单元宽、高，然后输入项目所在地及准备选择的玻璃厚度，即可直接得到计算校核的结果，建议尝试一下。

相关内容延伸： 当独立固定单元玻璃面积超过 6m² 的时候，按照行业标准《建筑玻璃应用技术规程》（JGJ 113—2015）的内容描述为双方协商，普通业主作为门窗专业技术弱势的一方如何在协商中保持平等的沟通地位是一个现实问题，这种情况下就需要采用夹胶玻璃，当两片 8mm 玻璃夹胶后，合并的叠厚为 16mm，这时的玻璃强度是超过 12mm 单片玻璃强度的，至于不同的夹胶厚度对应什么样的单元玻璃面积还是需要借助专业的工具进行具体的验算及校核，普通消费者可以要求门窗提供方出具相应的由专业软件生成的玻璃强度计算报告书进行说明。

293 门窗开启扇锁闭点安装几个合适？

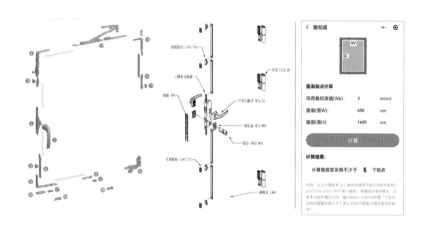

在家装门窗市场，开启扇的锁闭点数量往往凭经验和直觉来选择和判断，就开启扇的锁点数量及排布位置，主要是基于开启扇的抗风压安全性所需及保障门窗锁闭状态下的气密性能。在欧洲，锁闭点的数量、结构形式、排布与门窗的防盗等级直接相关，但是国内这方面尚未进行明确的规范完善。

平开窗开启扇应该安装几个锁闭点、应该如何确定，现在往往是以五金厂家提供的"产品选配手册"中的标准配置来进行选择的。例如：外平开窗开启扇高度小于 1200mm，应选用 800mm 传动杆（该传动为 2 个锁闭点）。看似并没有什么问题，但是给大家造成了传动锁闭是以开启扇的扇高来进行衡量的错觉。

平开窗在承受正负风压的作用时，锁闭件是主要受力的构件，其自身的承压能力及数量，是决定开启扇是否满足抗风压能力的关键。在台风过境后的高层建筑上有时会发现关闭的开启扇被吹脱，这种情况多半是由于五金锁闭点的数量或结合强度不足造成的。

行业标准《铝合金门窗工程技术规范》（JGJ 214）中对五金锁闭件承压能力要求有明确的描述："单组锁闭部件的承载力设计值应为 800N。"

综上所述，开启扇锁闭点个数需大于等于开启扇所受荷载 / 单组锁部件的承载力（≥ 800N），由于地域及层高不同所带来的开启扇所受的风压载荷不同，所以需要结合具体项目开启扇所在地及层高，代入开启扇尺寸加以计算方能得出所需锁闭点数量的结论（当计算结果有小数点时需进位取整）。

相关内容延伸： 单组锁闭部件的承载力设计值为 800N，实际锁闭产品的承载力实现 800N 的设计值需要经过实验的校核，这其中涉及锁闭产品的结构、材质、紧固工艺三大要素，就锁闭产品结构设计而言，要充分考虑风压的双向性特征所带来的交变应力以及风压情况下型材拱曲变形趋势下所带来的锁闭接触位置的相对位移，这两点都是锁闭结构设计差异的根本原点，由于气候条件不同，锁闭结构产品的选择依据也会存在很大差异，内陆地区与东南沿海不一样，北方和南方也不一样，当然，这些专业性的内容是门窗设计者的本分，消费者只需要有一定的定性认知即可，在选择门窗的时候有所关注并加以对比、鉴别即可。

294　台风天气下什么窗户容易渗水？

　　台风天气条件下的门窗渗水是最接近门窗水密性测试时的测试条件的，所以如果门窗的水密性能数值低于实际经受的台风风力等级，门窗渗漏就是必然的结果。这里需要特别说明的是，门窗水密性能的单位是风压值帕斯卡（Pa），而风力等级划分是风速，这两者之间需要通过一定的换算才能进行数值关联，举例（上图中）：某台风等级为 12 级，12 级台风的风速为 32.7~36.9m/s，通过专业的换算，12 级台风其对应的风压值最低约 668Pa，在此风压条件下测试出的门窗水密性能为 5 级，在此种情况下，如果所使用的门窗产品水密性能没有达到 5 级的话，就会出现门窗渗水的情况。

　　就门窗的水密测试而言，在前面的话题阐述中有更深入的叙述，在此需要强调的是，如果门窗本体的抗风压性能不高的话，其水密性能是不会理想的，因为门窗在承受风压条件下会产生不同程度的内外拱曲交替现象，这时的锁闭及密封都会产生相对的位移，大量的外部雨水就会进入门窗内部，如果排水不畅就会造成渗漏。抗风压性能不高意味着抗拱曲的能力差，这也就意味着外部的雨水大量、短时间进入门窗内部，很难及时排出，从而造成渗漏甚至是倒灌室内的情况。

　　对于台风天气里由于门窗本体的抗风压性能差而导致结构的损坏（上图左），就不仅是渗漏那么简单了，如果是门窗整体脱落则往往是门窗安装强度（窗框与墙体的结合强度）出现了问题（上图右下），这种情况下的门窗水密性就更是无从谈起了。

　　综上所述，门窗的安装强度、整体抗风压性能、水密性能都直接决定门窗在台风气候中的防水渗漏表现，如果上述几项性能基础差就必然对门窗的安全性能造成直接的隐患。

　　相关内容延伸： 每一次台风登陆对当地的建筑物门窗质量都是一次全面的、非常规的全方位检查，只是检查的强度是有所差别的，高层比低层检查的严苛，东南位置建筑物比西北位置检查的严苛，海景房比市区公寓检查的严苛，拐角窗比普通立窗检查的严苛，封阳台窗比小洞口窗检查的严苛……所以每次台风过后的门窗质量的高低比较必须建立在相类似条件的基础上，这才是客观和科学的态度，30 楼的门窗坏了，2 楼的门窗没坏，就说 2 楼的门窗质量比 30 楼的好，这是不恰当的。

295　如何判断玻璃配置是否合格?

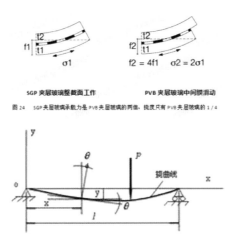

图24　SGP夹层玻璃承载力是PVB夹层玻璃的两倍,挠度只有PVB夹层玻璃的1/4

窗知道		
玻璃计算(四边简支)		
玻璃宽度(mm)	2000	
玻璃高度(mm)	2000	
计算标高(m)	100	
所在地区	北京,北京	
抗震烈度	8度(0.2g)	
场地类型	II类场地	
地面类型	A	
基本风压(帕)	500	
风荷载体型系数	1.60	
玻璃组合类型	中空	
外片玻璃(mm)	6	钢化玻璃
内片玻璃(mm)	6	钢化玻璃
风荷载标准值		
计算值(kPa)	2.60	
人工设定值(kPa)	2.60	

　　门窗产品从材料构成来看,从面积上,通常玻璃占比大。对于门窗产品中玻璃技术要求是否合格的判断,我们主要看两个方面,其一是玻璃的强度的,其二是玻璃的挠度:

　　玻璃的强度主要是由玻璃的厚度决定,在前面的大玻璃许用面积的话题中已经对玻璃单元面积对应的原片厚度做了相应介绍,在此对玻璃的强度部分就不再赘述了;

　　玻璃的挠度是指在受力或非均匀温度变化时,板件轴线在垂直于轴线方向的线位移或板壳中面在垂直于中面方向的线位移(上图的下侧示意)。

　　门窗产品中使用的玻璃,主要以四边支承的形式存在。《玻璃幕墙工程技术规范》(JGJ 102)6.1.3中规定,在风荷载标准值作用下,四边支承玻璃的挠度限值 df,lim 宜按其短边边长的 1/60 采用。

　　例: 门窗产品中某玻璃尺寸为 1800mm×2300mm,求其挠度限值。

　　按上述说明,其短边边长应为 1800mm,在风荷载标准值作用下,1800mm/60=30mm。

　　通过计算,该块玻璃的挠度限值为 30mm。

　　小结: 玻璃的配置合格与否主要由两个方面来判定:一是面积要求下的玻璃原片厚度是否达标;二是玻璃的短边挠度需小于玻璃承受的极限风压(与地域、层高、地面粗糙度相关)下的挠度变形(需要通过专业软件计核)。

　　相关内容延伸: 细长物体(如梁或柱)的挠度是指在变形时其轴线上各点在该点处轴线法平面内的位移量。之所以对门窗玻璃的选择与配置给与高度关注是基于以下两个现实:一是台风等恶劣气候条件下家装门窗的缺陷率要高于工程门窗,其中重要的原因就是家装零售门窗缺乏必要的设计验算及专业校核步骤及流程来保证设计、选型的合理性、安全性、合规性;二是封阳台是门窗选购的刚需和主力,而现在的住宅商品房的平均单套面积越来越大。阳台也随之越来越大,封阳台的面积也越来越大,固定玻璃的面积也越来越大。上述两个现实叠加的结果就是家装零售门窗玻璃的安全性必须给与高度关注和重视,专业的计算校核过程不能缺席。

296　如何判断门窗型材配置是否合格？

门窗抗风压性能分级

分级	分级指标值P₃
1	1.0≤P₃＜1.5
2	1.5≤P₃＜2.0
3	2.0≤P₃＜2.5
4	2.5≤P₃＜3.0
5	3.0≤P₃＜3.5
6	3.5≤P₃＜4.0
7	4.0≤P₃＜4.5
8	4.5≤P₃＜5.0
9	P₃≥5.0

II 、详细计算

一、风荷载计算
1) 工程所在省市：辽宁
2) 工程所在城市：大连
3) 门窗安装最大高度 z：90 米
4) 门窗系列：中财真彩型材 - 真彩 60 内平开窗
5) 门窗尺寸：
　　门窗宽度 W=2700 mm 门窗高度 H= 1500 mm
6) 门窗样式图：

1 风荷载标准值计算 :w₀ · β
　gz* ·　　　 μSl* μ Z*Wₒ
　按《建筑结构荷载规范》　GB 50009—2001 2006 版 7.1.1·

1.1 基本风压 w₀= 700 N/m² :
　按《建筑结构荷载规范》　GB 50009—2001 2006版规定 , 采用

门窗产品从框架结构上来看，主要由边框与中横／竖框组成。门窗的主要受力杆件则主要是中横／竖框。我们如何从技术要求上来判断门窗产品的抗风压能力，其中很重要的一部分就是判断中横／竖框的强度与挠度是否合格，以下简述门窗产品中竖框的挠度如何判断：

挠度是指在受力或非均匀温度变化时，杆件轴线在垂直于轴线方向的线位移或板壳中面在垂直于中面方向的线位移。细长物体（如梁或柱）的挠度是指在变形时其轴线上各点在该点处轴线法平面内的位移量。

《铝合金门窗工程技术规范》(JGJ 214) 中规定，铝合金门窗主要受力杆件在风荷载或重力荷载标准值作用下其挠度限值应符合下列规定：

$\mu=l/100$（门窗镶嵌单层玻璃、夹层玻璃时）；

$\mu=l/150$（门窗镶嵌中空玻璃时）。

公式说明：

μ——在荷载标准值作用下杆件弯曲挠度值（mm）；l——杆件的跨度（mm）。

特别强调，最大挠度应符合上述公式规定，并应同时满足绝对挠度值不大于 20mm。

小结：门窗型材的配置合格与否主要是看跨度最大的中横／竖框的挠度需小于该中横／竖框承受的极限风压（与地域、层高、地面粗糙度相关）下的挠度变形（需要通过专业软件计核）。

相关内容延伸：玻璃是固定在型材上的，五金是装在型材上的，所以型材的强度如果不足，在承受风压的时候出现过度变形，那么皮之不存毛将焉附？边部框体型材是固定在墙体上的，开启扇型材是通过锁闭结构与框体型材形成整体的，而固定与固定之间或固定与开启扇之间起到分格和结构转换的中梃型材是整个门窗单元板块型材中受力最严峻的，所以，门窗型材的强度校核计算基本都是针对中梃型材进行，但是不同的分格设计会导致横梃和竖通的受力计算内容有较大的差异，这种差异本质是受力的不同产生的，不同的分格方式产生的中梃受力也不一样，所以中梃强度计算到底算哪支中梃、怎么算是需要结合分格设计来具体分析、具体判断的。

297 铝合金窗与钢窗哪个导热系数大？

材料	密度	导热系数	表面发射率
铝（阳极氧化）	2700	237	0.20~0.80
铝合金（阳极氧化）	2800	160	0.20~0.80
不锈钢（浅黄）	7900	17	0.20
不锈钢（氧化）	7900	17	0.80
铝（涂漆）	2700	237	0.90
铝合金（涂漆）	2800	160	0.90
铁（镀锌）	7800	50	0.20
铁（氧化）	7800	50	0.80
建筑钢材（镀锌）	7850	58.2	0.20
建筑钢材（氧化）	7850	58.2	0.80
建筑钢材（涂漆）	7850	58.2	0.90

吉迪尼精密断桥钢系统

当我们评判铝合金窗与钢制窗哪个导热系数大的时候，直觉似乎是钢更容易传热，但是铝窗用的是铝合金型材，并不是纯铝型材，通过"窗知道"（上图中）索引对比铝、铝合金、钢三者之间的导热系数我们可以发现：铝合金的导热系数约 160W/（m·K），建筑门窗钢材的导热系数约 58.2W/（m·K），而纯铝导热系数更是高达约 237W/（m·K），这就说明普通钢窗比普通铝窗更保温（导热系数越大说明热量越容易流失）。

2000 年以后，随着我国对建筑节能的强制要求逐渐深入，对门窗的保温要求越来越高，铝合金门窗型材从普通的一体化铝型材向隔热铝型材升级。现在市场上的铝合金门窗大多采用隔热断桥设计（上图左），无论是采用欧洲的穿条式隔热铝门窗结构还是采用美式的注胶式隔热铝门窗结构，都是很成熟的工艺，在材料、设计、加工工艺等全体系都比较容易实现，所以采用隔热断桥铝型材的隔热铝门窗在保温性能上有本质的提升。隔热铝型材属于复合结构，其导热系数与隔热结构的材质、结构设计、宽度密切相关，所以不能得到简单的统一数值，但即使是起步等级的隔热铝窗，其保温性能也远远好于普通钢窗。

由于钢制材料的加工属性较难实现隔热断桥设计，准确的说是其实现隔热断桥结构的成本相对较高，欧洲知名的钢窗企业现在都采用不同理念的隔热钢型材（上图右），生产的隔热钢窗及幕墙也都能达到欧洲建筑节能的相关要求，但是由于其隔热结构的成本居高不下（比隔热铝型材高出 3 倍以上），所以并未得到广泛的运用和认可。隔热钢型材也属于复合结构，也不能得到统一的导热系数数值，但是隔热钢型材的导热系数完全可以与隔热铝型材媲美与抗衡。

相关内容延伸： 钢型材最突出的优点是强度高。可实现大开启和窄边框的视觉效果。弹性模量可视为衡量材料产生弹性变形难易程度的指标，其值越大，使材料发生一定弹性变形的应力也越大，即材料刚度越大。钢材的弹性模量 E=206GPa，铝材的弹性模量 E=70GPa，同等受力条件下，钢的变形量约为铝的 1/3。所以钢平开门单扇最大开启尺寸可以做到 3800mm×1400mm、平开窗单扇最大开启尺寸为 2400mm×1200mm、极致设计的钢结构内开内倒窗最小可视面尺寸可以实现 8mm，平开门框扇求和尺寸可以实现 90mm，这些数据对应在铝窗结构上是很难想象的，特别是在大洞口尺寸的条件下，很难实现。

298　如何快速配置出整窗保温系数?

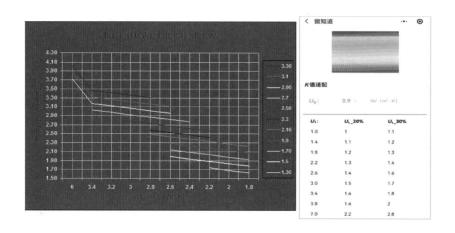

随着国家对建筑节能减排进行规范的力度加大,特别是"双碳"目标的确定,人们对环境保护的认知得到广泛提高,在门窗产品上最直观的反应就是越来越多的消费者关注门窗的保温性能,就是我们前面所说的门窗 K 值;越来越多的建筑设计师关注门窗的隔热性能,就是我们前面所说的 g 值。门窗保温性能 K 值属于国标明确的强制性科目,也是建筑节能验收交付中的必验内容,所以更引起广泛的关注,如何快速配置出整窗 K 值,已经是门窗从业者越来越需要具备的一项知识技能,但不属于精深的专业技能,以下三种简便方法简单有效,供大家参考:

资料查阅:在没有精确计算的情况下,典型窗的传热系数可采用《建筑门窗玻璃幕墙热工计算规程》(JGJ/T 151)中提供的近似计算表进行查询。规程中提供了型材框占比面积 20% 与占比面积 30% 两种条件下的门窗不同型材与玻璃配置下的整窗传热系数 K 值。

图表检索:通过上图右边表格中不同型材与玻璃配置的 K 值,可以检索出型材框占比面积 25% 条件下,大致的整窗传热系数 K 值(此表不同颜色的线段代表的是不同配置玻璃的 K 值,整窗 K 值只能是初步的概算和近似结果)。

软件速查:"窗知道"微信小程序中提供了"K 值速配"工具,软件编制是基于《建筑门窗玻璃幕墙热工计算规程》(JGJ/T 151)中的索引近似计算表为底层逻辑,可以方便、快捷、随时得到不同型材与玻璃配置下的整窗传热系数 K 值。

以上三种方法都是近似的定性认知,不是准确的定量计算。对于非专业人员而言熟知各种结构、材质型材的 K 值与各种配置玻璃的 K 值也是比较困难的,定量计算需要用更专业的软件针对具体结构与配置进行建模校核才可实现。

相关内容延伸:对于工程门窗技术人来说基本都是依据专业软件计算出的门窗热工报告来作为整窗热工性能的依据,家装零售门窗则以门窗的保温性能检验报告来作为依据,因为检验报告简单直观,和非专业的消费者沟通起来更直观、更简单,这也体现出技术积累的专业化认知在工程门窗与家装零售门窗的差别。玻璃 K 值就是选择不同的玻璃配置,就中空玻璃而言,不同玻璃的 K_g 值配置主要体现在中空玻璃的腔体数,是否 Low-E 及几层 Low-E,是否选用暖边中空玻璃间隔条及哪种暖边,中空腔是否填充惰性气体等。型材 K 值主要在于设计,降低型材 K_f 要复杂得多,型材结构设计的手段更多样化,最核心的要素是不同隔热条宽度的选择或设计。

299　玻璃与窗框间打胶或压胶条的设计间隙一样吗？

胶条镶嵌
也可以更换为玻璃胶填充

12.1　装配尺寸

12.1.1　单片玻璃、夹层玻璃和真空玻璃的最小装配尺寸应符合表 12.1.1-1 的规定。中空玻璃的最小安装尺寸应符合表 12.1.1-2 的规定（图 12.1.1）。

表 12.1.1-1　单片玻璃、夹层玻璃和真空玻璃的最小装配尺寸（mm）

玻璃公称厚度	曲部余隙和后部余隙		嵌入深度 b	边缘间隙
	密封胶	胶条		
3~6	3.0		8.0	4.0
8~10	5.0	3.0	10.0	6.0
12~19	5.0	4.0	12.0	8.0

表 12.1.1-2　中空玻璃的最小安装尺寸（mm）

玻璃公称厚度	前部余隙和后部余隙		嵌入深度 b	边缘间隙
	密封胶	胶条		
4+A+4				
5+A+5	5.0	3.5	15.0	5.0
6+A+6				
8+A+8				
10+A+10	7.0	5.0	17.0	7.0
12+A+12				

注：A 为气体层的厚度，其数值可取 6mm、9mm、12mm、16mm。

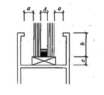

图 5.3.2-2　中空玻璃最小安装尺寸
a—前、后余隙；b—嵌入深度；
c—边缘余隙；A—空气层

门窗产品在玻璃与窗框之间安装玻璃时，对玻璃与窗框之间的两边空间——前／后部余隙 a 的处理通常有两种方式：一是填充密封胶，俗称打胶密封，这种安装工艺在日本、新加坡、澳大利亚等海洋性气候国家比较多见；二是采用密封胶条装配，简称胶条密封，这种安装工艺在欧洲的大陆性气候比较普遍。

我国属于季风性气候国家，东南沿海地区属于比较典型的海洋性气候，广大的内陆地区属于大陆性气候，所以打胶密封与胶条密封在我国都是适用的，这两者之间不存在好坏、高低的差别，在家装零售门窗市场对此有不客观、欠公允的认知是因为对这两者之间的适用环境与来龙去脉缺乏完整的认知，这不是此话题讨论的范畴。对于打胶密封和胶条密封两种工艺处理方式的间隙问题，简述如下：

《建筑玻璃应用技术规程》（JGJ 113）中，对于玻璃的装配尺寸，有非常明确的要求（详见上图）。

《铝合金门窗工程技术规范》（JGJ 214）中，对于玻璃的装配尺寸，也有类似明确的要求。

既然两部国家技术规范都分别对打胶密封和胶条密封装配尺寸给予了明确的，且有所差别的技术性界定，就说明打胶密封和胶条密封在我国都是适用的，只是运用场景需要因地制宜。

对比两个标准可知，除了 6mm 以下单片玻璃的余量间隙没有差别外，其他情况下打胶密封需要留出的前／后余隙都要比胶条密封大 1~2mm 不等。

相关内容延伸：基于我国玻璃原片厚度公称尺寸的误差现实，胶条密封对实际装配间隙的包容性不如打胶密封。欧洲大陆国家门窗用胶条密封是因为胶条是标准工业品，符合标准化制造的理念，用胶条密封没有等待时间，可以连续生产。而且欧洲人口密度低，劳动力价格昂贵，欧洲大陆国家的抗风压及水密考验都不大这些综合的人文及气候环境原因导致胶条密封成为选择。日本及东南亚海洋性气候国家，抗风压及水密考验压力大，人口密集，劳动力资源丰富，门窗洞口尺寸偏小，所以以传统的日本门窗工艺基本采用打胶密封的工艺，随着隔热铝内开窗的引进，欧式的胶条密封工艺也逐渐被日式门窗采纳。打胶密封和胶条密封各有利弊，而且需要从性能、成本、安装进行综合比较分析，不设置条件和环境等背景因素就简单评价打胶好还是胶条好是不完整的，也是没有专业意义的。

300　社区门窗店与门窗专卖店的门窗产品适用范围有何不同？

　　2010 年以前，家装外门窗主要是指封阳台，基本都是由路边的社区门窗店来提供产品及服务，涉及阳台的延伸类产品，比如防盗网、晾衣架等，当时封阳台的产品类别基本以普通的铝合金或塑钢推拉窗为主，推拉窗的气密性、水密性由于结构原因而差强人意。当时的建材家居市场里的门窗产品主要是推拉门、隔断门、吊趟门为主的室内门系列产品，而在深圳、北京、上海等大城市的建材家居卖场已经出现独立的建筑外窗零售专卖店，但是当时的门窗消费意识还未普及。

　　2010 年以后，室内门制造企业逐步进入建筑外门窗市场，由于室内门的销售模式是厂家负责统一的工业化、标准化生产，各地经销商或代理商负责销售、安装的合作模式，所以室内门企业借助已经畅通的销售渠道和健全的销售网络，迅速将产品延伸至外门窗领域并逐渐成为家装零售门窗的主流力量，在此期间大部分传统的社区门窗店的服务内容却没有本质变化。通过发展轨迹及背景的梳理可以发现社区门窗店与卖场门窗专卖店是完全不同的，所售产品也完全不同：

　　背景不同：社区门窗店是个体工商户背景，门窗专卖店是加盟销售商，本质而言是门窗贸易和服务商。

　　业务内容不同：社区门窗店负责门窗产品的制作到安装的全流程；门窗专卖店只负责门窗产品的定制测量、下单、安装、售后服务等，门窗产品的制造是由专业的生产厂家集中进行规范化的工业化定制生产及配送物流运输。

　　产品要求不同：过去封阳台后从阳台到室内的门基本都保留；现在的封阳台是将阳台作为室内空间的延伸，这对阳台窗的抗风挡雨的安全性、保温隔声的舒适性要求都有本质的提升，而且由于阳台洞口尺寸更大，所以阳台窗的品质要求及挑战更大于建筑外窗，在此背景下，社区门窗店提供的产品能否满足性能要求并保障品质就值得慎重考虑和商榷。

　　相关内容延伸：从直观的第一印象来说，一般都认为是社区门窗店的产品便宜，门窗专卖店的产品贵，但是价格的高低都是相对的，不是绝对的，不对产品进行性能的比较和评判，单纯讨论价格也是没有意义的，门窗的价格需要结合门窗的使用周期来进行分解和比较，需要以年使用成本来进行比较。比如：一樘 500 元的窗用了 2 年，性能很差不能用了，那么这樘窗的使用成本是 250 元 / 年；一樘 5000 元的德国窗用了 25 年，性能依然稳定，那么这 25 年的使用成本是 200 元 / 年，而后面的使用成本就是零，那么这两樘窗到底哪个贵，哪个便宜还真的没法统一见解。

301 搜索、视频等互联网平台里的门窗信息是否可信?

互联网时代让信息的传播更为迅捷和畅通,视频时代让产品的传播更多元化和直观化,过去消费者在购买产品前往往在搜索平台寻找相关的产品资讯,现在消费者则更乐于通过目标类产品的视频和直播来直观地了解产品。在信息渠道多元化、信息内容极大丰富的背景下,新的问题和挑战是哪些信息可信呢?下面就从几个方面进行梳理和建议:

信息的发布人: 信息的发布方是否有准确的、真实的单位或个人背景资料及所在地。对于不知发布者真实背景的信息需要慎重对待,即使有相关背景资料,其真实性也是需要关注的方面,特别是涉及大单值的产品购买时更要核实。

信息内容: 信息的内容是否有出处和来源。对于没有出处和来源的信息内容需要判断信息的基本"四性",即准确性、完整性、客观性、真实性。信息的准确性主要体现在数据;信息的完整性主要看是否有前提和相关条件设定,避免断章取义、蓄意误导;信息的客观性体现在辩证性和是否就事论事;信息的真实性就要看发布方的背景了。

信息本质: 企业背景发布的信息更注重宣传,个人发布的信息如果强化联系方式或强调建立单独联系则也属于宣传。

就建筑门窗的产品特征而言,消费频次低、采购单值大、产品专业性强、选择风险大,产品品质难以直观鉴别,所以在各种门窗信息面前,普通消费者属于弱势群体,很难对产品信息"四性"进行判断,对此现实做如下建议:

选择有售后承诺的大品牌产品:大品牌对自身产品美誉度更关注,具备承担责任的能力和意愿。

选择有时间保障的当地服务商:时间久说明可信度高,当地化的服务商更容易了解其信誉及实力。

选择有背书的产品信息渠道:连锁卖场的品质第三方保障、身边朋友的使用体验及口碑等都属于此范畴。

相关内容延伸: 平台管理方和普通消费者对于视频及其他形式发布内容的科学性、客观性、准确性都缺乏有效的评判能力和鉴别手段,特别是像门窗这样相对小众的专业性领域,这给观众造成新的信息困扰,以前是不知咋回事,现在是不知听谁的,门窗领域的视频有不少内容是主播将一些专业概念引用到视频中的产品上,但描述过程中词不达意的现象屡见不鲜,专业的词汇谁都可以引用,但是对此专业概念的理解深度却不得而知。

302 如何识别系统门窗特征?

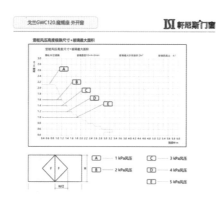

系统门窗是工程门窗领域主导提出的概念,系统门窗的特征是经过预先设计并验证的成熟门窗产品体系,在家装零售门窗领域却成为营销卖点并加以概念炒作,使得这个本来只应该是工业产品设计制造中的方法论用词,变成了家装零售门窗行业的通用标签,哪怕是社区门窗店里的低端产品也冠以系统门窗的头衔,这就让外行的消费者更摸不着头脑。

门窗是工业化产品,在它的设计、制造、安装过程中理所当然地应该遵循一般工业产品的基本规则,即以系统论思想为指导,在销售前完整地进行结构设计、材料选择,确定加工工艺和安装施工规范,最终达成产品在特定地理位置和使用环境下对性能的要求和品质的保障。按照以上原则设计、生产、安装交付的门窗产品,就是系统门窗。系统门窗从设计到最后产品安装上墙过程的各环节具有以下特点: ① 产品设计和材料选择的定型化、系列化;② 加工工艺的标准化、部分工装的专用化;③ 施工安装的规范化;④ 市场推广的品牌化。

系统门窗是需要研发和技术投入的,没有规模和时间检验的厂家是没有实力和意愿来完成前期产品投入的,因为这需要专业团队、研发资金、时间积累的共同投入来实现,缺一不可。而现在很多厂家从成本及便捷出发,选购市场上现成的结构铝材,配上不同档次的五金、胶条、辅材,拼凑出门窗成品推向市场,这种产品既没有理论计算或模拟,也没有实验测试,却冠以系统窗的名义推向市场,一般消费者确实难以从外观及表面来鉴别什么是系统窗。

系统门窗具备完整的技术资料作支撑,系统门窗的厂家应该主动、积极向消费者展示、出具完整的技术资料,并且说明不同系列产品之间的底层逻辑,就像汽车大品牌旗下的各款车型存在必然共通性一样。

相关内容延伸: 系统门窗的每一款产品都需要材料手册和加工手册两个部分来对产品组成及加工进行明确的界定。材料手册主要是对该款门窗所用到的所有材料进行明确并提供门窗设计选用的依据及边界,包括对未来门窗所能达到的性能指标进行必要的明确,材料手册是门窗企业进行门窗设计及成本核算的基本工具,也是门窗构成的材料清单,更是材料之间组合搭配所能实现结果的预判依据。加工手册是门窗企业如何进行门窗加工的基本工具,是门窗加工步骤及相关标准的执行依据,更是门窗未来性能达到设计预期的基本保障。从门窗材料手册中可以看出不同系列门窗产品材料之间的逻辑性和共享程度,通过门窗加工手册可以看出加工工艺的一致性及统一标准性,这是判断是否经过系统统筹设计的两大重要依据。

303　家装零售门窗的价格构成有哪些?

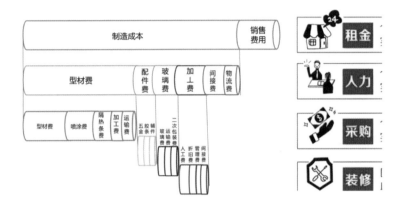

零售家装门窗销售渠道主要分为社区门窗店和家居卖场门窗专卖店两大类,前面已经说过这两类渠道的背景、商业模式、产品制成存在本质差异,所以价格差异也很大,下面分别做深入分析:

社区门窗店产品: 社区门窗店的产品由店主自行依靠简单的工具组装完成,其产品价格主要由门窗材料的成本、店面租金、门窗店主的劳动时间成本构成,由于社区门窗店独立且分散,所以单店的材料采购规模小,这就导致品牌类材料供应商要么涨价销售,要么不予理睬,这种情况下导致门窗店主只能到当地建材市场采购小品牌的材料进行组装,材料质量和各材料之间的整体匹配度就存在隐患,安装后可能出现开关不畅、性能不足等问题。优势是价格低廉。

卖场门窗专卖店产品: 卖场门窗店销售的产品是由厂家和当地代理商分工合作完成的,所以厂家承担的是门窗制造成本(上图左),代理商承担的是门窗销售和安装成本(上图右),工业化集中制造的门窗单位成本并不高,因为批量化加工效率高、品牌材料大批量统一采购的成本低,主要是研发和管理成本不能忽视。卖场门店的店面租金及开店投入是不低的,但是这也验证了代理商的实力和决心,售后服务及品质承诺也更有保障。

特别要指出的是,在大家居领域,知名品牌对当地代理商的门店面积都有下限要求,这就是通过设置门槛来筛选有实力、有信心、有决心的代理商群体,这样的代理商群体对自己的商业信誉更在乎,服务的担责能力更强,与知名品牌的品牌美誉度也更匹配。零售门窗品类的起步时间晚于卫浴、板砖、橱柜领域,所以门窗厂家的竞争还处于非成熟的阶段,品质、价格的竞争也比较混乱和无序,这对当地代理商的技术服务能力和专业知识提出了新的挑战和要求。

相关内容延伸: 门窗价格是由成本及利润构成,社区门窗店管理成本和研发成本基本为零,产品的价格低是正常、合理的,但是不管是社区门窗店还是卖场门窗专卖店,利润都是要保证的,亏本生意是难以持续的,所以作为消费来讲,根据自身的经济状况与预算,首先要界定选购门窗的大目标方向,到底是在社区门窗店还是卖场专卖店,然后再在同类型的店之间进行比较和选择,如果用社区店的价格去衡量专卖店,又用专卖店的产品品质与品牌来比较社区店,那就无解了,因为两种渠道销售的产品的制造流程、销售方式、成本构成是完全不同的,所以没有对错,关键是使用要求和性能预期要明确,但是,基本的门窗安全都必须要保证,因为装到业主家里的门窗如果发生安全问题,既可能危及自身家庭成员的安全,也可能危及他人的人身安全。

304 家庭装修过程中何时确定及安装门窗？如何选择门窗？

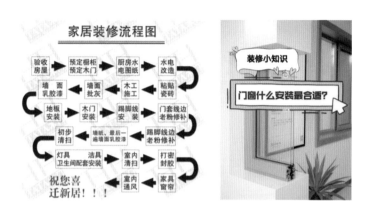

上图是家装施工的大致流程顺序，但是没有注明门窗的确定和进场时间。门窗的选择和确定应该是家庭装修的第一步骤，要早于橱柜和木门的预订，门窗进场安装的时间应在水电改造后、瓷砖铺贴前，这是基于以下几个方面的考虑：

门窗属于完全定制化的产品，颜色、分格、配置、开启方式、位置等是量身定制的，定制的复杂度远高于橱柜，而且大多是整框的非标化物流运输，所以门窗是定制周期最长的品类科目，需要早确定，这样才是统筹装修的高效之选；

门窗框架板块大，安装人数多，行进通道必须保持通畅，内部空间尽量空敞，越早进场，室内空间余地越大；

家庭装修的总原则是由室外向室内、由内部到外表的过程，门窗作为建筑分格室内室外的外围护体系，理应早动工；

在铺贴瓷砖前完成外门窗的安装便于窗台瓷砖或窗套材质的施工，避免错位施工带来的烦恼和返工；

门窗开启位与内部装修的吊顶、橱柜、窗帘设置都有直接关系，早确定没错，也可以为后期的设计与选择提供依据；

门窗安装受天气影响，雨天不能安装关系到密封有效性，风大时不能吊装涉及安全。

门窗选择是一项系统工程，需要建立清晰的选择逻辑和思路，想清楚需求才能有的放矢，有条不紊：

明确需求： 结合周边环境条件及居住人的特殊需求及喜好明确门窗的重点性能或要求，做到选择有主次、有重点；

广泛了解： 通过身边朋友的使用体验、卖场走访、网上搜索等多渠道寻找专业、客观、负责、匹配的潜在供应商；

重点选择： 通过量尺、设计方案、沟通的深入对比专业能力并明确排序，再通过实际项目案例校核排序，形成决定。

相关内容延伸： 门窗供应方的确定对于整个内装项目具有重要意义，门窗不仅事关整体家装项目的节奏，更事关整个家装项目的品质体验，因为除了门窗之外的家装项目有的涉及美学方面的视觉感受，有的涉及使用体验，有的涉及品牌的心理认同体验，只有门窗除了涵盖所有这些体验之外，还面临事关其他家装内容安全的综合考验，如果门窗漏风、漏雨、隔声效果差、保温隔热差，那么再好的内装体验都会大打折扣，如果狂风暴雨来临时，家中的门窗发生雨水内灌的现象，再好的橱柜衣柜、地板瓷砖、家居墙纸都会受到损害，如果再发展为玻璃晃动、窗体异响等更严重的安全性问题，居家体验就会变成救灾抢险的实习演练，这种惊心动魄的心理考验是每一个消费者都不愿、也不想经历的。

305　角码对门窗外观品质有什么影响？

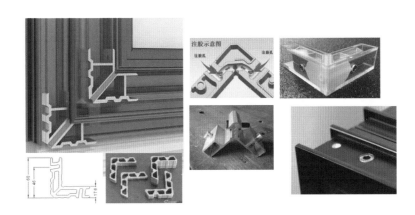

　　角码主要有三类：锯切铝型材角码、铸铝角码和活动角码，下面逐一介绍：

　　锯切铝型材角码。这种角码是工程上应用最为广泛的一种角码。型材腔体的宽度决定了角码的规格，而型材腔体的高度决定了角码的下料切割尺寸。一根 6m 长的铝合金角码型材，通常加工成数百个角码。这种角码通用性强，既可适用于挤角（撞角）组角（通过组角机刀头将铝型材顶破，卡到型材腔体内角码的相应位置实现型材角部连接固定），又可适用于销钉组角（将销钉经型材上的开孔揳角码上相应销钉位，使两侧型材 45°角切面贴合夹紧。销钉紧固仅需销钉枪即可完成。因此，采用销钉组角方式进行门窗框的组装时，不必在门窗加工车间进行，可在门窗安装现场进行。这样在降低了运输成本的同时，也可避免在组成框架的型材在运输过程中造成角部松动）。

　　铸铝角码。主要适用于非矩形腔体的角码。铸铝角码可制成与铝合金型材腔体类似的形状尽量填满型材腔体，并在角码表面设计出流胶通道，对注胶进行有效控制，同时组角强度也得到了进一步提升，但铸铝角码本身的成本相对较高。

　　活动角码。活动角码由两片组成，采用螺丝连接，使用简单，经济实用，目前门窗零售行业使用较为广泛。安装过程比较简单，首先按下角码两侧弹簧支承的圆柱形定位装置，将角码两端插入两侧要组角的型材腔体，插入到位后角码上的圆柱形定位装置会在弹簧弹力作用下从型材上预先加工出的孔位弹出，使角码与型材预固定，然后利用螺丝刀通过型材上预先加工好的工艺孔将连接角码两部分的螺栓旋紧，拉紧两侧角码的同时拉紧两侧要组角的型材。

　　角码设计或与型材腔体出现配合缺陷就会造成组角的错位、阶差等品质缺陷（型材精度符合要求的前提下）。

　　相关内容延伸：门窗企业在选用角码的应用上，除了需要考虑技术因素条件外，更重要的是考虑成本和收益的问题，一般来讲，选用分体压铸角码的综合成本略高，传统结构的角码在产品开发的使用成本低，但由于切割角码对门窗组角质量的稳定性、用胶成本、工艺操作都要比分体压铸角码复杂。这就需要各企业结合自身情况，清晰认知自身的各项能力，选择合适自己企业生产模式的角码才是核心。

306 框梃连接件对门窗外观品质有什么影响？

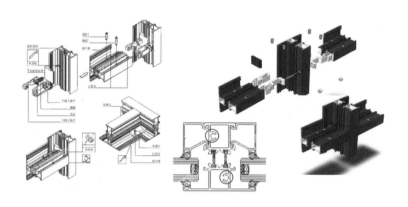

　　门窗中梃的连接采用丝口固定自攻钉的形式，这种连接方式在安装玻璃后，或者在风压或其他外力作用下易产生翻转变形，尤其是在较大的窗型上显得尤为突出，存在一定的安全隐患。

　　中梃内外两侧分别设计了中梃连接件，连接件与T连接中的框型材或十字连接中通长的中梃型材采用槽口卡接、顶丝定位固定的方式连接，如上图所示。然后，将经端铣的另一只中梃型材内外侧型材分别套在与通长型材连接的两支连接件上，将两根型材贴紧，并利用销钉进行固定。中梃连接件设计了专用的注胶孔道，便于双组分组角胶注入腔体。中梃连接根部设计了专用的密封垫，中梃与窗框（或另一只中梃）连接后，缝隙还需打密封胶进行密封，防止中梃连接部位渗水。此外，还可设计"T十"连接注塑件，把拼接缝隙完全挡住，提高密封性能，同时可以在预留的注胶孔注胶，使密封的效果更好。

　　上面介绍的是一种非常典型的利用中梃连接件进行型材"T十"连接的工艺，而市场上的产品中连接件与型材之间还有其他的连接方式。上图下侧（红色圆框）所示的便是另一种进行"T十"连接的工艺。这种方式同样加工便捷、连接稳固，但使用机制螺钉进行连接时需对型材另外打孔。

　　中梃连接件的材质与角码一样，主要也是有锯切铝型材连接件和铸铝连接件两种。市场上以锯切铝型材连接件为主流，当中梃连接件设计或与型材腔体出现配合缺陷时就会造成拼接的阶差等品质缺陷（型材精度符合要求的前提下）。

　　相关内容延伸：不管是角码还是中梃连接件，注胶通道的设计合理性和最终注胶操作实现度都是体现门窗基础设计能力的重要参考，注胶通道大小与流胶速度、角码与型材内壁接触面积大小有关。粘接面积和粘接强度成正比例关系，角码与型腔壁实际可粘接面积的多少是衡量角码设计是否科学的标准之一，也是保证门窗稳定性和其他性能提高的关键。从普遍性、适用性、常规性而言，采用双组分注胶工艺其型腔壁和角码之间的最小粘接面积不得小于 $30cm^2$，这是接角强度的基础保证，也是角码结构设计的基础目标。

307 中空玻璃起雾是什么原因？

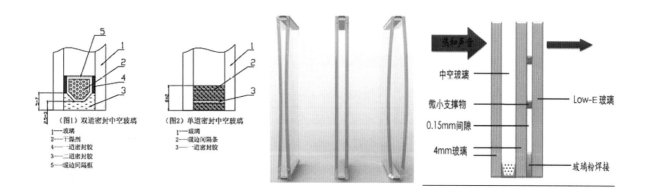

中空玻璃实际使用中面临着外来的水汽渗透、温差、气压和风荷载等影响，因此，密封胶不但要具有密封的功能，还需具备保证中空玻璃系统结构稳定的功能。中空玻璃双道密封是先密封后结构。间隔条的密封方式是以两侧的丁基胶条起到主要的密封作用，当中空玻璃生产地与使用地的海拔高度相差过大时会造成中空玻璃的凸拱或凹陷，中空玻璃承载风压也会产生内外挠曲变形，上述情况下丁基胶条会发生拉伸、位移、剪切等情况，使水汽渗透的通道缩短。

一般来说，第一道密封主要采用丁基胶，主要作用是防止水汽渗透，防止惰性气体和空气进出中空玻璃，并在中空玻璃制作中起辅助定位作用。第二道密封通常采用结构胶包括聚氨酯、聚硫胶和硅酮胶，主要功能是将玻璃和间隔条粘接成中空玻璃，防止中空玻璃内的分子筛跑到外部，并且具有弹性恢复和缓冲边部应力的作用。二者各司其职，缺一不可。中空玻璃起雾是密封失效的直接体现，有效的中空玻璃双道密封主要体现在以下方面：

水汽透过率： 水汽透过密封胶的比率取决于胶的物理性能并受温度和相对湿度的影响，水汽透过率对中空玻璃寿命的影响很重要。外来水汽渗入中空玻璃内部，不仅性能会大大下降，而且内部会出现起雾等现象。

气体保持能力： 中空玻璃内部充惰性气体可进一步提高中空玻璃的性能，不同的密封胶其气体保持能力是不同的。

抗紫外线能力： 密封胶抵抗因紫外线照射而导致材料性能下降的能力，耐高、低温的能力。

粘接性能： 粘接性能是对聚合物组合的内部强度的度量。与基材的粘接性能指标可由剪切强度表示。

当密封能力出现缺陷时，中空腔外的水分进入中空腔，特定温度下中空腔内形成水蒸气的现象就是"起雾"。

相关内容延伸： 美国中空玻璃制造商协会完成了一项 10 年的相关究表明：85% 的中空玻璃失效是因为密封胶粘接失败造成的，50% 的中空玻璃失效是由于玻璃长期接触水造成的。我国的硅酮密封胶原料工业比聚硫胶、聚氨酯规模大，而且工艺成熟，所以我国目前的中空玻璃第二道密封大多采用硅酮类建筑密封胶产品，国外则大多采用聚硫胶做中空玻璃第二道密封，两者各有利弊，硅酮胶气密性差，不适于单道密封，聚硫胶耐老化性差，不宜用于阳光直射到密封胶粘接面的场合，如隐框玻璃幕墙、点式玻璃幕墙、采光顶等。不管哪种密封胶，增塑剂是不应该加到中空玻璃密封胶中的，但为降低成本及配方调整，我国中空玻璃密封胶存在增塑剂添加现象，这对中空玻璃密封质量影响较大，其中以硅酮密封胶中加入的矿物油最多见。

章节结语：所思所想

门窗选择像系统门窗一样需要形成系统化思维

不同渠道的门窗产品存在本质差异

门窗的使用体验有研发、材料、设计方案、加工、安装五个重点控制环节

门窗产品专业属性强，大品牌的品质更容易保障

门窗越早确定，后续施工越从容

选择门窗需要结合内外环境明确重点需求，有主次、有取舍

坚朗云采购买
平台识别码

一站式建材集采
服务平台

了解更多信息关注
坚朗官方抖音号

KIN LONG 坚朗
一切为了改善人类居住环境

门窗集成 建筑配套件集成供应商
建材一站式服务

家装铝门窗五金配件系列
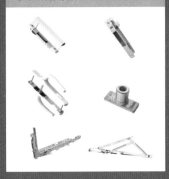

U槽门窗配件系列

铝门窗配件系列
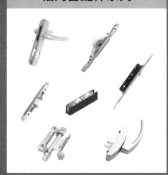

莱法特防火材料

新安东密封保温系统

特灵密封毛条系列

春光间隔条系统
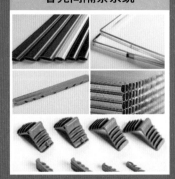

特灵钢丝网
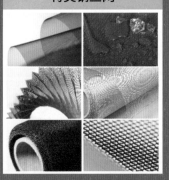

广东坚朗五金制品股份有限公司
GUANGDONG KIN LONG HARDWARE PRODUCTS., LTD
总部地址：广东省东莞市塘厦镇坚朗路3号
E-mail:mail@kinlong.com
网址:www.kinlong.com
股票代码:002791

📞 联系电话
0769-82166666

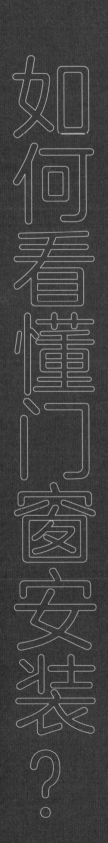

16 门窗安装

如何看懂门窗安装？

308　工程门窗的安装规范有何要求？

7　安装施工

7.1　一般规定

7.1.1　铝合金门窗工程不得采用边砌口边安装或先安装后砌口的施工方法。

7.1.2　铝合金门窗安装宜采用干法施工方式。

7.1.3　铝合金门窗的安装施工宜在室内侧或洞口内进行。

7.1.4　门窗应启闭灵活、无卡滞。

7.2　施工准备

7.2.1　复核建筑门窗洞口尺寸，洞口宽、高尺寸允许偏差应为±10mm，对角线尺寸允许偏差应为±10mm。

7.2.2　铝合金门窗的品种、规格、开启形式等，应符合设计要求。

7.2.3　检查门窗五金件、附件，应完整、配套齐备、开启灵活。

7.2.4　检查铝合金门窗的装配质量及外观质量，当有变形、松动或表面损伤时，应进行整修。

7.2.5　安装所需的机具、辅助材料和安全设施，应齐全可靠。

7.3　铝合金门窗安装

7.3.1　铝合金门窗采用干法施工安装时，应符合下列规定：

1　金属附框安装应在洞口及墙体抹灰湿作业前完成，铝合金门窗安装应在洞口及墙体抹灰湿作业后进行；

2　金属附框宽度应大于30mm；

3　金属附框的内、外两侧宜采用固定片与洞口墙体连接固定。固定片宜采用Q235钢材，厚度不应小于1.5mm，宽度不应小于20mm，表面应做防腐处理；

3　胶缝采用矩形截面胶缝时，密封胶有效厚度应大于6mm，采用三角形截面胶缝时，密封胶截面宽度应大于8mm；

4　注胶应平整密实，胶缝宽度均匀、表面光滑、整洁美观。

7.4　玻璃安装

7.4.1　铝合金门窗固定部位玻璃安装应符合本规范6.3节的有关规定。

7.5　开启扇及开启五金件安装

7.5.1　铝合金门窗开启扇及开启五金件的装配宜在工厂内组装完成。当在施工现场安装时，应符合本规范第6.4节的规定。

7.5.2　铝合金门窗开启扇、五金件安装完成后应进行全面调整检查，并应符合下列规定：

1　五金件应配置齐备、有效，且应符合设计要求；

2　开启扇应启闭灵活、无卡滞、无噪声，开启量应符合设计要求。

7.6　清理和成品保护

7.6.1　铝合金门窗框安装完成后，其洞口不得作为物料运输及人员进出的通道，且铝合金门窗框严禁搭压、坠挂重物。对于易发生踩踏和刮碰的部位，应加设水平或围挡等有效的保护措施。

7.6.2　铝合金门窗安装后，应清除铝型材表面和玻璃表面的残胶。

7.6.3　所有外露铝型材应进行贴膜保护，宜采用可降解的塑料薄膜。

7.6.4　铝合金门窗工程竣工前，应去除所有成品保护，全面清洗外露铝材和玻璃。不得使用有腐蚀性的清洗剂，不得用尖锐工具刨刮铝型材、玻璃表面。

7.3.3　砌体墙不得使用射钉直接固定门窗。

7.3.4　铝合金门窗框安装后，允许偏差应符合表7.3.4规定。

表7.3.4　门窗框安装允许偏差　(mm)

项　目			允许偏差	检查方法
门窗框进出方向位置			±5.0	经纬仪
门窗框标高			±3.0	水平仪
门窗框左右方向框对位置偏差（无对线要求时）	相邻两层处于同一垂直位置		+10 0.0	经纬仪
	全楼高度处于同一垂直位置（30m以下）		+15 0.0	
	全楼高度处于同一垂直位置（30m以上）		+20 0.0	
门窗框左右方向框对位置偏差（有对线要求时）	相邻两层处于同一垂直位置		+2 0.0	经纬仪
	全楼高度处于同一垂直位置（30m以下）		+10 0.0	
	全楼高度处于同一垂直位置（30m以上）		+15 0.0	
门窗竖边框及中竖框自身进出方向和左右方向的垂直度			±1.5	铝靠仪或经纬仪
门窗上、下框及中横框水平			±1.0	水平仪
相邻两横向框的高度相对位置偏差			+1.5 0.0	水平仪
门窗宽度、高度构造内侧对边尺寸	L<2000		+2.0 0.0	钢卷尺
	2000≤L<3500		+3.0 0.0	钢卷尺
	L≥3500		+4.0 0.0	钢卷尺

7.3.5　铝合金门窗安装就位后，边框与墙体之间应作好密封防水处理，并应符合下列要求：

1　应采用粘接性能良好并相容的耐候密封胶；

2　打胶前应清洁粘接表面，去除灰尘、油污，粘接面应保持干燥，墙体部位应平整洁净；

7.7　安全技术措施

7.7.1　在洞口或有坠落危险处施工时，应佩戴安全带。

7.7.2　高处作业时应符合现行行业标准《建筑施工高处作业安全技术规范》JGJ 80的规定，施工作业面下部应设置水平安全网。

7.7.3　现场使用的电动工具应选用Ⅱ类手持式电动工具。现场用电应符合现行行业标准《施工现场临时用电安全技术规范》JGJ 46的规定。

7.7.4　玻璃搬运与安装应符合下列安全操作规定：

1　搬运与安装前应确认玻璃无裂纹或暗裂；

2　搬运与安装时应戴手套，且玻璃应保持竖向；

3　风力五级以上或楼内风力较大部位，难以控制玻璃时，不应进行玻璃搬运与安装；

4　采用吸盘搬运和安装玻璃时，应仔细检查，确认吸盘安全可靠，吸附牢固后方可使用。

7.7.5　施工现场玻璃存放应符合下列规定：

1　玻璃存放地应远离施工作业面及人员活动频繁区域，且不应存放于风力较大区域；

2　玻璃应竖向存放，玻璃面与地面倾斜夹角应为70°~80°，顶部应靠在牢固物体上，并应垫有软质隔离物。底部应用木方或其他软质材料垫离地面100mm以上；

3　单层玻璃叠片数量不应超过20片，中空玻璃叠片数量不应超过15片。

7.7.6　使用有易燃性或挥发性清洗溶剂时，作业面内不得有明火。

7.7.7　现场焊接作业时，应采取有效防火措施。

建筑工程门窗安装的相关标准（JGJ 214）

309　工程门窗框与洞口间的缝隙如何控制？

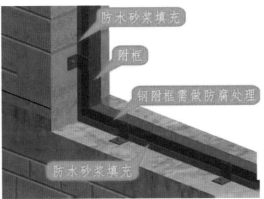

　　门窗框与洞口间的缝隙要求因饰面（包括保温）材料厚度要求，会使门窗框与洞口边之间的缝隙增大，当门窗框与洞口边之间的缝隙大于 35mm 时，须在门窗框与洞口边之间增设混凝土企口或钢附框。

　　企口与门窗框之间的缝隙不得大于 20mm；附框与门窗框间的缝隙为 5mm，附框与洞口边的缝隙不得大于20mm；无附框时完成后的饰面表面须压门窗框 5mm，有附框时饰面表面与附框顶平齐。

　　门框下槛与洞口间的缝隙应根据楼地面材料及门框下槛形式的不同进行调整，须确保门槛与楼板（墙）之间的缝隙充填密实且外部防水完整，完成后的楼地面应内高外低。

　　门窗洞口允许偏差在门窗框或附框安装前，土建施工单位应为门窗安装提供三线（水平线、垂直线和进出线）基准，由门窗安装单位逐个复测洞口尺寸及偏差，对需要进行处理的门窗洞口应做好记录和标识。

　　门窗洞口偏差处理门窗框（或附框）与洞口间的缝隙不符合规定的要求时，须对洞口进行处理，合格后方可进行安装。具体处理方法如下：当 $\delta \geqslant 50mm$ 时，洞口须浇筑 C20 细石混凝土，混凝土内配 2φ10 通长钢筋和 φ6＠250U 型箍筋，与原有墙体连接。

　　相关内容延伸： 洞口尺寸并非门窗制作尺寸，不同外墙装饰效果对门窗在制作时缩尺量要求也不同，根据门窗设计或技术交底要求进行缩尺生产，防止缩尺原因影响门窗在开启、排水等性能上造成的诸多不良。因为土建施工的原因，现场实际形成的洞口尺寸会与施工图纸中的洞口尺寸存在偏差。为了避免加工和施工中不必要的资源浪费，统一制作尺寸，顺畅的施工，所以有必要进行现场洞口实测后与业主和土建方确认。

310　窗框安装的标准作业程序是什么？

序号	项　目	允许偏差	检查工具
1	对角线尺寸	≤1.5	钢卷尺
2	边框角度	±0.5°	角度尺
3	转角边框转角度	±1°	角度尺
4	不封闭边框开口处	±1.5	钢卷尺

门窗框安装技术要求：

1. 将边框放入钢附框内，按照节点图调整边框的位置，框的水平度、垂直度、标高。

2. 用经平仪（推荐）或吊锤法校正边框的垂直度，用经平仪（推荐）或直角尺校正转角框的直角。

3. 调整边框上的调整螺母，使之每一个都紧贴在钢附框上，且应调整适度，边框不应因局部集中受力而产生变形。

4. 调整调节螺母或垫块，结合紧密后重新检查框的安装要求应符合偏差要求。

5. 上述安装情况正确无误后，在调整螺母或规范位置进行螺栓或螺钉连接。

6. 边框安装后应连接牢固、端正，四周间隙均匀。

7. 边框与钢附框下部缝隙过大，应在缝隙内揳垫片，垫片要垫在玻璃垫板位置处。

8. 铝合金门窗固定好后，应及时处理门窗框与钢附框间的缝隙。应采用泡沫填缝剂填塞缝隙，外表面留5~8mm 深槽口填嵌密封胶（对于沿海或风荷载较大的地区，应预留 10~15mm 深槽）。

相关内容延伸：

红外线经纬仪准确度的确认程序：

1. 在 A 处放置红外线经纬仪，打开电源，在墙壁①②处投影的水平线上做标记；

2. 关闭电源将红外线水平仪移动至 B 处打开电源，调整投影的水平线与②处标记重合；

3. 在①处线上做标记，测量两次标记的距离，大于 2mm 时就需要调整或更换。

水平尺准确度的确认程序：

1. 在水平尺两端各放置一木块，通过调整 A 侧的斜楔子使水平尺中间的透明气泡居中

2. 将水平尺旋转 180° 重新放置，观察水平尺中间气泡的位置，若仍然居中则说明水平尺是准确的；

3. 若不居中为不准确，需调节校正或更换

311　玻璃安装的标准作业程序是什么？

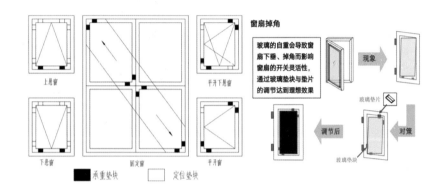

玻璃安装固定分为固定玻璃与开启扇玻璃，分别介绍如下：

固定玻璃安装技术要求：

将玻璃垫块安放在下横框两端，距离端角尺寸在 30~50mm 间，然后将玻璃安放在框中（较大的玻璃需要两人共同抬放）。调整玻璃在框中的位置，使其居中且端正。

调整垫块时左右各一个定位软垫块，位置在近上角处，然后将两软垫块紧紧挤放在玻璃与上横框之间。见上图所示。

调整垫块的松紧度，使玻璃不偏斜、间隙均匀。

开启扇玻璃的安装技术要求：

安装玻璃前，应清除槽口内的灰浆、杂物，畅通排水系统。

平开窗和平开内倒窗，将垫块放在玻璃与扇框的间隙中，其中两个硬垫块放在下横框靠近合页处，另两个垫块放在执手竖框上端，其余各角放软垫块（每个硬垫块由两个三角楔形垫块叠加而成，并用 ST4.8X16 沉头自攻钉固定）。如上图所示。

垫块厚度至少为 5mm，宽度应比玻璃厚度大 2mm，垫块的长度一般在 100mm 左右，垫块位置不应影响排水孔的正常排水。垫块的数量是由玻璃宽度决定的，如果玻璃宽度超过 1m，至少有两个超过 100mm 的玻璃垫块放在支点上。

相关内容延伸： 玻璃槽口内，在对角线玻璃垫块的基础上，与中间锁同一水平面的位置上也加装玻璃垫块，纵框侧的玻璃垫片一定要与中间锁对齐，为防止纵向玻璃垫块的滑落，请用密封胶将纵向玻璃垫块固定。玻璃垫块的设置与材料选择决定未来窗扇的持续稳定性，通俗来说就是保障未来窗扇不掉角，门扇不下垂。玻璃垫块分为硬质材料和软质材料两种，硬质材料是承重垫块，顾名思义就是保证将玻璃重量均匀分解到型材框架上，软质材料是定位垫块，定位垫块是保证玻璃的原始安装位置及状态。

312 工程门窗洞口混凝土窗台板及企口如何理解？

洞口尺寸与门窗框尺寸关系			
饰面材料	洞口与门、窗框间隙（mm）		
	洞口宽度	窗洞高度	门洞口高度
清水墙及附框	+（10～15）	+（10～15）	+（5～10）
水泥砂浆	+（15～20）	+（15～20）	+（10～15）
面砖	+（20～25）	+（20～25）	+（15～20）
石材	+（40～50）	+（40～50）	+（25～30）

建筑门窗洞口宽度与高度尺寸允许偏差（mm）			
项目	尺寸范围	允许偏差	
		未粉刷墙面	已粉刷墙面
建筑洞口宽度高度	<2400	≤ 10	≤ 5
	2400－4800	≤ 15	≤ 20
	>4800	≤ 10	≤ 15

窗台压顶预留斜坡

混凝土窗台板下带做法对于砌体墙，窗洞下口必须浇筑宽与墙厚相同、高度不小于120mm、长度每边伸入墙内不少于400mm（不足400mm时通长设置）的混凝土窗台板（针对窗台下砌体八字缝措施）。窗台板为C20混凝土，内配3Φ10主筋和φ6@250U型分布筋：

企口做法：砌体墙设企口时，洞口周边现浇C20细石混凝土过梁、下带（窗台板）、左右边框，并做成内高外低企口形状；过梁断面及配筋由设计确定，但梁高不得小于120mm，主筋不得少于4Φ12，箍筋为φ6@200；窗台板亦应做成企口形状，其断面尺寸与配筋做法同上，厚度120mm不包括企口；边框宽与墙厚相同，厚度（不包括企口）不小于150mm。施工顺序应为：先砌墙到窗台板下部→浇筑下带混凝土→砌墙至过梁下部→浇筑左右边框和过梁混凝土；当墙体为混凝土墙时，企口必须与混凝土墙同时浇筑；根据企口的厚度和宽度应考虑在企口内配置Φ8通长钢筋和分布筋；

砌体墙洞口边预埋混凝土块：当外墙为砌体时，砌筑时须在门窗洞两侧预埋为安装门窗用的混凝土（C20）块（有混凝土企口情况除外），以便固定门窗框（或附框）。混凝土块宽度同墙厚，高度应与砌块同高或砌块高度的1/2且不小于100mm，长度不小于200mm，最上部（或最下部）的混凝土块中心距洞口上下边的距离为150~200mm，其余部位的中心距不大于400mm，且均匀分布。

无论采用何种外饰面做法，门窗上口应做出滴水槽或鹰嘴滴水线。涂料门窗上口宜采用成品滴水槽，滴水线流水坡度应不小于5%；窗台下口流水坡度不小于10%。外窗台完成面最高点应低于内窗台完成面20mm以上。

相关内容延伸： 对于家装零售门窗来说，洞口检查需要注意以下几点：

1）安装洞口宽、高尺寸允许偏差根据上表规定。安装洞口不符合安装尺寸要求，需请装修施工人员修改，直至达到要求为止。

2）避免边砌洞口边安装门窗，或先安装门窗再砌洞口的施工方式。

3）如遇洞口有明显破损，或原外墙体防水层有渗水可能，就需要外墙有明显破损的地方，进行修补，且在窗框和窗台之间再刷一层防水材料。

313　无企口、无附框的洞口门窗如何安装？

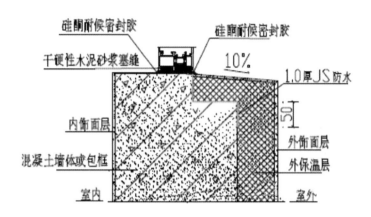

　　无企口、无附框的门窗框安装应在室外装饰工程施工前进行。门窗扇及玻璃安装宜在室内装修开始前进行，以尽量减少装修施工造成的破坏和污染。构造做法说明如下：

　　① 安装固定片：门窗框与墙体一般采用固定片连接，固定片以 1.5mm 厚的镀锌板裁制，将固定片安装到门窗框上，采用直径 3.2mm 的钻头在门窗框上钻孔，然后将十字盘头自攻螺钉 M4×20mm 拧入，不得直接锤击钉入。固定片距门窗框角部的距离不大于 200mm，其余部位的固定片中心距不大于 400mm，且均匀分布。

　　② 门窗框安装：采用金属膨胀螺栓将已安装好的固定片固定，固定时按对称顺序，先上下框后边框。临时定位可用木楔。

　　③ 门窗框与墙体间缝隙处理：做法一：门窗框与墙体四边缝隙采用干硬性水泥砂浆塞缝；做法二：门窗框底边及两侧边上翻 150mm 高范围采用干硬性水泥砂浆塞缝，上边及两侧边剩余部分采用打发泡胶塞缝。塞缝必须保证密实，将缝隙清理干净，并将窗框与洞口间的缠绕保护膜撕去，发泡胶固化后取出临时固定木楔，并打入发泡胶充填。

　　④ 涂刷 JS 防水：塞缝砂浆干燥后或发泡胶固化后，在洞口外侧四周分多遍涂刷 JS 防水，防水必须压门窗框不小于 5mm 且涂刷到过门窗洞阳角 50mm 处，详见上图。注意：墙身为砌体时不能直接在砌块上涂刷 JS 防水。

　　⑤ 外饰面施工：JS 防水干燥后，按照外饰面做法施工，外饰面与门窗框交接处须留不小于 6mm×6mm 的密封胶槽。

　　⑥ 打窗外密封胶：外饰面完成并干燥后在外饰面与门窗框交接处的预留胶槽内打中性硅酮密封胶。

　　⑦ 门窗扇及玻璃、五金配件安装：门窗扇及玻璃应在室内墙体表面装饰工程开始前安装完成。

相关内容延伸： 家装零售门窗搬运安全注意以下三点：

1）门窗吊装时，需用整根麻绳或等强度吊带，绑在门窗框的两端，并做好适当的门窗保护。

2）门窗吊装时，楼上的人必须佩戴安全带，且安全带需牢固捆绑在建筑结构上。

3）吊装口位置的楼下，应用绳子圈出防止人员进入的警示圈，并由专人值守，以防止坠物伤人。

314 无企口、有附框的洞口门窗如何安装？

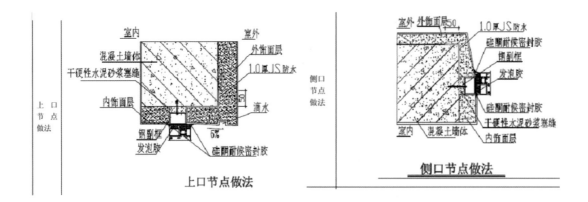

无企口、有附框的门窗节点构造：当内外饰面层均较厚（例如石材）时，为避免饰面层压门窗框过多，可采用有附框无企口的方式。施工顺序为先安装附框、塞缝及涂刷 JS 防水，再进行内外饰面施工，待外饰面完成后再安装门窗主框和门窗。这样既可保证安装精度，又可防止门窗框被损坏、污染。具体构造做法如下：

① 附框防腐处理：当门窗主框为铝合金时，钢附框与铝合金型材的接触面要先做防腐处理。

② 附框定位安装：先用木楔临时固定附框，之后用金属膨胀螺栓将附框固定在混凝土墙体上。

③ 附框与墙体间缝隙塞缝：用干硬性水泥砂浆密实填塞附框与洞口间缝隙，并在四周阴角处抹圆角；砂浆达到一定强度后取出临时固定木楔，并用干硬性水泥砂浆密实补填该缝隙。

④ 涂刷 JS 防水：待干硬性塞缝砂浆干燥后，在洞口外侧四周分多遍涂刷 JS 防水，须保证其厚度不小于1.0mm。

⑤ 外饰面施工：JS 防水干燥后，按照外饰面做法施工外饰面层。外饰面完成面与附框顶平齐。

⑥ 安装门窗框：外饰面完成后，采用自攻螺钉将门窗框与附框进行固定，拧入前必须打入密封胶。

⑦ 门窗框与附框间缝隙打发泡胶：打发泡胶前应先将缝隙清理干净，并将门窗框缠绕保护膜撕去。

⑧ 打窗外密封胶：外饰面完成并干燥后在外饰面与门窗框交接处打中性硅酮密封胶，高度应压门窗框不小于 5mm。

⑨ 门窗扇及玻璃、五金配件安装：门窗扇及玻璃应在室内墙体表面装饰工程开始前安装完成。

相关内容延伸： 家装零售门窗玻璃搬运注意以下安全事项《铝合金门窗工程技术规范》(JGJ 214)：

1）搬运前确认玻璃无裂纹或暗裂等不良表面。

2）搬运与安装时应佩戴防滑手套，且玻璃应保持竖向。

3）风力五级以上或楼内风力较大，难以控制玻璃时，不应进行玻璃搬运和安装。

4）采用吸盘搬运和安装玻璃时，应仔细检查，确认吸盘安全可靠，吸附牢固后方可使用。

315 有企口、无附框的洞口门窗如何安装?

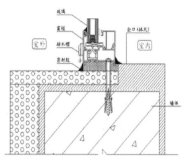

正确的企口及安装方式

4 工艺流程
4.3铝合金门窗框塞缝、养护

将成品砂浆塞入框与墙缝隙内,一里一外双手用指塞实,然后取出固定木榫塞缝塞实,注意力度,用力过度铝合金框则变形,框外缝高需低于铝合金框底,室外侧表面压光留微坡。如右图:

有企口、无附框的门窗节点构造:当饰面较厚时,为避免饰面压门窗主框过多和因饰面过厚而产生空鼓裂缝,可采用无附框有企口的方式。这种方式可提高门窗边的防渗漏效果。当墙体为混凝土墙时,企口必须与混凝土墙同时浇筑;当墙体为砌体墙时,门窗周边必须现浇钢筋混凝土窗框,且先砌墙后浇框。其具体构造做法如下:

① 安装固定片门窗框与墙体一般采用固定片连接,固定片以1.5mm厚的镀锌板裁制,将固定片安装到门窗框上用自攻螺钉拧入,不得直接锤击钉入。固定片距门窗框角部的距离不大于200mm,其余部位不大于400mm,且均匀分布。

② 门窗框就位安装采用金属膨胀螺栓,固定时应按对称顺序,先固定上下框,然后固定边框。临时定位可用木楔固定。

③ 门窗框与墙体间缝隙处理做法一:门窗框与墙体四边缝隙采用干硬性水泥砂浆塞缝;做法二:门窗框底边及两侧边上翻150mm高范围采用干硬性水泥砂浆塞缝,上边及两侧边剩余部分采用打发泡胶塞缝。缝隙清理干净,将门窗框缠绕保护膜撕去。发泡胶须满填缝隙。发泡胶固化后取出临时固定的木楔,并在其缝隙中打入发泡胶填充密实。

④ 涂刷JS防水:待底灰干燥后,在洞口外侧四周分多遍涂刷JS防水,防水必须压门窗框不小于5mm。

⑤ 保温层施工:JS防水干燥后,按照保温层做法要求施工保温层。

⑥ 外饰面与门窗框交接处须留不小于6mm×6mm的密封胶槽。外饰面完成干燥后在预留胶槽内打中性硅酮密封胶。

⑦ 门窗扇及玻璃、五金配件安装门窗扇及玻璃应在室内墙体表面装饰工程开始前安装完成。

⑧ 内饰面施工按照内饰面做法施工内饰面层,内饰面完成并干燥后在内饰面与门窗框交接处的阴角处打中性硅酮密封胶。

相关内容延伸: 物料现场存放安全注意以下几点:

1)门窗存放时,下方须垫木方,不得与地面直接接触,靠墙摆放时也应在墙与材料之间垫木方(或其他软质材料),倾斜夹角应为60°~70°之间。

2)玻璃应竖向存放,玻璃面与地面倾斜夹角应为70°~80°之间,顶部应靠在牢固物体上,并应垫有软质隔离物。底部应用木方或其他软质材料垫离地面100mm以上。

3)玻璃存放地应离开施工作业面及人员活动频繁区域,且不应存放于风力较大区域。

316 德国门窗洞口封修有何要求?

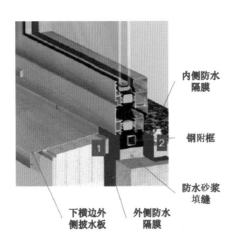

德国门窗安装洞口的封修要求:

门窗边框采用定位夹与洞口周边钢框连接时,边框内侧的 $\phi 9$ 工艺孔必须使用标准封堵帽带胶密封。

门窗边框与周边需采用密封胶或建筑密封膏密封,密封胶应保证与材料的相容性。

洞口窗与石材、铝板等幕墙交接时,排水孔位置要高于封修底面。

洞口窗与开放式石材、铝板幕墙交接时,洞口封修应采用三元乙丙胶板封修处理。

相关内容延伸: 被动房窗墙整体结构设计中为了最大程度控制热桥的能量流失,通常在安装外门窗时,需要将门窗的保温隔热结构与外墙保温层实现整体平顺过渡,所以被动房的外门窗安装完毕后往往会突出于建筑外墙面。这种安装方式防水和气密性都得到了很好的处理,可以说有效规避了国内经常出现的门窗渗水缺陷。但是这种门窗安装方式,如果将来更换门窗的话,就要破坏保温层,导致外立面的不规整。尤其是外窗尺寸与洞口持平甚至略大,从室内侧不好安装,需要从外侧吊装安装门窗,难度很大。所以被动房外挂式安装窗户,将来业主若有更换门窗的需求,将很难执行。

门窗临时固定注意事项:

1)门窗安装三线:①水平线:利用装修的水平基线为窗框底口安装位置提供参考;②垂直线:保证不同楼层的同一面位置窗安装在同一直线上;③进深线:窗框安装在洞口中间哪个位置,与装修装饰面有关。

2)窗框放置洞口里,尽量保证四边缝隙余留尺寸一致。

3)气囊垫的位置为:窗框角位 & 中框处。

4)气囊主要作用是调节窗框位置 & 水平,还有临时固定的作用。

5)保证后续锚固位置,旁边需有垫块垫紧,以防打螺丝将窗框拉变形。且垫块需用专用的门窗塑料垫块,起到永久承重窗框的作用。

317 不同安装位置对门窗性能有何影响?

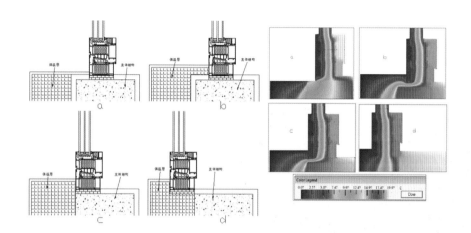

下面就四种安装方式对整窗保温性能的具体影响进行分析:

① 窗安装在结构洞口的居中位置,保温没有对窗框体进行覆盖;

② 窗安装在结构洞口居中位置,保温对窗框体进行覆盖;

③ 窗安装在结构洞口内靠外侧,保温对窗框体进行覆盖;

④ 窗安装在结构洞口外侧,保温材料对其进行覆盖。

窗的安装位置靠近结构洞口外侧、对室外侧窗框进行保温覆盖,才更能发挥出门窗的保温节能作用,并有效防止主体结构的结露和霉菌的产生。

第4种方案洞口外侧安装形式目前国内只局限于超低能耗建筑的外窗安装,并没有全面推广应用,窗框与结构通过专用钢质角码和墙体外挂式连接固定,类似幕墙的连接方式,但是与幕墙不同的是这种安装方式窗户与墙体是成为一体化设计结构,这样的窗户结构属于模块化设计,是当今最先进的设计和施工方法,并能解决建筑的渗漏问题。

在欧洲,外窗与墙体的连接有防水透气膜(室外)、防水隔气膜(室内)和密封胶组成的完整密封连接系统,防止室内外的水进入门窗与结构的缝隙,使结构内的水汽可以自由地蒸发到室外侧,从而避免墙体发霉。由于工艺和技术原因,防水透气膜和防水隔气膜在国内应用刚刚起步,具体的气膜选择与运用需要结合当地气候与湿度情况具体分析。

相关内容延伸:安装人员人身防护安全注意事项:

1)门窗安装,经常处于高空作业。根据国标 JGJ 80(建筑施工高处作业安全技术规范),需佩戴合格专用安全绳,且牢固地连接在墙体或重物上,不得将安全绳连接在已安装的门窗框上!

2)进去工地的安装人员,必须充分了解施工现场情况以及安装的危险程度。采取必要的安全措施,配备必要的防护用品。

318 工程门窗安装前的规划及资料准备工作有哪些?

工程门窗安装准备及统筹主要涉及安装结构图纸交底和交叉施工工艺规划两大环节，下面分别介绍：

安装结构图纸交底：

① 门窗整体与建筑洞口的位置尺寸关系，每种安装材料与门窗框、洞口的位置尺寸关系；

② 门窗与外装修结构、内装修结构尺寸关系；

③ 相应的门窗安装材料名称编号；

④ 门窗与建筑洞口之间的固定连接，对应基本性能的设计要求；

⑤ 外装修、内装修结构与门窗之间的过渡连接，对应基本性能的设计要求。

交叉施工工艺规划：

① 门窗在建筑洞口的安装流程；

② 门窗安装与土建、外装修、内装修等各工种在洞口位置的交叉施工切换节点、顺序；

③ 与业主、土建、装修、监理多方明确对外、内装修与门窗关联施工的相互基准、共同标准要求，关联事务处理；

④ 交叉施工的产品保护配合责任办法。

相关内容延伸：家装零售门窗安装施工环境安全注意事项：

1）高层安装时，应在底层用绳子圈出防止人员进入的警示圈，以防坠物伤人。

2）如果门窗安装与其他装修施工同时交叉进行，除了自身与用电安全外，也要防止与他人互相施工伤害。

3）不宜在大风天、下雨下雪天进行安装施工。

4）如业主已入住或其余装修已安装到位，需注意对现场其他装修作业的保护：对安装过程中有可能碰到的物品 / 墙面 / 地板等，皆需贴保护膜进行保护。

319　欧洲门窗安装工艺的设计要求有哪些?

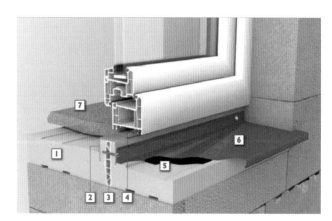

欧洲门窗安装工艺设计时需要统筹下列门窗性能的关联内容,充分体现系统化的设计理念和要求:

窗墙间隙隔声: 间隙不仅事关隔声性能,也关系气密、水密性能。

高低温度所导致的老化: 门窗安装中的各种材料在温差条件下的热胀冷缩属性保持相容性和整体性。

雨季的强降水: 安装材料的防水性能和自身的吸水性控制在较高的等级(耐水浸泡而不发生性能损失)。

强风下的空气渗透: 在强风压条件下的结构致密性及密封有效性。

阳光照射的老化: 安装材料、门窗结构材料的耐紫外线老化性能。

建筑结构的位移: 在特殊地理作用下,安装材料及门窗结构有一定的位移弹性来包容可能存在的位移压力。

后期的更换需求: 门窗材料(五金、玻璃)更换的便捷性及整窗更换时尽量少的墙体施工挑战。

墙体潮气的扩散: 窗墙结合部位的水汽隔绝性及水汽渗透性结合室内外湿度及气候统筹考虑。

保持室内能量: 主要是指夏季的隔热性能和冬季的保温性能,遮阳是需要考虑的门窗延伸范畴,气密性更需要关注。

承托门窗的自重: 安装结构的刚性支撑设计是门窗结构稳定性的重要保障。

　　相关内容延伸: 在家装零售门窗领域,由于历史原因造成的安装惯性,开启扇玻璃一般在工厂内组装完成(落地开启等大板块开启扇玻璃由于重量原因也需要在现场安装),固定窗玻璃一般在现场安装。平开门窗玻璃、固定窗玻璃采用压线固定,所有玻璃在到现场前都要求使用塑料薄膜粘贴保护。

320　欧洲门窗安装步骤要点是什么?

欧洲门窗的安装步骤主要是门窗结构本体的安装和框墙处理两个部分，下面分别介绍；

窗框安装：

调节水平 + 垂直：利用专业工具保证窗框的水平，这是门窗排水体系正常发挥作用的基础。

使用正确的垫块：承重垫块是结构稳定的基础，定位垫块是结构位置持续性的保障。

通过预钻孔对基材打孔，锚固窗框：选择高强度的螺栓，确保框墙连接的持续有效。

在窗框粘贴室外防水膜（可选），粘贴 EPDM 防水膜。这是框墙结合水密性能的超级保险。

缝隙填充 + 保温：

湿润基层：为了使发泡剂能迅速、充分地发泡，需要对洞口墙体喷水，特别是干燥及寒冷气候条件下。

发泡剂填充（受环境影响大）：结合不同的室外温度，可选择不同的发泡剂产品类型，分为单组分或双组分。

发泡剂切割（1 小时以后）：欧洲工艺是对发泡剂多出缝体部分进行切割。

粘贴室内侧防水膜（可选）：水膜类型选择需要结合气候调节因地制宜。

相关内容延伸：如何判断聚氨酯发泡剂好坏：

1）流动性：使用枪式注射时，喷出泡沫要均匀流畅，

2）收缩性：将聚氨酯发泡胶喷涂在报纸上，第二天看这层泡沫材料两端如翘起，则表面泡沫收缩；如不翘起，则表明泡沫良好，性能稳定。

3）弹性：用手指按泡沫，泡沫富有弹性，则为好的泡沫；差的泡沫没有弹性，按上去很硬，具有脆性。

4）粘接性：观察发泡胶对基材的粘接性，好的泡沫对各种基材的粘接力强。

5）泡孔密度：切开泡沫看泡孔内部结构，如果泡孔均匀细密，则表明为良好泡沫。

6）泡孔大小：观察泡孔大小，对于好的泡沫，发泡饱满浑圆。

7）泡沫表面质量：观察发泡胶泡沫表面，好的泡沫表面是沟壑状，光滑但光泽不是很亮；差的泡沫表面平整，没有褶皱。

321　门窗附框的必要性是什么？

门窗附框的配置是欧洲门窗安装过程中的标准配置，其必要性主要体现在以下几个方面：

① 协调不同装修材料对门窗边框与建筑洞口设计间隙的要求，保证墙体装修使用石材、文化石、陶土板、厚面砖、金属板等不同建筑材料的具体选择与运用时不受限制。

② 便于协调交叉施工基准。

③ 通过钢附框粗安装后再精细安装门窗框，更容易提高门窗的安装配合精度和后续安装效率。

④ 门窗框架免受批荡及外装修湿作业的污染。洞口装修不覆盖或少覆盖窗边框，整窗有更完整干净的轮廓。

在附框的安装及与门窗本体进行有效连接的时候需要考虑门窗的相对位移能力：门窗框与洞口连接、门窗框与内外装修材料连接设计时，应采用柔性过渡连接结构，不应硬性连接（采用预留伸缩间隙的结构或弹性连接结构）。

选择门窗是消费者真正的购买行为，通过效果图和设计方案，结合自家房屋的装修风格和自己的喜好，选择门窗的颜色、材质、门窗款式等，追求业主个人最满意的效果融入整体室内家居环境中，达到室内空间的通风、采光、美观兼备，水密、气密、保温、隔热优越，让家居环境一年四季都能受到保护，给有限的家居环境无限的创意。但是在实际操作中要充分考虑门窗与未来室内生活的逻辑关联，这样才能做到颜值＋性能＋实用。

相关内容延伸： 欧洲门窗的系统配置体现在整体性和标准化，除了附框的使用外，窗台板结构也是属于门窗的结构的配置内容，而不是外装或土建的范畴。包括室外的遮阳配置在法国及意大利也是标准的门窗配套产品，随着经济水平的持续提升，相信在家装零售市场也会看到越来越配置完整的门窗集成产品与欧洲发达国家保持同步，虽然门窗系统作为我国的专属名词及概念，在家装市场尚停留在营销概念的阶段，但是前景是光明的，因为消费者越来越成熟。

322　门窗外立面及外观要点是什么？

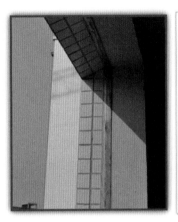

门窗外观轮廓要求：

相对建筑的完整性是门窗外观品质的重要特征要求；边框应轮廓清晰、外露宽度尺寸均匀一致。

门窗采用钢附框，外装修材料在洞口四周的施工应以钢附框为准。

洞口装修材料如选择与门窗边框的搭接覆盖设计，应严格控制搭接尺寸（如：搭接量应≤ 8mm，推荐设计为 5mm）【门槛与地面、石材压扣条】。

密封胶：明确的形状、尺寸要求符合相关施工规范及设计的要求。

门窗与外装修的协调要求：

室外墙体装修使用面砖、陶土板、石材等有尺寸分格模数的材料时，应充分考虑门窗与洞口连接的边缘与面材分格缝的协调。

门窗可采用钢附框协调安装关系，门窗的安装以及外装修材料在洞口四周的施工应以钢附框为准。

底框排水孔相对于外窗台的高度位置必须确保排水的顺畅。

门槛与室外地面高度要在水密性及通过顺畅性之间寻找合理的平衡。

相关内容延伸：对于家装零售门窗来说，门窗与外立面进行配合施工的压力较小，与内装饰的配合压力是重要关键，所以门窗方需要与内装方充分沟通，统一门窗收口方案并就门窗关联的窗帘、窗台等相关区域及设施的关联设计达成共识，避免门窗安装后给内装后续施工及内部设施造成使用不便。

323 门窗内立面与室内装修的协调要点有哪些?

  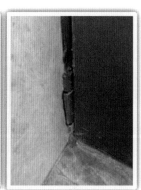

门窗与内装修的协调要求:

门窗开启位置充分考虑室内窗帘盒、室内安全栏杆、家具、室内吊顶等的影响。

洞口装修后不应影响门窗功能,如:内装修不覆盖内开门窗合页等机能构件。

内平开窗与窗台板留开启间隙 ≥ 10mm;底框排水孔相对于外窗台的高度位置符合设计要求。

门安装方案设计应采用易于通过的专用门槛,并尽可能地降低门槛相对地面的高度;内平开门扇底边与室内最终地面间隙应 > 7mm。

门槛与地面高度。即使门槛没有结构排雨水需要,也应保证室内地面高度>室外地面高度。

门窗打发泡剂注意事项:

打发泡剂前去掉窗四边的保护膜,且保证框架表面的干净,应做到没有大颗粒残渣,并且尽量不要出现其他砂砾污垢。不清理会导致发泡剂填充不饱满。

施工前,将填充部位清洁并用水喷湿。

打发泡剂时,要整发泡剂呈倒立状态,喷射由下向上,喷射量至所填充体积的 70% 即可,保证洞口一次施工完毕,不可分多次施工。

十分钟表面开始固化,在固化前对发泡剂进行相应处理。防止发泡剂外膜破损。《建筑装饰装修工程质量验收标准》(GB 50210)

冬季低温下,由于温湿度过低,造成胶体固化速度变慢,固化过程出现发脆现象,严重时甚至出现粉化。环境温度低于零下 5 摄氏度不建议施工。

324　工程门窗安装前的计划准备要点是什么？

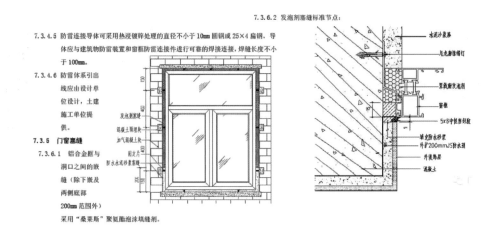

工程门窗在安装施工前需要完善以下技术准备工作：

门窗设计应明确外门窗抗风压、气密性和水密性三项性能指标。从既有各地相关门窗及建筑设计规范中总结归纳如下：

1~6 层的抗风性能和气密性不低于 6 级，水密性不低于 3 级；

7 层及以上的抗风性能和气密性不低于 6 级；水密性不低于 4 级；

台风暴雨地区 7 层以上的抗风性能和气密性不低于 7 级；水密性不低于 5 级。

铝合金门窗设计时必须合理划分门窗分格；组合门窗拼樘料必须进行抗风压变形验算。

铝合金门窗设计节点深化。对门窗框各类拼樘料、中梃、横档、转角拼接料等细部防水节点优化设计，并对拼接节点进行事先实操检验。

施工前土建施工单位必须编制《门窗渗漏防治方案和施工措施》，方案必须明确与门窗专业承包商相互配合内容，以及安装过程每道工序质量监控措施。专业承包商根据设计要求，针对安装的质量通病产生的控制措施编制好施工方案，施工方案由总监理工程师和工程技术部审核批准。

根据规范和门窗数量确定选择有代表性的门窗类型进行三性试验。三性试验合格后，铝门窗施工前选择一户（底层）窗框应做好样板，并经相关部门评审合格。

相关内容延伸：家装零售门窗在进场安装前需要对以下几个方面进行事先规划及准备：一是关注天气预报，保证安装在非雨雪天进行；二是规划门窗物料的区内、上楼的运输路线及需要的工具、装备、人手等搬运条件；三是如需吊装就要规划好相关安全防护措施及安全区域的设置；四是对安装现场物料摆放、安装顺序等现场条件及程序进行再次确认。

325 工程门窗安装前的材料及施工准备要点是什么？

工程门窗在安装施工前需要完善以下材料检验及施工现场的准备工作：

型材壁厚按国家标准规定，型材壁厚公称尺寸，外窗不应小于 1.8mm，外门不应小于 2.2mm《铝合金门窗》(GB/ T 8478—2020)。

铝门窗加工制作精度要求在同一平面高低差 ≤ 0.5mm，装配间隙 ≤ 0.3mm。

拼樘料与门窗框之间的拼接应为插接，插接深度不小于 10mm。纵横型材搭接拼缝处均需衬垫防水毡，或者在拼接细部节点内外部均用密封胶封堵（被隐蔽部位应于出厂前处理）。用于固定门窗框的紧固螺钉孔内，在拧钉前应注胶，并保证拧钉后胶满溢出。

铝合金门窗的规格、型号应符合设计要求，五金配件配套齐全，并具有相关文件。

防腐材料、填缝材料、密封填料、连接板等应符合设计要求和有关标准的规定。

施工准备工作： 在门窗洞口的墙体上弹好安装的位置线。并完成洞口修整。

相关内容延伸： 家装零售门窗旧窗拆除安全：

1）必须使用专业的旧窗拆除切割器。

2）旧窗位置的楼下，应用绳子圈出防止人员进入的警示圈，并有专人值守，以防止坠物伤人。

3）拆除玻璃时应采用吸盘吸附牢固后才能去除原有胶条或者密封胶。

4）拆除门窗框时，应采用直径大于 10mm 的整根麻绳，绑在门窗框上，再牢固捆绑在建筑结构上。

5）门窗拆除人员必须佩戴安全带，且佩戴安全带同样要牢固捆绑在建筑结构上。

6）拆除旧窗框时，需用大片纸皮或布料挡住因拆窗框时掉落的建筑泥块砂石，减少高空坠物，保证安全同时，也方便安装后楼下清洁。

7）旧门窗拆除后，根据实际情况需对洞口进行简单修正，去掉洞口的浮石和旧门窗安装的发泡剂及密封胶，保证洞口的整洁。

326 铝门窗安装施工工艺顺序及要点是什么?

| 3.1 紧固件 厚度 1.5mm | 3.2 紧固件与主框连接 | 3.3 不锈钢塑料膨胀螺丝固定 | 3.4 主框安装 |
| 3.5 垂直度检查 | 3.6 安装完成后 | 3.7 打胶 | 3.8 胶缝检查 |

铝门窗的施工工艺顺序主要步骤: 定位修整→门窗固定→塞缝→门窗侧壁粉刷打密封胶→门窗扇安装→配件安装。

弹线定位和洞口修整: 门窗弹线找直达到上下一致、横平竖直、进出一致,根据门窗框安装线、外墙面砖的铺设,对门洞口尺寸进行复核;如预留尺寸偏差较大,可用细石混凝土补浇或用钢丝网 1:3 水泥砂浆分层粉刷,不能直接镶砖。

门窗框就位固定: 门窗框安装应采用镀锌连接片固定,中间间距 400~500mm,角部间距小于 180mm,连接片严禁直接在保温层上进行固定。

塞缝、打发泡剂: 侧壁和天盘打发泡剂,发泡剂必须连续饱满,窗台可采用水泥砂浆或细石混凝土嵌填。高层有防雷要求的由水电安装单位连接,门窗施工单位配合。

打密封胶: 从框外边向外涂水泥防渗透型无机防水涂料二道,宽度不小于 180mm,粉刷完成后外侧留设 5~8mm 的凹槽再打密封胶一道;打防水胶必须在墙体干燥后进行;窗框的拼接处、紧固螺钉必须打密封胶;密封胶应打在水泥砂浆或外墙腻子上,禁止打在涂料面层上。密封胶必须饱满、粘接牢固,以防渗水。

门窗扇的安装: 室内镶玻璃用 EPDM 密封条,所用的橡胶密封条应有 20mm 的伸缩余量,在非转角处断开,并用专用粘接胶在非转角处粘接成圈。为防止推拉门窗扇脱落,必须设置限位块,其限位间距应小于扇的 1/2。

配件安装: 各类连接铁件的厚度、宽度应符合细部节点详图规定的要求。五金配件与门窗连接用不锈钢螺钉。

相关内容延伸: 门窗框安装后对门窗进行防水补胶处理:

1)铝型材框朝窗内侧部位、框边向上 30mm(包括扇框、固定框)的隔热条与铝型材之间的缝,用中性透明密封胶抹上密封。

2)铝合金框拼角处(除有端面胶条外),室内侧用中性透明密封胶抹上封闭。

3)铝合金中梃与框连接及门窗转换型材拼接的缝用中性透明密封胶抹上封闭。

4)开启扇下框安装 & 转换框安装螺丝孔应注入中性透明密封胶,再扭紧螺丝,并将螺丝头部用中性透明密封胶抹上封闭。

327　工程门窗安装的成品保护要注意哪些要点?

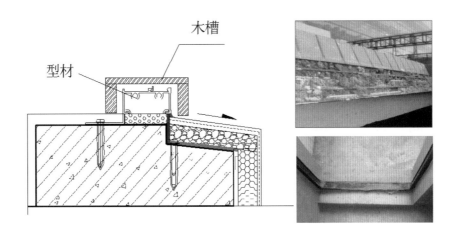

木槽

型材

工程铝门窗安装过程中涉及与土建方的交叉施工,所以铝门窗成品保护显得非常重要,主要注意以下几点内容:

经常出入和传递钢管材料的窗应采用胶合板钉成坚固木槽来保护型材不被破坏。(见上示意图)

铝合金门窗装入洞口临时固定后,应检查四周边框和中间框架是否用规定的保护胶纸和塑料薄膜封贴包扎好,再进行门窗框与墙体之间缝隙的填嵌和洞口墙体表面装饰施工,以防止水泥砂浆、灰水、喷涂材料等污染损坏铝合金门窗表面。在室内外作业未完成前,不能破坏门窗表面的保护材料。

防止焊接作业时电焊火花损坏周围的铝合金门窗型材、玻璃等周围的铝合金门窗型材,玻璃等材料应采取遮挡和承接电焊焊渣的措施。

严禁在安装好的铝合金门窗上安放脚手架、悬挂重物。经常出入的门洞口,应及时保护好门框,严禁施工人员踩踏铝合金门窗,严禁施工人员碰擦铝合金门窗。

湿作业完成后撕去保护胶纸时,要轻轻剥离,不得划破、剥花铝合金表面氧化膜。

相关内容延伸:家装零售门窗安装验收事项:

1)门窗安装完成后应由安装人员进行自检,在此基础上再由用户和安装人员(或测量人员)共同对门窗的安装质量进行全面的检查验收,并由用户进行签字交付。

2)检查项目表 & 施工质量基准需要有标准化的统一标准表。

3)经过安装检查发现的门窗或安装质量问题,应及时商讨处理解决方案,并尽快落实整改,整改后请用户再次检查确认。

4)门窗安装后,需进行拍照留档。并告知及协助用户在规定时间内撕掉型材和玻璃表面上的保护膜,以免时间过长而难以清理。

5)用户经过门窗安装检查验收后,安装人员应向用户详细介绍门窗的使用,让用户了解更多门窗使用和保养知识,避免因使用不当对门窗造成损坏。

328 门窗进场检查及验收要素有哪些?

序号	检查项目	尺寸范围	允许偏差	检测工具
1	门窗扇框高、宽	≤1500	±0.5	钢卷尺
		>1500	±1.0	
2	门窗扇框对角线	≤1500	±1.0	
		>1500	±1.5	
3	门窗边框高、宽	≤1500	±1.0	钢卷尺
		>1500	±1.5	
4	门窗边框对角线	≤1500	±1.5	
		>1500	±2.0	
5	门窗框垂直度	≤1500	≤1.0	线锤、水平靠尺
		>1500	≤2.0	
6	门窗框水平度	≤1500	≤1.0	水平仪、水平靠尺
		>1500	≤1.5	
7	门窗扇与框搭接宽度差	≤1500	±0.5	深度尺、钢板尺
		>1500	±1.0	
8	门窗横框标高		≤2.5	钢板尺
9	双层门竖向偏离中心		≤2.5	线锤、钢板尺
10	双层门窗内外框、框中心距		≤1.0	水平靠尺
11	门窗框、扇、扣条间装配间隙		≤0.2	塞尺
12	扇与框、扇与扇理论缝隙偏差		≤0.5	塞尺
13	对开门窗扇高度差		≤0.5	水平靠尺
14	门窗扇、框组件表面阶差		≤0.2	深度尺
15	门窗开启力		≤50N	100N弹簧秤

1. 门窗安装前检查内容:

门窗洞口弹线(水平控制线、垂直控制线、进出线),洞口修整处理完毕,门窗框扇半成品质量,保护膜的粘贴等。

在门窗方进场安装前,共同检查土建方门窗洞口准备过程,检查符合规定后,门窗框进场安装。

现场安装对进场的铝合金门窗进行资料实物验收检查,尤其须按门窗加工制作细部详图验收,不符合要求的严禁使用。

门窗、玻璃、五金件、安装辅材进场后需根据图纸订单,核对其数量以及对应的尺寸,同时检查其外观质量是否存在问题。

2. 门窗安装过程检查:

门窗框连接固定间距、框周塞缝、门窗框垂直度、对角线尺寸、有防雷要求的连接、玻璃装配减震垫块。

3. 门窗安装完成检查:

打胶的平滑密实满、打胶表面光滑平整,厚度均匀,线条粗细一致,无气泡。

门窗外观:表面洁净,颜色一致,拼接缝严密无缝隙,无划痕、碰伤,无锈蚀,无毛边飞刺、腐蚀斑痕及其他污迹。

门窗扇:关闭严密,间隙均匀,开关灵活。

门窗五金件:五金件安装牢固、开启灵活、限位块的设置齐全等。

门窗其他配套附件齐全,安装位置正确牢固,灵活适用、达到各自的功能,端正美观无污染。

门窗框与墙体间缝隙填嵌饱满密实,表面平整、光滑,无裂缝、填塞材料及方法符合设计要求。

相关内容延伸: 门窗安装的前、中、后三段检查制度是门窗安装品质的基本保障,对于家装零售门窗来说,建立规范的安装流程及深入、持续的安装技术培训及核验程序是品牌企业的核心竞争力的重要组成部分。

329　门窗安装时如何与建筑保温衔接?

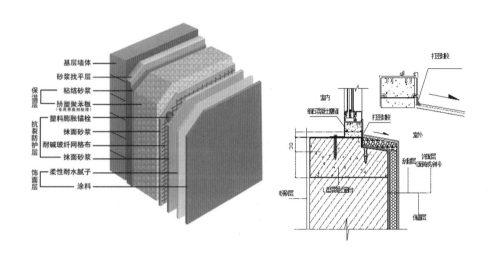

　　门窗安装过程中需要加强保温截止部位材质变换处的密封、防水和防裂,对于北方寒冷、严寒地区而言显得尤为重要。下面分别就具体内容做简要分析和介绍:

　　在保温层与其他材料的材质变换处,因为保温层与其他材料的材质密度相差过大,这就决定了材质间的弹性模量和线膨胀系数不尽相同,在温度应力作用下的变形也不同,极容易在这些部位产生面层的裂缝。

　　应该考虑这些部位的防水处理,防止水分侵入到保温体系内,避免因冻胀作用而导致体系的破坏,影响体系的正常使用寿命和体系的耐久性。

　　外墙外保温体系应具有防雨水和地表水渗透性能,雨水不得透过保护,不得渗透至任何可能对外保温复合墙体造成破坏的部位。

　　外墙外保温层应包覆门窗框洞口外侧、封闭阳台、女儿墙以及屋顶挑檐等热桥部位,以减小室外气候温差引起的变形。

　　应按设计要求做好体系檐口、勒脚的包边和装饰缝、门窗四角、阴阳角等处局部加强网施工以及变形缝处的防水和保温构造。

　　相关内容延伸:外平开窗开启扇安装注意事项:

　　1)承重铰链的安装螺钉孔应注入(满)中性透明密封胶,再扭紧螺钉,并将螺钉头部用中性透明密封胶抹上封闭。

　　2)安装防坠绳时,需将窗扇打开至最大角度,然后将防坠绳尽量绷直安装。框上固定块必须一直高于扇上固定块。

　　3)窗扇上配件的所有安装螺钉必须选用奥氏体不锈钢,且禁止使用带钻尾螺钉。

　　4)安装螺钉禁止使用抽芯铆钉安装固定,且安装螺钉需对应配件的孔位,即沉孔需要使用沉头螺钉,普通圆孔需使用盘头螺钉。

330 居家换窗如何操作？

▶拆除旧窗

▶切割旧窗

▶安装新框

▶安装新框盖板

▶安装新窗扇

▶焕然一新

随着人们的消费水平提高，需要更加舒适的生活空间，另一方面是住宅的配套设施陈旧老化，其中较明显的就是门窗密封性退化导致的漏风渗水、保温隔热和隔声降噪性能差等问题。特别是老旧门窗的更换是市场的刚性需求。

在很多人的意识里，换窗是很麻烦的，他们觉得换窗就和重新装修一样，需要耗费人力物力财力不说，还会影响家人的正常生活。拆换窗户会不会影响家庭的室内装修？门窗更换是否会导致漏水漏气等问题？怎么才能找到专业靠谱的门窗安装队伍？……这些都是所谓换窗带来的"忧患意识"，最后都成了继续忍受旧窗的理由。不用敲墙、不用搬家、不破坏装修、快速换窗"这一模式完美化解了业主心中的顾虑。

不用敲墙： 在门窗下单定制前进行精密的测量和设计，确保在原有建筑洞口的基础上"无缝对接"。

不用搬家： 施工采用国外通用的标准无尘化施工程序。专业施工人员在施工开始前会对房间内的所有家具寝具进行遮盖，防止落尘和破坏家居环境。

不破坏装修： 经验丰富的经过专业培训的安装专业人员是安装品质的重要保障，按照标准程序拆除旧窗，从工艺到专用工具的使用都是为了确保不会对墙面造成损坏。

快速换窗： 一般情况下当天就可以完成旧窗拆除及新窗的安装，不影响居家生活的正常秩序（具体根据门窗面积及安装条件的实际情况确定换窗计划，原则上以不影响居家生活为原则）。

相关内容延伸： 与玻璃相关的安装过程注意事项：

1. 清洗玻璃应用中性清洗剂。中性清洁剂清洗后，应及时用清水将玻璃及扇框等冲洗干净。

2. 建筑物外墙清洁时，严禁使用含酸、碱的清洁剂，以免腐蚀铝型材、五金配件和玻璃。

3. 如遇需等其他作业，才能安装玻璃的情况，需对窗框采用拉网或绳子等作危险警示，以防其他人从窗框掉落的情况发生。

331　门窗安装常见问题及如何解决？

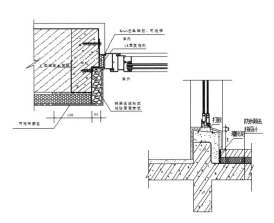

门窗框外缘做法： 门窗框外缘与结构间的间隙根据不同的饰面材料而定，所有外保温墙体外门窗洞口应根据墙面构造层总厚度浇 L 型混凝土门窗套，门窗两面都为水泥砂浆抹灰层或为内保温砂浆时，一般与结构间隙控制在 25mm 左右。

阳台、露台门安装要点：

露台门下槛：露台、上人屋面门下槛应设不低于 250mm 高现浇混凝土翻边。

阳台门下槛应高出地坪完成面 20mm 左右。

门窗渗漏防治：

门窗下框两端预留泄水孔，中间排水孔错位设置防止台风时雨水灌入，横竖框相交处的节点缝应注防水密封胶封严。

密封胶嵌缝密实连续，注胶深度不应小于 5mm。门窗框四周与结构的间隙，按规定嵌缝，基层干燥后按要求处理和打防水胶。

门窗变形、开启不灵和脱轨防治：

门窗框扇放在托架上运输；进场安装前检查对角线和平整度。

安装时控制垂直度、水平度轨道顺直一致。滑轮位置准确地调整于轨道的直线上。窗扇必须设置限位装置。

安装护窗栏杆时严禁将连接件固定在窗型材上。

相关内容延伸： 推拉窗开启扇安装注意事项：

1）安装推拉窗前先装滑轮高度调至最低处，方便安装，待安装在轨道上时需将下滑轮调高，上滑轮调紧，以保证使用安全。

2）窗扇安装后应开关灵活、关闭严密、无倒翘。

3）窗扇上配件的所有安装螺丝必须选用奥氏体不锈钢，且禁止使用带钻尾螺丝。

4）安装螺丝禁止使用铆钉安装固定，且安装螺丝需对应配件的孔位，即沉孔需要使用沉头螺丝，普通圆孔需使用盘头螺丝。

332 "三分产品、七分安装"有那么"言重"吗?

门窗安装结构的功能图解:

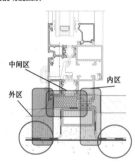

"三分产品、七分安装"是我们在门窗领域可以经常听到的一句话,这句话主要是从暖通等机电设备领域延续过来的,这是为了突出门窗安装对门窗性能的重要性,但是绝对的"三七开"未必合理,因为安装得再到位,门窗本体的设计及制造存在缺陷的话,门窗性能也是无从谈起的,所以应该说好的门窗性能是产品与安装缺一不可。门窗整体的性能主要是处理好门窗与建筑的"三区四缝",简要介绍如下:

三区:

门窗外区:这部分是门窗的室外侧,主要是经受雨水、紫外线、风压三者的考验;

门窗中区:这部分是解决框墙连接的强度及密封性能,从而保证门窗的保温、隔声性能;

门窗内区:这部分是门窗的室内侧,主要是防止室内侧的门窗结露,杜绝霉菌的滋生。

四缝:

框玻缝:玻璃与窗框之间的结合缝有打胶和塞填胶条两种处理方式,需要结合气候条件因地制宜,不存在好坏比较;

框扇缝:开启扇与窗框之间的结合缝平开门窗都是用胶条密封,推拉门窗存在胶条、毛条两种密封方式,五金的锁闭状态与密封条的压合或受力状态直接相关,所以框扇缝的处理是门窗设计与配置的核心组成部分,安装只是执行落实;

框框缝:窗框与辅框、窗框与转接框、拼框等框体之间的结合缝密封方式主要是意识,其次是手段。

框墙缝:辅框、窗框与墙体之间结合缝分为密实填充与防水密封两个部分,需要结合气候环境具体分析和操作。

相关内容延伸: 安装过程中需注意事项:

1)门窗安装完成后,应及时制定清扫方案,清扫表面粘附物,避免排水孔堵塞并采取防护措施,不得使门窗受污损。

2)门窗保护膜应检查完整无损后再进行安装,安装后应及时将门框两侧用夹板保护好,并禁止从窗口运送任何材料,防止碰撞损坏。

3)严禁在门窗框、扇上安装脚手架、悬挂重物;外脚手架不得顶压在门窗框、扇或窗撑上,严禁蹬踩门窗框、扇或窗撑。

4)抹灰前应将铝合金门窗用塑料薄膜保护好,在室内湿作业未完成前,任何工种不得损坏其保护膜,防止砂浆对其面层的侵蚀。

5)架子搭拆、室内外抹灰、钢龙骨安装,管道安装及建材运输等过程,严禁擦、砸、碰和损坏门窗。

333　欧洲门窗安装为何可以 DIY？

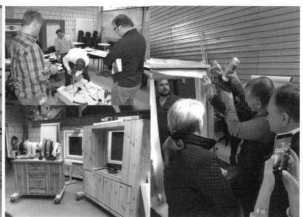

　　我们在宜家购买的家具基本都需要自己组装，货品包装中除了结构件之外，往往都附带了连接件、紧固件甚至简单的工具及安装步骤说明书，这说明自己动手组装家居物品对于欧洲人来说是常态。对于门窗而言，在以德国为代表的中北欧国家来说，自己动手安装也是常态，这主要是基于以下的条件和前提：

　　欧洲人普遍具备自己动手的意识和习惯，因为欧洲的人力成本很贵，所以只要力所能及，欧洲人都习惯自力更生。

　　全套标准化的安装工具及安装材料，在欧洲专业化的、标准化的安装工具及材料在建材超市或专业化商店都是分门类呈列周全的，而且使用说明和适用范围都标注得非常清晰。

　　门窗洞口的标准化和规范化。在德国的建筑物相关规范中对门窗的洞口有明确的规范尺寸，也就是门窗的宽高尺寸被限制在一定的范围，所以在建材超市可以有标准的成品门窗售卖（基本限于塑钢窗）。

　　即使特殊原因（老旧房屋的门窗洞口非标准）导致洞口尺寸特殊化，解决途径是两种：一是修填洞口符合标准尺寸，二是用标准窗单元进行组合来满足洞口，标准窗单元之间的连接基本都是采用拼樘料的连接方式，而拼樘料作为标准门窗的配套材料也是直接有售的。

　　欧洲住宅建筑的高度都不高，所以即使需要从室外进行操作作业，采用一些简单装备或保护手段也都可以实现。

　　基于以上原因和分析，在欧洲自己动手安装门窗就显得不是那么不可想象了，所以在上述条件中第一条才是最重要的。

　　相关内容延伸：门窗安装在欧洲是依赖标准的材料、程序、工艺、工具，在我国是依赖专业、职业的安装团队，这种中欧差别的根本原因在于欧洲的人力资源不像我国如此充沛，随着国内人口结构老龄化趋势的进一步明显，我们自己动手解决问题的压力也将逐渐显现。

章节结语：所思所想

规范的门窗安装是体现门窗使用性能的重要保障

门窗安装的核心是连接强度，事关门窗安全

门窗安装的规划重在框墙密封，事关门窗多项使用性能

门窗安装工艺及安装材料是规范安装的两大组成部分

门窗洞口状态不同，安装方法需要适当调整

门窗安装时需要与室内外装修、装饰统筹衔接

交错不错过
只为更好

研 能 彩 色 X 创 想 隔 热 条

创新产品结构设计

肉眼可识别质量

专属定制彩色隔热条

全项新国标隔热性能

结构稳定
Structural stability

颜色定制
Color customization

保温隔热
Thermal insulation

低碳环保
Environment protection

17 门窗生态

认知门窗生态圈

334 塑钢（PVC）窗在国内的发展概况如何？

　　20 世纪 90 年代中期，以德国维卡、柯梅令公司等为代表的 PVC 塑料门窗型材厂进入国内市场后给国人带来了德国节能门窗技术。传热系数很低的 PVC 塑料门窗框体材料加上双层玻璃的使用把国内门窗水平推高了一个台阶，随后国内 PVC 门窗型材厂以大连实德和芜湖海螺为代表，很快进入了一个高速扩张的阶段，PVC 塑钢窗很快成为国内门窗市场的主流产品，在寒冷的北方地区占据了门窗市场的半壁江山。

　　正当 PVC 门窗蒸蒸日上的时候，不少中小 PVC 型材生产企业在激烈竞争中进入最原始的价格战。陷入价格战的 PVC 型材生产企业为降低成本主要采取两种途径：一是改变材料构成，降低型材厚度，使用劣质钢衬材料，甚至不用钢衬，这样的 PVC 型材在制成门窗后结构变形，造成门窗启闭不畅；二是改变型材的成分配方，减少添加剂，增加高密度的矿物质成分，造成型材使用后变色，在经受阳光照射后型材变脆、变形。这严重损坏了 PVC 塑料窗的产品形象、消费者口碑变差，PVC 塑钢窗在经历了短暂的高速发展期后就出现颓势，并在隔热铝门窗快速崛起后而一蹶不振。现在，随着北京强制门窗节能整窗 K 值 1.1W/（$m^2 \cdot K$）的政策推动，性价比具备优势的新型 PVC 塑钢窗在北方取暖地区工程门窗市场迎来了新的发展机遇，PVC 塑钢窗行业能否迎来第二春值得关注。

　　早期使用国外品牌塑料型材的 PVC 塑钢窗基本都使用国外品牌的五金件，尤其是德国型材基本都标配德国五金件。先后进入国内的德国型材生产商有 5 家：维卡（VEKA）、柯梅令（KOEMMERLING）、卓高（TROCAL）、迪美斯（DIMEX）和瑞好（REHAU）。最早进入中国市场的是维卡和柯梅令，现在仍持续经营的也是这两家。加拿大皇家 1995 年年底进入中国，开始只生产塑料屋板材，在看到塑料门窗的发展势头很好后则开始生产塑料门窗型材。由于国内的塑料门窗型材标准主要参考德国标准从而导致采用北美标准的皇家型材在中国举步维艰，所以，皇家型材把营销主攻方向对准开发商而不是门窗厂，并打开了局面，现在皇家塑料门窗型材的品牌转让给天津金鹏集团。韩国 LG 与日本 YKK 也曾独树一帜，现在日趋边缘了。

　　相关内容延伸：在家装零售门窗市场，PVC 塑钢窗一度被严重边缘化，产品进步几乎停滞。在北方取暖地区，PVC 塑钢窗销售两极分化严重，采用进口型材及五金配置的 PVC 塑钢窗价格普遍高于隔热铝合金门窗，无品牌的 PVC 塑钢窗在非主流的建材市场可以看到销售，价格远远低于隔热铝合金门窗，材质及配置不佳。近几年，在家装零售门窗市场出现全链的新型 PVC 塑钢窗企业，独立自主完成门窗设计、研发、型材挤出、整窗生产、整窗销售及服务全产业链的建设，这种操作既体现了对塑钢窗的价值认同，又需要实力与信念支撑，这在美国、日本都能找到对标的成功样板企业，祝愿这样的企业能开辟国内 PVC 塑钢窗的新局面。

335 断桥铝合金门窗在国内的发展概况如何?

2002 年左右,带有欧标五金槽口的隔热断桥铝合金门窗异军突起,逐步主导了中国高端门窗市场的发展并延续至今。隔热断桥的复合型材工艺把传热系数很高的铝合金材料变成了传热系数较低的保温材料,当时的隔热工艺主要是欧式穿条隔热型材和美注胶式隔热型材,经过 20 年的市场选择,欧式穿条隔热铝门窗成为无可争议的主流。

断桥铝合金窗通过采用隔热断桥工艺 [框架传热系数 K 值为 1.9~3.7W/(m^2·K)],比传统通体铝合金窗 [框架传热系数 K 值为 5.7~6.0W/(m^2·K)] 的保温性能优势明显,断桥铝合金窗的保温性能比不上 PVC 塑料窗 [PVC 塑料框架传热系数 K 值为 1.0~1.8W/(m^2·K)],可是与德国相比,我国大部分地区要暖和很多,而且国内大多数地方对门窗的保温性能要求相对要低很多。德国的外窗传热系数要求低于 1.0W/(m^2·K),我国的外窗传热系数普遍定义在 2.0~3.0W/(m^2·K) 之间。这就为隔热铝合金门窗提供了丰富的结构施展空间,而且成本也处于合理及可控范围内,凭借性价比、外观造型及开启多样性,隔热断桥铝门窗成为我国中高端门窗的主流品类,中国毫无争议地成为全球最大的铝合金门窗市场。

国内断桥铝合金门窗的成本虽高于塑料窗但低于实木窗,更远低于德国的铝合金门窗。2020 年以后国内的一些地区开始对门窗的整体保温性能提出更高的硬性要求,比如说北京地区最新要求门窗整体传热系数 K 值要小于 1.1W/(m^2·K)。要达到这个指标,断桥铝合金窗的成本会大幅度提高。这对 PVC 塑料窗的回归提供了很好的条件,可是断桥铝合金窗以其金属质感、高强度、高使用寿命、外观颜色可选等突出优势占据着严寒地区之外的国内中高端门窗市场,尤其是广大的南方市场。这是我国住宅家装零售门窗市场有别于以 PVC 塑料窗为主的欧洲门窗市场的一大特点。

相关内容延伸:我国门窗市场的特征是工程门窗与家装零售门窗的并存、并行。工程门窗由于项目验收的流程制约及限制,对于门窗保温性能是高度重视和关注的,从项目招标开始就应明确门窗的材质、基本结构、配置等相关要素。家装零售门窗则因为是业主自主选择门窗,对相关门窗性能要求远不及项目开发商那么直接,所以在家装零售门窗市场,隔热铝门窗占据国内中高端门窗市场主流的整体格局短期内很难改变。

336 木窗和木铝复合窗在国内的发展概况如何？

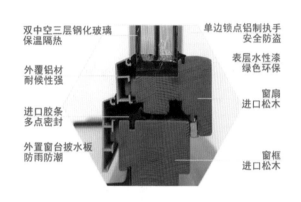
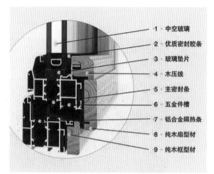

国内木门窗市场分为两大类：一类是以德式木窗为代表的实木门窗。实木窗保温性能好[木质框架传热系数 K 值为 1.2~1.8W/（m²·K）]，颜值高但耐候性存在挑战，为了提高耐候性就在实木门窗外面包了一层铝外壳（铝材的无缝焊接工艺就从此外壳结构开始，此外壳结构是通体普铝结构，不是断桥铝结构），俗称铝包木门窗。另一大类则是参考了意大利式铝木复合窗而创建的木包铝门窗，这类门窗实际上是以铝合金为主，在室内面镶嵌了一层木装饰面，从室内看上去给人一种木窗的感觉，实际上主体还是铝合金窗，俗称木包铝门窗。木包铝门窗从保温性能来说，跟断桥铝合金门窗基本一致，但远不及 PVC 窗和实木窗，但不影响在热带和温带地区的广泛使用。

在工程木窗市场，20 世纪 90 年代末哈尔滨森鹰开始进入工程木窗市场，并发展壮大，到 21 世纪初，哈尔滨成为国内实木窗的生产基地，发展至今已成为全球规模最大的专业木窗生产商，并顺利在家装零售门窗市场占据了一席之地。和塑料及断桥铝合金门窗不同，实木门窗的发展相对健康，没有发生 PVC 窗那样的全面恶性价格竞争以至于质量大幅下滑。实木门窗因为设备投资高和原材料昂贵造成入门门槛高，这就避免了恶性竞争，市场价格也维持在相对合理的水平并保持平稳。

德国进口品牌木窗设备占据主流，这主要是因为木窗加工技术精度要求高，国产设备发展相对滞后。国内的实木窗基本上采用进口五金件，主要原因是进口五金件和国产五金件的价差在整个实木门窗的成本中占比很小，使用原装进口五金件可以提升木门窗的档次而支撑更高的价格。实木、铝包木和木包铝门窗由于成本高在国内市场主要应用于高端项目工程市场及追求个性化消费的家装零售市场，发展快但整体的市场份额偏低，未来可提升的空间大。

相关内容延伸：木窗市场与铝窗市场最大的差别就是门槛高，所以处于寡头竞争的状态，在工程木窗市场，木窗竞争者基本不超过三家，这是因为工程项目除了对门窗品质及价格管控专业外，对企业的资金实力考验更为严峻。在家装木窗市场，木窗竞争者也不会超过十家，而主流品牌仅三四家，这种竞争格局在今后相当长的一段时间内都会保持平稳，因为国内木窗市场的市场份额毕竟不高，既有这些品牌的产能已完全可以满足未来的木窗市场增长需求。

337 门窗不同开启方式在国内的发展概况如何?

从历史的传承来看，我国门窗的开启方式是以外开为主的，推拉次之，内开为最少。20世纪90年代中后期门窗的开启方式大概是70%的推拉窗和30%的平开窗（内、外平开）。推拉窗虽然成本低但解决不了门窗密封及保温问题，出于节能的要求内平开窗开始在北方地区推广，美式提拉窗和日式高密封推拉窗也曾经有一定的市场，但后来逐渐边缘化。

2000年后，节能成为建筑外门窗的主要性能发展方向。在国家一系列建筑节能政策的推动下，多锁点平开窗成为门窗主流开启方式。工程市场逐步采纳以德国为代表的欧式门窗体系，国内门窗标准也主要参考以德国为代表的欧式标准，欧洲门窗体系地位得到巩固。美式提拉窗和日韩式推拉窗逐渐被边缘化。我国建筑节能发展的基本目标分为三个阶段：

新建采暖居住建筑在1980—1981年当地通用设计能耗水平基础上普遍降低30%，此为第一阶段；

1996年起在达到第一阶段要求的基础上再节能30%（即总节能50%），此为第二阶段；

2005年起在达到第二阶段要求基础上再节能30%（即总节能65%），此为第三阶段。

随着经济水平的持续提升及房地产市场的持续升温，由于高层外平开窗掉扇事故频出，北京、上海和其他一些地区的地方法规规定7层以上高层建筑禁用外平开窗，天津地方法规规定新建建筑中禁止使用推拉窗。在此政策法规背景下，北方市场内开窗包括内开内倒开启方式的市场份额不断上升，外平开窗目前主要用于南方地区，推拉窗的市场份额已大幅度下降。平开窗的五金件价格高于推拉窗且随着窗扇尺寸增大而增高，为了控制成本，国内工程门窗市场形成了"大固定、小开启"门窗分格方式，开启扇只占门窗洞口总面积的1/3~1/4。

相关内容延伸：门窗开启方式受消费惯性和实际需求的共同影响：同样的内开内倒窗，如果开启扇靠转角墙，内开90°时不占用室内空间，窗扇可以靠墙，如果消费者希望获得大面积的通风换气效果，就会采用内开方式通风，但是如果开启扇不接转角墙，90°开启时占用室内空间，内开通风方式就有所不便，这就催生了180°内开状态的内开内倒五金的需求。180°内开可以适应不同开启扇占位时的内开通风需求，但是这种长期处于内开状态的通风开启状态对五金件的持续稳定性及结构强度提出了全新的要求，特别是隐藏式铰链的结构设计及材质让欧洲五金件承受了巨大的考验，因为成熟的欧式内开内倒窗只有在擦玻璃等短暂需要时才使用内开状态，常规的通风换气都是内倒状态。

338 U 槽五金与 C 槽五金在国内的发展概况如何?

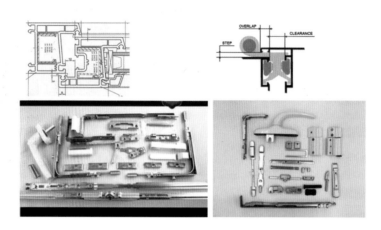

20 世纪 90 年代中后期,随着德国塑料门窗型材厂和五金件进入国内市场,带来了德国门窗的标准化理念和技术。德国的塑窗统一使用标准五金件槽口(因其形状像英文字母 U 而俗称 U 槽口),这样就确保了不同品牌的标准五金件都可以互换、通用,这既保证了型材和五金的配合又可让型材厂保持一定程度自身设计的自由度。这种模式很快被国内门窗行业所接受。因为塑料门窗型材的挤压模具昂贵,型材厂不会轻易改变五金槽口,塑料窗五金件大部分都是冲压件,模具也很贵,所以塑料门窗行业里不管是型材厂还是五金生产厂同时选择了德国 U 形五金槽口,这种状况一直延续至今。木窗的情况基本和塑料窗一样,普遍使用欧标 U 槽口五金,木窗五金除了合页和锁座外基本上和塑窗五金相互通用。

铝合金门窗行业则大不相同。我国广大南方门窗市场一直主要使用铝合金门窗,长期以来没有统一的标准,因为铝合金型材生产的挤压模具很便宜,南方各大铝型材厂都可以低成本设计型材结构并自成体系。2003 年前后隔热铝合金门窗的崛起让铝窗五金槽口问题备受关注,和塑料门窗统一使用欧标 U 槽口五金不一样,铝合金门窗虽然也有欧标槽口(因其形状像英文字母 C 而俗称 C 槽口),可是欧标 C 槽口在欧洲的使用并不统一,以旭格为代表的各大欧洲铝门窗系统公司的五金槽口就不统一。我国的铝合金门窗体量远远大于德国和欧洲市场,2015 年《建筑门窗配套件应用技术导则》(RISN-TG 019—2015)中对各种门窗五金槽口做了一个全面的推荐及建议。现在,使用进口五金的门窗基本采用欧标 C 槽口,随后发展的国内铝窗五金也同样采用标准的 C 槽口(14/18~15/20mm)设计。

相关内容延伸: 在欧洲,门窗销售不存在清晰的工程市场和家装零售市场的界限,但是在国内,工程门窗市场和家装零售市场的界限非常鲜明,这是欧洲与国内市场的最大本质区别。在国内家装零售市场上,门窗厂对门窗主要材料的选择具有主导权,这是因为家装零售门窗面对普通消费者,普通消费者对于门窗的理解尚处于起步阶段,消费者能定性界定只有材料品牌的属性是进口品牌还是国产品牌而已,就门窗型材、玻璃、五金这三大主材而言,存在进口品牌与国产品牌差异的仅限于门窗五金,因为玻璃与型材基本都是国产品牌了。

339 门窗五金在国内的发展概况如何?

　　20 世纪 90 年代中后期,配合德国 PVC 型材在国内的发展,以诺托、格屋、丝吉利娅为代表的德国 U 槽五金陆续进入中国市场。德国原装 U 槽五金通过大批量自动化生产,实际生产成本并不高,但是加上关税和增值税后推高了原装进口五金产品的销售成本。断桥铝合金窗成为国内中高端门窗市场主流产品后,作为德国传统强项的 U 槽五金在国内基本退出了 PVC 塑钢工程门窗市场,仅集中于国内的木窗市场。

　　随着断桥铝合金门窗在国内工程门窗的崛起,欧洲的门窗五金生产企业开始大力推广在欧洲市场份额不高的 C 槽铝窗五金件,国产主流门窗五金也以铝合金门窗五金为主,以德国为代表的国外品牌铝窗 C 槽五金凭借品质及功能的稳定一度成为国内中高端铝门窗项目的主流配置。

　　工程铝窗五金市场从 2005 年开始,香港背景的合和铝窗 C 槽五金异军突起,冲压件用不锈钢,锌合金压铸件表面处理采用珍珠铬,防腐性能达到甚至超过德国产品。广东坚朗五金更是后来居上,从单一幕墙五金生产企业升级为生产门窗五金的全系列产品,并成为国内门窗五金生产企业的领跑者。现在,工程铝门窗五金市场逐步形成了以坚朗、合和为代表的国产主流门窗五金产品。产品也从仿制国外转变为根据中国市场要求自主开发,品质也不断提高。2011 年是工程门窗五金市场的一个拐点,原来占据高端市场主导地位的欧洲门窗五金产品逐渐让位于国产高端门窗五金产品。

　　2010 年快速发展的铝门窗家装零售市场则催生了以 HOPO、欧派克、派阁等为代表的家装铝门窗五金企业,家装铝门窗五金更注重产品外观设计及表面质量,专注开启功能系统化、开启方式多样化,这与工程铝窗五金体现出直观差异和不同。

　　相关内容延伸: 在欧洲,门窗厂可以自行决定使用哪家品牌的门窗材料,但是在国内工程门窗市场,很多房地产项目是由开发商指定使用哪家品牌的型材、玻璃、门窗五金件及其他主要门窗材料(俗称甲方指定),门窗厂在门窗主要材料的选择上可以建议,也有一定的话语权,但是最终决定权在开发商。就目前的市场走势而言,国内大型房地产开发商和国内大型门窗材料供应商逐步形成相互支持的集团采购战略合作伙伴关系是大势所趋,对于这些开发商所投资的建设项目,门窗厂在门窗材料的选择方面已经失去了话语权。

340　门窗五金的欧洲销售模式有何特征？

　　欧洲的门窗五金生产企业在欧洲市场主要采取和经销商合作的销售模式，所以在欧洲会出现威必驰、海福乐这样规模化的专业五金经销商。五金生产企业把产品卖给经销商，然后经销商把产品卖给用户，这是欧洲门窗五金的主流销售模式及角色分工。价格、付款条件等商务谈判，备货、供货等销售服务内容都由经销商负责，生产企业不需要常备库存。

　　按照国内的销售模式，生产企业把产品交给经销商后不应该与用户直接联系，生产企业只需负责培训经销商的销售和售后服务人员即可。可是在欧洲，门窗五金生产企业和经销商形成了一种独特的合作关系，五金生产企业的销售人员也面对直接用户（门窗厂），生产企业销售及技术人员主要是对直接用户做前期宣传和争取新客户工作以及后期的技术服务工作，经销商的销售人员提供销售内勤服务。这种特殊模式在欧洲尤其在德国是沟通效率最优、成本最低的协作分工模式。

　　德国的门窗厂产量都比较大且比较稳定，德国门窗企业主要以塑钢和实木门窗为主，机械自动化程度很高，一旦更换五金产品需要对设备做比较大的调整，所以门窗厂一旦选定五金品牌后不会轻易更换。销售服务工作主要集中在处理客户订单、收款和物流配送货方面，经销商把大量订单集中处理会比生产企业自己处理更高效和成本更低。在免除库存和收款等后顾之忧后生产企业可以把主要精力集中在技术研发、生产管控上面。所以德国和欧洲的门窗五金生产企业更愿意把产品交给经销商销售，因为自己的销售成本比交给经销商更高。

　　相关内容延伸：欧洲门窗五金生产企业并不生产所有配件，在欧洲都由经销商整合汇集很多家五金企业的产品来解决当地门窗企业的各种需求。由于国内不具备欧洲那样的大型五金经销商，所以国外品牌五金商在国内只能采用直销模式＋区域经销商的销售模式，产品配置不齐全的问题只能国外品牌五金商自己解决。采用直销模式的国外品牌门窗五金企业在国内向客户提供全系列产品就必须有足够大的库存以保证供货。这种既是生产企业又是当地最大经销商的销售模式是国内市场和欧洲市场的最大不同，所以德国五金品牌企业在国内销售的产品系列及种类往往比母公司更全。

341　欧洲门窗五金生产商与经销商如何协作共赢？

　　欧洲的五金生产企业往往侧重于某些类别产品的研发与生产，形成自己的产品线和产品特色，而不会生产所有的门窗五金产品。欧洲的门窗五金经销商会根据各家生产企业的产品特点汇集后备齐所有品类，经销商会同时和多个具有竞争关系的五金生产企业合作并根据客户需要供货，经销商不会只和一家五金生产企业合作，经销商的优势在于货品齐全、供货及时、服务周到，门窗厂从经销商处可以买到所有自己需要的产品，所以欧洲的门窗厂普遍接受和经销商合作。

　　德国的门窗五金经销商的贸易规模可以做得很大，比如威必驰德国总部的年销售额近 10 亿欧元，销售额超过门窗五金生产企业。除了销售知名五金生产企业的产品外，经销商还会通过 OEM 形式推出自己商标的产品不断补充自己的产品线。在欧洲，面对强大的门窗五金经销商，五金生产企业相对处于弱势地位。在德国和欧洲，门窗五金经销商在五金用户那里（门窗厂）比五金生产企业有更大的话语权，经销商推销产品的力度和能力是大于门窗五金生产企业的。

　　关于采用直销还是交给经销商哪种方式更好在德国也有不同的选择，有些规模大、品类全的德国五金生产企业也会采用直销方式；德国门窗五金企业进入中国市场初期时想采用和经销商合作的模式，可当时国内区域经销商的实力和服务理念都无法满足德国五金企业的要求和预期。

　　2010 年以前，国内门窗五金流通领域经销商的销售体量、整合能力、技术服务能力都不足，能进行全国范围销售的专业五金经销商更是凤毛麟角，在经销商无足够库存、无销售力度、无信贷支持、无足够技术支持和提供好价格的市场环境下，国内门窗厂更愿意和五金生产企业合作而相对排斥经销商。

　　相关内容延伸： 国外品牌门窗五金在国内的总部及分支机构基本都设置在一二线城市，在这些城市及周边区域的直接用户及开发商基本都采取直销方式。对于幅员广阔、门窗厂数量众多的三四线区域市场，通过当地的代理商进行就近的市场拓展和服务是合理的选择。国内目前除了像坚朗这样的上市企业有实力通过配备数百个办事处和数千名销售业务员坚持直销外，其他门窗五金生产企业都采用直销和经销混合并行的销售模式。

342　国内门窗五金销售模式的特色是什么？

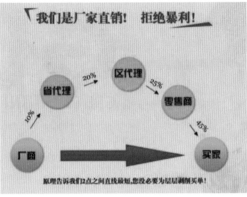

资料来源：公司年报、招商证券

　　国内工程门窗行业竞争激烈，销售工作主要集中在客户公关、客户争取和客户关系维护上，国内房地产开发商对门窗主要材料（包括五金）的使用有决定权，一旦某个项目指定使用某个品牌的五金产品，开发商会要求所有的门窗五金全部由一家供应商提供。这就需要门窗主要材料生产商同时进行两条线的销售推广工作，一是对门窗厂这样的门窗五金直接用户，二是对开发商这样的门窗五金指定商，这种局面决定了门窗材料商采取直销方式这种相对可控的销售模式。

　　另外，由于国内门窗厂都是手工安装五金，更换五金产品对门窗生产的影响度较低，门窗厂更换门窗五金的技术壁垒及配套服务成本都比较低，所以国内门窗厂对门窗五金的价格敏感度更高，门窗厂认为通过经销商采购的成本会增高，所以更愿意直接和门窗五金生产企业合作。

　　国内五金生产企业普遍不接受经销商同时销售竞争对手的产品，这就制约了经销商的发展壮大和技术支持能力的拓展，加上国内房地产住宅项目计划的不确定性，为了保证供货，需要有足够大的产品库存，在与门窗厂合作的过程中需要给门窗厂信贷（货款的延时支付）支持。这些都需要很大的前期投入并承担收款风险，这就对经销商的资金实力提出了更高的要求，而经销商更关心的是短期盈利，不愿意大批囤货积压资金和承担资金风险，所以直销就成为门窗材料商的无奈的选择。

　　国内中小门窗厂众多且地域分布广，所以欧洲的五金生产企业也会和一些地区性的经销商合作而弥补自己在一些地区销售力量的不足，这种区域性经销商不具备大规模库存及流动资金的能力，所以只能在区域内销售所代理的品牌产品。

　　相关内容延伸：进口品牌门窗五金在国内的销售基本都采取直销客户 + 区域经销商的销售模式。国外大品牌门窗五金生产企业通过整合产品系列和设立库存成为在国内的总经销商，对大客户实行直销，对偏远地区和中小客户实行和地区经销商合作或者直销 + 地区经销商合作两种模式并行。

343 德国五金在国内的大致发展轨迹如何？

　　国内比较熟悉的德国门窗五金主要是指格屋、诺托弗朗克、丝吉利娅三家，这是因为这三家的五金涵盖了 U 槽五金和 C 槽五金两大品类，而迈柯与温格豪斯只有 U 槽五金，所以局限于塑窗与木窗领域，下面做简要介绍：

　　格屋集团下属 Gretsch-Unitas GmbH Baubeschlaege、BKS GmbH、Ferco International SAS 三大公司。德国格屋集团是所有德国门窗五金生产企业中产品门类最齐全的企业。产品覆盖绝大部分的室内外门窗和幕墙五金。格屋公司的传统强项在于高端推拉门五金。尤其是在提升推拉门五金上，格屋公司在全球市场上名列前茅。格屋公司也是第一个进入中国市场的德国门窗五金生产企业。

　　德国诺托弗朗克集团下属三个公司——Roto Fenster- und Türtechnologie (FTT)、Roto Dachsystem-Technologie (DST) 和 Roto Professional Service (RPS)。诺托弗朗克是内开内倒五金（双执手）的发明者，在世界各地诺托弗朗克集团都大幅度地本地化生产和营销，体现了国际化的思维模式。诺托弗朗克于 1996 年进入中国市场，曾一度占据中国高端门窗五金 80% 以上的市场份额。

　　德国丝吉利娅集团下属 SIEGENIA-AUBI KG、KFV GmbH 和 SIEGENIA-AUBI Sicherheits-Service GmbH 三个公司。丝吉利娅 2001 年进入中国市场，是银白色铁基镀锌表面工艺的缔造者，也是进入中国市场的第一个拥有属于自己生产基地的国外品牌门窗五金生产企业。

　　瑞士好博 HOPPE 执手在国内家装零售门窗市场推广得非常成功，德国皓涛在国内设立代表处提供技术服务，奥地利迈柯现由坚朗五金代理销售其产品并提供相应服务和技术支持。

　　相关内容延伸：瑞士好博公司（HOPPE Holding AG）主要生产塑料和木门窗执手，虽然是瑞士公司，但其在德国生产。2013 年瑞士好博公司成立博恬（上海）五金有限公司，负责瑞士好博产品在国内的销售及服务。瑞士好博公司只生产门窗执手，属于非常专业的单一产品生产商。瑞士好博在欧洲为其他知名五金品牌提供定制设计的执手，并保持不同的设计加以差别化，并保持定制执手价格有足够的竞争力使其不可替代。瑞士好博的通用执手则对经销商采用了同样的价格政策并且规定了市场上销售价格来保证经销商的服务价值和流通价值。国内市场上假冒的瑞士好博执手产品也层出不穷，所以在选择瑞士好博执手的时候需要供应商提供相应证明性文件是必不可少的环节。

344 意大利五金在国内的大致发展轨迹如何?

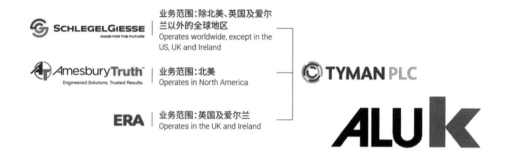

意大利门窗五金主要是指吉斯与萨维奥两家,阿鲁克作为意大利的系统公司在国内主要的销售来自五金,所以一并分别做简要介绍:

意大利吉斯五金公司(Schlegel Giesse-Giesse S.p.A.)只生产铝合金门窗五金,在全球铝合金门窗市场占有相当的市场份额。可以说吉斯是欧洲乃至全球铝合金门窗五金生产最大的企业之一,在世界铝合金门窗尤其是在中东和亚洲(中国除外)铝合金门窗五金市场上吉斯五金总体上比德国门窗五金享有更高的竞争力和知名度。2004 年在北京成立吉斯五金(北京)有限公司,但是由于种种原因,在国内的发展相对平和。

意大利萨维奥五金公司(SAVIO S.P.A.)于 2006 年在上海成立独资公司——萨维奥五金贸易(上海)有限责任公司。萨维奥的产品定位相对较高,在北方和华东地区主要走甲方指定路线,在南方则与经销商合作。萨维奥与丝吉利娅在欧洲有着长期的互补合作关系,但是因为在国内的市场竞争导致双方在欧洲的长期合作关系处于停滞状态。

意大利阿鲁克(ALUK)公司于 2001 年进入中国市场,成立阿鲁克幕墙门窗系统(上海)有限公司。阿鲁克公司与其说是一家系统公司不如说是一家铝合金门窗配套件公司,因为其铝材采用开放式销售,由客户向授权铝材厂直接购买,所以阿鲁克的主要销售就是来自其独特槽口的五金件。2002 年阿鲁克通过向国内铝型材厂提供穿条式隔热铝门窗的型材图打开市场,阿鲁克系统型材使用的是非标封闭槽口,只能配装阿鲁克的门窗五金件。阿鲁克采用开发商指定的销售模式,是国内第四家五金销售过亿的国外品牌门窗五金公司。

345　如何认知国外五金品牌在国内的经营状态?

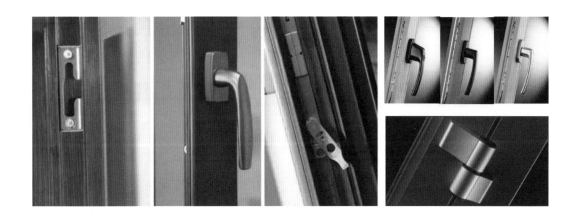

国内门窗五金市场上活跃的国外（基本以欧洲为主）门窗五金品牌大致可以分成如下几类:

在中国成立了子公司,有自己的生产基地和销售团队。

在中国成立了子公司,有销售团队,有库存但无自主生产,在中国有自己稳定的供应链。

在中国成立了子公司,有销售团队,有库存但无生产,主要销售原装产品。

在中国成立自己的代表处,有少量库存,只有少量销售人员,只销售原装产品。

在中国没有自己的机构,只通过代理商销售原装产品。

欧洲作为内开内倒五金的发源地,技术积累的时间周期长,所以欧洲在内开门窗五金方面的优势仍将保持一段时间。但是外开窗五金领域在产品的丰富性、功能性、集成性各方面,窗纱一体 + 安全护栏外开窗型是国内零售市场的创新,现在已成为外开窗市场的主力窗型,所以无论是玻扇的承重摩擦铰链还是纱窗、护栏的开启铰链或合页,都成为国内五金产品的优势领域。

相关内容延伸: 2008 年时坚朗公司的门窗五金销售额只有国外品牌在国内销售总额的 1/3,自 2014 年起仅坚朗一家的门窗五金件销售额就已经超过欧洲所有门窗五金生产企业在国内的销售额总和。这说明随着国产门窗五金质量的不断提高,房地产开发商逐渐地接受了国产门窗五金。欧洲门窗五金的销售额在 2011 年之前以每年平均 30% 的增长速度快速发展,2011 年后发展减缓,欧洲门窗五金在中国市场的年销售总量基本停留在 15 亿元人民币左右不再上升。而坚朗一家门窗五金件销售额在 2016 年就已经达到近 18 亿元。2020 年坚朗门窗五金的销售额接近欧洲门窗五金在国内总销售额的三倍。

346　国外门窗五金在国内的市场走势会如何？

　　国外门窗五金品牌目前在工程门窗市场的走势是缓慢萎缩态势，在家装零售门窗市场处于比较稳定的状态，家装零售门窗市场应该是国外门窗五金品牌的主要增长点。国外门窗五金共同增长的年代已经过去。现在的市场蛋糕就那么大，此消彼长，表现出色的企业去抢夺弱势企业的市场份额将是未来市场的主旋律。国外门窗五金品牌在国内的发展之路存在以下几种可能的选择：

　　1. 原装产品在国内门窗市场寻找到匹配的市场需求，个性化的定位及发展与维持适合于中小型外国门窗五金企业。

　　2. 尽量维持现有的市场销售额。随着以人工费用为主的成本上升，产品利润空间会不断下降，通过提升工作效率和裁员降低成本以维持运营。

　　3. 通过各种手段，如降低成本、加强销售力度、给客户提供更好的产品和服务等，以积极的进攻态势面对竞争对手的市场或客户，这必然面临竞争对手的强烈反制，如果准备不充分或竞争优势不突出，恶性竞争会导致两败俱伤。

　　4. 在工程领域开辟新的市场。国外门窗五金品牌的优势是品牌及产品，成本是企业短板，在主流市场竞争的核心能力就是成本管控，只有大规模在中国生产或者委托生产获得成本优势的企业才有可能进入主流工程市场。

　　现在，国外品牌的门窗五金生产企业在国内的发展已经进入一个瓶颈期，从目前情况看似乎大部分的外资门窗五金生产企业突破瓶颈的路径尚不清晰。随着工程门窗市场的发展停滞甚至萎缩，可以预期国外品牌门窗五金企业在国内的市场竞争会越来越激烈，这对于门窗企业和消费者来说倒不是坏消息，因为将得到更好的产品及服务。

　　相关内容延伸： 瑞士好博执手在国内的成功经验值得国外五金企业借鉴与参考，瑞士好博的强项就是其优越的表面处理和不可复制性。曾经有很多国内五金企业想复制好博执手的表面。比如说采用电泳或者氧化的方法生产好博执手中最受欢迎的暗钛色。可是这些方法很难保证表面颜色的稳定性，成本上的优势也不十分突出，好博公司在德国大规模流水线式的执手生产模式能达到的独特的表面颜色效果和稳定性是成为国内门窗五金行业努力追求的标杆。

347　国外门窗五金的市场机会在哪里？

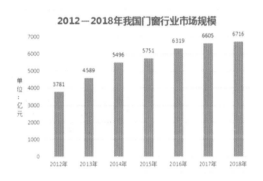

2012—2018年我国门窗行业市场规模

　　国内工程门窗市场的主导者是房地产开发商，开发商以利润最大化为目的，使用原装进口门窗五金件能够增加利润或者促进房产销售是开发商愿意使用进口五金品牌产品的理由。现在，国产五金件的品质不断提升，凭借性价比不断取代国外品牌五金件，特别是在开发商和国内大的门窗五金企业形成合作伙伴关系并实施战略集采后，国外品牌五金进入工程门窗主流市场的挑战越来越大。

　　随着门窗家装市场的崛起，决策主导者从开发商转为实际的门窗用户。购买者自己使用必然会选购心仪的产品，进口品牌产品会得到一些用户的青睐，这是家装市场和工程市场的不同之处，也是进口品牌五金产品的机会。可是门窗五金件和汽车等消费品不同，评估门窗五金件需要有专业知识，大多数用户并不具备专业知识来评估产品，所以家装门窗厂的推销者有很大的话语权，他们会根据利润最大化原则向最终用户推销产品。国内消费者习惯于横向比较产品的性价比，非专业用户往往只注重外观，所以门窗五金件中执手的外观设计和颜色是大多数用户关注的核心。这也是为什么原装瑞士好博执手在家装市场大受欢迎的原因。家装客户可选的还有使用功能，操作是否方便、内开还是外开、是否带纱窗、是否能遮阳，等等。至于使用寿命、安全性、防腐性能等都不是家装客户能判断的内容。所以家装门窗市场是国外品牌五金件的主要市场，但是国内消费者愿意在内装上投资做豪华装修，但往往不会在门窗品质上投入足够的预算。

　　国内消费者的消费惯性很强，受消费习惯等影响不一定会盲目接受国外产品。比如南方的家装客户更容易接受外开窗而不是内开内倒窗，对推拉门，家装客户更倾向于低门槛和大拉手，甚至推拉窗在华南、西南等温暖地区仍有相当规模的市场需求。

相关内容延伸：国内家装零售门窗市场是国外品牌重点关注的领域已成为共识，问题是各国外品牌五金在产品结构及销售服务上如何体现差异化和竞争优势，产品结构在于国外品牌五金在外开窗五金的产品完善和配套，比如纱窗五金、护栏五金等。销售服务在于国外品牌五金如何将自身的产品优势及技术优势让家装零售门窗企业深度认知及认同，特别是得到家装零售门窗代理商的普遍认同及信任就成为关键所在，因为家装零售门窗代理商既是门窗企业的合作伙伴，更是千千万万消费者的服务商，代理商群体是门窗企业与消费者之间的沟通桥梁，他们的支持和信任对于门窗材料商而言具有非凡的意义和价值。

348 门窗生态圈由哪些企业构成?

　　了解一个行业的生态圈规模、构成、活性,最有效率的直观途径就是行业展会。从门窗行业展会来看,工程市场的展会和零售市场的展会呈现比较大的不同,工程市场的展会历史长,行业生态展示得更加充分,零售市场的展会是从大家居领域的展会中逐渐细分、发展起来的独立品类,所以工程市场的展会是独立的、完整的门窗行业展会,零售市场的展会是依托于大家居行业(瓷砖、卫浴、橱柜、家电、家具等)展会中的独立品类的分支。鉴于上述分析,我们以工程门窗市场的展会为例梳理门窗生态圈:

　　生态圈主干:门窗幕墙企业对于项目开发商来说是乙方,对于各种门窗材料及服务商来说是甲方,所以在门窗生态圈中无论工程市场还是零售市场,整窗生产供应企业都是门窗生态圈的核心。按照材质区分,可以分为铝窗、木窗、塑窗、钢窗、幕墙这几类门窗企业,这其中存在同一家门窗企业同时涉足多种门窗品类的生产和制造。

　　生态圈上游:分为各种门窗材料为主的硬性供应商和各种专业服务的软性服务商。以铝窗为例,硬性供应商有材料供应商,主要有型材、玻璃、五金、密封胶条、隔热条、毛条、密封胶、结构胶、角码、连接件、堵头、各种孔盖等辅件;还有加工设备供应商、制造耗材类供应商。软性服务商主要是指产品研发技术服务商、专业设计软件及管理软件供应商、企业管理服务咨询机构、市场营销品牌策划机构、技术及管理专业咨询培训机构、物流运输机构、安装承包专业机构(或个人)等。通过上述不难看出:硬性供应商的特征是产品,软性供应商的特征是服务。

　　生态圈下游:以开发商为代表的门窗项目决策者及参与者,例如设计、监理、总包、专业顾问机构等。

　　相关内容延伸:家装零售门窗领域的展会比工程门窗领域的展会要单纯一些,参与企业主要是以家装零售门窗企业为主,上下游企业参与度不深,参与企业少,企业品类及产品领域覆盖面不够完整,这是因为家装零售门窗领域展会的参观者前期以各地的门窗代理商为主,最近这几年零售家装整窗企业及材料商观众数量逐年增加,相信未来家装零售门窗供应链企业参与此类展会的步伐及进度会好起来。

349　专业的门窗研发设计机构的评判标准有哪些？

以旭格为代表的外资背景铝门窗系统研发设计机构从20世纪90年代后期来到国内，国内的铝门窗系统研发机构是从2000年的沈阳丽格为起步。经过20多年的发展，国内目前主要有三种企业类型或模式：

一是外资背景成熟的门窗系统公司，这类企业的技术体系完整，历史积淀深厚，但是不接受定制，系统输出全部材料及技术体系，只能使用其品牌，合作门槛（定制设备、模具、年度业务任务等）比较高。

二是国内的门窗系统公司，这类企业比外资系统公司相对灵活，可以接受一定范围内的定制，品牌使用有自由度，合作门槛也比较低，由于材料完全开放，只是软性的产品开发及技术服务，所以项目技术输出的收费金额并不低。

三是拥有专业技术背景的核心小团队成立的研发工作室，这种模式是灵活性大、弹性余地大，也是最需要进行选择、鉴别的类型。

门窗、材料企业应该如何选择技术合作者呢？在此提供几条建议：

与企业需求、企业自身的技术基础匹配和吻合，通俗来说就是企业能消化、能理解、能执行；

研发机构主要成员的历史轨迹及背景符合企业的实际需求，企业是需要产品还是需要技术体系的导入，合作取向不同则合作对象不同，系统公司背景的技术人员有完整的体系观，但是具体到产品设计方面未必就是最有效率的选择；

技术输出的内容及框架需要事先明确，产品设计、产品落地、产品技术体系，不一样的目标会有不一样的代价和周期；

技术合作的进展规划及节点验收：项目合作就得有规划、有进度、有关键节点，阶段推进是对双方都负责的合作原则。

相关内容延伸： 2018年前家装零售门窗市场建立自主研发、技术团队的整窗企业凤毛麟角，这主要是因为市场高速发展的初级阶段，大部分企业的精力聚焦于市场的跑马圈地，对产品本身缺乏深入钻研的定力和战略高度。当时的门窗产品设计主要是来自两种渠道：一是借鉴，这种方式最大的弊端是缺乏对结构设计的深入体会，导致制造工艺的规范化、标准化程度严重不足；二是通过材料商的设计及材料输出获得产品，这种方式最明显的短板是产品缺乏延续性和技术继承性，而且被动地对材料商产生深度依赖，天下又哪有免费的午餐呢？在遇到难以持续发展的产品瓶颈后，一些主干企业在2020年前后开始逐步建立自主的、专业的、职业化的技术团队，一批成熟的工程门窗领域技术专业人员转入家装零售门窗领域，进入职业发展的新阶段。

350 门窗检测报告是什么?

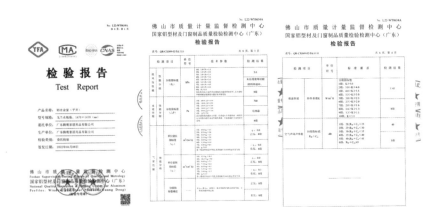

　　门窗检测报告是门窗性能的检测数据报告,由独立的经过国家认证的第三方检测机构出具,虽然检测报告的有效性是依据检测机构的认证情况而定,但是权威性还要看检测机构的背景与名称。门窗的性能检测主要包括以下几项内容:

　　抗风压性能:是指关闭着的外窗在风压作用下不发生损坏和功能障碍的能力。

　　空气渗透性能:单位长度接缝或单位面积在内外压差为 10Pa 时单位时间的透气量。

　　雨水渗透性能:雨水喷淋作用下内部不渗水时能承受的外压力值。

　　保温性能:保温性能指在门窗两侧存在空气温差条件下,门窗阻抗从高温一侧向低温一侧传热的能力。

　　隔声性能:隔声性能是指通过空气传到门窗外表面的噪声经过门窗反射、吸收和其他能量转化后的减少量,称为门窗的有效隔声量,隔声量是一个比例值,可以作为横向对比的参考,不能作为隔声性能绝对数值的依据。

　　门窗三性一般是指气密性、水密性、抗风压这三项性能,在建筑外门窗检验中为必检项目,标准有《建筑外门窗气密、水密、抗风压性能检测方法》(GB/T 7106)和《建筑外窗气密、水密、抗风压性能现场检测方法》(JG/T 211)。门窗检测报告只对送检样窗的性能负责,所以只能作为同等尺寸、同等开启方式、同等分格方式门窗性能对比的依据,在现实中很难找到这样的对比条件,何况在实际项目中,也很难做到与送检样窗一致的分格、开启方式及尺寸,所以门窗性能检测报告作为门窗性能横向对比参考的重要依据还是具有积极意义和必要性的。

　　相关内容延伸:门窗检测报告是门窗内在性能的重要参考,门窗性能来自设计、材料、制造的全过程,所以客观来说,有出色的、真实的门窗检验数据不代表就一定能在具体家装零售门窗项目上提供完美的产品,因为完美的项目交付除了优质门窗产品本身之外,还需要门窗项目方案设计的合理性及科学性做前提,规范专业的门窗安装做保障;但是,那些无法提供真实的、规范的、完整的门窗检验报告的门窗品牌基本很难保障在具体零售门窗项目上提供完美的产品,因为连门窗检验报告都无法提供的门窗企业,要么是技术能力不足,要么是品质意识缺位,不管哪种情况对于消费者来说都是不能接受的。

351 工程门窗检测的规范内容有哪些?

根据《建筑装饰装修工程质量验收标准》(GBS 0210—2018),工程门窗的项目现场检测内容及规范如下:

门窗扇开关灵活、关闭严密、无倒翘。型材表面洁净、平整、光滑,大面积无划痕、碰伤。

门窗扇密封条不得脱落。耐候胶黏结牢固,表面光洁、顺直,无裂纹。

玻璃密封条与玻璃及玻璃槽口的接缝平整,无卷边、脱槽等。五金件安装牢固、位置正确、开启灵活。

铝合金门窗隐蔽工程验收应在作业面封闭前进行并形成验收记录。

铝合金门窗工程的施工图、设计说明及其他设计文件。

根据工程需要出具的铝合金门窗的抗风压性能、水密性能以及气密性能、保温性能、遮阳性能、采光性能、可见光透射比等检验报告,或抗风压性能、水密性能检验以及建筑门窗节能性能标识证书等。

铝合金型材、玻璃、密封材料及五金件等材料的产品质量合格证书、性能检测报告和进场验收记录。

隐框窗应提供硅酮结构胶相容性试验报告。

铝合金门窗与洞口墙体连接固定、防腐、缝隙填塞及密封处理、防雷连接等隐蔽工程验收记录。

铝合金门窗产品合格证书;铝合金门窗安装施工自检记录。

进口商品应提供报关单和商检证明。

相关内容延伸: 工程门窗检测程序分为门窗产品实物检测及门窗产品设计、检验、施工及相关门窗材料资料校验两大部分,门窗产品实物品质检验是结果的审核,门窗相关资料的校验是过程规范性的审核。门窗工程验收有独立第三方的参与就是为了保证程序的规范化和标准化,也是为了体现第三方检验机构的专业性和客观性。门窗工程项目的规范化运作程序是值得家装零售门窗项目借鉴和参考的。

352 国外有什么门窗认证?

认证是独立的认证机构利用检测、工厂检查等手段对申请认证方的产品、服务或管理体系是否符合相关标准或特定技术的评价,再通过书面形式加以呈现(标志和标识)的活动。认证的本质是一种建立在认证机构和申请认证方之间的约束。该约束用于保障获证产品、服务或管理体系的质量可靠性,是国内外通行的一种手段。

在欧盟地区,2010 年 2 月 1 日起,所有门窗制造商对在欧盟经济区内生产销售的门窗产品需要通过 CE 强制性认证,并在门窗可见部位加贴 CE 认证标识,CE 认证的获取应向欧盟认可的公告机构申请。门窗 CE 认证的依据除法律法规外,还有欧盟门协调性产品标准,标准包括了气密性能、水密性能、抗风压性能、耐撞击性能、隔声性能、热工性能和防侵入等总计 23 项性能的规定,内容涵盖范围较广。欧洲的门研究机构依靠其经验和行业影响力也开展了针对特定项目的"定制化"的自愿性认证工作,确保门窗产品性能和质量满足指定项目要求。

美国的建筑业通常采用由美国国家标准学会审批、国际规范理事会制定的模式规范。其中,国际建筑规范规定了商业建筑用门窗的要求,国际住宅规范适用于三层以下居住建筑门窗,两者都对门窗的结构强度以及针对特殊地区的抗风携碎物撞击性能提出了认证要求。

在这方面较为知名的认证有美国建筑制造业协会(AAMA)门窗认证、门窗制造协会(WDMA)的 Hallmark 认证、Keystone 认证等。国际住宅规范和国际节能规范还对门窗能效评级做出了规定,认证的标签包括了气密性、传热系数、太阳得热系数、可见光透射比等参数。

相关内容延伸: 由于国内"双碳"国策的促进,建筑节能的深化推进的持续深入,国内被动房建筑的试点工作广泛开展,在这种背景下,德国的被动房认证(PHI)体系在国内得到广泛的关注和重视,作为被动房重要的组成部分,被动窗结构及选材认证也成为门窗企业战略前瞻性的重要体现,对于没有强制投标要求的家装零售门窗企业来说,能够以德国 PHI 认证体系的专业化深度对既有门窗的节能保温设计进行校核是难能可贵的,毕竟 PHI 认证的程序缜密度、专业深度、费用投入都对成窗企业提出了比较严苛的要求。

353 国内门窗认证情况如何?

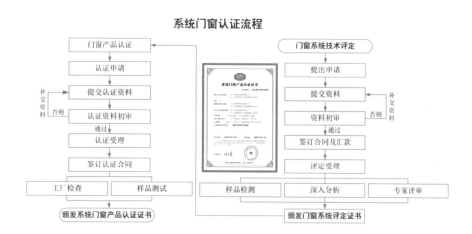

系统门窗认证流程

我国要求财政投资建设的办公建筑和大型公共建筑、保障性住房等项目,应优先采用获得节能标识的门窗产品,节能示范工程必须采用拥有建筑门窗节能性能标识的产品。建筑门窗节能性能标识是通过统一的检测或模拟手段检验门窗产品的传热系统、遮阳系数、空气渗透率、可见光透射比等节能性能指标,并按统一的规格将包含有这些指标的标签加施到产品上的一种模式。建筑门窗节能性能认证主要包括了企业认证申请、建筑门窗节能性能标识实验室现场调查、现场抽样、检测和模拟计算、标识发放以及监督等环节。

我国建筑门窗节能标识侧重于窗的节能性能,未包含其他重要性能指标,如抗风压性能、水密性能、隔声性能等。所以一些权威的认证机构,如中国建筑科学研究院有限公司认证中心、中窗认证中心等,联合国家建筑幕墙窗质量监督检验中心,结合已经颁布的系统门窗的相关标准及规范,开展了系统门窗的自愿性认证工作。采用"产品检验 + 设计评价 + 工厂检查 + 获证后监督"的模式,从多个环节对系统门窗的质量加以审核。

无论是国内还是国外,门窗认证的意义都是为了保证建筑门窗的各项性能得到更大的提升,它不仅是对行业的一种约束,更是促进门窗行业进步的一种手段。门窗涉及的认证有很多,企业需要结合自身需求有所选择。

相关内容延伸: 认证的具体定义和内涵在不同时期略有不同,ISO/IEC 17000: 2004《符合性评定——词汇和基本原理》对认证的最新定义是:有关产品、过程、体系或人员的第三方证明。国内对于认证的定义主要来自于《中华人民共和国认证认可条例》,其对认证的定义为:认证是指由认证机构证明产品、服务、管理体系符合相关技术规范、相关技术规范的强制性要求或者标准的合格评定活动。认证包括三个必不可少的方面:一、认证依据:法规、标准,技术规范;二、独立于供方和买方,具有权威和公信力的第三方所进行的合格评定活动;三、认证需要出具书面证明。由于各国使用的方法有较大差异,为了实现各国在认证上的互相承认,国际标准化组织和国际电工委员会向各国正式提出:建立以"型式试验、质量体系审核、工厂抽样检验和市场抽样检验"等四种方法为基础的国家质量认证制度。

354　门窗软件的分类及作用是什么?

　　门窗企业所涉及的软件主要分为四大类,一是技术设计类软件,二是加工控制软件,三是企业管理软件,四是项目设计软件,下面分别做简要的介绍:

　　技术设计类软件: 门窗设计类软件可以分为表达工具类软件与计算工具类软件。表达工具类软件又可分为二维设计软件与三维设计软件,二维设计软件主要用于门窗结构设计的表达,三维设计软件主要用于门窗加工工艺的表达;计算工具类软件涉及的内容比较多,主要常用的是门窗抗风压计算软件(中梃惯性矩计算)和门窗保温性能模拟计算软件(K 值计算)。

　　加工控制软件: 加工控制软件主要是指加工设备的控制软件,主要运用于双头锯、组合铣床、加工中心等大型设备,加工软件的编程逻辑直接关系到加工效率,所以软件与设备的匹配性和植入兼容性是加工软件的评判依据之一。

　　企业管理软件: 通用企业管理软件都是贯穿企业的进销存、人财物全链设计,企业根据自身需要进行模块化的选择与运用,零售门窗企业的订单多、规格多、配置多、尺寸多,所以零售门窗企业的企业管理软件需要在通用软件的基础上进行定制化才能适用,这需要软件开发企业结合门窗厂的实际订单运转、加工流程进行深入的事先调研。

　　项目设计软件: 项目效果的出图需要三维的表达软件,门窗属于高度定制化的产品,所以现场测量门窗洞口时也需要专用软件的支持。订单生成需要与项目方案兼容并直接生成,订单生成后的加工前拆单也需要相应软件模块的支持。

　　相关内容延伸: 在家装零售门扇领域,由于订单批次多、订单个性化、产品品类多,涉及物料复杂等定制化特征非常明显,所以将门窗方案设计、材料清单生成、订单生成、加工材料清单生成、加工工艺配套、成品检验、包装运输、安装验收等家装门窗订单完整交付所涉及的各个环节全链覆盖的数据化贯通需求非常显性和强烈,这是国内诸多软件企业面临的巨大发展机遇,但是在门窗订单交付的专业度、细节深度如何与软件编程的有机结合方面也面临严峻的挑战和考验。

355　门窗材料供应商的评判标准是什么?

选择供应商分为两个阶段,第一阶段是通用程序,第二阶段是实际鉴别程序:

通用程序是指资格预审,审核该供应商资质是否齐全、有效,例如营业执照、生产许可证、纳税人资格证明、某种功能的资质证书等。特别关注该供应商的资质和履约情况,在"天眼查"等开放资信平台落实是否有待执行的纠纷信息。

实际鉴别程序包含对供应商综合九大指标的评判:

产品质量:产品质量通常用产品合格率来表示,产品质量越好价格越高,所以品质与需求的匹配度要理性评价。

产品价格:现代供应链管理中,产品价格不再是选择供应商的首要因素,但仍是一个重要因素。

售后服务:供应商是否能及时地解决用户的服务需求或提供技术支持是重要的方面,特别是非标或独特性的材料。

地理位置:供应商的地理位置对库存量有影响,如果物品单价较高,需求量又大,距离近的供应商有利于管理。

技术水平:供应商的技术实力、研制能力及制造或供应创新需求的能力是差异化竞争的核心能力。

供应能力:供应能力是指供应商的生产能力,供应商能否保证供应所需数量的产品,可以用日单班的产量来测算。

经济效益:提高经济效益就是以较少的消耗取得较多的成果,它反映供应商的财务状况和经营业绩。

交货情况:从时间的角度来衡量供应商的供货能力,那么准时交货的百分比越高,企业需保留的安全库存就越低。

市场影响度:供应商所提供的产品市场份额大则体现供应商的发展潜力强。

相关内容延伸: 就工程门窗市场而言,材料商的核心竞争优势主要是两点,一是项目参与的深度及话语权,二是资金实力,这是与整窗企业合作的敲门砖和奠基石,其后才是产品品质、交货期、价格等具体合作细节内容。在家装零售门窗市场,材料商的竞争力也是两点,一是能带来门窗产品新颖性的设计或相关产品,二是深度服务的技术能力和解决问题的能力。工程门窗与零售门窗的业态不同、规则不同、对相应材料商的要求也就不同,所以国外门窗材料品牌除外,国内的门窗材料商几乎很少能同时兼顾工程门窗和家装门窗两个领域并形成一定影响力。

356 门窗设备供应商的评判标准是什么？

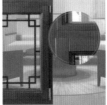

　　铝门窗生产企业所需加工设备分为大型设备与中小型设备两大类，大型设备一般是指自动化生产流水线、中空玻璃生产流水线、型材粉末喷涂生产线、锯切中心、钻铣加工中心等价格高、利用率高的设备，中小型设备是指组角机、弯圆机、冲床、单头锯等单台套机器。下面就大型设备供应商的选择做一些具体分析：

　　所选设备应与公司扩大生产规模或开发新产品等实际需求相适应，在满足生产需要的前提下，设备性能指标保持先进水平，以利于提高产品质量和延长其技术寿命，设备价格合理，在使用过程中能耗、维修费用低，投入产出比高。根据以上原则，供应商选择必须坚持货比三家的原则，并尽量扩大选择范围（原则上供应商要求三家以上）。

　　设备的整体配套性好，产品线丰富，设备稳定性可靠，既有使用口碑认可度高，控制软件的兼容性强。

　　在行业中的地位及其保有量，设备的可靠性、维修和操作简便性、安全性、环保与节能、经济耐久性考虑；产品价格包括设备购置费、税金、运输包装费和保险费、安装费、辅助设施费、培训费等费用及后续配件的供应；交货期能满足合同订购要求（供货期指从合同签订到设备进厂交付使用的间隔期）；企业信誉与售后服务，以及售后服务的便利、快捷性；后续的配件供应和后续服务费用；供应商的地理优越性及快速响应能力。

　　设备安装、技术支持、调试培训等服务软实力需要从既有客户的复购率来进行参考和考虑。

　　进口设备的备品部件库存决定了设备运转的连续性，设备对话界面的语言及 PLC 程序逻辑的条理性都决定操作者的熟悉程度，进口设备的功能复合性强、自动化程度高，故障率的可能性随之增加，对加工品种的制约性也比较强。

　　相关内容延伸：设备供应商的选择取决于企业所处的状态及对未来产品的定位及品质预期，在具体设备配套方案设计选择方面，一定要结合具体订单的加工特征及属性进行深度的工艺流程分析，这两点知易行难，真正能在选购设备前形成清晰规划和完整工艺分析报告的整窗企业非常少，大多是从同行或不同设备供应商那里比较方案后进行选择，这其中最需要明确的是，设备是为了用的还是为了看的？

357 家装零售门窗代理商需要什么样的培训和服务？

　　家装零售门窗与工程门窗最大的差别是商业模式不同，家装零售门窗是由门窗制造企业与当地代理商合作的"双打"项目，代理商是门窗企业在当地市场的代言人和服务者，也是具体产品的推广者及测量、下单、安装的承办者。代理商是门窗企业的合作伙伴，所以门窗企业需要全程对代理商的实际需求给予支持，主要分为以下几个方面：

　　店铺开张：开店之前需要对当地市场的消费习惯、竞品销售情况、竞品运营模式、店铺选址、店铺设计风格、展品出样选择等进行系统的规划和设计。凡事预则立不预则废，只有准备充分才能让代理商迅速盈利，提振自信。

　　门店经营：全方位对门店导购、设计师、店长、测量安装人员进行系统的培训。目前门窗行业内的培训大多集中于营销沟通类的培训，这类机构大多是从大家居其他品类的营销培训中成长起来并跨界发展的，缺乏对门窗专业知识的理解与认知，培训内容大都方向正确，但实际运用和落地效果不佳。所以给予代理商的培训一定要注重门窗专业知识和实际问题解答的内容，特别是充分进行互动和交流，解答一个代理商的实际问题也是给其他代理商进行了有针对性的问题预防指导。

　　订单支持：门窗订单全流程的量尺、项目方案设计及配置、下单、跟单、物流、运输、安装、验收每个环节都需要给代理商提供保驾护航，特别是刚开始的两三笔订单需要管家式服务，因为流程、工具代理商都不熟悉，产品也不熟悉，和客户沟通的经验也不丰富，所以这种情况下如果让代理商感觉万事开头并不难，后面的合作才能双赢并持久。

　　相关内容延伸：家装零售门窗企业与代理商是门窗产品完整交付的搭档关系，所以在家装零售门窗领域是门窗企业与代理商的"双打"项目，而工程门窗是门窗企业的"单打"项目，这种差别就需要家装零售门窗企业不仅是在门窗设计、制造方面足够专业，还需要在代理商运营、产品营销、家装门窗项目设计及安装方面也具备专业深度，因为只有这样才能给与代理商足够的支持、辅导、助力，让门窗代理商获得良好的投资效益及精神上的尊严感是家装门窗企业持续发展的根本保障。

358　国内有影响力的门窗相关展会有哪些?

国内全年主要有四个全国范围的门窗展会,下面分别做简要的介绍:

3 月在广州的铝门窗行业年会:这是历史最为悠久的国内铝门窗幕墙展会,由金属结构协会铝门窗委员会主办,在广州举办的原因主要是因为广东既是铝门窗幕墙的主要生产基地,也是铝窗主要材料铝材、玻璃、五金、胶的集中产地。

7 月在广州的大家居领域建博会:作为全球范围内最大的家居建材展,建博会是厂家招全国代理商的主要平台,广东是陶瓷卫浴、家具橱柜的集中产地,汇聚了大家居各品类的领军企业,家装门窗的头部企业也大多集中在广东佛山。

11 月在广州的家装设计周:这是家装定制类产品发布潮流设计及产品的平台,为期 4 天,可见家装设计师的认同度。

11 月在北京 / 上海的门窗幕墙博览会(FBC):这是工程门窗领域的年度交流平台,每两年还会评选出门窗幕墙领域的金轩奖系列奖项得主,偶数年在北京举办,奇数年在上海举办,2021 年的 FBC 展会因上海疫情防控原因两次延期。

从展会的举办地我们发现,广州是门窗幕墙展会最集中的地点,这主要是三个方面的原因:一是广东是铝型材及五金、玻璃等门窗材料的集中产地,每年的展会也是门窗材料企业接待门窗企业客户考察的最好机会;二是广东也是大家居领域瓷砖、卫浴、橱柜、家具的制造密集地,所以大家居背景的建博会成为零售门窗企业招商的最佳平台;三是广州的展会经济发展成熟,展会主办者组织能力及运作能力让参展企业的获得体验感到满意,促成了行业口碑的传播。

相关内容延伸: 就区域型门窗行业展会而言,每年 5 月的南京家居门窗展、每年两次的临朐门窗博览城交流会在业内也都有一定的知名度和影响力。展会是产品展示的场所,更是企业获取行业信息和把握趋势的重要场合,不同的展会有不同的参展商和观众人群,深入分析不同展会的独特属性及特征是意欲参展的企业及观展者的必要"功课",毕竟参展需要投入不菲的经济代价,观展需要投入宝贵的时间代价。

359 门窗展会参展如何操作？

做门窗要做系统门窗，参加门窗展会也需要有系统思维，参加展会要实现预期目的和效果就需要按照目标设定、调研筹划、组织保障、分工明确、邀约跟踪、总结复盘这六个方面进行系统筹划：

目标设定： 参展的目的各不相同，招商、发布新产品、汇聚行业客户等，不同的目标设定就会采用不同展位设计风格及系列活动的配合，在国外展会我们经常看到类似展馆啤酒会的展位搭建，这是典型的汇聚行业客户布展风格。

调研筹划： 确定参展目标后就需要对不同布展公司的设计方案和报价进行充分的比对和消化吸收，早早确定合作者。

组织保障： 展会展品需要公司技术、生产部门的支持，展会宣传预热需要市场部的统筹规划，所以展会一旦确定就需要成立跨部门的项目组，一般由公司的销售责任人担任项目主持者，定期召集跨部门会，统一协调各项事务的进展。

分工明确： 展会涉及的所有事务需要事先逐项分类落实到各相关部门的具体负责人，设立时间进度的甘特表，每次项目例会结合总体进度分工甘特表逐项进行检查核实，做到及时反馈问题、及时解决问题，保障整体推进。

邀约跟踪： 展会是接待老客户、结识新客户的高效机会，所以展会前需要对老客户及意向性客户做统一的邀约和沟通，若需要深入的沟通和企业考察，还需要提前准备接送食宿等接待事务，需要提前统一筹备。

总结复盘： 展会结束后需要进行统一的项目总结会，总结经验和不足，并将项目的所有原始记录及全部的推进会议记录统一建档，便于后续接收人员借鉴和参考，并对展会期间突出的事迹和个人进行及时的鼓励。

相关内容延伸： 参展是品牌企业市场营销规划中的主题科目，参哪个展？希望实现的目标是什么？投入产出比如何量化？展前如何规划？展后复盘要素有哪些？这些都是需要在确定参展计划前就需要经过集体商讨明确的内容，为了参展而参展是很多参展企业常犯的惯性错误，特别是对于一些有规模的品牌企业，不参展亮相似乎与自身的行业影响力不匹配，这是认知上的误区和变相的形式主义，敷衍了事、毫无亮点的参展行为对于企业品牌美誉度是一种无形的伤害，所以要么不参展，要参展就要保证闪亮登场。

360 门窗展会观展如何有收获?

参加门窗展会需要系统筹划是因为参展的费用是一笔不小的支出，准备充分就可以得到相应收获，参展成为一次成功的投资，反之则是劳民伤财。参观展会不像参展那么复杂，只是个人的一趟差旅罢了，但是参观展会要获得收获也需要做适当的准备。

走马观花式参观展会是大多数行业内人士的观展方式，但是对想通过展会寻找商机的人来说，必要的功课和准备是必需的，特别是家装零售门窗领域准备通过展会成为某品牌厂家当地代理商的朋友来说，选择比努力重要，而选择合适的厂商品牌需要事先做充足的调研和背景了解，展会只是验证与深度沟通的机会，毕竟成为某品牌的门窗代理商是一次几十万元的投资选择。展会收获取决于展前准备、普遍撒网、重点关注、展后落地这四个方面的筹划和落实:

展前准备: 从官方渠道可以得到参展商的名单，将感兴趣的品牌企业列出清单，并就关注问题进行清单梳理。

普遍撒网: 与这些感兴趣的品牌取得联系，了解感兴趣的内容，如果当地有该企业的销售或服务机构就争取在当地的沟通交流机会，直观建立品牌认知和产品的相关信息。同时通过行业信息渠道侧面了解目标品牌的市场认同度。

重点关注: 建议第一轮到有意向的企业展位默默观察产品，听听其他观展人士与企业的对话，初步建立直观认知;第二轮与有意向的企业进行清单式问题沟通，结合第一轮的观察情况综合判断，形成基本的合作倾向与选择。

展后落地: 展会上人来人往、环境嘈杂，所以最终的合作需要在展会后进行进一步的细节沟通落实后才能确定。

相关内容延伸: 观展是一项体力活，如何让辛苦的体力付出获得相应的精神和物质回报是每一个观展者都需要思考的问题，因为体力付出和时间付出对于个人来讲都是宝贵的个人资源投入，所以观展前的功课主要是观展目的、目标的梳理，这是时间效率的核心保障，观展后的及时总结和整理收获是劳动效率的具体体现。祝各位读者在每一次观展或参展中收获满满，精神物质双丰收!

章节结语：所思所想

门窗生态圈的工程、家装边界正在模糊，互相融合是大势所趋

工程门窗生态圈的核心是项目，开发商掌控主动权

家装门窗生态圈的核心是产品，门窗企业掌控话语权

材料商是门窗生态圈的主干，定位决定资源配置

铝门窗是门窗生态圈的主流，如何差异化是永远的主题

生态圈的自然法则是和谐共生、适者生存

　　早就听闻家父要写书，一开始我还是不信的，他虽有点文采，但是并没有苏东坡的豪放，也没有柳三变的婉转，想写出本有门道的书，我认为是极难的。

　　当《门窗艺术与技术——站桩》印刷出来后我才恍然大悟，原来他把一页页的 PPT 汇集在了一起，惊讶之余倒是有了七分佩服，因为那么多页的 PPT 得花不少时间去制作，而且这个想法倒也新奇，至于余下三分便留给他猜测吧！就像周先生在《阿 Q 正传》里留给我猜测一样。看到别人在《门窗艺术与技术——站桩》上写的推荐序后，我当时便想，如果他再写书，我就要来写上几句，虽说我仅是一介高中生，文字简陋粗鄙，难登大雅之堂，平时作文分数也平平无奇，总自以为是好文章却评分惨淡，但是毕竟是家父的书，总是可以占些近水楼台先得月的优势吧。

　　我要写序言的想法约莫是 2022 年春节和家父提起的，他笑了笑，不置可否，我想他只当是平常闲聊，未曾上心，但我是认真的。时至今日，当他开始联系出版机构，筹划前言之时，我意识到他的第二本书就要成形了，赶忙丢下手中的有机化学，搁置同分异构体暂且不谈，这序得先下手为强，毕竟今年是最合适的时机了，因为明年我就要备战高考，定是无暇顾及，上了大学就更不现实了，那时候离得远，连近水楼台的优势都荡然无存了，所以必须尽快出手、尽早占位，这可是个完美主义者，他自己写的内容都要改几稿，何况是我写的呢。

　　近日恰逢南京第二轮疫情，我在家上网课，他在家办公，一家人整日整日地共处一室，也算难得，家父并不十分约束我，若是管得严些，也是受家母胁迫的无奈之举。他不苛求我考上清华北大，只希望我踏踏实实，日后自己对曾经的青春时光不感到后悔。他的宽松很对我胃口，但是我的学习态度在他眼里总是有待提升，所以与他也时时会有些小矛盾，这种两代人之间的磕磕碰碰不可避免，我的同学们在家也都这样，他们说这是代沟，我觉得是他的存在感与我的自主感所产生的碰撞，等到复课就好了，因为那时候我早出晚归，而他就又要开始奔波，碰撞的机会就少了。

小时候，我很小的小时候，家父就在门窗行业，现在回想，只记得一段时间家父想买车，时常在网上寻找猎物，彼时吾尚年幼，尚不通世事，无太多清楚的回忆，只记得当时以为他要买个小卡车，否则怎么能摆得下门窗呢？结果他买了辆轿车，也没在他车里见过门窗，后来慢慢大了才知道家父是研究门窗、设计门窗，不是做门窗，所以就更不会运门窗了。那台车他没开多久就开始换车了，因为他换了工作就会有新车开，当时我觉得换工作真挺好的，至少有新车开，但是能感到他离开门窗圈的那段时间做得似乎不开心，因为他皱眉的时间多了，和我开玩笑的时间少了。2020年春节，新冠肺炎疫情来了，他在书房里天天琢磨、钻研一些使人费解的图纸和 PPT，并开始做直播，我才意识到兜兜转转的他又回到门窗这个老行当了，这两年在他身上逐渐感觉到久违的自信与快乐，或许这就是所谓的如鱼得水吧。

2020年夏天，家父成功融入熟悉的"新"行业（因为他说现在所做的家装门窗是面对老百姓，以前做的工程门窗是面对造房子的开发商），我也凭借一定的幸运进入一所不错的高中，我俩的新征程又各自开始了。2021年，我在新的学习环境里被新同学的雄厚实力虐得疲惫不堪，而他的职业状态则是在持续上升，他的工作成果应该是来自他认真勤勉、一丝不苟的工作态度。没有对比就没有伤害，有一次晚上路过书房，看见他对着电脑凝思的背影，我突然意识到如果我在学习中能做到他的这份认真，那什么圆锥曲线，什么匀强电场应该都是可以迎刃而解的。

自从在学习态度上找到了榜样以后，我的学习状态也开始回升了，在这春光明媚的居家日子里，我看着家父伏案工作的背影，我相信他在门窗行业的职业路会比我的求学路更加久远，我真心希望他能够和我一起通向未来，我通向学业有成，他通向抗颜宿儒。作为他的儿子，我很骄傲，相信我以后应该还会有机会为他的作品写感言，当然，我更期待有朝一日他能为我的作品写下祝福……

2022 年 3 月 31 日

关于福里事 Companyprofile

广州市福里事复合材料有限公司一直致力于门窗的结构连接、密封防水性能研究,持续关注客户的需求和压力,提供最有竞争力的产品解决方案。

公司自成立以来已获得30余项专利证书,于2019年成为国家高新技术企业。

2019年9月成为国家高新技术企业　　拥有多达30余项专利

理论&培训 Theoretical training

我们携手德国ift ,每年在佛山不定期举办相关的门窗专业技术培训,为客户提供最权威的技术解读。

福里事是德国ift在华南区的门窗培训基地

易装产品系列 Product series

AGn 欧式自切螺钉

500小时
耐盐雾试验500小时以上

AFa 系列安装窗模

小型窗模A/B/C
模块化半墙窗模

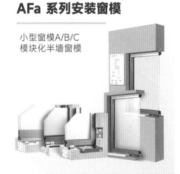

安装工具

人身防护工具
收纳工具
测量工具
售后工具

安装材料

门窗专用安装垫块　　防水透气膜
门窗专用填缝剂　　　防水隔汽膜
防水涂料K13

安装工法演示台

全尺寸标准演示台
安装演示道具
....

电话:020-82571844　　网址:www.furising.cn
传真:020-82571944　　地址:广东省广州市天河区沐陂东路5号沐陂工业园8座1楼